Educational Producer For Your Success

2026
개정판

홍까스와
실기 함께하는
가스기능사

필답형 | 동영상
& 기출문제

제6판

| 홍경표 편저 |

1 필답형 + 동영상 수록(2014~2025년) + 이론서 필요없는 해설
2 핵심이론 별표(★)표시로 학습효율 향상
3 초스피드 스토리 암기법
4 출제기준변경 개정판(2025~2028)
5 보조기계설비유지관리자, 공동주택관리자 맞춤서

2026 베스트
셀러

에듀피디 동영상강의 www.edupd.com

에듀피디
EDUPD

홍까스와 [실기] 함께하는 가스기능사 핵심요약 & 기출문제

1판 발행	2021년 6월 15일
2판 발행	2021년 11월 17일
3판 발행	2022년 6월 10일
4판 1쇄	2023년 2월 10일
4판 2쇄	2023년 6월 10일
5판 1쇄	2024년 1월 10일
6판 1쇄	2025년 11월 21일

편저자   홍경표
발행처   에듀피디
등   록   제300-2005-146
주   소   서울특별시 종로구 대학로 45 임호빌딩 2층(연건동)

전   화   1600-6690
팩   스   02)747-3113

시간과 전략의 싸움 그리고 절실함의 승리.

"To get something you never had, to do something you never did"
(지금까지 가져보지 못한 것을 갖고 싶다면, 지금까지 한 번도 하지 않았던 일을 해내야 한다.)

안녕하십니까?

(주)에듀피디 강사 '홍까스' 홍경표 교수입니다.

지난 수 년간 산업현장과 학교에서 국가직무능력표준(NCS)기반 국가전략직업훈련과정을 진행하고, 자격증 취득에 힘들어하시는 수험생 여러분들의 이야기를 접하면서, 보다 쉽게 합격에 이르는 방법이 없을까 고민하고 또 고민했습니다. 그 결과 학교 강의에서의 경험과 산업현장의 경험을 바탕으로 효과적인 암기법을 개발하여 합격률을 혁신적으로 높일 수 있었으며, 그 노하우를 바탕으로 이렇게 가스기능사 실기교재를 출판하기에 이르렀습니다.

출판에 이르기까지 홍까스 유튜브와 강의밴드를 통해 좋은 의견과 관심, 사랑을 보내 주신 수험생 여러분들께 진심으로 감사 인사를 드립니다. "고맙습니다." 앞으로도 변함없는 성원을 부탁드리며, 그 성원에 힘 듬뿍 받아 인생의 선·후배 수험생 여러분들께 도움이 되는 좋은 책과 강의로 보답하겠습니다.

홍까스의 가스기능사 실기 교재와 인강의 주안점은 다음과 같습니다.

첫째, 실기과목은 가스실무인 가스설비와 안전관리가 주요항목이므로, 저자는 수 년간 현장 강의에서 얻은 경험과 노하우를 강의에 녹여내려고 노력하였습니다. 이에 핵심내용을 전반부에 수록하고, NCS(국가직무능력표준)에 맞추어 정리하였습니다.

둘째, 필답형은 배관/가스용접작업 대신 2021년부터 새롭게 도입된 실기 복합형이므로 기사 (산업기사)기출문제를 분석하고, 주관식 서술을 대비하여, 출제예상문제와 2021~2025년 기출문제를 복원하였습니다. 금번 개정판을 출간하면서 이론과 문제상단에 수준별 특이표시로 학습을 차별화 하였습니다. 필답은 핵심어를 반드시 포함하여 서술하는 것이 중요함으로 '스토리암기법'을 도입하여, 학습기간을 현저히 단축시킬 수 있도록 노력하였습니다.

셋째, 동영상은 과년도 문제를 수록하여 기출문제를 통해 최근 출제경향 분석을 하고, 이미지도 부분적 교체 및 해상도 보강을 하였습니다. 문제와 사진 그리고 이미지는 현장의 인증샷을 그대로 현실감 있게 반영하려고 노력하였습니다. 동영상 기출문제풀이는 '중요 표시'를 통해 난이도별 집중도를 높였습니다. 한 눈에 구별하여 학습할 수 있도록 구분하였습니다.

PREFACE

2026년 개정본은 가스기능장, 가스기사 빈출 문항을 별도표시하여 그 중요도를 부각시켰습니다.

> 1. 표시없는 것 : 기초문제
> 2. [★] : 반드시 득점해야 할 문제
> 3. [★★] : KGS CODE 관련 문제. 매우 헷갈리는 문제
> 4. [★★★] : 꼭 기억해야 할 중요한 문제를 구분하여 표시했습니다.
> 5. [기능장, 기사] : 상위자격증과 무관한 수험생은 패스 가능한 문제

넷째, 부록편은 가스자격시험에 자주 출제되는 가스공식 50선과 대표계산문제 12선, 마지막으로 기능사 계산문제일체 모음집을 수록하여 필답형 계산문제를 대비하였습니다. 특히 부록편은 별책형식으로 암기카드처럼 분할지참 가능하도록 그 편리함을 더했습니다.

많은 수험생들이 기출문제만 풀고도 합격할 수 있느냐는 질문을 하십니다. 과거의 가스기능사 자격시험은 과년도 기출문제가 문제은행식으로 반복되어 출제되었고, 기출문제만 잘 풀어보아도 쉽게 합격할 수 있었습니다. 그러나 최근에는 기존의 기출문제가 조금씩 변형되어 출제되기도 하고, 가스기사(산업기사)에서 나오는 문제나, 전혀 새로운 문제(2~3문제) 혹은 에너지관리와 공조냉동기계 문제가 출제되기도 합니다. 따라서 기출문제만 외워서는 합격하기 힘든 상황이 되었습니다. 가스 3법(고법 · 액법 · 도법)과 KGS CODE집을 수시로 체크하고 스마트시대에 맞게 구글링을 통해 궁금하신 모든 것을 검색하여 개정된 가스실무 관련 내용을 확인하시기 바랍니다.

홍까스의 가스기능사 실기 교재는 과년도 기출문제뿐 아니라 개정된 가스3법을 반영한 예상문제, 기사(산업기사)에서 자주 출제되는 문제까지 선별하여 수록하였습니다. 현강에서 대부분의 학생들은 기능사 준비 차원에서 학습을 하지만, 25명 중 5명 정도는 산업기사까지 합격하기도 합니다. 홍까스강의 실기인강과 유튜브 필기 동영상강의를 잘 들으시고, 홍까스와 함께하시면 단시간에 합격에 이를 수 있을 것이라 확신합니다.

본 교재가 인생의 전환점에서 구직 · 전직 · 이직을 생각하시는 많은 수험생 여러분들과 각종 장비와 장치기기의 다양화로 산업현장에서 혼란을 겪고 있는 안전관리자분들에게도 큰 도움이 되기를 희망합니다. 집필 과정에서 잘못 기술된 부분이 있거나, 좋은 의견 있으신 분들은 에듀피디 강의게시판에 올려주시면 다음번 교재에 적극 반영하도록 하겠습니다.

끝으로 본 교재의 출판에 도움을 주신 (주)에듀피디 강순영 대표님과 이미선 차장님, 편집부, 촬영팀 여러분들과 한국가스안전직업전문학교 석귀징 학교장님과 실장님 및 동료 교수님들과 임직원분들, 제자 설지인, 김명의, 박성현(필기동영상촬영), 김형진, 최영준(계측기기), 최철진, 정유신, 전재욱, 박주영, 이수성, 홍성운(냉동사이클 구조), 박준모(KGS코드, 법규) 등에게 고마움을 표합니다. 특히 홍까스의 유튜브강의, 블로그, 가스기능사 강의밴드의 암운, the가스, 조옥연, 신효근, 이미지를 많이 보내주신 박준재님, 김풍기, 템즈서울, 하승훈, 차압(차태걸),

용준파파, 마스, 용영순, 김현수 회원님과 블로거분들께도 감사의 말씀을 드립니다.

아흔이 넘은 연세에도 건강하셔서 다섯 아들들에게 기쁨과 행복을 주시고 계신 모친 김계분 권사님과 항상 힘이 되어주는 홍승표 큰형님과 형제들, 후덕한 마음으로 응원해주시는 장모 정화자 여사님, 모친께서 늘 말씀하신 "어릴적 아버님의 사별로 힘들고 지칠 때 저희 가정에 초등학교 학생들에게 편지봉투에 쌀을 담아 전달해준 어린이회장이자 전 서울청장"이셨던 원경환 형님께도 고마움의 말씀을 전하고 싶습니다.

자신의 재능을 총 동원해 지원을 아끼지 않는 아내이자 관광학박사 염명하 교수와 친구 김병철, 정우성, 류종우, 백흠주, 박재홍, 김영근, 김선기, 구자영, 최순철, 김남철, 지준상, 성한경, 이미지작업에 도움을 준 kc코트렐AHS팀장 진경용, 멀리서 언제나 함께하는 USA베플 SUNNY KO와 안인자 권사님, JESSICA, RAMAZAN, PETER.... 그들의 응원이 있었기에 여기까지 온 것 같습니다. 고맙습니다.

부산에서 늘 응원해주셨던 POSCO 故박만근 형님, 존경하는 김인종, 류주선 선생님. 정삼지 목사님, 김일규(이나미), 배창화, 조재철, 지준상, 바이오산업에 열심인 (주)유바이오시스 왕용선 형님, ㈜아이건축사 김동은 대표, 박준언, 김진권, 우성건설 유우봉 선배님, 최창호 선배님, 불꽃같이 그리고 최선을 다해 살다 가신 故장지선 회장님, 신동진 지점장님, 박병문 변호사, 장욱 사장님, 서울오페라앙상블의 장수동 감독님, 시애틀에서 늘 기도해주시는 이동진 목사님과 강경숙 누님, 최재영 기술사, 청춘을 함께 보낸 故서윤원 감독님, 늘 한결같은 최단, 한국폴리텍I대학의 김종복, 김성민, 김종현, 김공남, 김석준, 어준혁, 윤종석, 안성화 교수님과 홍동식 선생님, 전무진, 김혁수, 방혜은님의 총괄매니저(GM) 영전을 축하드리고, 한혜경, 송은, 임용석, 한정은, 윤다정, 이환, 윤정혜, 유승희(소연), 김호연, 이혜민 변호사, 박병규(이석균), 박재휘 차장과 8,800명 이상의 홍까스강의 "유튜브 구독자"와 블로그/밴드회원님과 9만명 이상의 POSCO 회원에게도 가슴 깊은 사랑과 감사의 마음을 전하고 싶습니다.

"알고자 함이 식음을 잊게 하고, 즐거움이 근심을 멀리하게 하며, 복수와 증오는 살을 썩게 하고 뼈를 녹인다" "합격은 절실함의 결과입니다~!!" 끝까지 응원하겠습니다.
감사합니다.

" 發憤忘食 樂以忘憂 "

연구실에서 저자 홍경표 씀

직무 분야	안전 관리	중직무 분야	안전 관리	자격 종목	가스기능사	적용 기간	2025.1.1. ~ 2028.12.31.

- ➡ 직무내용 : 가스 시설의 운용, 유지관리 및 사고예방조치 등의 업무를 수행하는 직무이다.
- ➡ 수행준거 : 1. 가스시설에 대한 기초적인 지식과 기능을 가지고 각종 가스 설비를 운용할 수 있다.
  2. 가스설비에 대한 운전 · 저장 · 취급과 유지관리를 할 수 있다.
  3. 가스기기와 설비에 대한 검사업무 및 가스안전관리 업무를 수행할 수 있다.
  4. 가스로 인한 질식 · 화재 · 폭발사고를 예방 · 관리할 수 있다.

검정방법	복합형	시험시간	2시간 정도(필답형: 1시간, 작업형: 1시간 정도)

실기 과목명	주요항목	세부항목	세세항목
가스 안전 실무	① 가스 특성 활용	1. 가스 특성 활용하기	1. 가스의 종류별 물리 · 화학적 기초지식을 이해하고 취급할 수 있다. 2. 고압가스의 위험 특성을 이해하고 취급할 수 있다. 3. 액화석유가스의 위험 특성을 이해하고 취급할 수 있다. 4. 도시가스의 위험 특성을 이해하고 취급할 수 있다.
	② 가스시설 유지관리	1. 가스설비 운용하기	1. 제조, 저장, 충전장치의 종류별 작동 원리를 이해하고 운용할 수 있다. 2. 기화장치의 종류별 작동원리를 이해하고 운용할 수 있다. 3. 저온장치의 종류별 작동원리를 이해하고 운용할 수 있다. 4. 가스용기, 저장탱크를 관리 및 운용할 수 있다. 5. 펌프 및 압축기의 종류별 작동 원리를 이해하고 운용할 수 있다.
		2. 가스설비 작업하기	1. 가스설비 설치를 할 수 있다. 2. 가스설비 유지관리를 할 수 있다.
		3. 가스안전설비 · 제어 및 계측기기 운용하기	1. 온도계의 구조 및 원리를 이해하고, 유지 보수할 수 있다. 2. 압력계의 구조 및 원리를 이해하고, 유지 보수할 수 있다. 3. 액면계의 구조 및 원리를 이해하고, 유지 보수할 수 있다. 4. 유량계의 구조 및 원리를 이해하고, 유지 보수할 수 있다. 5. 가스검지기기의 구조 및 원리를 이해하고, 운용할 수 있다. 6. 각종 제어기기의 구조 및 원리를 이해하고, 운용할 수 있다. 7. 각종 안전장치의 구조 및 원리를 이해하고, 운용할 수 있다.

실기 과목명	주요항목	세부항목	세세항목
	③ 가스 법령 활용	1. 고압가스안전관리법 활용하기	1. 고압가스안전관리법을 활용하여 고압가스 시설의 운용·유지관리를 할 수 있다.
		2. 액화석유가스의 안전 관리 및 사업법 활용하기	1. 액화석유가스의 안전관리 및 사업법을 활용하여 액화석유가스 시설의 운용·유지관리를 할 수 있다.
		3. 도시가스사업법 활용하기	1. 도시가스사업법을 활용하여 도시가스 시설의 운용 ·유지관리를 할 수 있다.
		4. 수소경제육성 및 수소안전관리법률 활용하기	1. 수소경제육성및수소안전관리 법률을활용하여수소 관련 시설의 운용·유지관리를 할 수 있다.
	④ 가스사고 예방·관리	1. 가스시설 안전관리하기	1. 가스 사고예방 작업을 할 수 있다. 2. 가스 안전장치를 유지관리를 할 수 있다. 3. 가스 연소기기의 구조 및 기능에 대하여 알 수 있다. 4. 가스화재·폭발의 위험 인지와 응급대응을 할 수 있다.

CONTENTS

PART 01 가스기능사 실기(핵심요약)

가스기초이론 및 가스3법정리(안전관리법)···10

PART 02 가스기능사 모의고사 및 기출문제(필답형)

가스기능사 모의고사 01 ····················· 42
가스기능사 모의고사 02 ····················· 46
가스기능사 모의고사 03 ····················· 52
가스기능사 모의고사 04 ····················· 58
가스기능사 모의고사 05 ····················· 64
가스기능사 모의고사 06 ····················· 68
가스기능사 모의고사 07 ····················· 73
가스기능사 모의고사 08 ····················· 80
가스기능사 모의고사 09 ····················· 87
가스기능사 모의고사 10 ····················· 92
가스기능사 모의고사 11 ····················· 99
가스기능사 모의고사 12 ····················· 105
가스기능사 모의고사 13 ····················· 109
가스기능사 모의고사 14 ····················· 113
가스기능사 모의고사 15 ····················· 119
가스기능사 모의고사 16 ····················· 124
가스기능사 모의고사 17 ····················· 129
가스기능사 모의고사 18 ····················· 135
가스기능사 모의고사 19 ····················· 141
가스기능사 모의고사 20 ····················· 145
2021(1회) 가스기능사 기출문제 ············ 151
2021(2회) 가스기능사 기출문제 ············ 156
2021(3회) 가스기능사 기출문제 ············ 162
2021(4회) 가스기능사 기출문제 ············ 167
2022(1회) 가스기능사 기출문제 ············ 173
2022(2회) 가스기능사 기출문제 ············ 180
2022(3회) 가스기능사 기출문제 ············ 186
2022(4회) 가스기능사 기출문제 ············ 191
2023(1회) 가스기능사 기출문제 ············ 196
2023(2회) 가스기능사 기출문제 ············ 201
2023(3회) 가스기능사 기출문제 ············ 206
2023(4회) 가스기능사 기출문제 ············ 210
2024(1회) 가스기능사 기출문제 ············ 214
2024(2회) 가스기능사 기출문제 ············ 219

2024(3회) 가스기능사 기출문제 ············ 225
2024(4회) 가스기능사 기출문제 ············ 234
2025(1회) 가스기능사 기출문제 ············ 240
2025(2회) 가스기능사 기출문제 ············ 246
2025(3회) 가스기능사 기출문제 ············ 251

PART 03 가스기능사 기출문제(동영상)

2014 가스기능사 기출문제 ················· 258
2015 가스기능사 기출문제 ················· 272
2016 가스기능사 기출문제 ················· 287
2017 가스기능사 기출문제 ················· 303
2018 가스기능사 기출문제 ················· 318
2019 가스기능사 기출문제 ················· 329
2020 가스기능사 기출문제 ················· 341
2021(1회) 가스기능사 기출문제 ············ 357
2021(2회) 가스기능사 기출문제 ············ 361
2021(3회) 가스기능사 기출문제 ············ 365
2021(4회) 가스기능사 기출문제 ············ 369
2022(1회) 가스기능사 기출문제 ············ 372
2022(2회) 가스기능사 기출문제 ············ 376
2022(3회) 가스기능사 기출문제 ············ 380
2022(4회) 가스기능사 기출문제 ············ 384
2023(1회) 가스기능사 기출문제 ············ 389
2023(2회) 가스기능사 기출문제 ············ 393
2023(3회) 가스기능사 기출문제 ············ 397
2023(4회) 가스기능사 기출문제 ············ 401
2024(1회) 가스기능사 기출문제 ············ 405
2024(2회) 가스기능사 기출문제 ············ 409
2024(3회) 가스기능사 기출문제 ············ 413
2024(4회) 가스기능사 기출문제 ············ 417
2025(1회) 가스기능사 기출문제 ············ 421
2025(2회) 가스기능사 기출문제 ············ 425
2025(3회) 가스기능사 기출문제 ············ 429

부록

1. 가스공식정리 50선 ······················· 434
2. 가스기능사 계산문제 12선 ··············· 448
3. 필기계산문제 기출모음집 ················· 452

PART

01

가스기능사 실기

핵심요약

가스기초이론 및 가스3법정리(안전관리법)

Craftsman Gas

01 고압가스성질표

상태	가스명	분자식	분자량	비점(℃)	임계온도(℃)	허용농도(ppm)	폭발범위(%)	부식성	성질	발화점(℃)	검지지	제독제(흡수제)
압축가스	공기	Air	29	-191.5	-140.7	-	-	무	조	-	-	-
	질소	N_2	28	-195.8	-147	-	-	무	불연	-	-	-
	산소	O_2	32	-183	-118.4	-	-	무	조	-	-	-
	아르곤	Ar	40	-186	-122	-	-	무	불연	-	-	-
	수소	H_2	2	-252	-240	-	4~75	무	가	400	-	-
	네온	Ne	20	-246	-229	-	-	무	불연	-	-	-
	헬륨	He	4	-269	-268	-	-	무	불연	-	-	-
	메탄	CH_4	16	-161	-82	-	5~15	무	가	537	-	-
	일산화탄소	CO	28	-192	-140	3760	12.5~74	무	독, 가	-	염화파라듐지 → 흑색	-
	에틸렌	C_2H_4	28	-	-	-	2.7~36	무	가	450	-	-
액화가스	프로판	C_3H_8	44	-42.1	-	-	2.1~9.5	무	가	460~520	-	-
	부탄	C_4H_{10}	58	-0.5	-	-	1.8~8.4	무	가	430~510	-	-
	브롬화메탄	CH_3Br	95	-	-	850	13.5~14.5	무	독, 가	-	-	-
	탄산가스	CO_2	44	-78.5	-	-	-	무	불연	-	-	-
	암모니아	NH_3	17	-33.3	-	7338	15~28	무	독, 가	561	적색리트머스지(청색변)	물
	이황산가스	SO_2	64	-	-	2520	-	유	독	-	-	가, 탄, 물
	산화에틸렌	C_2H_4O	44	-	-	2900	3~80	무	독, 가	-	-	물
	포스겐	$COCl_2$	99	-	-	5	-	유	독	-	하리슨시험지(심등색변)	가, 탄, 소
	염소	Cl_2	71	-34	-	293	-	유	독, 조	-	KI전분지(청색변)	가, 탄, 소
	시안화수소	HCN	27	26	-	140	6~41	무	독, 가	-	질산구리벤젠지(청색)	가
	염화메탄	CH_3Cl	50.5	-	-	100	8.1~17.4	유	독, 가	-	-	물
	황화수소	H_2S	34	-	-	444	4.3~45	유	독, 가	-	연당지(흑색변)	가, 탄
용해	아세틸렌	C_2H_2	26	-84	-	-	2.5~81	무	가	299	염화제1동착염지(적색변)	-

Craftsman Gas

02 주요가스–주기율표

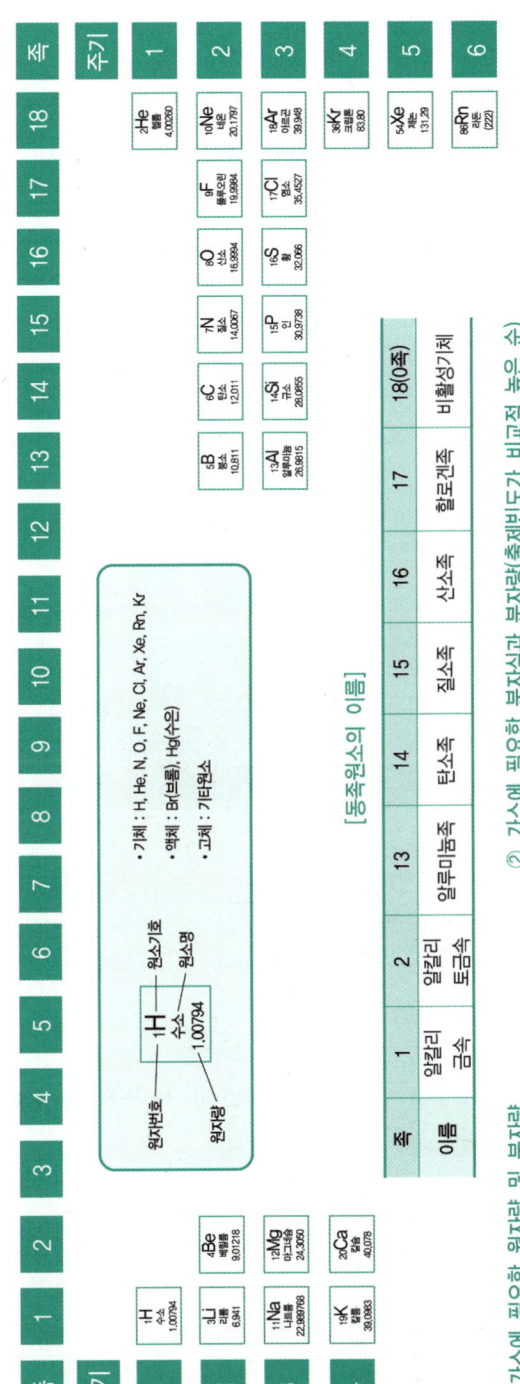

[동족원소의 이름]

족	1	2	13	14	15	16	17	18(0족)
이름	알칼리금속	알칼리토금속	알루미늄족	탄소족	질소족	산소족	할로겐족	비활성기체

• 기체 : H, He, N, O, F, Ne, Cl, Ar, Xe, Rn, Kr
• 액체 : Br(브롬), Hg(수은)
• 고체 : 기타원소

① 가스에 필요한 원자량 및 분자량

원소명	원소기호	원자량	족 이름	분자기호	분자량
수소	H	1	수소	H_2	2
헬륨	He	4	헬륨	He	4
탄소	C	12	탄소	C_2	24
질소	N	14	질소	N_2	28
산소	O	16	산소	O_2	32
나트륨	Na	23	나트륨	Na_2	46
염소	Cl	35.5	염소	Cl_2	71
아르곤	Ar	40	아르곤	Ar	40

※ 희가스는 단원자 분자이다.

② 가스에 필요한 분자식과 분자량(출제빈도가 비교적 높은 순)

분자식명	분자식	분자량	분자식명	분자식	분자량
아세틸렌	C_2H_2	$12 \times 2 + 1 \times 2 = 26$	일산화탄소	CO	28
프로판	C_3H_8	$12 \times 3 + 1 \times 8 = 44$	이산화탄소	CO_2	44
부탄	C_4H_{10}	$12 \times 4 + 1 \times 10 = 58$	염소	Cl_2	71
암모니아	NH_3	$14 + 1 \times 3 = 17$	에틸렌	C_2H_4	28
수소	H_2	$1 \times 2 = 2$	황화수소	H_2S	34
산소	O_2	$16 \times 2 = 32$	이산화황	SO_2	64
질소	N_2	$14 \times 2 = 28$	포스겐	$COCl_2$	99
산화에틸렌	C_2H_4O	$12 \times 2 + 1 \times 4 + 16 = 44$	메탄	CH_4	16
시안화수소	HCN	$1 + 12 + 14 = 27$	브롬화메탄	CH_3Br	95

Craftsman Gas

03 홍까스 주기율표 암기 – 주요 원소만

원자가	+1 −7	+2 −6	+3 −5	+4 −4	+5 −3	+6 −2	+7 −1	0 0	방전색상
족 / 주기	1족							18족	0족가스
1	1 H 수	2	13	14	15	16	17	2 He 헤	황백색
2	3 Li 리	4 Be 베	5 B 비	6 C 키	7 N 니	8 O 옷	9 F 벗	10 Ne 네	주황색
3	11 Na 나	12 Mg 만	13 Al 알	14 Si 시	15 P 펩	16 S 시	17 Cl 클	18 Ar 아	적색
4	19 K 크	20 Ca 카		26 Fe 55.8g	29 Cu 63.5g		35 Br	36 Kr	녹자색
5	콜라						53 I	54 Xe	청자색
								86 Rn	청록색

He : 황백색   Ne : 주황색   Xe : 청자색
Rn : 청록색   Ar : 적색   Kr : 녹자색

금속
비금속

원자(질량수)량 계산?

원자번호가 짝수이면 : 원자량은 원자번호 × 2
원자번호가 홀수이면 : 원자량은 원자번호 × 2 + 1

예외 : 수소 H는 원자번호 홀수 1이면 1 × 2 + 1, But 1
       질소 N은 원자번호 7번이면 14 + 1 = 15, But 14

암기 TIP 수헤리베 비키니 옷벗네 나만알시 펩시클아 크카(콜라)

※ 다원자 이온

OH^{-1} NH_4^{+1} PO_4^{-3}

NO_3^{-1} SO_4^{-2} MnO_4^{-1}

ClO_4^{-1} CO_3^{-2} CrO_7^{-2}

Ex $NH_3 + HCl \rightarrow NH_4^{+1}Cl^{-1}$ (염화암모늄, 백연기) $N_2 + 3H_2 \rightarrow 2NH_3$

$Cl_3 + H_2O \rightarrow HCl + H^{+1}ClO^{-1}$ (치아염소산)

$2NaOH + CO_2 \rightarrow Na_2CO_3 + H_2O$

$2NO + H_2O \rightarrow 2HNO_3 + NO$

$Na_2^{+1} \quad CO_3^{-2}$
$\quad 2 \quad\quad 1$

암모니아와 반응 염화암모늄 생성

➡ $8NH_2 + 3Cl_2 = 6NH_4Cl + N_2$

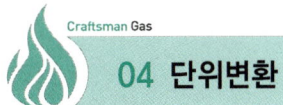

04 단위변환

1 압력과 온도

(1) 표준대기압(1atm)

$$= 1.0332 \text{kgf/cm}^2 = 10332 \text{kgf/m}^2 = 760 \text{mmHg} = 76 \text{cmHg} = 30 \text{inHg}$$

$$= 14.7 \text{lb/in}^2 = 14.7 \text{psi} = 10.332 \text{mH}_2\text{O(Aq)} = 10332 \text{mmH}_2\text{O}$$

$$= 1.01325 \text{bar} = 1013.25 \text{mbar} = 1013.25 \text{hPa} = 0.101325 \text{MPa} = 101.325 \text{kPa}$$

$$= 101325 \text{Pa}(= \text{N/m}^2)$$

(2) 게이지 압력(실무와 관계법령에서 정한 모든 압력)

표준대기압을 0으로 하여 측정한 압력으로 압력계로 측정한 압력(0MPa · g)

(3) 절대 압력(abs)

완전 진공을 기준으로 상태를 0으로 기준하여 측정한 압력으로 단위는(0MPa · a)로 나타낸다.

(4) 진공 압력(Vacuum)

대기압보다 낮은 압력으로 단위는 (0cmHg · V)로 표시한다.

(5) 압력의 환산

절대압력(kgf/cm^2) = 대기압 + 게이지 압력($1.0332 \text{kgf/cm}^2 \cdot \text{g}$) = 대기압 − 진공압

게이지압력 = 절대압력 − 대기압

• 절대압력계산   • 진공압력계산

```
게이지 P
대기압        (+
절대 P
```

대기압 76cm   진공압력(76 − 57 = 19cm)   절대 P 57cm

(6) 온도의 환산

1) 섭씨온도와 화씨온도

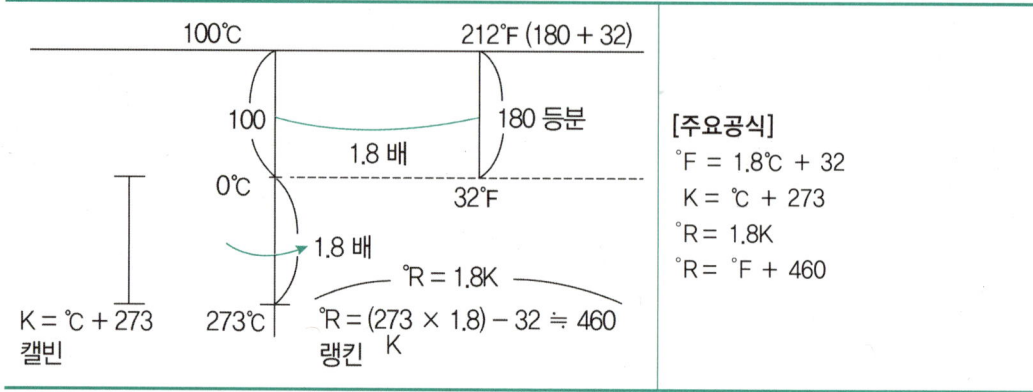

[주요공식]
$$°F = 1.8°C + 32$$
$$K = °C + 273$$
$$°R = 1.8K$$
$$°R = °F + 460$$

2) 노점 온도 : 물방울이 되는 것을 응축, 물방울이 맺히기 시작하는 온도

3) 임계(Critical)온도와 임계압력

① **임계온도** : 액화할 수 있는 최고온도

② **임계압력** : 액화할 수 있는 최저압력(CO : 35, C_2H_4 : 49.98, HCN : 53.2, Cl_2 : 76.1) atm

③ **액화가 용이한 조건** : 임계온도는 낮추고, 임계압력은 높인다.

[압력변환과 온도변환 예제문제]

(압력변환)

🔥 예제 10MPa의 압력은 kgf/㎠으로 얼마인가?

풀이 $(\frac{10MPa}{0.101325MPa}) \times 1.0332 kgf/cm^2 = 101.968 ≒ 101.97$

(온도변환)

🔥 예제 70°F 는 섭씨온도(℃)는 얼마인가?

풀이 $°F = 1.8°C + 32$에서 $70 = 1.8 \times °C + 32$이므로 $°C = 21.111(℃)$

---

2 주요 단위 정리(물리량 비교), SI(system international unit) 국제단위계

(1) **힘**(F : force)
- **SI 단위** : N(Newton) $1kg \cdot m/s^2$ $1dyn = 1g \cdot cm/s^2$
- **공학 단위** : kgf, 질량 1kg의 물체가 $9.8m/s^2$의 중력가속도를 받았을 때의 힘
$$1kg \times 9.8m/s^2 = 9.8kg \cdot m/s^2 = 9.8N$$

(2) **일**(W : work)

W = F×L(길이), 물체에 힘이 작용하여 길이만큼 이동시키는 것

[SI] MKS − 1J = 1N · m   [공학단위] $1kgf \cdot m = 9.8N \cdot 1m = 9.8J$

CGS − 1erg = 1dyn · cm $1gf \cdot cm$

★ (3) **압력** $Pa(= N/m^2)$ kgf/m^2 ※ 비중량의 절대단위
$$\gamma = \rho \cdot g = kg/m^2 \cdot s^2$$

(4) **열량** $J(= N \cdot m) = 0.239cal$ kcal

(5) **동력** W(= J/S) $kgf \cdot m/s$

(6) **비중량**(γ 감마) $= \dfrac{W}{V}(N/m^3)$ kgf/m^3

물의 $\gamma_w = 9,800(N/m^3)$ $1,000kgf/m^3$

(W : 중량, 하중, 힘)

(7) **밀도**(ρ, 로) $= \dfrac{m}{V} = \dfrac{\gamma}{g}$

(m : 질량, γ : 비중량, g : $9.8m/s^2$)

1atm · 4℃물 $1,000kg/m^3$ $\rho = \dfrac{\gamma}{g} = \dfrac{1,000kgf/m^3}{9.8m/s^2} = 102kgf \cdot s^2/m^4$

(8) **비체적**($\nu = \dfrac{V}{m} = \dfrac{1}{\rho}(m^3/kg)$) m^3/kgf

Craftsman **Gas**

05 가스실무 및 안전관리법 주요정리

1 고압가스 분류

문제 고압가스안전관리법의 적용을 받는 고압가스의 종류 및 범위에 대하여 기술하시오.

정답 ① 압축가스 : 상용의 온도 또는 35℃에서 압력이 1MPa · g 이상이 되는 가스

② 액화가스 : 상용의 온도에서 압력이 0.2MPa · g 이상이 되는 가스 및 0.2MPa · g에서 35℃ 이하인 가스

③ 용해가스 : 15℃에서 압력이 0Pa · g를 초과하는 아세틸렌가스

④ 35℃에서 압력이 0MPa을 초과하는 액화가스 중 액화(산화에틸렌, 시안화수소, 브롬화메탄)

문제 가스에 대한 정의를 설명하시오(가스기능사 필기 기출).

정답 ① 압축가스 : 일정한 압력에 의하여 압축되어 있는 가스를 말한다.

② 액화가스 : 가압 · 냉각 등의 방법에 의하여 액체 상태로 되어 있는 것으로서 대기압에서 비점이 40℃ 이하 또는 상용온도 이하인 것을 말한다.

③ 독성가스 : 인체에 유해한 독성을 가진 가스로서 허용농도가 100만분의 5,000 이하인 것을 말한다.

④ 가연성가스 : 공기 중에서 연소하는 가스로서 폭발한계의 하한이 10% 이하인 것과 폭발한계의 상한과 하한의 차가 20% 이상인 것을 말한다.

⑤ 초저온저장탱크 : 섭씨 영하 50℃ 이하의 액화가스를 저장하기 위한 저장탱크로서 단열재로 씌우거나 냉동설비로 냉각하는 등의 방법으로 저장탱크 내의 가스온도가 상용의 온도를 초과하지 아니하도록 한 것을 말한다.

해설 가스분류 : 취급 · 저장상태 / 성질상 / 독성유무

2 도시가스법상 허용농도기준

(1) **TLV–TWA** : 1일 8시간 노출되더라도 신체장애를 일으키지 않는 기준
Threshold Limit Value : 허용기준

(2) **허용농도 LC(50)** : 해당가스를 성숙한 흰 쥐 집단에게 대기 중에서 1시간 동안 노출시킨 경우 14일 이내에 1/2 이상이 죽게 되는 가스의 농도를 말한다.

(3) **TLV–STEL** : 단시간 노출허용농도, 1회에 15분간 노출시 허용농도

(4) **TLV–C** : 최고허용농도, 1일 작업시간동안 잠시라도 노출되서는 안되는 최고허용농도

3 고압가스 중 주요가스 종류별 특징

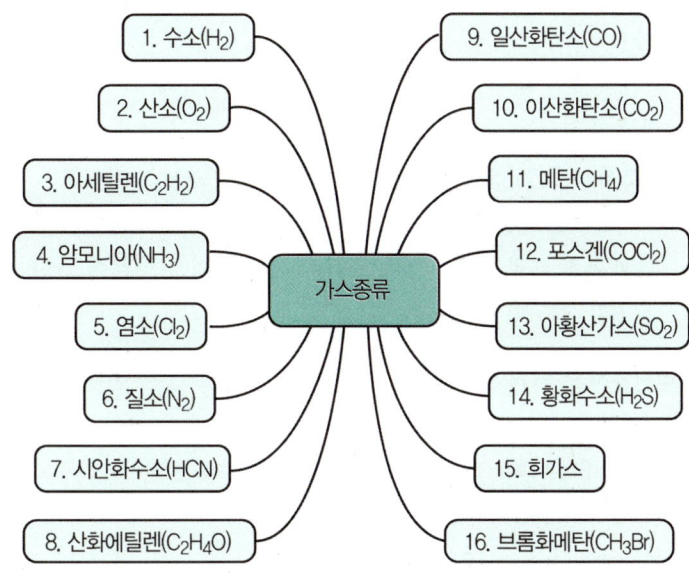

(1) 산소

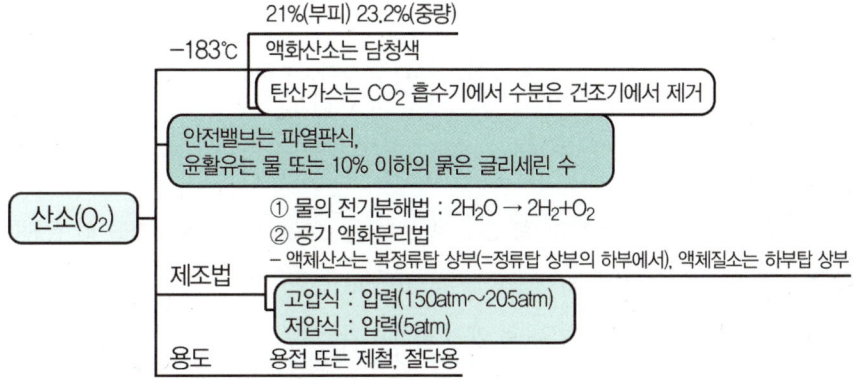

1) 공기 액화분리기법(공기 중 질소(N_2), 산소(O_2), 아르곤(Ar)을 얻는 장치)

① 원리

비등점의 차이를 이용, 액체공기의 비점($-194.2℃$)에서 정류하며 액체산소는 정류탑 상부의 하부에서 순도 99.5%를 얻는다(산소의 비점 $-183℃$). 액체질소는 하부탑 상부에 분리되어 질소탱크에 저장(질소의 비점 $-196℃$).

② 공기분리장치의 주요 계통설명

㉠ CO_2 흡수기

저온장치에서 CO_2가 존재하게 되면 드라이아이스가 되어 장치가 파손되거나 배관의 흐름을 차단하여 위험하게 된다.

    ⓒ 건조기

      가. 소다 건조기

        건조제 : NaOH(작은 양의 CO_2를 제거한다.)

      나. 겔 건조기

        건조제 : SiO_2(실리카겔), Al_2O_3(산화알루미늄), 소바이드

        → 수분 및 탄산가스의 영향 : 수분은 얼음으로 되고 탄산가스는 드라이아이스가 되어 배관을 폐쇄하거나 장치를 파손시킬 수 있기 때문에 탄산가스는 CO_2 흡수기에서 수분은 건조기에서 제거한다.

2) 공기액화 분리장치의 폭발원인

① 공기 취입구로부터 C_2H_2 혼입

② 압축기용 윤활유 분해에 의한 탄화수소 발생

③ 공기 중에 함유된 NO, NO_2 등 질소화합물 혼입

④ 액체 공기 중에 O_3 혼입(오존)

3) 액산기화시 800배 체적증가, 임계압력 : 50.1atm, 비점 : −183℃

4) 산소 취급시 주의사항

액화산소통의 액화산소는 1일 1회 이상 분석하고 액산 5L 중 C_2H_2(아세틸렌) 질량이 5mg, CmHn(탄화수소)의 탄소질량이 500mg을 넘을 때에는 운전중지 후 액산를 방출한다.

 예제

액화산소통 속에 액화산소 35L 중 CH_4 4g, C_3H_8 500mg이 함유되었을 때 운전여부를 판정하시오.

풀이 $\left(\dfrac{12}{16} \times 4000 + \dfrac{36}{44} \times 500 \right) \times \dfrac{5}{35} = 487.01\,mg$

∴ CmHn이 500mg를 넘지 않으므로 계속 운전이 가능하다.

---

(2) 수소

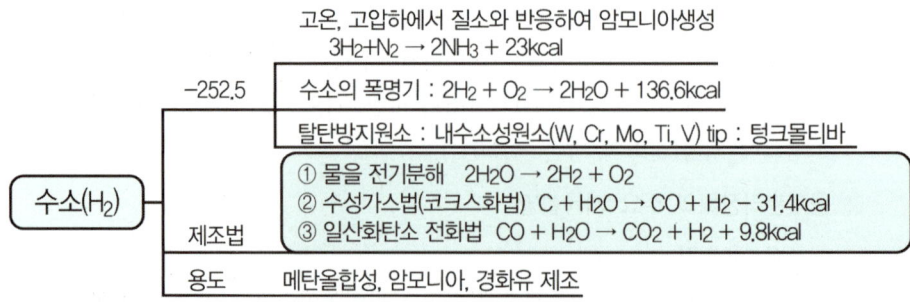

고온, 고압하에서 질소와 반응하여 암모니아생성
$3H_2 + N_2 \rightarrow 2NH_3 + 23kcal$

−252.5   수소의 폭명기 : $2H_2 + O_2 \rightarrow 2H_2O + 136.6kcal$

탈탄방지원소 : 내수소성원소(W, Cr, Mo, Ti, V) tip : 텅크몰티바

수소(H_2)

제조법
① 물을 전기분해 $2H_2O \rightarrow 2H_2 + O_2$
② 수성가스법(코크스화법) $C + H_2O \rightarrow CO + H_2 - 31.4kcal$
③ 일산화탄소 전화법 $CO + H_2O \rightarrow CO_2 + H_2 + 9.8kcal$

용도   메탄올합성, 암모니아, 경화유 제조

(3) 아세틸렌

1) 폭발의 종류

① **산화폭발** : 산소와 연소시 고열동반하며 폭발

② **분해폭발** : 발열반응하므로 1.5기압하에서 가압, 충격, 마찰 등에 의해 폭발

$(C_2H_2 \rightarrow 2C + H_2 + 54.2kcal)$

③ **화합폭발** : Ag(은), Cu(동), Hg(수은) 등 금속과 화합시 폭발에 예민한 물질 생성

아세틸렌(C_2H_2) + 2Ag(은) $\rightarrow$ Ag_2C_2(은아세틸라이드) + H_2

아세틸렌(C_2H_2) + 2Cu(동) $\rightarrow$ Cu_2C_2(동아세틸라이드) + H_2

아세틸렌(C_2H_2) + 2Hg(수은) $\rightarrow$ Hg_2C_2(수은아세틸라이드) + H_2

※ 2.5MPa 이상일 때 희석제 첨가 (CH_4, CO, H_2, C_3H_8, C_2H_4, N_2)

암기TIP 메일수프에 질(러다)

2) 취급시 주의사항

① 순도는 98% 유지하며 용접용기로 재질은 탄소강, 안전밸브는 가용전식

참고 가용전식(아세틸렌, 암모니아, 염소)이다.

② 충전후의 압력은 15℃에서 1.5MPa 이하이고 24시간 동안 정치한다.

③ C_2H_2 충전용 지관에는 탄소의 함유량이 0.1% 이하의 강을 사용한다.

④ 밸브 재질 : 단조강 또는 동합금 62% 미만의 청동, 황동

⑤ 다공도 75%~92% 미만

계산식

$$다공도(\%) = \frac{V - E}{V} \times 100(\%)$$

V : 다공물질의 용적 E : 아세톤의 침윤 잔용적

3) 다공 물질

코크스, 석회, 규조토, 목탄, 석면, 탄산마그네슘, 다공성플라스틱

암기TIP 코큰 석규가 목석같아 탄산을 마다하다

[다공물질의 구비조건]
① 다공도가 높을 것　　② 가스충전이 용이할 것
③ 내구성이 클 것　　　④ 화학적으로 안정할 것

4) $CaO + 3C \rightarrow CaC_2 + CO - 111.6kcal$ (CaO 56, CaC_2 64)

$CaC_2 + 2H_2O \rightarrow C_2H_2 + Ca(OH)_2$ (아세틸렌 제조법)

(4) 암모니아

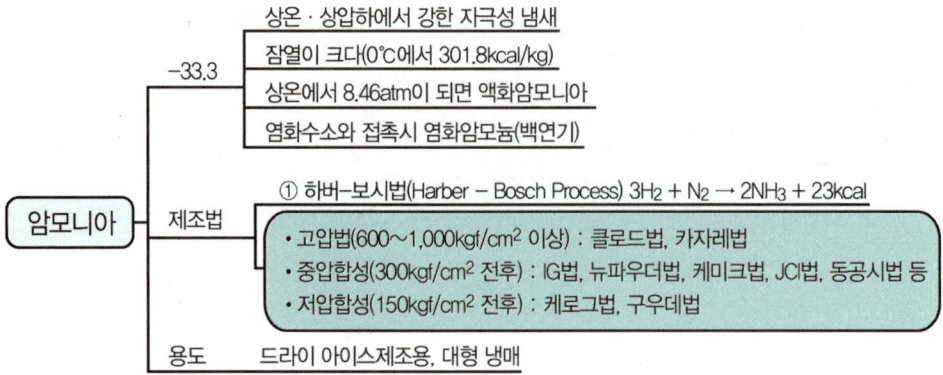

4 발화점과 인화점

(1) 인화점(인화온도)

착화원이 있을 때 가연성 액체나 고체의 표면에 연소 하한계 농도의 가연성 혼합기가 형성되는 최저온도

(2) 발화점(발화온도)

연소의 3요소에서 점화원 없이 착화하는 최저온도

즉, 가연성물질이 공기중에서 점화원 없이 스스로 연소하는 최저온도

해설 착화원의 유무에 따라 구분 : 인화점/발화점

5 충전용기/잔가스용기/처리설비/충전설비/감압설비/처리능력/기화장치

(1) **충전용기** : 충전 질량, 충전 압력의 1/2 이상이 충전되어 있는 용기

(2) **잔가스용기** : 충전 질량, 충전 압력의 1/2 미만이 충전되어 있는 용기

(3) **처리설비** : 압축, 액화의 필요한 설비(펌프, 압축기 및 기화장치)

(4) **충전설비** : 펌프, 압축기 및 충전기

(5) **감압설비** : 고압가스의 압력을 낮추는 설비(조정기, 정압기, 감압밸브 등)

(6) **처리능력** : 1일에 처리할 수 있는 가스량($0℃$, $0Pa \cdot g$)

(7) **기화장치의 구성요소** : 기화부, 제어부, 조압부

[기화장치]

[LPG 기화기 사양표]

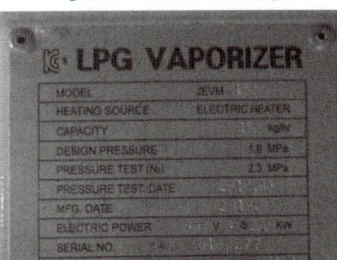

6 가버너(governor) 정압기

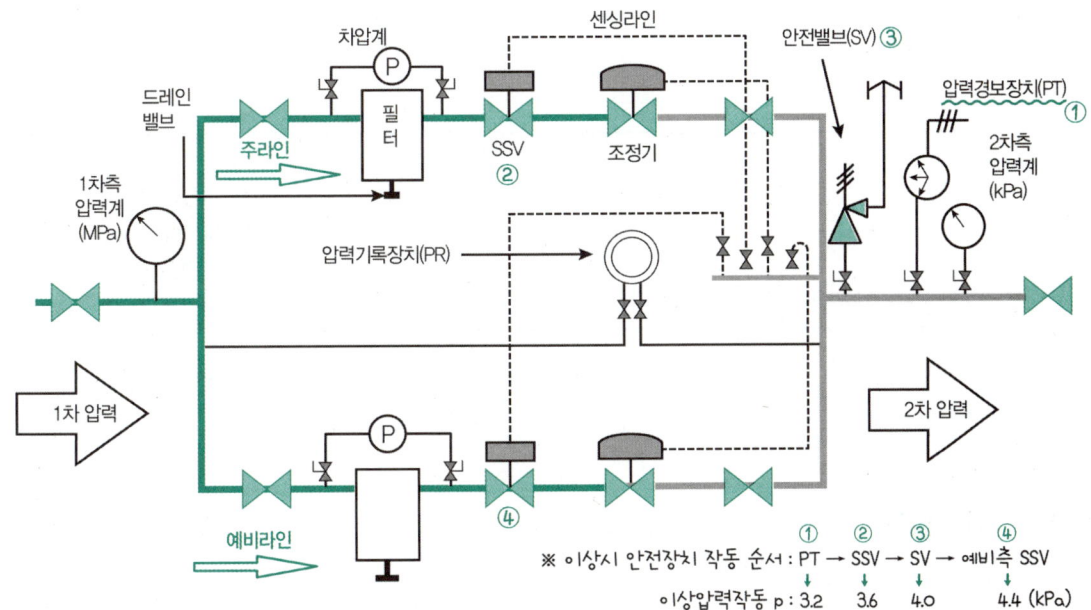

(1) 기능 및 목적

도시가스 압력을 2차측, 즉 수요처에 맞게 감압하여 허용압력범위로 유지 정압하고 가스흐름이 불안 정할 경우에 2차측 압력상승을 방지하는 폐쇄기능을 갖는 기기로 정압기용 압력조정기와 그 부속설비 를 지칭한다. 정압기는 하나의 집합설비인 유니트(Unit)이다.

(2) 정압기의 기능 및 구조

1) 정압기의 기능 : ① 감압기능 ② 정압기능 ③ 폐쇄기능

2) 정압기의 구조

① **다이어프램** : 2차 압력이 감지하여 그 2차 압력의 변동을 메인밸브에 전달
② **스프링** : 2차측의 사용압력에 조정압력으로 설정하는 부분
③ **메인밸브** : 조정밸브라 하며 가스의 유량을 밸브의 열린 정도에 의해 직접 조정하는 부분

(3) 정압기의 특성

① **정 특성** : 정상 상태에 있어서 유량과 2차 압력과의 관계

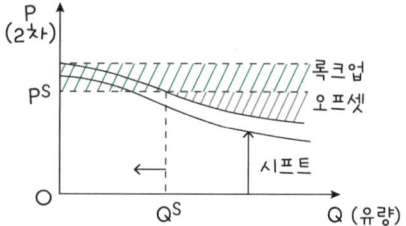

② **동 특성** : 부하 변동이 크고 응답의 신속성과 안정성이 요구되는 특성
③ **유량 특성** : 메인 밸브의 열림과 유량과의 관계를 말하며 3종류의 특성이 있다.

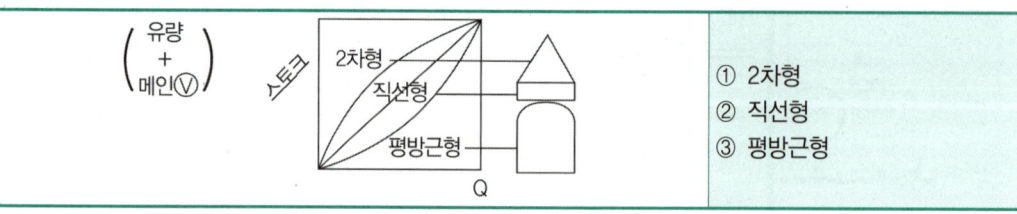

④ **사용최대차압** : 1차 압력과 2차 압력의 차압이 최대로 되었을 때 최대차압
⑤ **작동최소차압** : 정압기가 작동할 수 없게 되는 최소값

7 압축기와 펌프

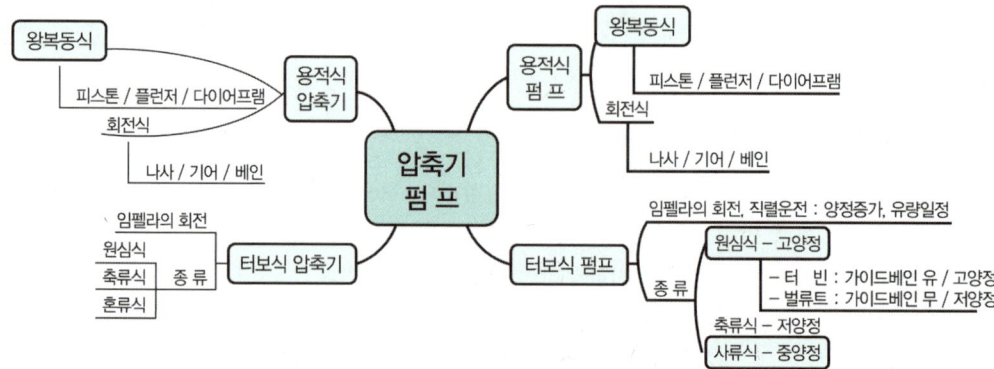

8 압축기와 펌프의 장점·단점(상호 반대)

(1) 압축기 장점

① 펌프에 비해 충전 시간이 짧다.

② 잔가스 회수가 가능하다.

③ 베이퍼록 현상이 없고 조작이 간단하다.

(2) 압축기 단점

① 부탄의 경우 저온에서 재액화의 우려가 있다.

② 압축기 오일이 탱크에 들어가서 드레인의 원인이 된다.

9 조정기(regulator)

(1) 종류

종류	입구압력	출구압력/조정압력
1단 감압식 저압 조정기	0.07~1.56MPa	2.3~3.3kPa
1단 감압식 준저압 조정기	0.1~1.56MPa	5.0~30kPa
2단 감압식 1차용 조정기	100kgf 이하 0.1~1.56MPa	57~83kPa
2단 감압식 2차용 조정기	0.01~0.1MPa 0.025~0.1MPa	2.3~3.3kPa
자동 절체식 일체형 저압 조정기	0.1~1.56MPa	2.55~3.3kPa
자동 절체식 일체형 준저압 조정기	0.1~1.56MPa	5.0~30kPa
자동 절체식 분리형 조정기	0.1~1.56MPa	32~83kPa
기타 조정기	조정압력 이상~1.56MPa	5kPa 초과에 한함 / 조정압력의 1.5배

(2) 2단 감압 방식 조정기

구분	내용
장점	① 공급압력이 안정되고 배관의 지름이 작아도 된다. ② 입상 배관에 의한 압력강하를 보정할 수 있다. ③ 각 연소 기구에 맞는 압력으로 공급이 가능하다.
단점	① 설비비가 많이 들고 조정기가 많이 든다. ② 재액화의 우려가 있고 장치와 검사방법이 복잡하다.

(3) 자동절체식 조정기

감압 방식은 사용측 용기와 예비측 용기로 나뉘어져 있고 그 양쪽 용기에 접속되어 있어 사용측 용기만으로 소비량을 감당할 수 없을 때 자동으로 예비측 용기로 전환되어 가스공급을 계속 하는 방식이다.

장점	① 전체 용기 수량이 수동 교체식 경우보다 적어도 된다. ② 잔액이 거의 없어 질 때까지 사용한다. ③ 용기 교환주기의 폭을 넓힐 수 있다. ④ 수동 교체식보다 가스발생량이 크다. ⑤ 분리형을 사용하면 1단 감압식 경우보다 도관의 압력 손실을 크게 해도 된다.

(4) 조정기 폐쇄 압력

1단 감압식 저압, 2단 감압식 2차용, 자동 절체식 일체형 : 3.5kPa 이하

(5) 안전장치 작동압력

① 작동 표준 압력 : 7kPa

② 작동 개시 압력 : 5.60~8.4kPa

③ 작동 정지 압력 : 5.04~8.4kPa

10 안전장치(안전밸브)

(1) 안전장치 가용전식 종류

아세틸렌(C_2H_2), 암모니아(NH_3), 염소(Cl_2, 65~68℃) : 가용전합금(납+주석)의 용융온도(75℃ 이하)

(2) LPG : 스프링식 [암기TIP] 엘식

(3) 초저온용기 : 파열판식과 스프링식 2중 안전장치

(4) 산소, 수소, 질소, 탄산가스 : 파열판식 [암기TIP] 산수질탄 (파)

11 가스미터기(gas meter)

(1) 분류

실측(직접식)	건식	막식(다이어프램)–가정용	
		회전식	오벌기어(보일러에 사용)
			로터리
			루츠미터–대용량 사용
	습식가스미터	미터기의 기준기, 검정용	
추측(간접식)	유속식	피토관 사용, 유속이 5m/s 이상, $V = \sqrt{2gh}$, 동압측정★	
	차압식	오리피스 : H(압력손실) 가장 크다	
		플로노즐	
		벤튜리 : H가 가장 적다	
	면적식	로터미터(차압일정하게 하고, 면적변화를 이용 측정)★	
		피스톤	
		게이트 암기TIP 면적은 로피게	

(2) 특징

특성	막식 가스미터	습식 가스미터	★루트 미터
장점	값이 싸고 설치 후 유지관리가 쉽다.	기준·검정용. 계량이 정확하고 사용 중에 기차(계측기기의 오차)의 변동이 작다.	설치 면적이 작으며 대유량 및 중압가스의 계량이 가능하다.
단점	대용량의 것은 설치 면적이 크다.	사용 중에 수위조정 등의 관리가 필요하고 설치 면적이 크다.	스트레이너의 설치 및 설치 후 유지관리가 필요하고 소유량(0.5m/s)의 것은 부동 우려가 있다.

(3) 가스미터의 고장과 원인

① **부동** : 가스는 미터를 통과하나 미터 지침이 작동하지 않는 고장
② **불통** : 가스가 미터를 통과하지 않는 고장
③ **기차불통** : 기차(계측기기의 오차)가 변해 사용 공차를 넘어서는 경우
④ **감도불량** : 감도유량을 흘렀을 때 미터의 지침시도에 변화가 나타나지 않는 고장

12 가스3법 및 안전관리

(1) 사업자 구분

1) 가스도매사업

일반도시가스사업자외의 자가 일반도시가스사업자, 도시가스 충전사업자 또는 산업통상자원부령으로 정하는 대량수요자에게 천연가스를 공급하는 사업을 말한다.

2) 일반도시가스사업

가스도매사업자 등으로부터 공급받거나 스스로 제조한 도시가스를 일반의 수요에 따라 배관을 통하여 수요자에게 공급하는 사업을 말한다.

3) 공급시설

도시가스를 제조하거나 공급하기 위한 시설로서 가스제조시설과 가스배관시설을 말한다.

① 가스제조시설

가스의 하역 · 저장 · 기화 · 송출 시설 및 그 부속설비

② 가스배관시설

도시가스제조사업소로부터 가스사용자가 소유하거나 점유하고 있는 토지의 경계 (공동주택 등으로서 ① 가스사용자가 구분하여 소유하거나 점유하는 건축물의 외벽에 계량기가 설치된 경우에는 그 계량기의 전단밸브, ② 계량기가 건축물의 내부에 설치된 경우에는 건축물의 외벽)까지 이르는 배관 공급설비 및 그 부속설비

4) 사용시설

내관 · 연소기 및 그 부속설비와 공동주택 등의 외벽에 설치된 가스계량기를 말한다.

* 사용자공급관은 배관 구분상 가스공급시설로 분리되고 설치, 수리 및 교체비용은 사용자에게 있음.

13 제1종 · 제2종 보호시설

1종 시설과 안전거리 [암기TIP] 색상숫자 12, 17, 8 암기 후 (괄호)흑색숫자를 더하여 합산

(단위 : m)

처리능력(kg.㎥)	산소=2종(독성 · 가연성)	독성 · 가연성	기타=2종(산소)
~1만 이하	12)2	17)4	8)1
1만~2만 이하	14)2	21)3	9)2
2만~3만 이하	16)2	24)3	11)2
3만~4만 이하	18)2	27)3	13)1
4만 초과	20	30	14

14 방호벽

종류		높이	두께	규격
철근콘크리트제		2m 이상	12cm	9mm 이상의 철근을 가로×세로 40cm 이하로 배근 결속
콘크리트 블럭제			15cm	철근 규격 상기와 동일, 단 블록 공동부에 몰탈 채움
강판제	박강판		3.2mm	30×30mm 이상의 앵글 강을 40×40cm 이하로 용접 보강, 1.8m 이하로 지주 세움
	후강판		6mm	1.8m 이하로 지주 세움

15 저장탱크

[저장탱크에 의한 액화석유가스 사용시설의 시설 · 기술 · 검사 기준 KGS FU433 2020]

주거지역이나 상업지역에 설치하는 저장능력 10t 이상의 저장탱크에는 그 저장탱크의 안전을 확보하기 위하여 다음 기준에 따라 폭발방지장치를 설치한다. 다만, 안전조치를 한 저장탱크의 경우 및 지하에 매몰하여 설치한 저장탱크의 경우에는 폭발방지장치를 설치하지 않을 수 있다.

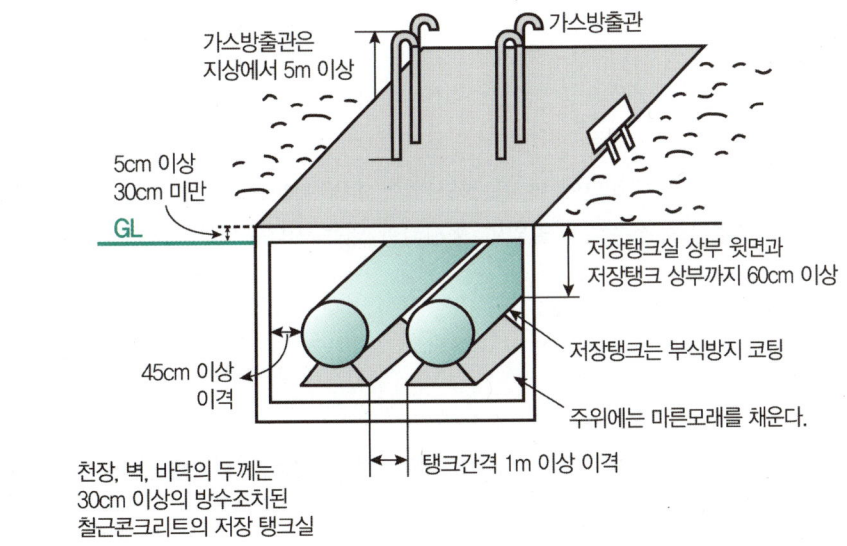

16 저장능력 산정

① **압축가스** : $Q = (10P+1)V_1$

　(단, Q : 저장능력(m^3), P : 35℃에서의 최고충전압력(MPa), V_1 : 내용적(m^3))

② 액화가스(저장탱크) : $W = 0.9dV_2$

(W : 저장능력(kg), d : 액비중, V_2 : 내용적(L))

③ 용기 및 차량에 고정된 탱크 : $W = \dfrac{V_2}{C}$

(W : 저장능력(kg), C : 충전상수(2.35/2.05/0.86), V_2 : 내용적(L))

17 벤트스택과 플레어스택(KGS FP 111 2020.03.18.)

(1) 벤트스택

1) **벤트스택의 높이** : 방출된 가스의 착지농도(着地濃度)가 폭발하한계값 미만
독성가스인 경우에는 허용농도값 미만
2) **독성가스** : 제독조치를 한 후 벤트스택에서 방출할 것
3) **벤트스택 방출구의 위치** : 작업원이 항시 통행하는 장소로부터 10m 이상
4) **그 밖의 벤트스택 방출구의 위치** : 5m 이상 떨어진 곳에 설치할 것

(2) 플레어스택

1) **설치위치 및 높이**

플레어스택 바로 밑의 지표면에 미치는 복사열이 $4,000 \text{kcal}/\text{m}^2 \cdot h$ 이하가 되도록 한다. 다만, $4,000$ $\text{kcal}/\text{m}^2 \cdot h$를 초과하는 경우로서 출입이 통제되어 있는 지역은 그러하지 아니하다.

18 방류둑

(1) KGS FP 111(고압가스 특정제조의 시설 · 기술 · 검사 · 감리 · 정밀안전검진 기준)

(2) 설치기준

특정제조	저장능력	일반제조	저장능력
산소	1,000t	산소	1,000t
가연성	500t	가연성	
독성	5t		
도시가스	도매사업자 : 500t, 일반도시가스사업자 : 1,000t		

(3) 방류둑용량 : 산소(저장능력 : 60%), 수액기(내용적의 90%)

19 긴급차단장치(SSV)

- **동력원** : 액압, 기압, 전기, 스프링(배관 및 탱크의 온도 110℃에서 작동)
  - **조작 위치** : 특정제조 : 10m 이상 (**비고** 일반 제조 : 5m 이상)

20 위험장소와 방폭구조

[위험장소와 방폭구조의 관계]

위험장소	방폭구조
제0종	ia, ib
제1종	p, o, d
제2종	e

[위험장소와 방폭구조의 기본적인 관계]

위험장소	방폭구조	방폭구조기호	적용기준
0종, 1종 및 2종	본질안전방폭	"ia"	IEC 60079-11
	몰드방폭	"ma"	IEC 60079-18
	광학에너지방사 전기기기 및 전송계통의 보존	"op is"	IEC 60079-28
	특수 방폭	"sa"	IEC 60079-33
1종 및 2종	내압방폭	"d"	IEC 60079-1
	안전증방폭	"e"	IEC 60079-7
	본질안전방폭	"ib"	IEC 60079-11
	몰드방폭	"m", "mb"	IEC 60079-18
	유입방폭	"o"	IEC 60079-6
	압력방폭	"p", "px", "py", "pxb" 또는 "pyb"	IEC 60079-2
	충전방폭	"q"	IEC 60079-5
	필드버스(fieldbus) 본질안전구조(FISCO)		IEC 60079-27
	광학에너지방사 전기기기 및 전송계통의 보존	"op is", "op sh", "op pr"	IEC 60079-28
	특수방폭	"sb"	IEC 60079-33
2종	본질안전방폭	"ic"	IEC 60079-11
	몰드방폭	"mc"	IEC 60079-18
	비점화방폭	"n" 또는 "nA"	IEC 60079-15
	통기제한방폭	"nR"	IEC 60079-15
	에너지제한방폭	"nL"	IEC 60079-15
	압력방폭	"pz" 또는 "pzc"	IEC 60079-2
	광학에너지방사 전기기기 및 전송계통의 보존	"op is", "op sh", "op pr"	IEC 60079-28
	특수방폭	"sc"	IEC 60079-33

21 액화석유가스 용기충전사업

(1) **충전설비** : 사업장경계까지 24m 이상 안전거리 유지

(2) **저장설비**

[LPG 용기 충전사업소 저장설비와 사업소경계까지 거리]

저장능력	사업소경계와의 거리
10t 이하	24m
10t 초과 20t 이하	27m
20t 초과 30t 이하	30m
30t 초과 40t 이하	33m
40t 초과 200t 이하	36m
200t 초과	39m

22 가스누출 검지 경보(통보)장치

(1) **방식** : 접촉연소방식(가연성가스), 격막 갈바니 전지방식(산소), 반도체 방식(독성 · 가연성)

(2) **검지 농도** : 가연성(폭발하한의 $\frac{1}{4}$ 이하), 독성가스(허용농도 이하), NH_3(50ppm 이하)

(3) **정밀도** : 가연성가스용(±25% 이하), 독성가스용(±30% 이하)

(4) **검지에서 발신까지의 시간(경보농도의 1.6배 농도에서)** : 일반가스(30초 이내), CO, NH_3(1분 이내)

(5) **신속검지, 경보 가능한 수량** : 바닥면 둘레 10m당 1개 이상
　　　　　　　　　　　　단, 건축물 밖에는 20m당 1개, 정압기실은 20m당 1개

23 특정설비(특정고압가스관련설비)

(1) **종류**

1. 안전밸브 · 긴급차단장치 · 역화방지장치
2. 기화장치
3. 압력용기
4. 자동차용 가스 자동주입기
5. 독성가스 배관용 밸브
6. 냉동설비를 구성하는 압축기 · 응축기 · 증발기 또는 압력용기(일체형냉동기 제외)
7. 특정고압가스용 실린더캐비닛
8. 자동차용 압축천연가스 완속충전설비(3t 이상, 18.5㎥/h 미만)

9. 액화석유가스용 용기 잔류가스 회수장치

10. 저장탱크

11. 차량에 고정된 탱크

암기TIP SV, SSV, 역 기 압, 독배 완 잔, 저, 차

24 재검사주기

(1) 용기 재검사 기간

용기의 종류		재검사 주기		
		신규 검사 후 경과 연수		
		15년 미만	15년 이상~20년 미만	20년 이상
용접용기 (계목)	500L 이상	5년 마다	2년 마다	1년 마다
	500L 미만	3년 마다	2년 마다	1년 마다
※ LPG (계목)	500L 이상	5년 마다	2년 마다	1년 마다
	500L 미만	5년 마다		2년 마다(4년)[주1]
이음매없는 용기 (무계목)	500L 이상	5년 마다		
	500L 미만	10년 초과 3년 마다 (다만, 신규검사 후 10년 이하 : 5년마다)		

주 1) LPG(계목) → (단, 50L 미만 : 4년)

25 특정고압가스의 종류(시행규칙 제20조 제1항: 사용신고) - 개시 7일 전 시장에게 신고

(1) 안전관리법에서 정한 가스

산소, 수소, 아세틸렌, 액화암모니아, 액화염소, 천연가스, 압축모노실란(SiH_4), 압축디브레인(B_2H_6), 액화알진(AsH_3), 포스핀(PH_3), 셀렌화수소(H_2Se), 게르만(GeH_4), 디실란(Si_2H_6)

(2) 대통령령으로 정한 가스

포스핀(PH_3), 셀렌화수소(H_2Se), 게르만(GeH_4), 디실란(Si_2H_6), 삼불화인, 삼불화붕소, 삼불화질소, 사불화유황, 사불화규소, 오불화비소, 오불화인 TIP 오불화붕소(×)

(3) 특수고압 가스

압축모노실란(SiH_4), 압축디브레인(B_2H_6), 액화알진(AsH_3), 포스핀(PH_3), 셀렌화수소(H_2Se), 게르만(GeH_4), 디실란(Si_2H_6)

> **제46조(특정고압가스 사용신고 대상)** 법 제20조제1항에 따라 특정고압가스 사용신고를 하여야 하는 자는 다음 각 호와 같다.
> 1. 저장능력 250kg 이상인 액화가스저장설비를 갖추고 특정고압가스를 사용하려는 자
> 2. 저장능력 50㎥ 이상인 압축가스저장설비를 갖추고 특정고압가스를 사용하려는 자
> 3. 배관에 의하여 특정고압가스(천연가스는 제외)를 공급받아 사용하려는 자
> 4. 압축모노실란, 압축디보레인, 액화 알진, 포스핀, 셀렌화수소, 게르만, 디실란, 오불화비소, 오불화인, 삼불화인, 삼불화붕소, 사불화유황, 사불화규소, 액화염소 또는 액화암모니아를 사용하려는 자
> 5. 자동차 연료용으로 특정고압가스를 사용하고자 하는 자

26 고압가스 운반

(1) 혼합 적재 금지

① 염소와 아세틸렌, 암모니아, 수소는 동일 차량에 적재 운반하지 말 것

② 가연성과 산소를 동일 차량에 적재시 충전용기 밸브가 서로 마주보지 않도록 적재

③ 충전용기와 연소방법이 정하는 위험물과는 동일 차량에 적재 운반하지 말 것

④ 독성가스 중 가연성 가스와 조연성 가스는 동일 차량에 적재 운반하지 말 것

(2) 차량에 고정된 탱크 내용적 제한

① **가연성가스, 산소** : 18,000L 초과 금지(LPG 제외)

② **독성가스** : 12,000L 초과 금지(L-NH_3 제외)

(3) 액화가스 충전하는 탱크는 내부에 액면유동방지조치 위해 방파판 설치

① **후부 취출식** : 주밸브와 후범퍼는 40㎝ 이상 이격 (주사 40cm)

② **측부 취출식** : 용기 후면과 후범퍼는 30㎝ 이상 이격 (상투 20cm)

　　　　　　　　조작상자와 후범퍼는 20㎝ 이상 이격

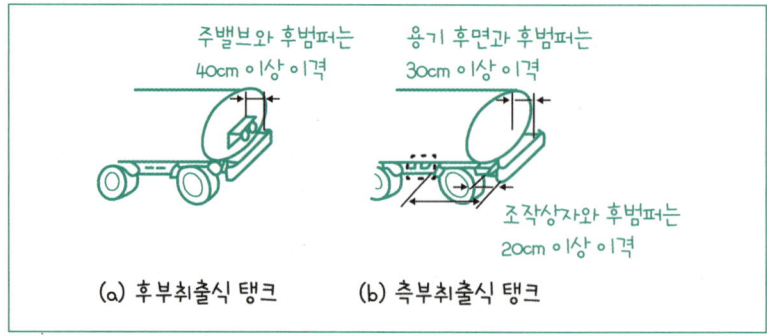

(a) 후부취출식 탱크　　(b) 측부취출식 탱크

(4) 충전용기 적재차량의 주정차 기준

① 제1종 보호시설과 15m 이상 떨어질 것. 제2종 밀집지역은 가능한 피한다.

② 정차시 엔진정지 후 주차브레이크를 걸고 반드시 차량고정목을 사용한다.

(5) 운전상의 주의 사항

① 운반 시 가스명칭, 성질 및 이동 중의 재해방지를 위해 필요한 사항을 기재한 서면을 운반책임자 또는 운전자가 휴대

② 200km 이상의 거리 운행시 중간에 휴식을 취할 것

③ 장시간 정차하지 않도록 하며, 운반책임자와 운전자가 동시에 차량 이탈 금지

④ 운반시 안전관리 총괄자, 부총괄자, 책임자가 운반책임자 및 운전자에게 위해 예방 사항 주지

27 LPG 자동차 용기 충전시설

(1) 충전기 보호대(철근콘크리트 또는 강관제)

① **높이** : 80cm   ② **두께** : 철근콘크리트구조 12cm   ③ **강관제** : 100A

(2) 세이프티커플러 설치 : 인장력 490.4N~588.4N(CNG : 666.4N)

① **충전구(가스주입기)** : 정전기 제거장치와 원터치형

② **충전호스길이** : 5m 이내 [비교 CNG 8m 이내]

28 통풍시설

(1) 자연통풍 : 바닥면에 접하고 외기에 면하여 2방향으로 분산 설치

통풍구 면적 : 1개 환기구의 면적 : 2,400㎠ 이하, 1㎡당 → 300㎠ 비율

(2) 강제통풍장치(기계환기설비)

① **통풍능력** : 바닥면적 1㎡ 당 0.5㎥/분 이상

② **방출구의 높이**

 - 공기보다 가벼운 가스 : 3m 이상(무거운 가스 : 5m 이상)

 - 정압기실에 설치되는 안전밸브의 방출구 : 5m 이상

29 표지판 및 게시판

(1) 화기엄금, 도시가스, 충전중 엔진정지, 위험고압가스, 경계표시

> 암기TIP ① 화 백 적(백색바탕의 적색글씨) ② 도 황 흑 ③ 충 황 흑 ④ 위 황 적 ⑤ 경 백 흑

30 배관

(1) 지하매설배관

① **중압 이상** : PLP관(폴리에틸렌 피복 강관), **보관시 온도** : 40℃ 이하(25 기출), 적색

② **저압** : PE관 황색(예외 : 최고사용압력이 0.4MPa 이하는 중압이나 PE관 시공가능)

(2) 매설 배관 종류(건축물 내 매립 배관)

동관, 스테인리스 강관, 가스용 금속플렉시블 호스

 예제 외경이 300mm이고, 두께가 30mm인 가스용폴리에틸렌(PE)관의 사용 압력범위는?

[가스용폴리에틸렌(PE)관]

최고사용압력 0.4MPa 이하

① $SDR = \dfrac{D}{t} = \dfrac{외경}{두께} = \dfrac{300mm}{30mm} = 10(SDR)$

②

SDR NO	사용압력
11	0.4MPa 이하
17	0.25MPa 이하
21	0.2MPa 이하

---

31 지하매설배관의 색상 및 매설깊이

(1) 지상배관 : 황색

(2) 매설배관 : 저압(황색), 중압(적색, 배관의 사용압력은 중압 이하)

(3) 중압 이하의 배관과 고압배관은 2m 이상 거리유지

(4) 지하 매설 배관의 설치

공동주택 등의 부지 내	0.6m 이상
폭 4m 이상 8m 미만 도로	1.0m 이상
폭 8m 이상 도로	1.2m 이상

32 가스미터기 형식

(1) MAX 1.5m³/h : 사용 최대 유량 $1.5m^3/h$

(2) 0.5L/rev : 계량실 1주기 체적이 0.5L/rev

(3) **가스의 유입 방향** : 화살표로 표시

(4) **검정증인 21/01** : 2021년 01월까지 유효

33 습도계의 종류

(1) ① 모발식   ② 건습구습도계   ③ 아스만습도계   ④ 전기저항식   ⑤ 광전관식

(2) **건습구습도계** : 상대습도 계산시 활용

34 자동제어의 정의

자동적으로 기계장치를 이용하여 행하는 제어

(1) 피드백 제어(feed back control : 폐회로)

제어량의 크기와 목표치를 비교하여 그 값이 일치하도록 행하는 되먹임 신호(피드백 신호)를 보내어 수정동작을 하는 제어방식이다.(아날로그, 연속적=정량적, 정밀)

(2) 시퀀스 제어(sequence control : 개회로)

미리 정해진 순서에 따라 순차적으로 다음 동작이 연속으로 이루어지는 제어방식이다.(자동판매기, 보일러의 점화동작절차 등)

35 보호판 / 보호포 / 라인마크 / 방호철판

(1) 표시사항

① **보호판** : 사용가스명, 최고사용압력, 가스흐름방향 ★★

② **보호포** : 사용가스명, 최고사용압력, 공급자명

(2) 보호판/KGS FS551 2020

① 배관 정상부로부터 30㎝ 이상

② 30~50㎜의 구멍을 3m 이하의 간격으로 뚫음

(3) 보호포

① **재질** : 폴리에틸렌 수지 또는 폴리프로필렌 수지
② **두께** : 0.2mm 이상, **폭** : 15cm 이상(배관의 호칭지름에 10cm 크게)
③ **색상** : 저압관(황색 바탕, 흑색 글씨), 중압관(적색 바탕, 흑색 글씨)
④ **저압배관** : 배관 정상부로부터 60cm 이상(매설깊이가 1m 이상)
　　　　　　　　 배관 정상부로부터 40cm 이상(매설깊이가 1m 미만)
　　중압 이상인 배관 : 보호판 상부로부터 30cm 이상
　　공동주택의 부지 내에 설치 : 배관의 정상부로부터 40cm 이상

(4) 라인마크

① **설치기준** : 글씨크기 10mm 장방향 양각처리하고 도로에 도시가스 매설시 설치
　　배관길이 50m 마다 1개 이상 설치, 주요분기점, 굴곡지점 및 그 주위 50m 이내
② **종류** : 직선방향, 두방향, 세방향, 한방향, 관끝방향, 135˚ 방향(KGS FS 451 2022)

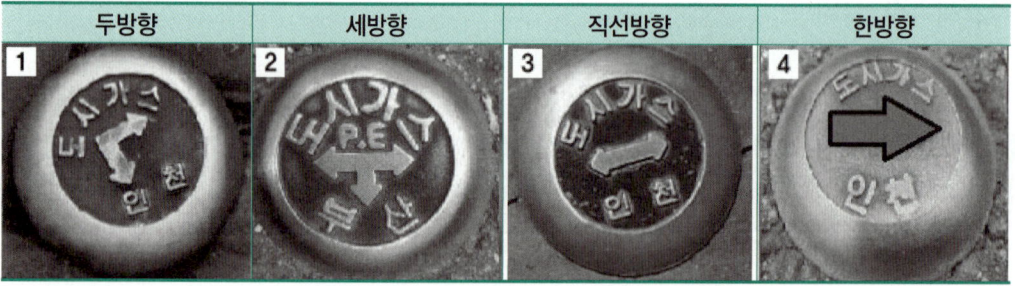

두방향	세방향	직선방향	한방향

(5) 방호철판

① **두께** : 4㎜ 이상　② **크기** : 0.8m 이상(80cm 이상)
　지면으로부터 20㎝~30㎝ 이하로 이격(하부에 쌓인 쓰레기 등 처리 용이)

36 동력(PS 및 kW)

$$PS = \frac{\Upsilon \cdot Q \cdot H}{75 \times \eta \times 60} \text{에서 } kW = \frac{\Upsilon \cdot Q \cdot H}{102 \times \eta \times 60} \ [\Upsilon : \text{비중량}, \ Q : \text{유량}(m^3/min)]$$

> 예제 송수량 1.5㎥/min, 전양정 30m, 펌프의 효율은 72%인 펌프의 축동력은 약 몇 kW인가?
>
> 풀이 $kW = \dfrac{\Upsilon \cdot Q \cdot H}{102 \times \eta \times 60}$ 에서 (Υ: 비중량, $Q = 1.5㎥$)
>
> ① $= \dfrac{1,000 \times 1.5m^3/분 \times 30m}{102 \times 0.72 \times 60} = 10.212$
>
> 정답 약 10.21(kW)

> 예제 만일 송수량 12(㎥/min), 전양정 45m일 때 축동력을 200PS를 필요로 하는 원심펌프의 효율(%)을 구하면?
>
> 풀이 $PS = \dfrac{\Upsilon \cdot Q \cdot H}{75 \times \eta \times 60} = \dfrac{1,000 \times 12m^3/분 \times 45m}{75 \times x \times 60} = 200$ $x = 0.6$
>
> 정답 60(%)

37 이론적 산소량 / 실제공기량 계산

탄화수소 완전연소반응식 $C_mH_n + \left(m + \dfrac{n}{4}\right)O_2 \rightarrow mCO_2 + \dfrac{n}{2}H_2O$ 에서

- 이론적 산소량 $O_0 = \left(m + \dfrac{n}{4}\right)$ • 이론적 공기량 $A_0 = \dfrac{O_0}{0.21}$ (단, 중량시 0.232)
- 실제공기량 $A = mA_0$ (m=공기비)

38 이상기체 상태방정식

(1) 이상기체의 성질(전제조건)

① 분자간의 인력이나 분자의 부피가 없는 완전 탄성체이다.

② 온도에 관계없이 비열비(K=$\dfrac{C_P}{C_V}$)가 일정하다.

③ 아보가드로 법칙을 따른다.

> [아보가드로 법칙]
> 모든 기체 1mol은 표준상태(0℃, 1atm)에서 부피는 22.4L이고, 원자수는 6.02×10^{23} 이다.

④ 보일 – 샤를의 법칙을 만족한다.

⑤ 내부에너지(u)는 온도에 의해 결정된다.

(2) 기체의 법칙(계산시, 비교대상 있을 것)

① **보일의 법칙** : 온도가 일정할 때 체적(부피)은 압력에 반비례한다.

T = 일정 PV = P'V'   [T : 절대온도(K) P : 절대압력(atm) V : 체적(L)]

② **샤를의 법칙** : 압력이 일정할 때 체적은 절대온도에 비례한다.

$$P = 일정 \quad \frac{V}{T} = \frac{V'}{T'}$$

③ **보일 – 샤를의 법칙** : 일정량의 기체의 체적은 압력에 반비례하고 절대온도에 비례한다.

$$\frac{PV}{T} = \frac{P_1 V_1}{T_1}$$

[이상기체 상태 방정식(어느 시점의 현재 상태에서 질문시 적용)]

(1) $PV = nRT = \dfrac{W}{M}RT$, $n(몰수) : \dfrac{W(질량)}{M(분자량)}$, 임의기체상수(R) $= \dfrac{\overline{R}(일반기체상수)}{M(분자량)}$

여기서, W : 질량(g)

M : 분자량(g)

P : 압력(atm)

V : 체적(L)

T : 절대온도(K)

R : 기체상수(0.082L · atm/mol · K)

(2) $PV = GRT$(공학단위)

여기서, P : 압력(kgf/m^2 · a)

V : 체적(㎥)

G : 중량(kgf)

T : 절대온도(K)

R : 기체상수(848kgf · m/kmol · K) = 1.987(kcal/kmol·K)

(3) $PV = GRT$(SI 단위)

$$R = \left(\frac{0.082 m^3 \cdot atm}{kmol \cdot K}\right) \cdot \left(\frac{101.325 kPa}{1atm}\right) \fallingdotseq \left(\frac{8.314 m^3 \cdot kPa}{kmol \cdot K}\right) \fallingdotseq 8.314 \text{kJ/kmol·K}$$

(∵ Pa = N/m^2, J = N · m)

---

39 도시가스 정압기실

(1) 경계책과 안전거리

정압기 주위에는 1.5m 이상의 경계책 설치, 배관 이격 거리 1m

(조명도 150Lux)

비교 도시가스 점검통로 조명도 : 70Lux(배관 노출 15m, 폭 80㎝, 보호대 90㎝)

(2) 지하 정압기실은 두께 30㎝ 이상의 철근 콘크리트 구조일 것

(3) 부속설비 및 안전 조치
    ① 감시장치 설치(정압기 출구)   ② 불순물 제거장치(정압기 입구) → 여과기
    ③ 동결방지 장치 설치   ④ 예비 정압기 설치
    ⑤ 압력기록 장치 설치   ⑥ 안전밸브 설치
    ⑦ 비상 전력 장치 설치   ⑧ 통신설비 설치

(4) 감시장치 설치 : RTU 장치
    ① **경보장치** : 출구 가스압력이 상승한 경우 안전관리자가 상주하는 곳에 통보(70dB 이상)
    ② **가스누출검지 통보설비** : 누출가스를 검지하여 안전관리자가 상주하는 곳에 통보
    • **경보기의 설치개수** : 검지부는 바닥면 둘레 20m에 대하여 1개 이상
    • **작동상황점검** : 1주일에 1회 이상 작동상황 점검
    ③ **출입문 개폐통보장치** : 정압기실 출입문 개폐여부 및 긴급차단 밸브 개폐여부를 안전관리자가 상주하는 곳에 통보할 수 있는 경보설비 설치

(5) 기밀 시험
    ① **입구 압력** : 최고사용압력(D_p) 1.1배 이상으로 할 것
    ② **출구 압력** : 최고사용압력(D_p) 1.1배 이상 또는 8.4kPa 중 높은 압력으로 실시한다.

(6) 정압기 분해점검
    ① 공급시설 2년에 1회 이상, 작동상황 점검은 1주일에 1회 이상
    ② 사용시설 3년에 1회 이상, 차기 점검은 4년에 1회 이상

(7) 안전밸브 분출부 크기
    ① 정압기 입구 압력 0.5MPa 이상시 : 50A
    ② 정압기 입구 압력 0.5MPa 미만시
    • 정압기 설계유량 1,000N㎥/h 이상시 : 50A
    • 정압기 설계유량 1,000N㎥/h 미만시 : 25A

40 배관이음부&가스계량기 유지거리 비교

구분 (단위 : cm)	공급시설(배관이음부)		사용시설		
	LPG 집단	도시가스 (공급소 밖, 일반도시가스)	배관이음부		가스 계량기
			LPG 집단	도시가스(공급소 밖, 일반)	
전기(계량기, 개폐기)		60cm		60cm	60
전기(접속기, 점멸기)	30cm	30cm		15cm	30
굴뚝(단열조치 X)		15cm			
전선(절연조치 X)					15
전선(절연조치 O)		10cm		10cm	규정 없음

사용시설 : 내관·연소기 및 그 부속설비와 공동주택 등의 외벽에 설치된 가스계량기를 말한다.

PART

02

가스기능사 모의고사 및 기출문제

필답형

★
01. 내용적 50㎥인 저장탱크에 액화가스 충전시 충전량은 얼마인가? (단, 액비중은 0.51이다)

> 정답 [저장탱크 저장능력 계산문제]
> W(kg) = 0.9 · d · V$_2$에서 W = 0.9 × 0.51(kg/L) × 50,000L = 22,950(kg)

★★
02. 가스보일러 연소기의 설치기준을 2가지 이상 기술하시오.

> 정답 (1) 개방형 연소기를 설치한 실에는 환풍기 또는 환기구를 설치하여야 한다.
> (2) 반밀폐형 연소기는 급기구 및 배기통을 설치하여야 한다.
> (3) 배기통의 재료는 금속·석면 그 밖에 불연성 재료일 것
> (4) 배기통이 가연성 물질로 된 벽 또는 천장 등을 통과하는 때에는 금속외의 불연성 재료로 단열조치를 할 것
> (5) 자연배기식 반밀폐형 및 밀폐형 연소기의 배기통 끝은 배기가 방해되지 아니하는 구조이고 장애물 또는 외기의 흐름에 의해 배기가 방해받지 아니하는 위치에 설치할 것
> (6) 밀폐형 연소기는 급기구·배기통과 벽과의 사이에 배기가스가 실내로 들어올 수 없도록 밀폐할 것
> (7) 배기팬이 있는 밀폐형 또는 반밀폐형의 연소기를 설치한 경우에는 그 배기관의 배기가스와 접촉하는 부분의 재료를 불연성 재료로 할 것

★★★
03. 가스보일러 시공시 전용보일러실에 설치한다. 다만 전용보일러실에 설치하지 아니할 수 있는 경우 2가지 이상 기술하시오.

> 정답 (1) 밀폐식 가스보일러
> (2) 옥외에 설치한 가스보일러
> (3) 전용급기통을 부착시키는 구조로 검사에 합격한 강제배기식 가스보일러

기능장

04. 상업, 산업용 가스보일러 시공시 연통의 터미널에는 동력팬을 부착하지 아니한다. 다만, 연돌에 부득이하게 (   )을 부착할 경우에는 (   )의 유효단면적이 연돌의 단면적 이상이 되도록 한다.

> **정답** 무동력팬

기능장

05. 가스보일러에 댐퍼를 부착하는 경우 그 위치를 기술하시오.

> **정답** 가스보일러의 역풍방지장치 도피구 직상부로 한다.

★★★

06. 가연성 가스 저온저장탱크에 내부압력이 외부보다 압력이 낮아질 때 그 저장탱크가 파괴되는 것을 방지하기 위하여 갖추어야 할 설비 2가지를 쓰시오.

> **정답** [부압안전장치 종류]
> ① 압력계 ② 압력경보설비 ③ 진공안전밸브 ④ 탱크 또는 시설의 가스도입배관(균압관)
> ⑤ 압력과 연동한 긴급차단장치 설치한 냉동제어설비
> ⑥ 압력연동 긴급차단장치가 설치된 송액설비

기능장

07. 전용보일러실에 설치하는 급기구 및 상부환기구는 다음 설치기준에 따른다. 다만, 건축가스보일러는 전용보일러실에 설치하고, 건축물의 지하에 설치하는 전용보일러실로써 기계환기설비를 설치하거나 급기구 및 환기구를 대체할 수 있는 조치를 하는 경우에는 그러하지 아니하다. 아래 빈칸을 설치 및 시공기준에 맞게 기입하시오.

> 1) 급기구 및 상부환기구의 유효단면적은 그 실에 설치된 (   )의 단면적 이상으로 한다.
> 2) 상부환기구의 설치 위치는 가능한 한 (높게, 낮게) 하되, 가스보일러 역풍 방지장치보다 (높게, 낮게) 하여야 한다.
> 3) 급기구 및 상부환기구의 위치는 외기와 통기성이 좋은 장소에 개구되어 있도록 한다.
> 4) 급기구 또는 상부환기구의 위치 및 구조는 유입된 공기가 직접 가스보일러 연소실에 흡입되어 불이 꺼지는 일이 발생하지 아니하도록 한다.
> 5) 가스보일러를 설치시공한 자는 다음 서식에 따라 (   )을 설치하고, 가스보일러 설치시공 및 보험가입 확인서를 작성하여 (   )간 보존하여야 하며, 그 사본을 (   )에게 교부하고 작동요령에 대한 교육을 실시하여야 한다.

> **정답** 연통, 높게, 높게, 시공표지판, 5년, 가스보일러 사용자

★★★
08. 위험성 평가기법 중 정량적 기법 2가지 이상을 기술하시오.

정성평가	정량평가	
Check List(**체**크리스트)	HEA(작업자실수 분석)	
What - if(**사**고예상질문)	FTA(결함수 분석)	암기TIP 영자 3자리로 짧다
Hazop(**위**험과 운전)	ETA(사건수 분석)	
암기TIP 성체사위	CCA(원인결과 분석)	
	FMECA(이상위험도 분석)	

★★★
09. 다음에서 설명하는 장치명을 쓰시오.

① 가연성 가스 또는 독성 가스의 고압가스 설비 중 특수반응설비와 긴급차단장치를 설치한 고압가스설비에 이상 사태가 발생하는 경우에 그 설비 안의 내용물을 설비 밖으로 긴급하고도 안전하게 처리할 수 있는 장치를 무엇이라고 하는가?

② 또한 그 설비 안의 내용물을 설비 밖으로 긴급하고도 안전하게 연소하여 처리할 수 있는 장치를 무엇이라고 하는가?

정답 ① 벤트스택 ② 플레어스택

★★★
10. 기화된 LPG의 발열량을 조절하기 위하여 일정량의 공기를 혼합하여 공급하는 방식을 무엇이라고 하는가? 또한 이 방식 적용시 발열량조절 외 나머지 목적 3가지를 기술하시오.

정답 ① 공기혼합방식
② 연소효율증대, 재액화방지, 누설시 손실감소

★
11. 고압가스 안전관리법에서 정한 가연성 가스이면서 독성인 가스 4가지를 기술하시오.

> 정답 이황화탄소, 황화수소, 시안화수소, 브롬화메탄
> 해설 가연성이면서 독성이 강한 가스 (일명 : 독, 가)
> 이황화탄소, 황화수소, 시안화수소, 브롬화메탄, 산화에틸렌, 염화메탄, 일산화탄소, 암모니아
> 암기TIP 이황시/ 브롬산에/ 염탄일암

★★★ 25' 기출
12. 아세틸렌가스는 용해가스로 가스발생기의 <u>적정온도(50~60℃), 표면온도(70℃)</u>, 압축시 윤활유 압력 : 2.5MPa 이상 압축금지, 고압건조기의 건조제 : 염화칼슘($CaCl_2$), 가스에 함유되어 있는 불순물을 제거 한다. 이 때 <u>2.5MPa 압력충전시</u> 첨가되는 희석제의 종류 3가지를 기술하시오.

> 정답 메탄, 일산화탄소, 수소
> 해설 압축시 분해폭발을 방지하기 위해 희석제 첨가
> (메탄/일산화탄소/수소/프로판/에틸렌/질소)
> 암기TIP 메일수프에 질(린다)

가스전문가
홍까스와 함께하는 [필답형]
가스기능사 모의고사

Craftsman Gas

★★★
01. 가스배관의 시공 신뢰성을 높이는 일환으로 실시하는 용접부에 대한 비파괴검사법 중 내부선원법, 이중법, 이중상법 등을 이용하는 방법은?

> **정답** 방사선투과시험
> **해설** [비파괴 검사의 종류]
> 파괴를 하지 않고 시공한 면을 또는 검사 측정치에 대해서 적중 여부를 판단
> (1) 음향검사(AE) : 테스트 햄머 사용 소리로 판결
> (2) 침투탐상(PT) : 액을 표면에 도포(내부검출 힘들다)
> (3) 자기(자분)검사(MT) : 자분(자석) 이용
> (4) 방사선 검사(RT)
>
> > 장점 : 공업적으로 가장 신뢰성 있으며, 널리 사용. 내부결함 관찰가능
> > 단점 : 가격이 비싸다. 신체방호 필요. 적층결함 찾기 어렵다.
> > 종류 : 내부선원법, 이중법, 이중상법
>
> (5) 초음파 검사(UT)
>
> > 장점 : 적층결함(내부결함) 관찰이 가능. 결과가 신속하고 검사비용이 싸다.
> > 단점 : 결과의 보존성이 없으며 결함형태가 불명확하다.

★★★
02. 가스배관의 시공 신뢰성을 높이는 일환으로 실시하는 용접부에 대한 비파괴검사법 중 초음파탐상시험의 장점과 단점을 각각 2가지씩 기술하시오.

> **정답** 장점 : 적층결함(내부결함)관찰이 가능. 결과가 신속하고 검사비용이 싸다.
> 단점 : 결과의 보존성이 없으며 결함형태가 불명확하다.

★
03. 액화석유가스의 안전관리 및 사업법에 규정된 용어의 정의에 대한 설명이다. (   ) 안에 알맞은 용어를 쓰시오.

> - (   )라 함은 액화석유가스를 저장하기 위한 설비로서 저장탱크, 마운드형 저장탱크, 소형저장탱크 및 용기를 말한다.
> - (   )라 함은 액화석유가스의 수송, 운반을 위하여 자동차에 고정 설치된 탱크를 말한다.
> - (   )라 함은 액화석유가스를 저장하기 위하여 지상 또는 지하에 고정 설치된 탱크로서 그 저장능력이 3t 미만인 탱크를 말한다.
> - (   )라 함은 저장설비 외의 설비로서 액화석유가스가 통하는 설비(배관을 포함한다)와 그 부속설비를 제외한 설비를 말한다.

정답 저장설비, 자동차에 고정된 탱크, 소형저장탱크, 가스설비
해설 저장설비 : 액화석유가스를 저장하기 위한 설비
             저장탱크, 마운드형 저장탱크, 소형저장탱크 및 용기
       자동차에 고정된 탱크 : 액화석유가스의 수송 운반을 위하여 자동차에 고정 설치된 탱크
       소형저장탱크 : 액화석유가스를 저장하기 위하여 지상 또는 지하에 고정 설치된 탱크
             저장능력 3t 미만인 탱크
       가스설비 : 저장설비외의 설비. 액화석유가스가 통하는 설비(배관 포함). 부속설비를 제외한 설비

★
04. 액화프레온12(R-12)가스 300kg을 내용적 50L 용기에 충전할 때 필요한 용기의 개수는? (단, 가스정수 C는 0.86이다.)

정답 6개
해설 저장능력 계산
       ① $W(kg) = L/C$에서 $W = 50/0.86 = 58.14$
       ② 용기 개수 $300/58.14 = 5.16$(개), 약 6개

★★★
05. 독성가스 누출 시 사용하는 제독제로서 염소가스에 사용되는 제독제(흡수제)를 모두 기술하시오.

정답 소석회, 가성소다수용액, 탄산소다수용액

해설 [제독제 종류]

종류	소석회	가성소다수용액	탄산소다수용액	물
염소	○	○	○	
시안화수소		○		
포스겐	○	○		
아황산가스		○	○	○
암모니아 산화에틸렌 염화메탄	물			

★★★
06. 다음은 이상기체방정식이다. 기체상수 R값을 각각 구하시오. (계산식과 단위 없을시 오답처리)

1) PV = nRT

2) PV = GRT

3) PV = GRT에서 단위가 (cal/mol·k)일 경우 값을 구하시오.

정답 1) $PV = nRT$

$$R = \frac{PV}{n \cdot T} = \frac{1atm \times 22.4\text{L}}{mol \cdot 273K} = 0.082 \left(\frac{atm \cdot \text{L}}{mol \cdot K} \right)$$

2) $PV = GRT$

$$R = \frac{PV}{GT} \text{에서} \ \frac{1.0332 \times 10^4 kgf/m^2 \times 22.4m^3}{Kmol \cdot 273K} \fallingdotseq 848 \left(\frac{kgf \cdot m}{Kmol \cdot K} \right)$$

3) $R = 848 \frac{kgf \cdot m}{kmol \cdot K} = 848 \times \frac{1}{427} kcal/kmol \cdot K = 1.987 \, (cal/mol \cdot K)$

※ 1kcal = 427kgf · m

★★
07. 펌프의 실제 송출유량을 Q, 펌프 내부에서의 누설유량을 0.6Q, 임펠러 속을 지나는 유량을 1.6Q라 할 때 펌프의 체적효율(η_V)은?

정답 62.5%

해설 $\eta_v(체적효율) = \dfrac{실제유량}{임펠러속을\ 지나는\ 유량} = \dfrac{Q}{1.6Q} = \dfrac{1}{1.6} = 62.5(\%)$

★
08. 프로판, 일산화탄소, 아세틸렌, 암모니아가스의 위험도(H)를 구하고, 위험도가 큰 것부터 작은 순으로 쓰시오.

정답 위험도 크기 : 아세틸렌 〉 일산화탄소 〉 프로판 〉 암모니아
해설 프로판, 일산화탄소, 아세틸렌, 암모니아의 위험도(H) 계산

$$H = \frac{U-L}{L}$$

여기서, U : 폭발범위 상한값   L : 폭발범위 하한값

아세틸렌 : H = (81−2.5)/2.5 = 31.4
일산화탄소 : H = (74−12.5)/12.5 = 4.92
프로판 : H = (9.5−2.1)/2.1 = 3.52
암모니아 : H = (28−15)/15 = 0.86

★★★
09. 일반도시가스사업의 시설 및 기술기준에서 공급압력을 2차측, 즉 수요처에 맞게 감압하여 허용압력범위로 유지 정압하고 가스흐름이 불안정할 경우에 2차측 압력상승을 방지하는 폐쇄기능을 갖는 기기인 정압기는 압력조정기와 그 부속설비를 지칭하는 하나의 집합설비인 유니트(Unit)이다. 정압기의 특성을 4가지 쓰시오.

정답 정특성, 동특성, 유량특성, 사용최대차압 및 작동최소차압
해설 [정압기의 특성]
㉠ 정특성 : 정상 상태에 있어서 유량과 2차 압력과의 관계
 • 유량이 변화하여 2차 압력으로부터 어긋난 것을 오프 셋(off-set)
 • 유량이 0으로 되었을 때의 끝맺은 압력과의 Ps차를 룩크 업(lock up)
 • 1차 압력 등의 변화에 의하여 정압곡선이 전체적으로 어긋나는 것을 시프트(shift)
㉡ 동특성 : 부하 변동이 크고 응답의 신속성과 안정성이 요구되는 특성
㉢ 유량특성 : 메인 밸브의 열림과 유량과의 관계를 말하며 3종류의 특성이 있다.
㉣ • 사용최대차압 : 1차 압력과 2차 압력의 차압이 최대로 되었을 때 최대차압
 • 작동최소차압 : 정압기가 작동할 수 없게 되는 최소값

★
10. 도시가스 안전관리법에서 말하는 도시가스의 정의를 쓰시오.

> 도시가스 :

정답 도시가스란 천연가스(액화한 것을 포함한다. 이하 같다) 또는 배관을 통하여 공급되는 석유가스 · 나프타부생가스 · 바이오가스 등 대통령령으로 정하는 것을 말한다.

★
11. 도시가스 중 대통령령으로 정하는 도시가스의 종류 3가지를 쓰시오.

정답 천연가스, 석유가스, 나프타 부생(副生)가스

기능장
12. 도시가스 중 나프타 부생(副生)가스의 정의를 쓰시오.

정답 석유화학공장에서 나프타 분해공정을 통해 에틸렌, 프로필렌 등을 제조하는 과정에서 부산물로 발생하는 메탄이 주성분인 가스 및 이를 다른 도시가스와 혼합하여 제조한 가스

[10번, 11번, 12번 문제 공통 해설]
해설 도시가스는 천연가스(액화한 것을 포함한다. 이하 같다) 또는 배관을 통하여 공급되는 석유가스 · 나프타부생가스 · 바이오가스 등 대통령령으로 정하는 가스를 지칭한다.

대통령령으로 정하는 가스는 다음과 같다.
1) 천연가스 : 지하로부터 자연적으로 발생하는 메탄을 주성분으로 한 가연성 가스
2) 천연가스와 일정량을 혼합하거나 이를 대체하여도 도시가스배관 및 사용기기의 성능과 안전성에 영향 없이 사용할 수 있는 것으로서 산업통상자원부장관이 정하여 고시하는 품질기준에 적합한 다음 각 목의 가스 중 배관을 통하여 공급되는 가스
  (1) 석유가스 : 「액화석유가스의 안전관리 및 사업법」 제2조제1호에 따른 「액화석유가스 및 석유 및 석유대체연료사업법」 제2조제2호 나목에 따른 석유가스를 공기와 혼합하여 제조한 가스
  (2) 나프타 부생(副生)가스 : 석유화학공장에서 나프타 분해공정을 통해 에틸렌, 프로필렌 등을 제조하는 과정에서 부산물로 발생하는 메탄이 주성분인 가스 및 이를 다른 도시가스와 혼합하여 제조한 가스

(3) 바이오가스 : 유기성 폐기물, 바이오매스를 소화(발효) 또는 가스화하여 발생되는 기체를 정제시켜 만든 메탄이 주성분인 가스 및 이를 다른 도시가스와 혼합하여 제조한 가스

(4) 합성천연가스 : 석탄을 주원료로 하여 고온·고압의 가스화 공정을 거쳐 생산한 가스로서 메탄이 주성분인 가스 및 이를 다른 도시가스와 혼합하여 제조한 가스

(5) 그 밖에 도시가스 수급 안정과 에너지 이용 효율 향상을 위해 보급할 필요가 있다고 인정하여 산업 통상자원부령으로 정하는 가스

★★
01. 도시가스 시설 및 기술기준에서 도시가스 ① 배관종류를 쓰고, 아래 각 사업자의 배관 중 ② 본관에 대하여 기술하시오.

> ① 본관, 공급관, 내관 및 그 밖의 관을 말한다.
> ② 가스도매사업자 :
>   일반도시가스사업자 :

정답 (1) 가스도매사업의 경우 : 도시가스제조사업소(액화천연가스의 인수 기지를 포함한다. 이하 같다)의 부지 경계에서 정압기지까지 이르는 배관. 다만, 밸브기지 안의 배관은 제외한다.
(2) 일반도시가스사업의 경우 : 도시가스제조사업소의 부지 경계 또는 가스도매사업자의 가스시설 경계에서 정압기까지 이르는 배관

기능장
02. 가스도매사업과 일반도시가스사업의 정의를 각각 기술하시오.

> (1) 가스도매사업
> (2) 일반도시가스사업

정답 (1) 가스도매사업 : 일반도시가스사업자외의 자가 일반도시가스사업자, 도시가스 충전사업자 또는 산업통상자원부령으로 정하는 대량수요자에게 천연가스를 공급한다.
(2) 일반도시가스사업 : 가스도매사업자 등으로부터 공급받거나 스스로 제조한 도시가스를 일반의 수요에 따라 배관을 통하여 수요자에게 공급하는 사업을 말한다.

★★★
03. 도시가스 시설 및 기술기준에서 도시가스 배관종류에는 본관, 공급관, 내관 및 그 밖의 관이 있다. 공급관 중 사용자 공급관에 대하여 쓰시오.

> **정답** 사용자 공급관이란 공급관 중 가스사용자가 소유하거나 점유하고 있는 토지의 경계에서 가스사용자가 구분하여 소유하거나 점유하는 건축물의 외벽에 설치된 계량기의 전단밸브(계량기가 건축물의 내부에 설치된 경우에는 그 건축물의 외벽)까지 이르는 배관을 말한다.

★★★
04. 도시가스 시설 및 기술기준에서 도시가스 배관종류에는 본관, 공급관, 내관 및 그 밖의 관이 있다. 내관에 대하여 쓰시오.

> **정답** 가스사용자가 소유하거나 점유하고 있는 토지의 경계(공동주택 등으로서 가스사용자가 구분하여 소유하거나 점유하는 건축물의 외벽에 계량기가 설치된 경우에는 그 계량기의 전단밸브, 계량기가 건축물의 내부에 설치된 경우에는 건축물의 외벽)에서 연소기까지 이르는 배관을 말한다.

★★
05. 도시가스공급시설과 사용시설을 구분하여 정의를 기술하시오.

> (1) 가스공급시설 :
> (2) 가스사용시설 :

> **정답** (1) 가스공급시설 : 도시가스를 제조하거나 공급하기 위한 시설로서 가스제조시설과 가스배관시설을 말한다.
>   1) 가스제조시설
>   가스의 하역 · 저장 · 기화 · 송출 시설 및 그 부속설비
>   2) 가스배관시설
>   도시가스 제조사업소로부터 가스사용자가 소유하거나 점유하고 있는 토지의 경계(공동주택 등으로서 가스사용자가 구분하여 소유하거나 점유하는 건축물의 외벽에 계량기가 설치된 경우에는 그 계량기의 전단밸브, 계량기가 건축물의 내부에 설치된 경우에는 건축물의 외벽)까지 이르는 배관. 공급설비와 그 부속설비를 말한다.
> (2) 가스사용시설 : 내관 · 연소기 및 그 부속설비와 공동주택 등의 외벽에 설치된 가스계량기를 말한다.

★★
06. 액화석유가스 특정 사용시설의 검사에서 특정사용자인 자동차의 연료용으로 액화석유가스를 사용하고자 하는 자는 가스 설비에 대하여 검사를 받아야 한다. 가스처리설비 3가지만 기술하시오.

정답 펌프, 압축기, 기화장치

해설 가스설비 중 처리설비는 펌프, 압축기, 기화장치가 있으며 충전설비에는 펌프, 압축기, 충전기가 있다.
또한 액화석유가스 특정사용시설을 설치하거나 변경공사를 완공하면 그 시설의 사용 전에 완성검사를 받아야 하며, 완성검사를 받아야 하는 시설의 변경공사는 다음 각 호와 같다. (기능장)
(가) 저장설비(저장능력 500kg 이상의 용기집합설비, 소형저장탱크 및 저장탱크만을 말한다)의 위치 변경 또는 설치 수량의 증가를 수반하는 용량증가 공사
(나) 저장탱크 및 소형저장탱크를 교체 설치하는 공사
(다) 저장설비(용기, 소형저장탱크 및 저장탱크만을 말한다)의 종류를 변경하는 공사
(라) 가스설비(기화장치, 펌프 및 압축기만을 말한다)의 수량을 증가하거나 용량을 증가하는 공사
(마) 저장능력 500kg 이상의 저장설비를 갖추고 이를 사용하는 시설에서 배관을 20m 이상 증설하는 공사

★★★
07. 도시가스 특정가스사용시설(검사) 월사용예정량 산정기준(KGS FU551 1.9)에서 산출량공식은 아래와 같다. 여기에서 "A" 의미를 쓰시오.

$$Q = \frac{A \times 240 + B \times 90}{11,000}$$

정답 A = 산업용으로 연소기 명판에 기재한 가스 소비량의 합계(kcal/h)

해설 월사용예정량은 다음 식에 의하여 산출한다.

$$Q = \frac{A \times 240 + B \times 90}{11,000}$$

Q = 월 사용예정량(m^3)
A = 산업용으로 연소기 명판에 기재한 가스 소비량의 합계(kcal/h)
B = 산업용이 아닌 연소기 명판에 기재한 가스 소비량의 합계(kcal/h)

08. 독성가스 중 2중관으로 하여야 하는 독성가스종류 3가지를 쓰시오.

> **정답** 포스겐, 황화수소, 시안화수소
> **해설** [2중관 시공해야 하는 가스종류]
> 포스겐, 황화수소, 시안화수소, 아황산가스, 암모니아, 산화에틸렌, 염소, 염화메탄
> **암기TIP** 포황시, 아황암산에, 염소, 염탄

09. 공사계획의 승인(변경승인) 대상에는 제조소, 공급소, 사업소외 배관, 정압기밸브기지 등으로 구분되며 일정규모 이상의 가스공급시설을 설치 또는 변경하고자 하는 자는 시장·군수, 구청장의 승인을 받아야 한다. 그 중 사업소외 배관에서 본관 또는 최고사용압력이 중압 이상인 공급관을 (   )m 이상 설치하거나 변경하는 공사는 공사계획 승인대상이다.

> **정답** 20m
> **해설** [승인공사의 종류]
> 1. 제조소의 신규 설치 또는 다음에 해당하는 설비의 설치공사
>   (1) 가스발생설비
>   (2) 가스 홀더
>   (3) 배송기 또는 압송기
>   (4) 액화가스용 저장탱크 및 펌프
>   (5) 최고사용압력이 고압인 열교환기
>   (6) 가스압축기, 공기압축기 또는 송풍기
>   (7) 냉동설비(유분리기, 응축기 및 수액기에 한한다.)
>   (8) 배관(최고사용압력이 중압 또는 고압인 배관으로서 호칭지름이 150mm 이상이고 그 길이가 20m 이상인 것)
> 2. 공급소
>   (1) 가스홀더
>   (2) 압송기
>   (3) 정압기
>   (4) 배관(최고사용압력이 중압 또는 고압인 배관으로서 호칭 지름이 150mm 이상인 것)
> 3. 사업소외 배관
>   본관 또는 최고사용압력이 중압 이상인 공급관을 20m 이상 설치하는 공사
> 4. 정압기밸브기지
>   설치공사. 다만 계량설비, 가열설비 및 방산탑(벤트스택)의 설치공사는 제외한다.

기능장

10. 도시가스의 시공관리에서 공사계획승인(신고)절차는 신청서에 공사계획서, 공사공정표(변경시 변경사유 서포함), (   ), 건설산업기본법에 의한 전문건설업등록증 사본, 시공관리자 자격증 사본, 공사 예정금액 명세서 등을 첨부하여 시장·군수, 구청장의 승인을 받아야 한다.

> **정답** 기술검토서
>
> **해설** 1) 도시가스 시공관리 공사계획 승인(신고)절차
>
> | 사업자 | 기술검토 신청 | 한국가스 안전공사 | 결과통보 | 사업자 | 승인신청 | 시장·군수·구청장 |
> |---|---|---|---|---|---|---|
> | | 〈법 제11조, 제39조의 2〉 | | | | | |
> | (계획수립) | → | (기술검토) | → | | → | 승인·신고 |
>
> 2) 승인기준
> 승인권자는 다음에서 정한 사항에 적합한 경우에 공사계획 승인을 하여야 한다.
> (1) 허가의 내용과 일치할 것
> (2) 가스공급시설의 시설기준·기술기준에 적합할 것
> (3) 설치·변경공사의 공정이 도시가스의 원활한 공급에 적합할 것
> (4) 시공자 및 시공관리자가 건설산업기본법령에 적합할 것
> (5) 공사계획이 기술검토결과에 적합할 것
> 3) 도시가스 시공관리 중 시장·군수, 구청장은 공사계획 신고 또는 변경신고를 받은 때에는 공사계획 승인절차와 같이 처리한다.

기능장

11. 도시가스 시공관리 공사중 사업소외의 배관에서 사용자 공급관을 제외한 공급관 중 최고사용압력이 저압인 공급관을 20m 이상 설치하거나 변경하는 공사는 신고대상 공사이다. 다만 다음에 해당하는 공사를 신고대상에서 제외한다. 공란을 기입하시오.

> 1. 호칭지름 (   ) 이하인 저압의 공급관을 설치하거나 변경공사
> 2. 공사계획의 신고를 한 공사로서 당해공사의 구간 안에서 배관의 길이를 줄이거나 배관의 길이를 10분의 1 이내 또는 (   ) 미만으로 증설하는 공사

> **정답** 50mm, 20m
>
> **해설** [신고대상공사의 종류]
> 1. 제조소
>   (1) 다음 1에 해당하는 설비의 위치변경공사
>   ① 가스발생설비   ② 가스홀더   ③ 배송기 또는 압송기
>   ④ 액화가스 저장탱크   ⑤ 가스 압축기
>   ⑥ 냉동설비(유분리기 응축기 및 수액기에 한함)

(2) 다음 1에 해당하는 설비의 안전장치의 변경 공사
    ① 가스발생설비   ② 가스홀더
    ③ 액화가스 저장탱크   ④ 열교환기

2. 공급소
   (1) 다음 1에 해당하는 설비의 위치 변경공사
       ① 가스홀더   ② 압송기   ③ 정압기
   (2) 다음 1에 해당하는 변경공사
       ① 가스홀더 및 정압기의 안전장치의 변경공사
       ② 정압기의 용량변경공사

3. 사업소 외의 배관
   사용자 공급관을 제외한 공급관 중 최고사용압력이 저압인 공급관을 20m 이상 설치하거나 변경하는
   공사. 다만 다음의 (1)에 해당하는 공사를 제외한다.
   (1) 호칭지름 50mm 이하인 저압의 공급관을 설치하거나 변경 공사
   (2) 공사계획의 신고를 한 공사로서 당해공사의 구간 안에서 배관의 길이를 줄이거나 배관의 길이를 10
       분의 1 이내 또는 20m 미만으로 증설하는 공사

4. 정압기
   (1) 방산탑(벤트스택)의 설치 또는 위치변경공사
   (2) 배관공사(최고사용압력이 저압인 배관을 20m 이상 설치·증설·교체 또는 이설하는 공사만을 말한다.)

기능장
12. 도시가스 시설의 시공내용의 통보 및 보존기준에서 시공자는 공사착공일 (   )일 전에 해당 도시가스사
업자에게 공사기간/시설공사내역/가스사용 예정시기/수요자의 수 및 사용예정량/수요자의 주소, 성명 및
전화번호/시공관리자의 성명 및 자격 등을 해당 도시가스사업자에게 미리 알려주어야 하고 일반도시가스
사업자는 통보받은 날로부터 (   )일 이내에 가스공급시설의 설치계획 및 공급능력 등에 미치는 영향들의
검토결과를 시공자 및 가스수요자에게 공지하여야 한다.

정답 15, 7
해설 [통보 및 보존기준]
시공자는 공사착공일 15일 전에 해당 도시가스사업자에게 <u>공사기간/시설공사내역/가스사용 예정시기/수
요자의 수 및 사용예정량/수요자의 주소, 성명 및 전화번호/시공관리자의 성명 및 자격</u> 등을 해당 도시가
스사업자에게 미리 알려주어야 하고 일반도시가스사업자는 통보받은 날로부터 7일 이내에 가스공급시설의
설치계획 및 공급능력 등에 미치는 영향들의 검토결과를 <u>시공자 및 가스수요자</u>에게 공지하여야 한다.

★★
01. 도시가스시설 설치 시 시공감리 중 주요공정에 대하여는 전부 시공감리대상이다. 주요공정 시공감리대상을 2가지 쓰시오.

> **정답** 1. 일반도시가스사업자의 배관
> 2. 도시가스사업자외의 가스공급시설설치자의 배관(그 부속시설을 포함한다)
> **해설** 가) 주요공정 시공감리 대상(규칙 제53조 제3항, KGS GC252, 2018)
> ① 일반도시가스사업자 및 도시가스사업자외의 가스공급 시설설치자의 배관
> (그 부속시설을 포함한다)
> ② 나프타부생가스, 바이오가스제조사업자 및 합성천연가스제조사업자의 배관
> (그 부속시설을 포함한다)
> 나) 일부공정 시공감리 대상
> ① 가스도매사업자의 가스공급시설
> ② 주요공정 시공감리대상 제외한 가스공급시설
> ③ 시공감리의 대상이 되는 사용자 공급관(그 부속시설을 포함한다)

★★★
02. 도시가스 공급시설에서 배관의 부식방지를 위해 희생양극법 등의 전기방식법을 사용한다. 이 전기방식법 중 나머지 3가지를 기술하시오.

> **정답** 외부전원법, 선택배류법, 강제배류법

★★★
03. 도시가스 공급시설에서 도시가스배관은 용접접합 시공 후 배관에 대하여 비파괴검사를 실시한다. 공업적으로 널리 사용되는 비파괴검사법과 나머지 비파괴검사법을 2가지 이상 기술하시오.

> **정답** 1. 방사선투과검사(RT)
> 2. 음향검사(AE), 침투탐상검사(PT), 자분(자기)검사(MT), 초음파검사(UT)

[2번, 3번 공통해설]

해설 **[배관시설 및 기술기준]**

배관의 접합은 액화석유가스의 누출을 방지할 수 있도록 용접접합 시공을 확실히 하고, 비파괴시험을 실시한다.

부식억제방법	전기방식법	비파괴시험
전기 방식법 부식 환경처리 방법 피복에 의한 방법 부식 억제제 사용	유전 양극법 외부 전원법 선택 배류법 강제 배류법	음향검사(AE) 침투탐상검사(PT) 자분(자기)검사(MT) 방사선투과검사(RT) 초음파검사(UT) 와류검사

또한 배관은 신축 등으로 지상배관에 대하여 액화석유가스가 누출하는 것을 방지하기 위하여 신축흡수장치 등 필요한 조치를 강구할 것

• 신축흡수법 : 루프 신축이음, 상온 스프링법, 벨로즈 신축이음, 슬리브, 스위블 조인트

★★★
04. 도시가스 공급 및 사용시설에서 배관에 설치하는 입상관밸브의 설치 높이와 가스계량기의 설치 높이를 각각 쓰시오.

정답 1. 입상관밸브 : 밸브의 손잡이가 부착된 부분(중심)을 기준으로 바닥으로부터 1.6m 이상 2m 이내에 설치
2. 가스계량기 : 바닥으로부터 계량기 지시장치(계량값 표시창)의 중심까지 1.6m 이상 2m 이내
단, 보호상자에 가스계량기를 넣을 경우 2m 이내에 설치

해설 1) 1 - 2 - 1 - 1 입상관 밸브 높이가 1.6m 미만인 경우 입상관 밸브를 불연재료의 보호상자 안에 설치한다.
1 - 2 - 1 - 2 입상관 밸브 높이가 2m를 초과한 경우 다음 중 어느 하나의 기준을 따른다.
(1 - 2 - 1 - 2 - 1) 원격으로 차단이 가능한 전동밸브를 설치한다. 이 경우 전동밸브의 제어부는 조작이 용이하도록 공용의 장소에 바닥으로부터 1.6m 이상 2m 이내에 설치하며 전동밸브 및 제어부는 빗물에 노출되지 않도록 조치한다.
(1 - 2 - 1 - 2 - 2) 입상관 밸브 차단을 위한 전용계단을 견고하게 고정·설치한다.
가스계량기와 입상관 밸브의 설치기준 : 바닥면 1.6m~2m 이내에 설치
<u>불연재료의 보호상자에 가스 계량기 넣을 경우 2m 이내에 설치(2019년 개정)</u>

2) 호스콕과 배관용 밸브설치기준
원칙은 각각의 연소기에는 퓨즈콕, 상자콕을 설치하나, 다음의 경우는 예외적으로 설치가능
㉠ 가스 소비량 : 19,400(kcal) 초과 ㉡ 압력 : 3.3kPa 초과

3) 주배관에는 배관용 밸브설치를 원칙으로 함(호스 길이 : 3m 이내(T자 분기 금지))

05. 고압가스제조시설 및 기술기준에서 다음은 충전용기에 각인된 기호이다. 기호의미를 쓰시오.

---

① AG :　　　　　　② PG :　　　　　　③ LG :

정답 ① 아세틸렌가스를 충전하는 용기의 부속품
　　② 압축가스를 충전하는 용기의 부속품
　　③ 액화석유가스외의 액화가스를 충전하는 용기의 부속품

해설 1) 용기 각인 사항
　　• 용기 제조업자의 명칭 또는 약호
　　• 충전하는 가스의 명칭
　　• 내용적(기호 : V, 단위 : L)
　　• 초저온 용기 외의 용기는 밸브 및 부속품(분리 할 수 있는 것에 한한다)을 포함하지 아니한 용기의 질량(기호 : W, 단위 : kg)
　　• 아세틸렌가스 충전용기는 질량에 용기의 다공물질 · 용제 및 밸브의 질량을 합한 질량(기호 : TW, 단위 : kg)
　　• 압축가스를 충전하는 용기는 최고 충전압력(기호 : FP, 단위 : kgf/㎠)
　　• 내용적이 500L를 초과하는 용기에는 동판의 두께(기호 : t, 단위 : ㎜)

　　2) 용기 부속품 ★★
　　　　• 아세틸렌가스를 충전하는 용기의 부속품 : AG
　　　　• 압축가스를 충전하는 용기의 부속품 : PG
　　　　• 액화석유가스외의 액화가스를 충전하는 용기의 부속품 : LG
　　　　• 액화석유가스를 충전하는 용기의 부속품 : LPG
　　　　• 초저온 용기 및 저온용기의 부속품 : LT

★★★
06. 가스보일러 설치 및 기술기준에서 연소 기구에 대한 연소방식 2가지 이상을 쓰시오.

> **정답** ㉠ 적화식 연소 방식   ㉡ 분젠식 연소 방식
>   ㉢ 반분젠식 연소 방식   ㉣ 전 1차 공기식 연소 방식
>
> **해설** 연소 기구의 분류(1차 공기, 2차 공기 혼합비율에 따른 연소방식에 의한 분류)
>   ㉠ 적화식 연소 방식
>   연소에 필요한 공기의 전부를 불꽃 주변으로부터 취한 2차 공기에 의해 연소하는 방식으로 ★온도는 900℃ 정도이고 순간온수기, 각종 파일로트 버너가 해당된다.
>   ㉡ 분젠식 연소 방식
>   노즐로부터 분출되는 가스에 1차 공기(70%)가 혼합 혼입되어 염공에 보내진 후 염공의 불꽃 주변에서 2차 공기(30%)를 취해 가스를 완전 연소시키는 방식으로 ★온도는 1,300℃ 정도이고 일반 가스 기구, 온수기, 가스렌지 등이 해당된다.
>   ㉢ 반분젠식 연소 방식
>   적화식 연소방식과 분젠식 연소방식의 중간 연소 방식으로 1차 공기와 2차 공기의 비율이 분젠식의 반대이다. ★온도는 1,000℃ 정도로 목욕탕, 온수기, 버너 등에 쓰인다.
>   ㉣ 전 1차 공기식 연소 방식
>   연소에 필요한 공기의 100%를 1차 공기로 하여 가스에 미리 혼합시켜 연소하는 방식으로 연소 속도가 빨라 역화의 우려가 있으므로 특수한 구조의 버너를 쓴다.

★
07. 입상높이 30m 아파트에 도시가스를 공급할 때 압력손실은 몇 kPa인가? (단, 도시가스의 비중은 0.55이다)

> **정답** −0.17kPa
> **계산식** 입상관 배관의 압력손실(상승) 계산
>   ① $H = 1.293 (S - 1) h = 1,293 \times (0.55 - 1) \times 30 = -17.455 mmH_2O$
>   ② kPa 압력변환하여 압력손실 계산
>   대기압 $1atm = 10,332 mmH_2O = 101.325 kPa$이므로
> $H(압력손실) = (-17.455 mmH_2O / 10,332 mmH_2O) \times 101.325 kPa = -0.1711 kPa$
> **해설** 입상관 배관의 압력손실(상승) 계산문제
> $H = 1.293 (S - 1) h = 1,293 \times (0.55 - 1) \times 30 = -17.455 mmH_2O$
>   ② kPa 단위로 압력손실 계산 : $1atm = 10,332 mmH_2O = 101.325 kPa$이므로
> $H(압력손실) = (-17.455 mmH_2O / 10,332 mmH_2O) \times 101.325 kPa = -0.1711 kPa$
>   ★★입상관 배관의 압력손실에서 (−)의미는 압력상승을 말함(기사에서 종종 질문함).

★★★
08. 펌프에서 발생하는 이상현상을 4가지 쓰시오.

> **정답** 캐비테이션(Cavitation), 베이퍼록, 서징, 워터햄머링
> **해설** 펌프에서 발생하는 이상현상 중 기출 높은 공동현상
> • 캐비테이션(Cavitation) : 공동현상, 물속에 빈곳(cavity)이 발생
> 유체 중에 그 액온의 증기압보다 압력이 낮은 부분이 생기면 물이 증발을 일으키고, 투입된 공기가 낮은
> 압력으로 작은 기포가 다수 발생되는 현상
> ① 발생조건
> ㉠ 흡입 양정이 지나치게 길 때
> ㉡ 과속으로 유량이 증대될 때
> ㉢ 흡입관 입구 등에서 마찰저항 증가 시
> ㉣ 관로 내의 온도가 상승될 때
> ② 방지대책
> ㉠ 양 흡입 펌프를 사용한다.
> ㉡ 펌프의 회전수를 낮춘다.
> ㉢ 펌프의 설치위치를 낮추어 흡입양정을 짧게 한다.
> ㉣ 관경을 크게 하고 흡입측의 저항과 유속을 줄인다.
> ㉤ 수직축 펌프를 사용하고 회전차를 수중에 잠기게 한다.
> ㉥ 펌프를 두 대 이상 설치한다.

기능장
09. 다음은 폭굉 유도거리가 짧아질 수 있는 조건이다. 빈칸을 채우시오.

> 가) 정상 연소속도가 (큰, 작은) 혼합가스일수록
> 나) 관속에 방해물이 있거나 지름이 (큰, 작을)수록
> 다) 압력이 (높을, 낮을)수록
> 라) 점화원의 에너지가 (클, 작을)수록

> **정답** 큰, 작을, 높을, 클
> **해설** 폭굉 유도거리(DID: 처음의 완만한 연소가 격렬한 폭굉으로 진행될 때까지의 거리)가 짧아질 수 있는 조건
> 은 다음과 같다. ★ 2025년 기출 "폭굉" 정의
> 가) 정상 연소속도가 큰 혼합가스일수록
> 나) 관속에 방해물이 있거나 지름이 작을수록
> 다) 압력이 높을수록
> 라) 점화원의 에너지가 클수록 짧다.

★
10. 고압가스 충전 용기 및 안전관리 유지기준에서 충전 용기와 잔가스 용기를 구분하시오.

> • 충전 용기 :
> • 잔가스 용기 :

> 정답 충전 용기 : 충전 질량, 충전 압력의 1/2 이상이 충전되어 있는 용기
> 잔가스 용기 : 충전 질량, 충전 압력의 1/2 미만이 충전되어 있는 용기

★★★
11. 가스제조시설에 설치되는 방호벽 중에 박강판제 시공 설치기준에 대한 내용이다. 다음 중 ( ) 안에 숫자를 기입하시오.

> 1. 가로 세로의 규격이 ① (×)mm 이상의 앵글강을 가로 세로 ② (×)cm 이하로 용접보강하고 지주를 1.8m 이하로 설치한다.
> 2. 박강판제는 확실히 결속한 높이 ③ ( )mm 이상, 두께 ④ ( )mm 이상으로 한다.

정답 ① 30, 30 ② 40, 40 ③ 2000 ④ 3.2

해설

종류		높이	두께	규격
철근콘크리트제		2m 이상	12cm	9mm 이상의 철근을 가로×세로 40cm 이하로 배근 결속
콘크리트 블럭제			15cm	철근 규격 상기와 동일, 단, 블록 공동부에 몰탈 채움
강판제	박강판		3.2mm	30×30mm 이상의 앵글 강을 40×40cm 이하로 용접 보강, 1.8m 이하로 지주 세움
	후강판		6mm	1.8m 이하로 지주 세움

★
12. 고압가스 안전관리법에서 처리능력의 정의를 쓰시오.

> 정답 1일에 처리할 수 있는 가스량(0℃, 0Pa · g)

★★★ 기사
01. 연소기구에서 발생하는 리프팅(선화 – lifting)의 원인 2가지를 기술하시오.

> 정답 ① 염공이 작아졌을 때 ② 가스의 공급압력이 높을 때
>
> 해설 [리프팅(선화 – lifting)의 원인]
> ① 염공이 작아졌을 때
> ② 가스의 공급압력이 높을 때
> ③ 가스의 유출속도가 연소속도보다 큰 경우

★
02. 액화 염소가스의 1일 처리능력이 38,000kg일 때 수용정원이 350명인 공연장과의 안전거리는 얼마를 유지해야 하는가?

> 정답 27m 이상
>
> 해설 1종 시설과 안전거리 [암기TIP] 색상숫자 암기 후 (괄호)숫자를 더하여 합산
>
> (단위 : m)

처리능력(kg · ㎥)	산소=2종(독성 · 가연성)	독성 · 가연성	기타=2종(산소)
~1만 이하	12)2	17)4	8)1
1만~2만 이하	14)2	21)3	9)2
2만~3만 이하	16)2	24)3	11)2
3만~4만 이하	18)2	27)3	13)1
4만 초과	20	30	14

★
03. 고압가스 용기 중 산소용기를 공업용과 의료용으로 색상을 구분하여 쓰시오.

> 공업용 산소:
> 의료용 산소:

정답 녹색, 백색

[용기색상 및 문자색상]
1. 공업용 가스
   탄산(CO_2), 산소(O_2), 아세틸렌(C_2H_2), 수소(H_2), 암모니아(NH_3), 염소(Cl_2), 기타가스
   암기TIP 회색기타를 들고 갈색염소가 노니는 록산에서 청탄산/백암산 향해 황아체에 수주잔을 들어!
2. 의료용 가스
   질소(N_2) – 흑색, 에틸렌(C_2H_4) – 자색, 액화탄산(L–CO_2) – 회색, 싸이크로 프로판 – 주황색
   아산화질소(N_2O) – 청색, 산소(O_2) – 백색, 헬륨(He) – 갈색, 기타 – 회색
   암기TIP 헤갈위해 탄회와 청아를 싸게 주고 백산록에 자고나니 질흑같은 밤이로다!
3. 문자의 색상
   암기TIP 흑 암 아, L 적

★★★
04. LPG 기화장치에서 기화시키는 원리에 따라 2가지로 나눈다. 기화원리를 구분하여 쓰시오.

정답 1. 가열감압방식
   2. 감압가열방식
해설 [강제기화방식의 원리]
   1. 가열감압방식 : 열교환기를 통해 가스를 기화시킨 후 조정기로 감압하는 기화방식
   2. 감압가열방식 : 액조정기로 액체가스를 감압 후 열교환기를 통해 가열하는 기화방식

★ 기사
05. LPG 기화장치에서 기화방식에는 2가지가 있다. 그 중에서 열교환기에서 액체가스를 기화하는데 사용되는 열원을 2가지 이상 쓰시오.

정답 전기, 스팀(증기)
해설 열교환기에서 액체가스를 기화하는데 사용되는 열원은 전기, 스팀, 온수 등이 있다.

★★★
06. LP 가스의 공급방식 2가지를 각각 설명하시오.

> 1. 자연기화방식 :
>
> 2. 강제기화방식 :

정답 1. 자연기화방식 : 용기 내의 LP 가스를 대기중의 열을 흡수해서 기화시키는 방식으로 기화능력에 한계가 있어 소량 소비에 적당하며, 가스의 조성 및 발열량의 변화가 크고 용기가 많이 드는 단점이 있다.
2. 강제기화방식 : 용기나 탱크내의 액 LP 가스를 도관을 통하여 기화장치에 의해 기화하는 방식으로 비등점이 높은 부탄을 소비하거나 가스 소비량이 많은 경우 및 추운 지방에서 공급할 때 사용한다.

★
07. 기화장치의 구성요소 3가지를 쓰시오.

정답 기화부, 제어부, 조압부

★★★
08. LP 가스의 공급방식 중 강제기화방식의 종류 3가지를 쓰시오.

정답 ㉠ 생가스 공급방식, ㉡ 공기 혼합방식, ㉢ 변성가스 공급방식
해설 ㉠ 생가스 공급방식 : 부탄의 재액화 방지 필요
㉡ 공기 혼합방식 : 기화된 LP가스를 혼합기에 의해 공기와 혼합하여 공급
㉢ 변성가스 공급방식 : 재액화 방지와 특수용도로 사용하기 위해 변성하여 공급

★
09. 가스의 총발열량이 11,000kcal/Nm³, 비중이 0.55인 도시가스의 웨버지수를 계산하시오.

정답 14,832.40(kcal/Nm³)
계산식 $11,000/(\sqrt{0.55}) = 14,832.39697$
해설 만약 단위를 (MJ/Nm³)일 경우 1J = 0.239cal이므로
$11,000(\text{kcal/Nm}^3) \div 239(\text{kcal/Nm}^3) = 46.025/\sqrt{0.55} = 62.06(\text{MJ/Nm}^3)$

★
10. 도시가스 배관 중 가스 누출시 검지 경보장치(경보기)가 있다. 이 장치의 검지방식과 검지가 용이한 가스를 각각 쓰시오.

> 정답 접촉연소방식(가연성 가스), 격막 갈바니 전지방식(산소), 반도체 방식(독성 · 가연성)

★
11. 가스설비에서 가스 누출시 검지 경보장치(경보기)의 검지에서 발신까지의 시간(경보)을 쓰시오.

> 정답 검지에서 발신까지의 시간(경보농도의 1.6배 농도에서)
> 일반가스(30초 이내), NH_3와 CO(1분 이내)

★★★ 25' 기출
12. 가스 누출시 검지 경보장치의 검지농도를 기술하시오.

> 정답 가연성가스 : 폭발하한의 1/4 이하
> 독성가스 : TLV−TWA 기준농도(허용농도) 이하
> 해설 가연성(폭발하한의 1/4 이하), 독성가스(TLV−TWA 기준농도(허용농도) 이하)

★
01. 우리나라에서 독성가스 판단기준으로 적용되는 농도기준을 쓰시오.

> 정답 LC 50 기준
> 해설 독성가스 : 허용농도가 5,000/100만 이하인 가스(5,000ppm 이하)
> 허용농도 LC 50 : 해당가스를 성숙한 흰 쥐 집단에게 대기중에서 1시간 동안 노출시킨 경우 14일 이내에 1/2 이상이 죽게 되는 가스의 농도를 말한다.
> **[독성가스 허용농도 종류]**
> ① LC-50
> ② 시간가중 평균농도(TLV-TWA)
> ③ 단시간 노출허용농도(TLV-STEL)
> ④ 최고허용농도(TLV-C)
> 암기TIP 전투기 스텔C기(STEL, C)

★★★
02. 자유 피스톤식 압력계에서 추와 피스톤의 무게가 15.7kgf일 때 실린더 내의 액압과 균형을 이루었다면 게이지 압력(kgf/㎠)을 계산하시오. (단, 피스톤의 지름은 4㎝이다.)

> 정답 $P = \dfrac{무게(추+피스톤)}{단면적\ A} = \dfrac{15.7kgf}{\dfrac{\pi}{4} \times (4cm)^2} = 1.25kgf/cm^2$

만일, 절대압력산출시 대기압 약 $1kgf/cm^2$ 반영하면 $2.25kgf/cm^2$이다.

[자유피스톤식]	계산식 $P = P_0 + \dfrac{F무게(추+피스톤)kgf}{A\ 단면적\ cm^2}$
1. 피스톤의 단면적으로 압력을 산출 2. 실험실용, 부르동관 압력계 눈금교정	P : 압력(kgf/cm²), P_0 : 대기압, F : 무게, A : 피스톤 지름

★★ 기사

03. LPG 일반집단공급사업자의 안전점검자 인원 기준에서 만일 수용가가 6,800세대일 경우 수요자 시설점 검자는 몇 명인지 쓰시오.

> **정답** 3명
>
> **해설** LPG 일반집단공급사업자의 공급자 안전점검자의 인원기준(액법 시행규칙)
> - 일반수용가 3,000개소마다 1명. 공동주택은 4,000개소마다 1명
> - 다기능가스계량기 보유수용가는 6,000개소마다 1명
>
> **제42조의2(가스사용시설 안전관리업무 대행자의 자격)** 법 제30조의2제1항에서 "산업통상자원부령으로 정하는 자격을 갖춘 자"란 다음 각 호의 요건을 모두 갖춘 자를 말한다. 이 경우 다음 각 호에 따른 안전관리 책임자, 사용시설점검원 및 제1종 또는 제2종 가스시설시공업 등록을 위한 자격소지자를 각각 갖추어야 한다.
> 1. 안전관리 책임자[「국가기술자격법」에 따른 가스기능사 이상의 기술자격을 소지하거나 별표 19 제4호다목1)의 교육을 이수한 자를 말한다]가 1명 이상일 것
> 2. 사용시설점검원[별표 19 제4호나목5) 또는 같은 호 다목4)의 교육을 이수한 자를 말한다]이 가스사용시설 안전관리 수요자 3천 가구 또는 사업체마다 1명 이상일 것. 다만, 다음 각 목의 어느 하나에 해당하는 경우에는 그 가구 또는 사업체를 기준으로 할 수 있다.
>   가. 공동주택 등인 경우에는 가스사용시설 안전관리 수요자 4천 가구 또는 사업체
>   나. 다기능 가스안전계량기(원격 가스차단, 원격 일산화탄소 검지·차단 및 지진 감지·차단 등의 안전기능이 되어 있는 계량기를 말한다)가 설치된 경우에는 가스사용시설 안전관리 수요자 6천가구 또는 사업체
> 3. 「건설산업기본법 시행령」 제7조에 따른 제1종 또는 제2종 가스시설시공업으로 등록한 자일 것
> [본조신설 2020.3.18.]

기능장

04. 도시가스 안전관리법에서 "산업통상자원부령으로 정하는 대량수요자"에 해당하는 경우를 2가지 쓰시오.

> **정답** 해설 참조
>
> **해설** 「도시가스사업법」(이하 "법"이라 한다) 제2조제3호에서 "산업통상자원부령으로 정하는 대량수요자"란 다음 각 호의 어느 하나에 해당하는 자를 말한다.
> 1. 월 10만 세제곱미터 이상의 천연가스를 배관을 통하여 공급 받아 사용하는 자 중 다음 각 목의 어느 하나에 해당하는 자
>   가. 일반도시가스사업자의 공급권역 외의 지역에서 천연가스를 사용하는 자
>   나. 일반도시가스사업자의 공급권역에서 천연가스를 사용하는 자 중 정당한 사유로 일반도시가스사업자로부터 천연가스를 공급받지 못하는 천연가스 사용자
> 2. 다음 각 목의 어느 하나에 해당하는 용도로 천연가스를 사용하는 자
>   가. 발전용 : 전기(電氣)를 생산하는 용도(시설용량 100MW(메가와트) 이상만 해당한다. 이하 나목에서 같다)
>   나. 열병합용 : 전기와 열을 함께 생산하는 용도
> 3. 액화천연가스 저장탱크(시험·연구용으로 사용하기 위한 용기를 포함한다)를 설치하고 천연가스를 사용하는 자

★
05. 도시가스의 측정대상 검사항목을 4가지 쓰시오.

> **정답** 유해성분, 열량, 연소성, 압력
> **해설** 모의고사 16회-04. 참조

기능장
06. 도시가스 유해성분 분석 중 측정 대상항목을 3가지만 쓰시오.

> **정답** 전유황, 황화수소, 암모니아
> **해설** [도시가스 유해성분석 측정검출가스 합격기준]
> 황 : 30mg 이하
> 황화수소 : 1mg 이하
> 암모니아 : 검출×
> 할로겐·실록산 : 10mg 이하

★
07. 고압가스의 가연성가스의 정의를 기술하고, 메탄가스의 상한과 하한값을 쓰시오.

---

1) 가연성가스 정의
2) 폭발하한 :   폭발상한 :

> **정답** 1) 가연성가스 : 공기 중에서 연소하는 가스로서 폭발한계의 하한 10% 이하, 폭발한계의 상한과 하한의
> 차가 20% 이상인 가스로 규정하고 있다.
> 2) 5%,   3) 15%

★★
08. 공기액화분리장치에서의 액화산소통 내의 액화산소 5L 중 아세틸렌의 질량이 얼마를 초과할 때 폭발방지를 위하여 운전을 중지하고 액화산소를 방출시켜야 하는지 쓰시오.

> **정답** 5mg
> **해설** 공기 액화 분리장치 운전중지 후 액산방출(불순물 유입 금지)
> 액상 산소 5L 중 5mg 넘고 탄화수소 중 탄소수가 500mg 이상시

기능장

09. KGS FS231(액화석유가스 판매의 시설·기술·검사 기준)에서 탱크로리와 벌크로리를 각각 설명하고 벌크로리에 부착되는 이송장치를 2가지 쓰시오.

> 탱크로리 :
> 벌크로리 :
> 이송장치 : 1)   2)

정답 탱크로리 : 충전소등에 LPG를 충전하여 공급하는 방식으로 펌프 또는 압축기가 부착되어 있지 않는 액화석유가스 전용 운반차량
이송장치 : 1) 펌프 2) 압축기

해설 "벌크로리"란 소형저장탱크에 액화석유가스를 공급하기 위하여 펌프 또는 압축기가 부착된 자동차에 고정된 탱크를 말한다. 다만, 규칙 별표 6에서 규정하는 방법으로 액화석유가스를 공급하는 경우에는 저장능력 10톤 이하인 저장탱크에 공급할 수 있다. 〈개정 20.9.4〉

★★
10. 액화석유가스 판매의 시설·기술·검사 기준 2.8.2조항에서 방호벽 설치시 용기보관실의 벽은 다음의 기준에 따라 철근콘크리트제, 콘크리트블럭제 또는 강판제 방호벽을 설치한다. 철근콘크리트제 방호벽은 직경 9㎜ 이상의 철근을 가로·세로 400㎜ 이하의 간격으로 배근하고, 모서리 부분의 철근을 확실히 결속한 것으로 한다. 두께 120㎜ 이상, 높이 (   )㎜ 이상인 것으로 한다.

정답 2,000

★★
11. 액화석유가스 판매의 시설·기술·검사 기준 2.8.2.1.3 방호벽 기초는 다음 기준에 적합하게 설치한다.

> (1) 기초는 일체로 된 철근콘크리트제로 한다.
> (2) 기초는 높이 (   )㎜ 이상, 되메우기 깊이 (   )㎜ 이상으로 한다.
> (3) 기초의 두께는 방호벽 최하부 두께의 (   )% 이상으로 한다.

정답 350, 300, 120

해설 (1) 기초는 일체로 된 철근콘크리트제로 한다.
(2) 기초는 높이 350㎜ 이상, 되메우기 깊이 300㎜ 이상으로 한다.
(3) 기초의 두께는 방호벽 최하부 두께의 120% 이상으로 한다.

★★★
12. 방호벽의 종류를 2가지 이상 기술하시오.

> **정답** 철근콘크리트제 방호벽, 콘크리트블럭제 방호벽 또는 강판제(박강판/후강판) 방호벽

★★★
01. 액화석유가스 판매의 시설 · 기술 · 검사 기준 KGS FS231 2.3 저장설비기준에서 저장설비기준을 3가지 쓰시오.

> **해설** 용기보관실은 불연성 재료를 사용하고, 그 지붕은 불연성 재료를 사용한 가벼운 지붕을 설치한다.
>
> 2.3.2.1 용기보관실은 용기보관실에서 누출된 가스가 사무실로 유입되지 않는 구조(동일 실내에 설치할 경우 용기보관실과 사무실 사이에 불연성재료로 칸막이를 설치하여 구분한다. 이 경우 틈새가 없는 밀폐 구조로 하여 누출된 가스가 사무실로 유입되지 않도록 한다)로 하고, 용기보관실의 면적은 19㎡ 이상으로 한다. 〈개정 14.7.25〉
>
> 2.3.2.2 용기보관실의 용기는 그 용기보관실의 안전을 위하여 용기집합식으로 하지 않는다. 〈신설 14.7. 25〉
>
> 2.3.3.1 용기보관실과 사무실은 동일한 부지에 구분하여 설치하되, 해상에서 가스판매업을 하려는 판매업 소의 용기보관실은 해상구조물이나 선박에 설치할 수 있다.

★★ 기능장
02. KGS FP211 2020 고압가스 용기 및 차량에 고정된 탱크 충전의 시설 · 기술 · 검사 · 안전성평가 기준에 서 "사건수분석(event tree analysis, ETA) 기법"을 설명하시오.

> 사건수분석(event tree analysis, ETA) 기법이란 :

> **해설** KSS FP211 2020 5
>
> 1.3.26 "체크리스트(checklist) 기법"이란 공정 및 설비의 오류, 결함상태, 위험 상황 등을 목록화한 형태로 작성하여 경험적으로 비교함으로써 위험성을 정성적으로 파악하는 안전성평가기법을 말한다. 〈신 설 14.12.10〉
>
> 1.3.27 "상대위험순위결정(dow and mond indices) 기법"이란 설비에 존재하는 위험에 대하여 수치적으 로 상대위험 순위를 지표화하여 그 피해정도를 나타내는 상대적 위험 순위를 정하는 안전성평가기 법을 말한다. 〈신설 14.12.10〉
>
> 1.3.28 "작업자실수분석(human error ananlysis, HEA) 기법"이란 설비의 운전원, 정비보수원, 기술자 등의 작업에 영향을 미칠만한 요소를 평가하여 그 실수의 원인을 파악하고 추적하여 정량적으로 실수의 상대적 순위를 결정하는 안전성평가기법을 말한다. 〈신설 14.12.10〉

1.3.29 "사고예상질문분석(WHAT-IF) 기법"이란 공정에 잠재하고 있으면서 원하지 않은 나쁜 결과를 초래할 수 있는 사고에 대하여 예상질문을 통해 사전에 확인함으로써 그 위험과 결과 및 위험을 줄이는 방법을 제시하는 정성적 안전성평가기법을 말한다. 〈신설 14.12.10〉

1.3.30 "위험과 운전분석(hazard and operablity studies, HAZOP) 기법"이란 공정에 존재하는 위험 요소들과 공정의 효율을 떨어뜨릴 수 있는 운전상의 문제점을 찾아내어 그 원인을 제거하는 정성적인 안전성평가기법을 말한다. 〈신설 14.12.10〉

1.3.31 "이상위험도 분석(failure modes, effects, and criticality analysis, FMECA) 기법"이란 공정 및 설비의 고장의 형태 및 영향, 고장형태별 위험도 순위 등을 결정하는 기법을 말한다. 〈신설 14.12.10〉

1.3.32 "결함수분석(fault tree analysis, FTA) 기법"이란 사고를 일으키는 장치의 이상이나 운전사 실수의 조합을 연역적으로 분석하는 정량적 안전성평가기법을 말한다. 〈신설 14.12.10〉

1.3.33 "사건수분석(event tree analysis, ETA) 기법"이란 초기사건으로 알려진 특정한 장치의 이상이나 운전자의 실수로부터 발생되는 잠재적인 사고결과를 평가하는 정량적 안전성평가기법을 말한다. 〈신설 14.12.10〉

1.3.34 "원인결과분석(cause-consequence analysis, CCA) 기법"이란 잠재된 사고의 결과와 이러한 사고의 근본적인 원인을 찾아내고 사고 결과와 원인의 상호관계를 예측·평가하는 정량적 안전성평가기법을 말한다. 〈신설 14.12.10〉

1.3.35 "안전충전함"이란 용기가 파열되더라도 피해를 최소화할 수 있도록 용기와 배관 등의 설비를 수납하는 함을 말한다. 〈신설 17.8.7〉

★★ 기능장
03. 고압가스 용기 및 차량에 고정된 탱크 충전의 시설·기술·검사·안전성평가 기준에서 "가스설비"에 대한 용어를 설명하시오.

> 가스설비 :

해설 "가스설비"란 고압가스의 제조·저장설비(제조·저장설비에 부착된 배관을 포함하며, 사업소 밖에 있는 배관을 제외한다) 중 가스(제조·저장된 고압가스, 제조공정 중에 있는 고압가스가 아닌 상태의 가스 및 해당 고압가스제조의 원료가 되는 가스를 말한다)가 통하는 부분을 말한다.

★★★

04. LPG 배관시공기준에서 가스배관의 관경결정시 가스유량이 3배로 증가할 경우 압력손실은 어떻게 변화하는가?

정답 9배로 증가

해설 저압배관 관경 결정

$$Q = K\sqrt{\frac{D^5 H}{SL}}$$

Q : 가스유량(m^3/h)
K : 유량계수(폴(pole)의 상수 : 0.707)
D : 파이프의 내경(cm)
H : 허용압력손실(mmH_2O)
S : 가스비중
L : 파이프의 길이(m)

[배관내의 압력손실(H)]

$H = \dfrac{Q^2 SL}{k^2 \cdot D^5}$	① 유속(V)의 2승에 비례한다.(= 유량의 2승) ② 가스비중(S)에 비례한다. ③ 관의 길이(L)에 비례한다. ④ 관의 내경(D)의 5승에 반비례한다.

해설 비중이 2배가 되면 압력손실은 2배가 된다.
관길이가 2배가 되면 압력손실은 2배이다.
관의 내경이 1/2배가 되면 압력손실은 32배 커진다.
⑤ 유체점도(밀도)가 크면 압력손실도 크다.
※ 배관압력은 압력손실과 무관

[배관의 수직배관 압력 손실(H)]

$$H = 1.293(s-1)h$$

① H : 압력손실(mmH_2O), S : 가스 비중, h : 입상높이(m)
② (−) 의미 : 압력상승을 의미

★★★
05. 도로법에 따른 도로 및 공동주택 등의 부지 안 도로에 도시가스 배관을 매설하는 경우에 굴착공사시 가스배관의 파손으로 인한 누출사고 방지목적으로 지하매설배관의 위치를 확인할 수 있도록 하고 있다. 이것에는 보호포와 (   )(이)가 있다. 이것의 종류를 3가지 이상 쓰시오.

> **정답** 라인마크
> 　　　종류 : 직선방향, 두방향, 세방향
> **해설** 1.5.1.1.1 도로법에 따른 도로 및 공동주택 등의 부지 안 도로에 도시가스 배관을 매설하는 경우에는 라인마크를 설치한다. 다만, 도로법에 따른 도로 중 비포장도로, 포장도로의 법면 및 측구는 표지판을 설치하되, 비포장 도로가 포장될 때에는 라인마크로 교체 설치한다.
> 　　　1.5.1.1.2 라인마크는 배관길이 50m 마다 1개 이상 설치하되, 주요분기점·구부러진 지점 및 그 주위 50m 이내에 설치한다. 다만, 단독주택 분기점은 제외하며, 밸브박스 또는 배관 직상부에 설치된 전위측정용 터미널이 라인마크 설치기준에 적합한 기능을 갖도록 설치된 경우에는 라인마크로 간주한다. 라인마크의 종류는 직선방향, 두방향, 세방향, 한방향, 관끝방향, 135° 방향이 있다. (KGS FS 451 2022)

★★★
06. 고압가스 특정제조의 시설 및 기술기준에서 벤트스택의 높이와 플레어스택의 설치높이를 쓰시오.

> 벤트스택의 높이 :
> 플레어스택 높이 :

> **해설** 고압가스 특정제조의 시설·기술·검사·감리·정밀안전검진 기준
> 　　　(2-1) 벤트스택의 높이는 방출된 가스의 착지농도(着地濃度)가 폭발하한계값 미만이 되도록 충분한 높이로 하고, 독성가스인 경우에는 TLV-TWA 값 미만이 되도록 충분한 높이로 한다.
> 　　　(2-3) 벤트스택 방출구의 위치는 작업원이 정상작업을 하는데 필요한 장소 및 작업원이 항시 통행하는 장소로부터 5m 이상 떨어진 곳에 설치한다.
> 　　　2.7.5.3.5 플레어스택의 설치위치 및 높이는 플레어스택 바로 밑의 지표면에 미치는 복사열이 4,000kcal/m²·h 이하가 되도록 한다. 다만, 4,000kcal/m²·h를 초과하는 경우로서 출입이 통제되어 있는 지역은 그러하지 아니하다.

07. 정압기지를 철근콘크리트 구조로 시공하고자 한다. 방호벽 재질 중 철근콘크리트 구조로 설치할 경우 방호벽 기초의 기준을 설명하시오.

> **해설** KGS FS231 2020 방호벽 기초의 기준
>
> 2.8.2.1 철근콘크리트제 방호벽
> 2.8.2.1.1 방호벽은 직경 9mm 이상의 철근을 가로·세로 400mm 이하의 간격으로 배근하고, 모서리부분의 철근을 확실히 결속한 것으로 한다.
> 2.8.2.1.2 방호벽은 두께 120mm 이상, 높이 2,000mm 이상인 것으로 한다.
> 2.8.2.1.3 방호벽의 기초는 다음 기준에 적합하게 설치한다.
> (1) 기초는 일체로 된 철근콘크리트제로 한다.
> (2) 기초는 높이 350mm 이상, 되메우기 깊이 300mm 이상으로 한다.
> (3) 기초의 두께는 방호벽 최하부 두께의 120% 이상으로 한다.
>
> 2.8.2.2 콘크리트블럭제 방호벽
> 2.8.2.2.1 방호벽은 직경 9mm 이상의 철근을 가로·세로 400mm 이하의 간격으로 배근하고 모서리부분의 철근을 확실히 결속한 것으로 한다.
> 2.8.2.2.2 방호벽의 블럭공동부는 콘크리트 몰탈을 채운 두께 150mm 이상, 높이 2,000mm 이상의 것으로 한다.
> 2.8.2.2.3 방호벽은 두께 150mm 이상, 간격 3,200mm 이하의 보조벽을 본체와 직각으로 설치한 것으로 한다.
> 2.8.2.2.4 방호벽의 보조벽은 방호벽면으로부터 400mm 이상 돌출한 것으로 하고, 그 높이는 방호벽의 높이보다 400mm 이상 아래에 있지 않은 것으로 한다.
> 2.8.2.2.5 방호벽의 기초는 다음에 적합한 것으로 한다.
> (1) 기초는 일체로 된 철근콘크리트제로 한다.
> (2) 기초는 높이 350mm 이상, 되메우기 깊이 300mm 이상으로 한다. 〈개정 13.6.27〉

기능장
08. 일반도시가스사업자는 공급권역을 구역별로 분할하고 원격조작에 의한 긴급차단장치를 설치하여 대형가스누출, 지진발생 등 비상 시 가스차단을 할 수 있도록 하고 있는데 이 구역의 설정기준은 수요자 수가 (   )만 미만이 되도록 설정한다.

> **정답** 20만
> **해설** KGS FS551 일반도시가스사업 제조소 및 공급소 밖의 배관의 시설기술검사 기준
> 2.8.6 긴급차단장치 설치
> 2.8.6.1 공급권역에 설치하는 배관에는 지진이나 대형가스누출로 인한 긴급사태에 대비하여 구역 별로 가스공급을 차단할 수 있는 원격조작에 의한 긴급차단장치나 이와 동등 이상의 효과가 있는 장치를 설치하되, 다음 모두의 조건을 만족하는 경우에는 가스도매사업자의 정압기지(밸브기지)에 설치된 긴급차단장치로 이를 대체할 수 있다. 〈개정 10.11.3〉
> (1) 긴급차단장치가 설치된 가스도매사업자의 배관이 일반도시가스사업자에게 전용으로 공급하기 위한 것으로서, 긴급차단장치로 차단되는 구역의 수요자 수가 20만 미만일 것

(2) 가스누출 등으로 인한 긴급차단시 사업자 상호간에 공용으로 긴급차단장치를 사용할 수 있도록 사용계약과 상호협의체제가 구축(문서로 증명)되어 있을 것

(3) 양 사간 유·무선으로 2개 이상의 통신망을 통해 상시 연락이 가능할 것

(4) 6개월에 1회 이상 비상시 상호 협조체제에 따른 비상훈련 및 작동상황 점검 등을 합동으로 실시할 것

2.8.6.2 긴급차단장치에 의하여 가스공급을 차단할 수 있는 구역의 설정은 수요자수가 20만 이하가 되도록 한다. 다만, 구역을 설정한 후 수요자수가 증가하여 20만을 초과하게 되는 경우에는 25만 미만으로 할 수 있다.

★★ 기사

09. AXIAL FLOW VALVE(AFV) 정압기의 작동원리에서 2차측 압력이 설정압력 이상인 경우 정압기능의 원리에 대하여 쓰시오.

해설 2차 압력이 설정압력보다 이상인 경우 정압기의 스프링 힘이 다이어프램을 받치고 있는 힘보다 약해지면서 다이어프램에 연결된 메인밸브를 닫히게 하여 가스의 유량이 감소하게 되고 2차 압력을 설정압력으로 유지하게 되도록 작동한다.

★★

10. AXIAL FLOW VALVE(AFV) 정압기의 특징을 2가지 쓰시오.

정답 ① 변칙적 unloading형 ② 정특성, 동특성이 모두 좋다.
③ 고차압이 될수록 특성이 좋다. ④ 콤팩트하다, 소형이다.

★★

11. 피셔식 정압기의 특징을 2가지 쓰시오.

정답 1. 정특성, 동특성 양호
2. 비교적 콤팩트 하다.

해설	형식	특징
파일롯트식 (형식의 차이)	로딩형	피셔식(정특성, 동특성 양호), 비교적 콤팩트하다.
	언로딩형	A.F.V 엑시얼플로우식(변칙적 언로딩) 고차압일수록 안정적, 콤팩트 하다.
		레이놀드식(정특성은 양호하나, 안정성은 떨어진다), 대형정압기에 사용. 정압기기능이 가장 우수한 정압기

참고 직동식 : 정압기작동상 가장 기본이 되는 정압기

★★★
12. 직류전원 장치로부터 땅속의 불용성 전극(+극)을 설치하고 가스배관에 (-)극을 접속해 매설관을 캐소우드(cathode, -극) 하는 전기방식법. 즉, 매설된 가스관 표면을 음극화하는 전기방식법에 대하여 쓰고 그 특징을 2가지 이상 기술하시오.

> **정답** 1) 방식법 : 외부전원법
> 2) 특징 : ① 전원 공급 장치 필요
> ② 전류, 전압 조정이 쉽다.
>
> **해설** 지상의 직류전원 장치(정류기, 축전지, 직류발전기)로부터 방식전류를 강제로 지중에 설치한 불용성전극(+극)을 통하여 매설관을 캐소우드(cathode, -극) 즉, 매설된 가스관 표면을 음극화하는 방식
>
> > **[특징]**
> > • 전위 측정용 터미널(T/B) : 500m 마다 설치
> > • 전원 공급 장치 필요 • 과방식 우려가 있다. • 고가이다.
> > • 전류, 전압 조정이 쉽다. • 방식 효과 넓다. • 장거리용
> > – 구성요소 : 직류전원장치, 양극(고규소주철, 흑연봉, 백금, 은납합금, 티타늄합금), 부속배선
>
> 외부전원법으로 전기방식작업시 직류전원 장치인 +극에는 불용성 양극을 -극에는 가스배관을 각각 연결한다.

★★★
01. 초저온 용기나 저장탱크에 사용되는 진공단열법의 종류 3가지를 쓰시오.

정답 고진공 단열법, 분말진공 단열법, 다층진공 단열법
해설 (1) 초저온(저온)탱크의 저온단열법

상압단열		섬유, 분말을 사용하여 진공
진공단열	고진공	10^{-4}Torr 유지
	분말진공	10^{-2}Torr 유지. ★가장 일반적으로 사용 충진제 : 샌다센, 알루미늄 분말, 펄라이트, 규조토 암기TIP 샌 알 퍼 큐
	다층진공	10^{-5}Torr 유지. 가장 고진공(핵심어 : 다수 포개어 단열)

참고 1 Torr(토리첼리 진공압력) = 1mmHg(1atm = 760mmHg)

★★★
02. 단열재의 구비 및 선정조건에 대하여 2가지 이상 쓰시오.

정답 열전도율이 작아야 한다.
　　　기계적 강도가 있어야 한다.
해설 [보온재의 구비조건]
　　　① 열전도율이 작을 것　　　　　② 흡수성이 작을 것
　　　③ 적당한 기계적 강도를 가질 것　④ 취급 및 시공성이 양호할 것
　　　⑤ 부피, 비중(밀도)이 작을 것　　⑥ 경제적일 것
　　　⑦ 화학적으로 안정

★★★
03. 전기방식법 중 아래의 시설유지에 사용되는 전위측정용 터미널(T/B)의 설치간격에 대하여 쓰시오.

> 가) 외부전원법에 설치되는 지하매설배관 직상부의 (T/B)는 몇 m의 간격인가?
>
> 나) 희생양극법과 배류법의 경우 몇 m의 간격인가?

정답 가) 500,   나) 300

해설 전기 방식 종류

가. 희생양극법(유전양극법)

지하나 수중에 설치한 양극과 피방식 가스관로를 전선으로 연결하여 양극금속과 배관 사이의 전지작용에 의해 방식전류를 얻는 방법

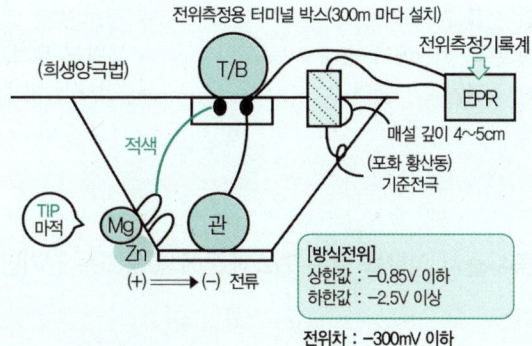

- 특징
  - 전위 측정용 터미널 박스 : 300m 마다 설치
  - 단거리 강관 배관, 시가지에 매설하는 강관 방식
  - 희생금속(Mg, Zn) **암기TIP** 마적(전선색상) – 기준 전극 : 포화황산동 매설시 4~5cm
  - 과방식의 염려가 없다.
  - 효과 범위가 적고 관리 개소가 많다.
- 지하매설배관의 전기방식기준
  - 전기방식전류가 흐르는 상태에서 토양 중에 있는 배관 등의 방식전위 상한 값은 포화황산동 기준전극으로 −0.85V 이하, 하한 값은 −2.5V 이상일 것
  - 전기방식전류가 흐르는 상태에서 자연전위와의 전위변화가 최소한 −300mV 이하일 것
  - 배관에 대한 전위측정은 가능한 배관 가까운 위치에서 실시할 것
  - 전기방식시설의 관 대지전위 등을 1년에 1회 이상 점검할 것(주의 : 2년 1회 ×)

나. 외부전원법

지상의 직류전원 장치로부터 방식전류를 강제로 지중에 설치한 불용성전극(+극)을 통하여 매설관을 캐소우드(cathode, −극) 즉, 매설된 가스관 표면을 음극화하는 방식

- 특징
  - 전위 측정용 터미널 박스 : 500m 이내에 설치
  - 전원 공급 장치 필요   – 과방식 우려가 있다.   – 고가이다.
  - 전류, 전압 조정 쉽다.   – 방식 효과범위가 넓다.   – 장거리용

다. 선택배류법

땅속의 금속과 전철의 레일을 전선으로 접속한 것, 배류기가 설치되어 있다.

- 특징
  - 전위 측정용 터미널 박스 : 300m 이내의 간격으로 설치
  - 전철 운휴(휴지) 기간에 방식 불가
  - 전철의 잔류전류 이용
  - 값이 싸다.
  - 배류기 설치

라. 강제배류법

외부전원법과 선택배류법을 종합한 방식

- 특징
  - 전위 측정용 터미널 박스 : 300m 이내에 설치
  - 전압 전류 조정 가능   - 전원 필요
  - 전철 운휴 기간에도 방식 가능   - 과방식 우려가 있다.
  - 방식 효과범위가 넓다.   - 외부전원법에 비해 경제적이다.

★★★

04. 전철등에 의한 전류누출시 영향을 받는 가스배관에 활용되는 전기방식법을 쓰고, (T/B)의미와 그 설치간격은 얼마인가?

정답 전기방식법 : 배류법

(T/B)의미 : 전위 측정용 터미널

설치간격 : 300m 이내에 설치

해설 KGS GC202 2.2.2.1.3 도시가스시설의 전위측정용 터미널(T/B) 설치기준

(1) 희생양극법 또는 배류법에 따른 배관에는 300m 이내의 간격으로 설치한다.

(2) 외부전원법에 따른 배관에는 500m 이내의 간격으로 설치한다. 다만, 이미 설치된 전위측정용터미널(T/B) 또는 배관을 이설하는 경우에는 이웃한 전위측정용터미널(T/B)과의 설치간격을 10% 안에서 가감해 설치할 수 있다.

(3) 본관 · 공급관에 부속된 밸브박스와 사용자공급관 및 내관에 부속된 밸브박스 또는 입상관 절연부 등에 전위를 측정할 수 있는 인출선 등이 있는 경우에는 당해 시설을 (1) 및 (2)에 따른 전위측정용터미널로 대체할 수 있다.

★★★
05. 도시가스 사용시설의 가스소비량 계산시 월사용예정량 산정식을 쓰고 설명하시오.

정답 $Q = \dfrac{A \times 240 + B \times 90}{11,000}$

해설 (KGS FU551 1.9) 도시가스 사용시설의 월사용예정량 산정기준 〈개정 2020.3.18〉

1. 월사용예정량은 다음 식에 의하여 산출한다.

$$Q = \frac{A \times 240 + B \times 90}{11,000}$$

Q = 월 사용예정량(m^3)
A = 산업용으로 연소기 명판에 기재한 가스 소비량의 합계(kcal/h)
B = 산업용이 아닌 연소기 명판에 기재한 가스 소비량의 합계(kcal/h)

2. "가스소비량의 합계"는 다음 방법에 따른다. 다만, 가정용으로 사용하는 연소기의 가스소비량은 합산대상에서 제외한다.
3. 소유주가 1명인 단위건물의 경우에는 그 단위건물 내에 설치된 모든 연소기의 가스소비량 합계로 한다.
4. 단위건물이 분양으로 소유주가 2명 이상인 경우에는 각 소유주가 구분하여 소유하는 건물내에 설치된 모든 연소기의 가스소비량 합계로 한다. 다만, 같은 실내에서 2명 이상의 소유주가 가스를 사용하는 경우에는 그 실내에 설치된 모든 연소기의 가스소비량 합계로 한다.
5. 가스보일러 본체에 표시된 소비량 버너에 표시된 소비량이 다를 경우에는 보일러 본체에 표시된 소비량으로 한다.

제2-8조(월사용예정량 산정) ①~② (생략)
③ 고시원의 가스시설 중 개별 취사·난방용으로 사용하는 연소기는 KGS FU551 1.9.4의 규정을 적용하여 가정용 연소기로 보아 월사용예정량 산정에서 제외하고 공동 취사·난방용으로 사용하는 연소기는 KGS FU551 1.9.4.2의 규정을 준용하여 월사용예정량 산정에 포함한다.

★★ 기능장
06. 가스시설의 폭발위험장소 종류 구분 및 범위산정에 관한 기준에서 위험장소 0종, 1종, 2종을 각각 설명하시오.

1) 제0종 위험장소 :
2) 제1종 위험장소 :
3) 제2종 위험장소 :

해설 KGS GC101(가스시설의 폭발위험장소 종류 구분 및 범위산정에 관한 기준) 〈개정 18.7.12〉
• "폭발성가스분위기(explosive gas atmosphere)"란 대기조건에서 점화 후에, 자력화염전파를 가능하게 하는 가연성가스와 공기의 혼합물을 말한다.

- "폭발위험장소(hazardous area)"란 전기설비를 제작·설치·사용함에 있어서 특별한 주의를 요할 정도로 폭발성가스분위기가 조성되거나 조성될 우려가 있는 장소를 말한다.
  참고 정상적인 상태에서는 가연성가스분위기가 형성되지 아니 하지만 공기가 유입될 가능성이 존재하는 점을 감안하여 대부분의 설비 내부는 폭발위험장소로 간주한다. 다만 공정설비 내부를 불활성화와 같은 방식에 의하여 특별히 제어하는 경우에는 그 공정설비 내부를 폭발위험장소로 구분하지 아니할 수 있다.
- "위험장소(zones)"란 폭발성분위기의 발생 빈도 및 지속 시간에 따라 구분하는 폭발위험장소를 말한다.
  가) 위험장소와 방폭구조의 관계

위험장소	방폭구조
제0종	ia, ib
제1종	p, o, d
제2종	e

  나) 위험장소 종류
  1) 제0종 위험장소 : 상용의 상태에서 가연성 가스의 농도가 연속해서 폭발한계 이상으로 되는 장소
  2) 제1종 위험장소 : 가연성 가스가 체류하여 위험하게 될 우려가 있는 장소로서 정비 및 보수 등으로 가연성가스가 체류하여 위험하게 될 장소
  3) 제2종 위험장소 : 밀폐된 용기 또는 설비내의 밀봉된 가연성 가스가 그 용기 또는 설비의 사고로 인해 파손되거나 오조작의 경우에만 누설할 위험이 있는 장소

★★★
07. 고압가스설비의 사용압력이 25MPa일 때 설비에 설치된 안전밸브의 작동압력은 얼마인가? (계산식과 답을 구분하시오.)

정답 30MPa 이하
계산식 안전밸브의 작동압력 계산 = TP × 8/10 이하
      고압설비는 상용압력이므로 TP(= 상용압력 × 1.5) × 8/10 이하
                = 25 × 1.5 × 8/10 = 30MPa 이하
해설 고압가스의 합격기준 – 3강 해설 참조
  (1) 아세틸렌 : 내압시험(Tp) = 최고 충전 압력(Fp) × 3배 이상
              기밀시험(Ap) = 최고 충전 압력(Fp) × 1.8배 이상
  (2) 압축/액화/초저온/저온 : 내압시험(Tp) = 최고 충전 압력(Fp) × 5/3배 이상
  (3) 초저온/저온용기 : 기밀시험(Ap) = 최고 충전 압력(Fp) × 1.1배 이상
  (4) 고압가스 설비 : 내압시험(Tp) = 상용압력 × 1.5배 이상
              기밀시험(Ap) = 상용압력 이상
  (5) 냉동설비(3t 이상) : 내압시험(Tp) = 설계압력 × 1.5배
              기밀시험(Ap) = 설계 압력 이상

★★★
08. 공기액화분리장치에서 액산 35L 중 CH_4 : 3g과 C_4H_{10} : 2g을 혼합시 탄화수소의 탄소의 질량을 구하고 공기액화분리장치의 운전여부와 처리법을 기술하시오.

> 가) 탄화수소 중 탄소질량 계산 :
> 나) 운전여부와 처리법 :

> **해설** 가) 탄화수소 중 탄소질량 계산
>
> $$[(\frac{12}{16}) \times 3,000mg + (\frac{48}{58}) \times 2,000mg] \times 5/35 = 557.881$$
>
> $$= 557.88(mg)$$
>
> 나) 운전여부와 처리법
> 500mg 넘기므로 운전중지 후 액산을 방출한다.

★★★
09. 도시가스 사용시설의 시설 · 기술 · 검사 기준(KGS FU551)에서 도시가스에서 사용되는 (가) 배관의 종류와 (나) 내관에 대하여 용어의 정의를 쓰시오.

> (가) 배관 :
> (나) 내관 :

> **정답** 배관 : "배관"이란 본관, 공급관 및 내관을 말한다.
> 내관 : "내관"이란 가스사용자가 소유하거나 점유하고 있는 토지의 경계(공동주택 등으로서 가스사용자가 구분하여 소유하거나 점유하는 건축물의 외벽에 계량기가 설치된 경우에는 그 계량기의 전단밸브, 계량기가 건축물의 내부에 설치된 경우에는 건축물의 외벽)에서 연소기까지에 이르는 배관을 말한다.
>
> **해설** KGS FU551
> 1.3.2 "공동주택 등"이란 공동주택, 오피스텔, 콘도미니엄 그 밖에 안전관리를 위해 산업통상자원부장관이 필요하다고 인정하여 정하는 건축물을 말한다. 〈17.9.29〉
> 별표10 도시가스의 유해성분 · 열량 · 압력 및 연소성의 측정 등(제35조제1항 관련)

★★ 기능장
10. 액화석유가스의 안전관리 및 사업법 시행규칙(약칭: 액화석유가스법 시행규칙)[시행 2020. 8. 5.] [산업통상자원부령 제386호, 2020.8.5., 일부개정]에서 "공급설비"와 "소비설비" 용어를 설명하시오.

공급설비 :

소비설비 :

해설 액화석유가스법 시행규칙 제2조(정의)
12. "공급설비"란 용기가스 소비자에게 액화석유가스를 공급하기 위한 설비로서 다음 각 목에서 정하는 설비를 말한다.
가. 액화석유가스를 부피단위로 계량하여 판매하는 방법(이하 "체적판매방법"이라 한다)으로 공급하는 경우에는 용기에서 가스계량기 출구까지의 설비
나. 액화석유가스를 무게단위로 계량하여 판매하는 방법(이하 "중량판매방법"이라 한다)으로 공급하는 경우에는 용기
13. "소비설비"란 용기가스 소비자가 액화석유가스를 사용하기 위한 설비로서 다음 각 목에서 정하는 설비를 말한다.
가. 체적판매방법으로 액화석유가스를 공급하는 경우에는 가스계량기 출구에서 연소기까지의 설비
나. 중량판매방법으로 액화석유가스를 공급하는 경우에는 용기 출구에서 연소기까지의 설비

★★
11. LPG 일반집단공급사업자의 일반수용가가 6800세대일 때 사용시설점검원(안전점검원)은 몇 명인가?

정답 3명
해설 액화석유가스의 안전관리 및 사업법 시행규칙(약칭: 액화석유가스법 시행규칙)
[시행 2020.8.5.] [산업통상자원부령 제386호, 2020.8.5 일부개정]. (6강 03 해설 참조)

★★ 기능장
12. 액화석유가스법 시행규칙에서 "일반집단공급시설"의 용어를 설명하시오.

해설 [액화석유가스법 시행규칙]
제2조20항 "일반집단공급시설"이란 저장설비에서 가스사용자가 소유하거나 점유하고 있는 건축물의 외벽(외벽에 가스계량기가 설치된 경우에는 그 계량기의 전단밸브를 말한다)까지의 배관과 그 밖의 공급시설을 말한다.

홍까스와 함께하는 [필답형]

가스기능사 모의고사

Craftsman Gas

★
01. 독성가스 허용기준 중 우리나라에서 채택하고 있는 기준은 무엇이며 그 의미를 설명하시오.

> 정답 LC50 기준
> 독성가스 : 허용농도가 5,000/100만 이하인 가스(5,000ppm 이하)
> 허용농도 LC50 : 해당가스를 성숙한 흰 쥐 집단에게 대기중에서 1시간 동안 노출시킨 경우 14일 이내에
> 1/2 이상이 죽게 되는 가스의 농도를 말한다.
> **[독성가스 허용농도 종류]**
> ① LC-50   ② 시간가중 평균농도(TLV-TWA)
> ③ 단시간 노출허용농도(TLV-STEL)   ④ 최고허용농도(TLV-C)
> 암기TIP 전투기 스텔C기(STEL, C)

★
02. 가스미터기 성능 중 감도유량에 대하여 쓰시오.

> 정답 감도유량 : 가스미터가 작동하는 최소 유량
> 해설 **[가스미터 성능]**
> ㉠ 가스미터의 기밀시험 : 10kPa에 합격한 것
> ㉡ 사용공차 : 실제 사용되는 상태에서 ±2.25%가 되어야 한다.
> ㉢ 검정공차 : 계량법에 정한 검정시 오차의 한계로 사용 최대 유량이 20~80%의 범위에서 ±1.5%이다.
> ㉣ 감도유량 : 가스미터가 작동하는 최소 유량으로 일반 가정용 LP가스미터는 15L/h 일반 막식 가스미터
>   의 감도는 3L/h 이하이다.

★★
03. 가스미터 선정시 주의사항에 대하여 2가지 이상 쓰시오.

> 정답 ㉠ 사용가스에 적합하고 용량에 여유가 있을 것
>   ㉡ 정확히 계량되고 미터에 의한 압력손실이 적을 것
> 해설 가스미터는 소비자에게 공급하는 가스의 체적을 측정하기 위하여 사용된다.
>   1. 가스미터 선정시 주의사항
>   ㉠ 사용가스에 적합하고 용량에 여유가 있을 것
>   ㉡ 정확히 계량되고 미터에 의한 압력손실이 적을 것
>   ㉢ 내압, 내열성이 뛰어나고 내구성이 있고 기타 외관검사 등을 행할 것
>   ㉣ 소형으로 구조가 간단하고 고장이 없어 검침과 수리가 쉽고 탈착이 편리할 것

★★★
04. 다음은 가스미터 형식이다. 각각 의미를 설명하시오.

> ㉠ MAX 1.5m^3/h :
> ㉡ 0.5L/rev :

> 해설 [가스미터 형식]
> ㉠ MAX 1.5m^3/h : 사용 최대 유량 1.5m^3/h
> ㉡ 0.5L/rev : 계량실 1주기 체적이 0.5L/rev
> ㉢ 가스의 유입 방향 : 화살표로 표시
> ㉣ 검정증인 21/01 : 2021년 01월까지 유효

★★★
05. 염공에서의 가스 유출속도가 가스의 연소속도보다 작게 되는 경우 불꽃이 연소기 내부의 노즐선단에서 연소하는 이상연소상태의 명칭과 그 원인을 2가지 쓰시오.

> 정답 명칭 : 역화
> 원인 : ㉠ 부식에 의한 염공이 크게 되었을 때
> ㉡ 노즐의 구경이 너무 크게 된 경우
> 해설 [역화의 원인]
> 연소속도가 염공의 가스 유출속도보다 크게 되는 경우(가스유출속도 〈 연소속도)
> ㉠ 콕크가 충분하게 열리지 않는 경우
> ㉡ 기구 콕크의 구경에 먼지가 부착한 경우
> ㉢ 가스의 압력이 저하되었을 때
> ㉣ 가스 곤로 위에 큰 냄비 등을 올려서 장시간 사용할 경우

★
06. 다음 포스겐가스의 물음에 대해 설명하시오.

> (1) 포스겐의 제조법(화학반응식)을 쓰시오.
> (2) 용도에 대하여 2가지를 쓰시오.

정답 (1) 활성탄 촉매로 일산화탄소와 염소를 반응시켜 제조한다.

$$CO + Cl_2 \rightarrow COCl_2$$

(2) 용도

① 접착제, 도료제조 원료에 사용된다.

② 의약, 염료, 농약제조에 사용. 가열하여 일산화탄소와 염소로 분해

★★★
07. 도시가스 공급시설에 설치되는 정압기의 기능 3가지를 쓰시오.

정답 정압기능, 감압기능, 폐쇄기능

해설 도시가스 압력을 2차측, 즉 수요처에 맞게 감압하여 허용압력범위로 유지 정압하고 가스흐름이 불안정할 경우에 2차측 압력상승을 방지하는 폐쇄기능을 갖는 기기로 정압기용 압력조정기와 그 부속설비를 지칭한다. 정압기는 하나의 집합설비인 유니트(Unit)이다.

★★★
08. 위험성 평가기법 중 정량적 기법에 대해 2가지 이상 기술하시오.

정답 HEA(작업자실수 분석)

FTA(결함수 분석)

ETA(사건수 분석)

해설 **[정성평가와 정량평가 종류]**

정성평가	정량평가	
Check List(체크리스트)	HEA(작업자실수 분석)	
What – if(사고예상질문)	FTA(결함수 분석)	암기TIP 영자 3자리
Hazop(위험과 운전)	ETA(사건수 분석)	
암기TIP 성체사위	CCA(원인결과 분석)	
FMECA(이상위험도 분석)		

★★★
09. 아세틸렌 제조과정에서 제조법 3가지와 유기용제 2가지를 기술하시오.

> (1) 제조법 :
>
> (2) 유기용제 :

정답 (1) 제조법 : 주수식, 침지식, 투입식

　　　(2) 유기용제 : 아세톤, DMF(디메틸포름아미드) 사용

해설 **[아세틸렌 제조방법 및 주의사항]**

　　① 가스발생기 : 주수식, 침지식, 투입식

　　　(주수식) : 카바이드(Carbide)에 물을 넣는 방법

　　　　　　• 물의 양을 조절함에 따라 가스 발생량을 조절할 수 있다.

　　　(투입식) : 물에 카바이드(Carbide)를 넣는 방법

　　　　　　• 대량생산에 적당하며 공업용으로 널리 쓰인다.

　　　　　　• 카바이드 투입량을 조절함에 따라 발생량도 조절이 가능하다.

　　　(침지식) : 물과 카바이드(Carbide)를 소량씩 접촉시키는 방법

★★
10. 액화석유가스 충전시설 중 충전설비는 그 외면으로부터 사업소 경계까지 몇 m 이상의 거리를 유지하여야 하는가?

정답 24

해설 [★] KGS(시행규칙 제8조 1호 규정)

　　액화석유가스 충전시설 중 충전설비에서 사업소 경계까지의 유지거리 : 24m 이상 유지

　　비교 저장탱크의 액화석유가스 사용시설의 시설·기술·검사 기준 FU433

표 2.1.3 사업소경계와의 거리 〈개정 15.10.2〉

저장능력	사업소경계와의 거리
10t 이하	17m
10t 초과 20t 이하	21m
20t 초과 30t 이하	24m
30t 초과 40t 이하	27m
40t 초과	30m

비고

1. 이 표의 저장능력산정은 별표 4 제1호가목1)다)의 표에서 정한 계산식에 따른다.

2. 동일한 사업소에 두 개 이상의 저장설비가 있는 경우에는 그 설비별로 각각 안전거리를 유지해야 한다.

2.1.3 사업소경계와의 거리 〈신설 12.6.26〉
저장설비는 그 외면으로부터 사업소경계(★다만, 사업소경계가 바다 · 호수 · 하천 · 도로 등과 접한 경우에는 그 반대편 끝을 경계로 본다)까지 표 2.1.3에 따른 거리 이상을 유지한다. 다만, 지하에 저장설비를 설치하는 경우에는 표 2.1.3에 따른 거리의 2분의 1로 할 수 있으며, 시장 · 군수 또는 구청장이 공공의 안전을 위하여 필요하다고 인정하는 지역에 대하여는 일정거리를 더하여 정할 수 있다.

★★★
11. 가스누출 경보장치의 종류를 쓰시오.

정답 접촉연소방식, 격막 갈바니방식, 반도체 방식
해설 가스 누출 검지 경보장치(경보기)
1) 접촉연소방식(가연성가스), 격막 갈바니 전지방식(산소), 반도체 방식(독성 · 가연성)
2) 검지 농도 : 가연성(폭발하한의 $\frac{1}{4}$ 이하), 독성가스(허용농도 이하), NH_3와 CO(50ppm 이하)
3) 정밀도 : 가연성가스용(±25% 이하), 독성가스용(±30% 이하)
4) 검지에서 발신까지의 시간(경보농도의 1.6배 농도에서) : 일반가스(30초 이내), NH_3, CO(1분 이내)
5) 신속검지, 경보 가능한 수량 : 바닥면 둘레 10m당 1개 이상(단, 건축물 밖에는 20m당 1개)

★
12. 수소폭명기의 반응식과 수소의 위험도를 계산하시오.

정답 반응식 : $2H_2 + O_2 \rightarrow 2H_2O + 136.6kcal$
위험도 : (75-4)/4 = 17.75
해설 수소는 산소 또는 공기 중에서 연소하여 물을 생성한다.
수소의 폭명기 : $2H_2 + O_2 \rightarrow 2H_2O + 136.6kcal$
위험도 : (75-4)/4 = 17.75

수소(H_2)	하한 4.0	상한 75	위험도 17.75

★
01. 다음 가스의 발화온도와 폭발등급에 의한 위험성을 비교하였을 때 위험도가 큰 순서대로 나열하시오.

> ① 부탄 ② 암모니아 ③ 아세트알데히드 ④ 메탄

정답 아세트알데히드 〉부탄 〉메탄 〉암모니아

해설 위험도(H)는 폭발범위를 폭발 하한계로 나눈 수치로 단위는 없다.

> **[혼합가스의 폭발 위험성을 나타내는 기준]**
>
> $H = \dfrac{U-L}{L}$ 여기서, U : 폭발상한값 L : 폭발하한값
>
> ※ **폭발범위**
>
> C_4H_{10} : 1.8~8.4% (H : 3.7) NH_3 : 15~28% (H : 0.87)
>
> CH_4 : 5~15% (H : 2) 아세트알데히드 : 4.1~57% (H : 12.9)(= CH_3CHO)
>
> **예** 부탄의 위험도 $H = \dfrac{8.4-1.8}{1.8} = 3.7$ (단위는 없다.)

참고 아세트알데히드 산화반응식 $CH_3CHO \xrightarrow{1/2\ O_2} CH_3COOH$(아세트산)

아세트알데히드 환원반응식 $CH_3CHO \xrightarrow{+H_2} C_2H_5OH$(에틸알코올)

★★
02. 내경 80A이고 길이가 100m인 원통형관에 최고사용압력은 2.5kPa일 때 자기압력식 압력계의 기밀시험 압력과 유지시간은?

정답 8.4kPa, 24분

해설 자기압력기록식 압력계 기밀시험압력

(1) 시험압력 : 8.4kPa 이상(도시가스 최고사용 1.1배 or 8.4kPa 중 큰 것)
   • 8.4kPa와 2.5kPa × 1.1 = 2.75kPa 중 큰 것 선택

(2) 기밀유지시간

   1) 원통형관의 유량계산

   $$Q(m^3) = \frac{\pi}{4} \times D^2 \times L = \frac{3.14}{4} \times (0.08m)^2 \times 100m = 0.5024 ≒ 0.5(m^3)$$

   내용적 $m^3 = 1,000L$ 이므로 $0.5m^3 = 500L$

용량(L)	입력유지시간(분)
10 이하	5
10~50 이하	10
50~1m³ 이하	24
1m³~10m³ 이하	240
10m³ 초과	$24 \times V$(초과분)

★★ 기사
03. 어느 업소에서 2열2구 주물버너(0.82kg/hr) 1대, 2가구 가스렌지(0.4kg/hr) 2대, 가스보일러(1kg/hr) 1대를 사용할 경우 최대가스소비량은?

정답 1.57(kg/hr)

해설 최대가스소비량은 설치된 연소기의 가스소비량을 합산하여 계산하되 60% 이상으로 한다.
(0.82kg/hr x 1 + 0.4kg/hr x 2 + 1kg/hr) × 0.6(피크시 최대가스소비율) = 1.572

★★ 기능장
04. 어느 한식당에서 내경 50A이고 길이가 800m인 배관에 최고사용압력은 2.5kPa일 때 전기식 다이어프램형 압력계의 기밀시험 압력과 유지시간은?

정답 8.4kPa, 40분

해설 전기식 다이어프램형 압력계의 기밀시험압력
(1) 시험압력 : 8.4kPa 이상(도시가스 최고사용 1.1배 or 8.4kPa 중 큰 것)
  • 8.4kPa와 2.5kPa × 1.1 = 2.75kPa 중 큰 것 선택
(2) 기밀유지시간
  1) 원통형관의 유량계산

$$Q(m^3) = \frac{\pi}{4} \times D^2 \times L \qquad Q(m^3) = \frac{3.14}{4} \times (0.05m)^2 \times 800m = 1.57(m^3)$$

용량(L)	입력유지시간(분)
1m³ 이하	4
1m³~10m³ 이하	40
10m³ 초과	$4 \times V$분(초과분)

★★ **기사**

05. 한식 식당에서 버너 1열 2구(1.7kg/h) 10대, 밥솥(1.9kg/h) 3대, 온수기(0.8kg/h) 2대를 사용한다. 강제 기화방식으로 가스 공급할 경우 50kg 용기의 최소 설치 수량은? (1일 평균가스사용시간 3시간, 자동 절체식 사용)

정답 2개

해설 (1) 필요가스량계산 : 연소기의 가스소비량 합계[kg/h] × 피크시의 최대가스소비율[%] × 1.1
　　※ 필요가스량은 최대가스소비량 × 1.1로 환산하고 공동주택은 최대가스 소비량으로 한다.
　　(1.7kg/hr × 10 + 1.9kg/hr × 3 + 0.8kg/hr × 2) × 0.6 × 1.1 = 16.038
　　"피크시의 최대가스소비율"은 당해 시설에서 피크시 최대로 사용하는 가스소비량(kg/h) ÷
　　전체 연소기의 합산 가스소비량(kg/h)의 수치(%)로서 60% 이상으로 한다.
　　[다만, 연소기(버너가 1개인 연소기에 한함)가 1대만 설치된 경우에는 100%로 한다]

(2) 강제기화 방식에서 용기 설치수량계산
　　강제기화방식은 원칙적으로 용기 설치수량이 작아도 가스소비량에 영향을 미치지 않는다. 그러나 안전관리상 용기의 배달주기를 고려하여 저장량, 즉 용기 설치수량을 다음과 같이 산정한다.
　　① 용기 설치수량계산
　　　[필요가스량(kg/h) × 1일평균 가스사용시간(h) ÷ 용기당 저장능력(kg)] × 2(예비용기 설치)
　　　[16.038 × 3시간(h) ÷ 50(kg)] × 2 = 1.92456 ≒ 2개

★★★

06. 길이 200m 관에서 가스유량 380㎥/h일 때 압력손실은 0.3MPa이다. 적절한 관경은 얼마로 해야 하는가? (가스비중이 1.66, k = 0.707)

정답 50A

해설 ① 저압배관 유량공식에서 $Q = K\sqrt{\dfrac{D^5 H}{SL}}$ 을 변형하면

$$H = \frac{Q^2 \cdot S \cdot L}{K^2 \cdot D^5} \text{ 에서 } \left(\frac{0.3MPa}{0.101325MPa} \right) \times 10332 mm H_2 O = \frac{380^2 \times 1.66 \times 200}{0.707^2 \times D^5}$$

D = 5.003(cm) = 50(mm)

Q : 가스유량(m³/h)　　　　　　K : 유량계수(폴의 정수 : 0.707)
D : 파이프의 내경(cm)　　　　　h : 허용압력손실(mmH₂O)
S : 가스비중　　　　　　　　　L : 파이프의 길이(m)

★★
07. LP 가스 설비에서 자동절체식 조정기의 출구압력이 최저일 때 관말 압력은? (직경 2.5cm, 길이 20m, 유량 10m³/h, S = 1.52, k = 0.707)

> 정답 1.94kPa
>
> 해설 1) 압력손실 계산 $H = \dfrac{Q^2 \cdot S \cdot L}{K^2 \cdot D^5}$ $H = \dfrac{10^2 \cdot 1.52 \cdot 20}{0.707^2 \cdot 2.5^5} = 62.278(mmH_2O)$
>
> 압력변환하면 (62.278/10332) × 101.325kPa = 0.610kPa
> 2) 관말 압력은 자동절체식 조정기의 출구압력 − 압력손실이므로
> 관말 압력은 조정압력 2.55kPa − 0.610kPa = 1.939

★★★
08. LP 가스설비에서 연소기의 입구압력을 쓰시오. (단위는 kPa)

> 정답 2.0kPa
>
> 해설

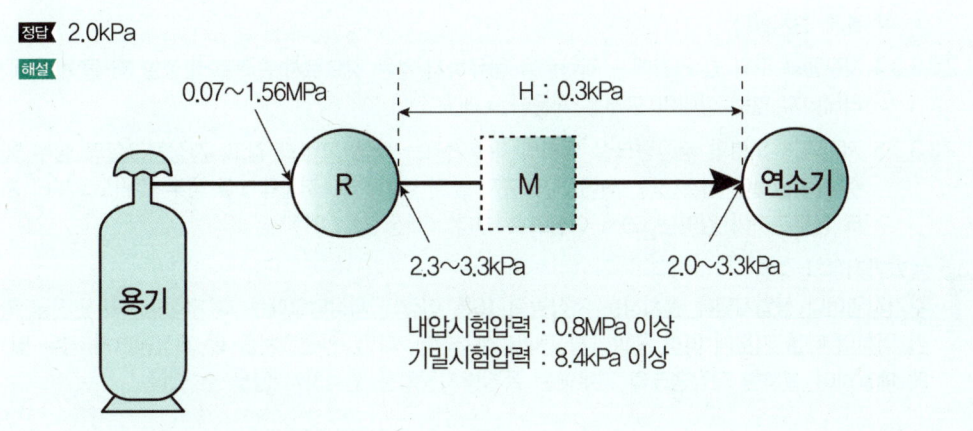

★
09. 저장탱크에 의한 액화석유가스 사용시설의 시설 · 기술 · 검사 기준에서 저장탱크는 지하 저장탱크실에 설치한다. 그리고 주거지역이나 상업지역에 설치하는 저장능력 10톤 이상의 저장탱크에는 그 저장탱크의 안전을 확보하기 위하여 무엇을 설치하여야 하는가?

> 정답 폭발방지장치
>
> 해설 저장탱크에 의한 액화석유가스 사용시설의 시설 · 기술 · 검사 기준 KGS FU433 2020
> 2.3.3.3.1 저장탱크는 지하 저장탱크실에 설치한다.
> 2.3.3.3.2 저장탱크실은 천정 · 벽 및 바닥의 두께가 각각 30㎝ 이상의 방수조치를 한 철근콘크리트 구조로 한다.

2.3.3.3.3 저장탱크실에는 다음 기준에 따라 방수조치를 한다.

(1) 저장탱크실의 재료는 표 2.3.3.3.3(1)에 따른 레디믹스콘크리트(ready-mixed concrete)로 하고, 저장 탱크실의 시공은 수밀(水密) 콘크리트로 한다.

———————————————————— 중략 ————————————————————

(5) 저장탱크실의 바닥은 저장탱크실에 침입한 물 또는 기온변화로 인하여 생성된 물이 모이도록 구배를 가지는 구조로 하고, 바닥의 낮은 곳에 집수구를 설치하며, 집수구에 고인물을 쉽게 배수할 수 있게 한다. 〈개정 11.1.3〉

(5-1) 집수구는 가로 30㎝, 세로 30㎝, 깊이 30㎝ 이상의 크기로 저장탱크실 바닥면보다 아래에 설치한다.

(5-2) 집수관은 내식성재료를 사용하고, 직경을 80A 이상으로 하며, 집수구 바닥에 고정.

(5-2-1) 스테인리스강관

(5-2-2) KS M 3401(수도용 경질 폴리염화비닐관)에 따른 내충격 경질 폴리염화비닐관(HIVP) 또는 이와 같은 수준 이상의 강도 및 내식성을 갖는 관

(5-3) 집수구 및 집수관 주변은 자갈 등으로 조치하고, 집수구는 침수된 물을 배출시키기 위한 펌프가동 시 모래가 유입되지 않도록 그물 등으로 조치를 한다.

(5-4) 집수관 안의 물이 앵커박스상부 높이까지 차는 경우에는 펌프로 배수한다.

(5-5) 상시 침수우려 지역에 설치된 가스설비실 내의 점검구, 검지관 및 집수관 등은 바닥면보다 30㎝ 이상 높게 설치한다.

2.3.3.3.4 저장탱크 주위 빈 공간에는 세립분을 함유하지 않은 것으로서 손으로 만졌을 때 물이 손에서 흘러내리지 않는 상태의 모래를 채운다. 〈개정 11.1.3〉

2.3.3.3.5 저장탱크 외면과 저장탱크실 내벽의 이격거리는 다음 그림과 같고, 저장탱크실의 상부 윗면은 주위 지면보다 최소 5㎝, 최대 30㎝까지 높게 설치하고, 저장탱크실 상부 윗면으로부터 저장탱크 상부까지의 깊이는 60㎝ 이상으로 한다. 〈개정 11.7.27〉

2.3.3.5 폭발방지장치 설치

주거지역이나 상업지역에 설치하는 저장능력 10톤 이상의 저장탱크에는 그 저장탱크의 안전을 확보하기 위하여 다음 기준에 따라 폭발방지장치를 설치한다. 다만, 안전조치를 한 저장탱크의 경우 및 지하에 매몰하여 설치한 저장탱크의 경우에는 폭발방지장치를 설치하지 않을 수 있다.

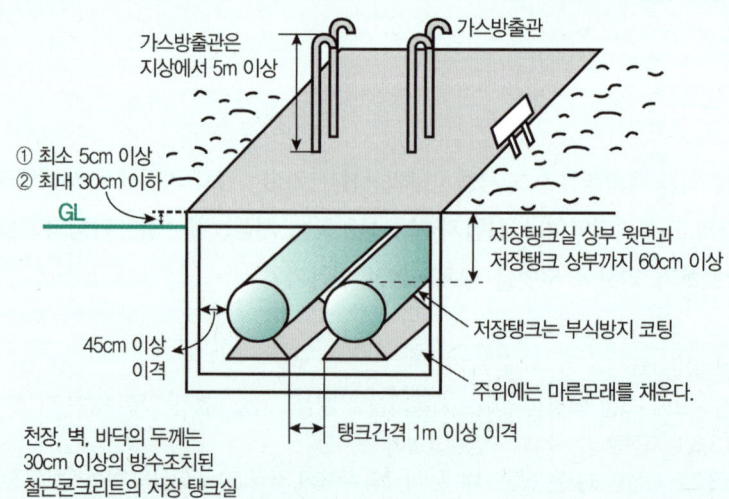

★★★
10. 도시가스 누출시 가스누출여부를 인지하기 위해 첨가하는 것은 무엇이며, 그것의 종류 3가지를 쓰시오.

> 정답 부취제
>
>   종류 : D.M.S, T.B.M, T.H.T
>
> 해설 부취제 및 부취설비
>
>   1. 구비조건(특징)
>
>   ① 부식성이 없을 것
>
>   ② 물에 용해되지 않을 것
>
>   ③ 완전히 연소하고 연소 후 유해물질을 남기지 않을 것
>
>   ④ 토양에 대한 투과성이 좋을 것
>
>   ⑤ 독성이 없을 것
>
>   ⑥ 일반적인 생활냄새와 명확히 구별될 것
>
>   ⑦ 배관 내에서 응축하지 않을 것
>
>   ⑧ 가스배관이나 가스미터 등에 흡착되지 않을 것
>
>   ⑨ 경제적일 것
>
>   ⑩ 화학적으로 안정될 것
>
>   ⑪ 저농도에 있어서도 냄새를 알 수 있을 것
>
>   ※ 토양에 대한 투과성 : D.M.S 〉 T.B.M 〉 T.H.T
>
>   ※ 취기 강도 : T.B.M 〉 T.H.T 〉 D.M.S
>
>   ※ 암기TIP 부용완 투독일응 가경화저(부용한 두 독일은 간경화죠!)
>
>   2. 종류
>
>   ㉠ D.M.S : 마늘 냄새   ㉡ T.B.M : 양파 썩은 냄새   ㉢ T.H.T : 석탄 가스 냄새

[부취제의 종류]

★★ 기사
11. 폭발방지장치의 열전달 매체인 다공성 알루미늄박판(이하 "폭발방지제"라 한다)은 알루미늄합금박판에 일정 간격으로 슬릿(slit)을 내고 이것을 팽창시켜 (   )형으로 한 것으로 한다. ( ) 안을 채우시오.

> 정답 벌집형
>
> 해설 저장탱크에 의한 액화석유가스 사용시설의 시설 · 기술 · 검사 기준 KGS FU433 2020
>
>   2.3.3.5.2 폭발방지장치 재료 〈개정 11.7.27〉
>
>   (1) 폭발방지장치의 열전달 매체인 다공성 알루미늄박판(이하 "폭발방지제"라 한다)은 알루미늄합금박판에 일정 간격으로 슬릿(slit)을 내고 이것을 팽창시켜 다공성 벌집형으로 한 것으로 한다.

(2) 폭발방지제 지지구조물의 후프링 재질은 기존탱크의 재질과 같은 것 또는 이와 같은 수준 이상의 것으로서 액화석유가스에 대하여 내식성을 가지며 열적 성질이 탱크동체의 재질과 유사한 것으로 한다.

(3) 폭발방지제 지지구조물의 지지봉은 KS D 3507(배관용탄소강관)에 적합한 것(최저 인장강도 294N/㎟)으로 한다.

(4) 그 밖의 폭발방지제 지지구조물의 부품 재질은 안전확보를 위해 충분한 기계적 강도 및 액화석유가스에 대한 내식성을 가진 것으로 한다.

★★★
12. 펌프의 전양정이 10M인 원심펌프의 회전수를 1,000rpm에서 1,200rpm으로 변화시키면 유량과 동력은 약 몇 배가 되는가?

1) 유량 :	2) 동력 :

정답 1) 1.2배　　2) 1.7배

해설 펌프의 상사의 법칙을 살펴보면

유량 Q = 회전수 $\left(\dfrac{N_2}{N_1}\right)^1$ 비례

양정 H = 회전수 $\left(\dfrac{N_2}{N_1}\right)^2$ 비례

동력 Lw = 회전수 $\left(\dfrac{N_2}{N_1}\right)^3$ 비례이다.

∴ 유량 Q = 회전수 $\left(\dfrac{N_2}{N_1}\right)^1 = \left(\dfrac{1,200}{1,000}\right)^1 = 1.2$

$Lw(동력) = \left(\dfrac{1,200}{1,000}\right)^3 = 1.7$

★★★
01. 비파괴검사 방법 중 용접부에 대한 검사방법 명칭을 쓰시오.

1) RT :	2) PT :	3) UT :

정답 1) 방사선검사 2) 침투탐상검사 3) 초음파검사

해설 [재료의 비파괴 검사]

파괴를 하지 않고 시공한 면을 또는 검사 측정치에 대해서 적중 여부를 판단

1) 음향검사(AE) : 테스트 햄머 사용 소리로 판결
2) 침투탐상(PT) : 액을 표면에 도포(내부검출 힘들다)
3) 자기(자분)검사(MT) : 자분(자석) 이용
4) 방사선 검사(RT)

　　장점 : 공업적으로 가장 신뢰성 있으며, 널리 사용, 내부결함 관찰가능, 결과의 기록이 가능
　　단점 : 가격이 비싸다. 신체방호 필요, 적층결함 찾기 어렵다.
　　종류 : 내부선원법, 이중법, 이중상법

5) 초음파 검사(UT)

　　장점 : 적층결함(내부결함) 관찰이 가능, 결과가 신속하고 검사비용이 싸다.
　　단점 : 결과의 보존성이 없으며 결함형태가 불명확하다.

★★★
02. 도시가스 시공관리 공사계획 승인(신고)절차에서 승인권자는 가스공급시설의 시설 · 기술기준에 적합여부를 승인하여야 하며, 시공계획자는 배관 관지름을 결정하기 위하여 가스사용예정량을 계산하여야 한다. 다음을 이용하여 저압배관공식을 쓰시오.

Q : 가스유량(m³/h)	K : 유량계수(pole폴의 상수 : 0.707)	D : 파이프의 내경(cm)
H : 허용압력손실(mmH₂O)	S : 가스비중	L : 파이프의 길이(m)

정답 [저압배관 관경 결정]

$$Q = K\sqrt{\dfrac{D^5 H}{SL}}$$

★★
03. 액화석유가스 저장소에서 가스누출검지기의 검지기 설치 개수와 설치 높이를 쓰시오.

1) 설치갯수 :
2) 설치높이 :

정답 설치갯수 : 바닥면 둘레 20m당 1개 이상 설치
　　　설치높이 : 바닥면에서 검지기 상단까지 30cm 이내

★
04. 도시가스 지상 배관에 기록하여야 할 사항 3가지를 쓰시오.

정답 기록 사항 : 사용 가스명, 최고사용압력, 가스 흐름방향

★★ 기사
05. 일반용 액화석유가스 압력조정기 제조의 시설 · 기술 · 검사 기준(AA434)에서 조정기의 내압시험압력을 쓰시오.

1) 1단 감압식 저압조정기 :
2) 2단 감압식 2차조정기 :

정답 1) 내압 성능시험시 입구 쪽 내압시험은 3MPa 이상으로 1분간 실시한다.
　　　2) 2단 감압식 2차용조정기의 경우에는 0.8MPa 이상으로 한다.
해설 **[일반용 액화석유가스 압력조정기 제조의 시설 · 기술 KGS AA434 2020]**
압력조정기는 그 압력조정기의 안전성과 편리성을 확보하기 위하여 다음 기준에 따른 성능을 가지는 것으로 한다.
내압 성능시험시 *입구 쪽 내압시험은 3MPa 이상으로 1분간 실시한다.
다만, 2단감압식 2차용조정기의 경우에는 0.8MPa 이상으로 한다. 〈개정 10.8.31〉
3.8.1.1.2 *출구 쪽 내압시험은 0.3MPa 이상으로 1분간 실시한다. 다만 2단감압식 1차용조정기의 경우에는 0.8MPa 이상 또는 조정압력의 1.5배 이상 중 압력이 높은 것.

★★ 기사

06. 일반용 액화석유가스 압력조정기 제조의 시설 · 기술 · 검사 기준(AA434)에서 조정기입구측의 기밀시험 압력을 쓰시오.

> 1) 1단 감압식 저압조정기 :
>
> 2) 2단 감압식 1차조정기 :

정답 1단 감압식 저압조정기 1.56MPa 이상
2단 감압식 1차조정기 1.8MPa 이상

해설 일반용 액화석유가스 압력조정기 제조의 시설 · 기술 KGS AA434 2020

표 3.8.1.2의 종류별 기밀시험압력
(KGS AA434 2020) P.0

종류 구분	1단감압식 저압조정기	1단감압식 준저압 조정기	2단감압식 1차용 조정기	2단감압식 2차용 저압조정기	2단감압식 2차용 준저압 조정기	자동절체식 저압조정기	자동절체식 준저압 조정기	그 밖의 압력조정기
입구쪽 (MPa)	1.56MPa 이상	1.56MPa 이상	1.8MPa 이상	0.5MPa 이상	0.5MPa 이상	1.8MPa 이상	1.8MPa 이상	최대입구 압력의 1.1배 이상
출구쪽	5.5kPa	조정압력의 2배 이상	150kPa 이상	5.5kPa	조정압력의 2배 이상	5.5kPa	조정압력의 2배 이상	조정압력의 1.5배

★★

07. 모듈 3, 잇수 10개, 기어의 폭이 12mm인 기어펌프를 1,200rpm으로 회전할 때 송출량(cm^3/s)은 약 얼마인가?

정답 13,564.8cm^3/s

해설 기어펌프의 송출량 계산
$Q = 2\pi \times$ 모듈$^2 \times$ 잇수 $\times$ 기어폭 $\times$ N(회전수)
$Q(cm^3/s) = (2 \times 3.14 \times 3^2 \times 10 \times 1.2 \times 1,200) / 60 = 13,564.8$
주의 송출량의 계산시 좌변우변의 단위를 일치. rpm은 분당회전수

★★★

08. 가스 유량 2.03kg/h, 관의 내경 1.61cm, 길이 20m의 직관에서의 압력손실은 약 몇 ㎜ 수주인가? (단, 온도 15℃에서 비중 1.58, 밀도 2.04kg/㎥, 유량계수 0.436이다.)

정답 15.22(mmH₂O)

해설 저압배관 유량공식에서 $Q = K\sqrt{\dfrac{D^5 H}{SL}}$ 을 변형하면

$$H = \frac{Q^2 \cdot S \cdot L}{K^2 \cdot D^5} \qquad H = \frac{(2.03 \div 2.04)^2 \times 1.58 \times 20}{0.436^2 \times 1.61^5} = 15.216 = 15.22 \text{(mmH}_2\text{O)}$$

Q : 가스유량(m³/h) K : 유량계수(폴의 정수 : 0.707)
D : 파이프의 내경(cm) h : 허용압력손실(mmH₂O)
S : 가스비중 L : 파이프의 길이(m)

★★★

09. 저압배관의 관경결정시 유량공식에 대한 설명이다. 다음 빈칸을 선택하시오.

```
① 배관길이에 (비례, 반비례)한다.
② 가스비중에 (비례, 반비례)한다.
③ 허용압력손실에 (비례, 반비례)한다.
④ 관경에 의해 결정되는 계수에 (비례, 반비례)한다.
```

정답 ① 반비례 ② 반비례 ③ 비례 ④ 비례

해설 • 유량계수(pole폴의 상수 : 0.707)

① $Q = K\sqrt{\dfrac{H \cdot D^5}{S \cdot L}}$

② $H = \dfrac{Q^2 \cdot S \cdot L}{K^2 \cdot D^5}$ 이므로

③ Q(유량) 기준으로 해석시 분자끼리는 반비례하고 분모와는 비례한다.

$H = \dfrac{Q^2 SL}{k^2 \cdot D^5}$	① 유속(V)의 2승에 비례한다.(=유량의 2승)
	② 가스비중(S)에 비례한다.
	③ 관의 길이(L)에 비례한다.
	④ 관의 내경(D)의 5승에 반비례한다.

해설 비중이 2배가 되면 압력손실은 2배가 된다.
관 길이가 2배가 되면 압력손실은 2배이다.
관의 내경이 1/2배가 되면 압력손실은 32배 커진다.

⑤ 유체점도(밀도)가 크면 압력손실도 크다.

※ 압력과 압력손실과는 무관

[배관의 수직배관 압력 손실(H)]

$$H = 1.293(s-1)h$$

① H : 압력 손실(mmH₂O), S : 가스 비중, h : 입상높이(m)

② (−)의미 : 압력상승을 의미

★★★

10. 가스의 유출속도가 연소속도보다 높아 연소시 불꽃이 염공을 상부공간에서 연소하는 현상을 (1)라 하고, 화염의 주위 특히 화염의 기저부에 대한 공기의 움직임이 세어져 화염이 노즐에 정착하지 못하고 떨어져 꺼지는 현상을 (2)라 한다. (   ) 안에 들어갈 용어를 쓰시오.

정답 (1) 선화(또는 리프팅/lifting)

(2) 블로우 오프(blow off)

해설 (1) 선화(=리프팅)가스 유출 속도가 연소 속도보다 크게 되는 경우(가스유출속도 〉 연소속도)

① 버너의 염공에 먼지 등이 끼어 염공이 작게 된 경우

② 가스의 공급 압력이 높아 과대한 경우

③ 노즐의 구경이 작게 된 경우

④ 연소 가스의 배출 불충분이나 환기의 불충분

⑤ 공기조절장치를 너무 많이 열었을 경우

(2) 역화 : 연소속도가 염공의 가스 유출속도보다 크게 되는 경우(가스유출속도 〈 연소속도)

① 부식에 의한 염공이 크게 되었을 때

② 노즐의 구경이 너무 크게 된 경우

③ 콕크가 충분하게 열리지 않는 경우

④ 콕크의 구경에 먼지가 부착된 경우

⑤ 가스의 압력이 저하 되었을 때

⑥ 가스연소기 상부에 큰 냄비 등을 올려서 장시간 사용할 경우

(3) 불완전 연소

① 1차 공기 및 2차 공기가 부족한 경우

② 환기 및 배기가 불충분한 경우(리프팅 비슷)

③ 가스 공급 압력이 저압이거나 가스 조성이 맞지 않을 경우(역화 비슷)

④ 가스기구 및 연소기구가 맞지 않는 경우

⑤ 프레임의 냉각에 의한 경우

(4) 블로우 오프 및 옐로우 팁(yellow-tip) 황염

화염의 주위 특히 화염의 기저부에 대한 공기의 움직임이 세어져 화염이 노즐에 정착하지 못하고 떨어져 꺼지는 현상을 블로우 오프라 하고, 옐로우 팁은 연소 반응 중 탄화수소가 열분해하여 발생된 탄소 입자가 미 연소된 채 적열되어 화염의 선단이 적황색으로 연소하는 현상이다.

★★
11. 아세틸렌 100L 중에 산소가 6,000ppm일 때 압축여부와 압축기의 운전여부를 판단하시오.

정답 아세틸렌 중 산소용량이 2% 미만이므로 압축가능, 운전계속한다.

해설 아세틸렌 100L 중에 산소용량비율(%) 계산 :

1ppm은 $1/10^6$의 농도이다. 산소(%) = $(6,000/1,000,000) \times 100 = 0.6\%$

산소용량이 2% 미만이므로 압축가능, 운전계속한다.

압축금지 조건
• 가연성 가스 중 산소용량이 전용량의 4% 이상 시
• 산소 중의 가연성 용량이 전용량의 4% 이상 시
• 아세틸렌, 에틸렌, 수소 중의 산소 용량이 전용량의 2% 이상 시
• 산소중의 아세틸렌, 에틸렌, 수소의 용량 합계가 전용량의 2% 이상 시

★★★
12. 가스공급 배관 용접 후 검사하는 비파괴검사방법 중 방사선투과검사법 3가지를 기술하시오.

정답 방사선투과검사(내부선원법, 이중법, 이중상법) (영문약자 : RT – 동영상기출)

해설 (1) 비파괴 검사방법(배관 용접부)

① 방사선투과검사(내부선원법, 이중법, 이중상법)(RT)

② 초음파탐상검사(UT)

③ 자분탐상검사(MT)

④ 침투탐상검사(PT)

(2) 비파괴검사 제외항목 〈개정 12.4.5〉

① 가스용 폴리에틸렌관(PE관)

② 노출된 저압의 사용자공급관

③ 호칭지름 80A 미만 저압배관

가스전문가
홍까스와 함께하는 **필답형**
가스기능사 모의고사

★★★
01. 비파괴검사방법 중 방사선투과검사법(RT)의 장점과 단점을 각각 2가지 이상 쓰시오.

> 장점 :
> 단점 :

> **정답** 장점 : 공업적으로 가장 신뢰성 있으며, 널리 사용. 내부결함 관찰가능. 결과의 기록이 가능
> 단점 : 가격이 비싸다. 신체방호 필요. 적층결함 찾기 어렵다.

★★★
02. 액화 프로판 15L를 대기 중에 방출하였을 경우 약 몇 L의 기체가 되는가?(단, 액화 프로판의 액 밀도는 0.5kg/L)

> **정답** 3818.18 (L)
> **해설** 액비중이 0.5kg/L = 500g : 1L
> $\qquad\qquad$ Xg : 15L
> $\qquad\qquad$ Xg = 500×15 = 7,500g
> C_3H_8(프로판)은 1mol당 44g이고 체적은 22.4L를 가지므로 (7,500/44)×22.4L = 3,818.18

★★
03. 초저온 용기나 저장탱크의 배관시설에서 기화기의 역할을 설명하시오.

> 역할 :

> **정답** 액화상태의 가스를 공기중의 열을 이용하여 기화시킨 후 기체상태의 가스를 수요처에 공급하는 장치

★
04. 부탄가스 30kg을 충전하기 위해 필요한 용기의 최소부피는 약 몇 L 인가?(단, 충전 상수는 2.05이고, 액비중은 0.5이다.)

> 정답 61.5
>
> 해설 용기 및 차량에 고정된 탱크 : $W = \dfrac{V_2}{C}$
>
> (W : 저장능력(kg), C : 충전상수, V_2 : 내용적(L) 이다)
> 최소 : 30(kg)×2.05 = 61.5(L) 이다.
> 최대 : (30/0.5)×2.05 = 123(L) (액비중 반영)

★★★
05. 5L 용기에 9기압의 기체가 들어 있다. 또 다른 10L 용기에 6기압의 같은 기체가 들어 있다. 이 용기를 연결하여 양쪽의 기체가 서로 섞여 평형에 도달하였을 때 기체의 압력은 약 몇 기압이 되는가?

> 정답 7.0기압
>
> 해설 가스량 계산으로 평균 압력 구하는 문제
> Q가스량 = 압력 P × 내용적 L에서
> $P(평균압력) = \dfrac{가스량 Q}{내용적 L} = \dfrac{(9 \times 5) + (6 \times 10) = 105}{(5 + 10) = 15} = 7.0기압$

★
06. 도시가스의 주연료는 무엇이며, 그것의 분자식을 쓰시오.

> 정답 메탄, CH_4

★
07. 원심압축기의 구성요소 3가지를 쓰시오.

> 정답 임펠러, 가이드 베인, 디퓨져

★
08. 도시가스 허가제조 용품 중 콕의 종류 3가지를 쓰시오.

> **정답** 퓨즈콕, 상자콕, 주물연소기용콕

★★
09. 다음은 도시가스 안전관리법 제30조의2의 기준으로 구멍 뚫기, 말뚝 박기, 터파기, 그 밖의 토지의 굴착공사(이하 "굴착공사"라 한다)로 인하여 일어날 수 있는 도시가스배관의 파손사고를 예방하기 위한 정보제공, 홍보 등에 필요한 굴착공사지원정보망의 구축 · 운영, 그 밖에 매설배관 확인에 대한 정보지원 업무를 효율적으로 수행하기 위하여 한국가스안전공사에 (   )를 둔다. 빈칸을 채우시오.

> **정답** 굴착공사정보지원센터
>
> **해설** 굴착공사 시스템 : 도법 제30조의2 → 구멍 뚫기, 말뚝 박기, 터파기, 그 밖의 토지의 굴착공사(이하 "굴착공사"라 한다)로 인하여 일어날 수 있는 도시가스배관의 파손사고를 예방하기 위한 정보제공, 홍보 등에 필요한 굴착공사지원정보망의 구축 · 운영, 그 밖에 매설배관 확인에 대한 정보지원 업무를 효율적으로 수행하기 위하여 한국가스안전공사에 굴착공사정보지원센터(이하 "정보지원센터"라 한다)를 둔다.

★★
10. 3단 토출압력이 2MPa · g이고, 압축비가 2인 4단공기압축기에서 1단 흡입 압력은 약 몇 MPa · g인가?

> **정답** 0.16MPa · g
>
> **해설** a : 압축비, P : 절대압력(주의)
>
> 2단 토출P 계산 : (3단 토출P)$/a = \dfrac{2+0.1}{2} = 1.05$MPa · abs
>
> 2단 흡입P 계산 : 1.05/2 = 0.525
>
> 1단 흡입P 계산 : 0.525/2 = 0.2625
>
> 1단 흡입P = 0.26MPa · abs 절대 P이므로 대기압(−)하면 0.26−(0.1) = 0.16MPa · g
>
> **주의** MPa · g에서 최초는 절대압력 환산 요망

```
         0.26          0.525          1.05      2.0MPa·g + 0.101MPa
                                                = 2.1
      ┌────────┐    ┌────────┐    ┌────────┐    ┌────────┐
      │  1단   │    │  2단   │    │  3단   │    │  4단   │
      └────────┘    └────────┘    └────────┘    └────────┘
        a=2           a=2           a=2           a=2
```

[도식화]

★
11. 본질안전방폭구조 폭발등급 기준인 최소점화전류비 산정시 기준이 되는 가스명을 분자식으로 쓰시오.

정답 CH_4

★★
12. 흡입압력이 대기압과 같으며 최종압력이 15kgf/㎠ · g인 4단 공기압축기의 압축비는 약 얼마인가? (단, 대기압은 1kgf/㎠로 한다.)

정답 2

해설 a : 압축비, P : 절대압력(주의)

4단 토출P 계산 = 15kgf/㎠ · g + 1kgf/㎠ = 16kgf/㎠ · abs

3단 토출 P 계산 : (4단토출 p)$/a = \dfrac{16}{a}$)

2단 토출 P 계산 : ((3단토출 p)$/a = \dfrac{16}{a}$)/a

1단 토출 P 계산 : 【((2단토출 p)$/a = \dfrac{16}{a}$)/a】/a

1단 흡입 P 계산 : 【((2단토출 p)$/a = \dfrac{16}{a}$)/a】/a)/a = 1kgf/㎠ · abs, $\dfrac{16}{a^4} = 1$, $a^4 = 16 = 2^4$, $a = 2$

참고 압축비 확인검토

만일, 최종압력이 15kgf/cm² · g이므로 절대압력은 대기압 1 반영요망

∴ 최종P = (15 + 1) = 16kgf/cm² · abs(절대압력)

최종단P가 2의 배수면 압축비(a)가 2,
　　　　　　3의 배수면 압축비(a)는 3이다.

3단 토출P은 16/2 = 8, 2단 토출P은 8/2 = 4, 1단 토출P은 4/2 = 2, 1단 흡입P은 2/2 = 1

주의 흡입압력이 대기압과 같다.(즉, 1kgf/㎠ · abs 최초의 흡입절대압력)

★★
01. 나사압축기에서 숫로터의 직경 150mm, 로터 길이 100mm, 회전수가 350rpm이라고 할 때 이론적 토출량은 약 몇 m³/min인가? (단, 로터 형상에 의한 계수[C_v]는 0.476이다.)

정답 0.37

해설 $Q(\mathrm{m^3/min}) = C_v \times D^2 \times L \times N \times n$ 에서 $Q = 0.476 \times (0.15\mathrm{m})^2 \times 0.1\mathrm{m} \times 350$
$= 0.37485 \fallingdotseq 0.37$

★
02. 진공압력이 57cmHg일 때 진공도와 절대압력은? (단, 대기압은 760mmHg이다.)

| 진공도(%) : |
| 절대압력(kg/cm²) : |

정답 ① 진공도계산 : (57/76) × 100 = 75(%)

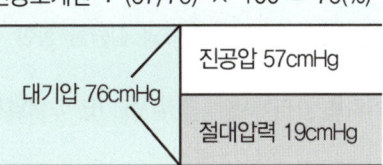

대기압 76cmHg
진공압 57cmHg
절대압력 19cmHg

② 절대압력(kgf/cm²·a) 환산하면 $\left(\dfrac{19\mathrm{cmHg}}{76\mathrm{cmHg}}\right) \times 1.0332\mathrm{kgf/cm^2 \cdot a} \fallingdotseq 0.26(\mathrm{kgf/cm^2 \cdot a})$

★★★
03. 부탄 1N㎥을 완전 연소시키는데 필요한 이론 공기량은 약 얼마인가(N㎥)? (단, 공기 중의 산소농도는 21v%이다.)

정답 31(N㎥)

해설 1) $C_4H_{10} + 6.5O_2 \rightarrow 4CO_2 + 5H_2O$ 2) $\dfrac{6.5}{0.21} = 30.952 \fallingdotseq 31$

비교 중량일 경우(kg) (6.5/0.232) = 28.0172 = 28.02

★★★
04. 공기비가 1.5인 메탄 1N㎥을 완전 연소시키는데 필요한 공기량은 약 얼마인가(N㎥)? (단, 공기 중의 산소농도는 21v%이다.)

정답 14.29(N㎥)

해설 1) $CH_4 + 2O_2 \rightarrow CO_2 + 2H_2O$

2) 실제공기량 계산 : $A = m \cdot A_0 = m \cdot \dfrac{O_0}{0.21} = 1.5 \times \dfrac{2}{0.21} = 14.285 = 14.29$

★
05. 용기에 각인하는 기호에 대하여 단위를 포함하여 다음을 설명하시오.

1) W :	2) TW :	3) TP :	4) FP :

해설 (1) 용기 각인 사항
- 용기 제조업자의 명칭 또는 약호
- 충전하는 가스의 명칭
- 내용적(기호 : V, 단위 : L)
- 초저온 용기 외의 용기는 밸브 및 부속품(분리할 수 있는 것에 한한다)을 포함하지 아니한 용기의 질량(기호 : W, 단위 : kg)
- 아세틸렌가스 충전용기는 질량에 용기의 다공물질·용제 및 밸브의 질량을 합한 질량(기호 : TW, 단위 : kg)
- 압축가스를 충전하는 용기의 최고 충전압력(기호 : FP, 단위 : MPa), TP : 내압시험 압력(MPa)

(2) 용기 부속품
- 아세틸렌가스를 충전하는 용기의 부속품 : AG
- 압축가스를 충전하는 용기의 부속품 : PG
- 액화석유가스외의 액화가스를 충전하는 용기의 부속품 : LG
- 액화석유가스를 충전하는 용기의 부속품 : LPG
- 초저온 용기 및 저온용기의 부속품 : LT

★★
06. 공기액화분리장치에서 액산 5L 중 CH_4 : 0.3g과 C_4H_{10} : 400mg 혼합시 탄화수소의 탄소질량 500mg을 넘는지 여부를 판단하시오.

정답 $\dfrac{12}{16} \times 300\,mg + \dfrac{48}{58} \times 400\,mg = 556.03$

500mg 넘기므로 운전중지 후 액산을 방출한다.

★
07. 시안화수소는 중합폭발을 하므로 폭발을 방지하기 위하여 안정제를 투입한다. 안정제의 종류 2가지 이상을 쓰시오.

> 1)
> 2)

> 해설 시안화수소(폭발 범위 6~41%)
> • 충전 후 24시간 정치
> • 안정제 : 동, 동망 / 인, 인산, 오산화인 / 황산, 아황산가스 / 염화칼슘
> • 중합폭발 : 부타디엔, 산화에틸렌, 염화비닐 [암기TIP] 부산에 시 염비 중

★★
08. 최고사용압력이 70kgf/cm², 관지름 40A, SPPS 28kgf/mm²를 사용할 때 SCH No를 구하여라. (단, 안전율은 4이다)

> 정답 100#
> 해설 압력배관용 탄소강관(SPPS)
> • 350℃ 이하의 온도, 10~100kgf/cm²까지의 압력 배관용으로 쓰인다.
> • 이음매 없는 관, 전기저항 용접관으로 제조된다.
> • 두께는 스케줄 번호로 표시하여 나타낸다.
> 스케줄 번호(SCH) = 10 × P/S
> P : 상용압력(kgf/cm²), S : 허용응력(kgf/mm²) = (인장강도 / 안전율)
> $S = \frac{28}{4} = 7\,\mathrm{kgf/mm^2}$　　　$SCH = 10 \times \frac{70}{7} = 100$
> SCH NO : 100# [참고] 파이프의 두께는 스케줄번호가 클수록 두꺼워진다.)

★★
09. SDR의 의미를 간단히 설명하시오.

> SDR이란 :

정답	압력범위별 시공할 배관의 두께선정에 필요한 수치

SDR	압력
11 이하	0.4MPa 이하
17 이하	0.25MPa 이하
21 이하	0.2MPa 이하

※ SDR = D(바깥지름) / t(최소두께), 단위 : mm

★★★
10. −161.5℃의 LNG(액비중 0.52, CH_4 : 75%, C_2H_6 : 25%)를 10℃에서 기화시키면 부피(m^3)는 얼마인가? (단, CH_4의 분자량은 16, C_2H_6의 분자량은 30이다.)

정답 619.21(m^3)

해설 혼합가스의 평균 분자량계산(m^3 질문이므로 kg 적용)

= 16 × 0.75 + 30 × 0.25 = 19.5

$$\therefore \frac{520 \times 22.4}{19.5} \times \frac{(273+10)}{(273+0)} = 619.213 m^3$$

※ 액비중 0.52(g/cm^3) = 520(kg/m^3), 520(g/L), 520(kg/m^3)

★
11. 도시가스에는 가스누출 시 신속한 인지를 위해 냄새가 나는 물질(부취제)를 첨가하고, 정기적으로 농도를 측정하도록 하고 있다. 농도측정방법을 3가지 이상 기술하시오.

정답 ① 오더(odor)미터법 ② 주사기법 ③ 냄새주머니법 ④ 무취실법이 있다.

★★
12. 가스설비 내에서 이상 상태가 발생시 설비 내의 내용물을 설비 밖으로 긴급하고 안전하게 이송하는 설비를 벤트스택이라고 하는데 이 설비에서 가스를 외부로 방출 시 작동압력에서 대기압까지 총 방출시간은 방출 시작으로부터 몇 분 이내로 하는가?

정답 60분

★★★
01. 지하나 수중에 설치한 양극과 피방식 가스관로를 전선으로 연결하여 양극금속과 배관 사이의 전지작용에 의해 방식전류를 얻는 전기방식법을 쓰고, 특징을 3가지 기술하시오.

> 정답 :
> 특징 :

정답 희생양극법(특징은 해설 참조)
해설 1. 희생양극법(유전양극법)의 특징 : 지하나 수중에 설치한 양극과 피방식 가스관로를 전선으로 연결하여 양극금속과 배관 사이의 전지작용에 의해 방식전류를 얻는 방법

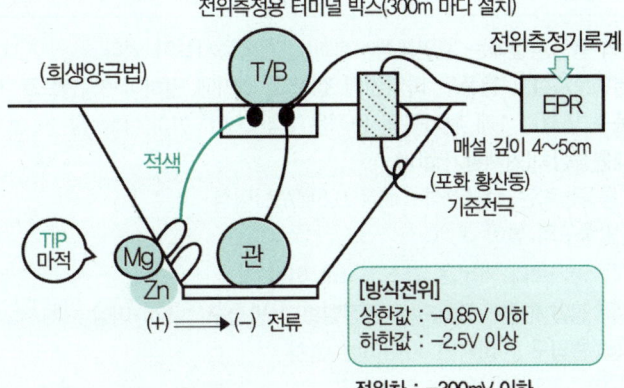

2. 특징
  • 전위 측정용 터미널 박스 : 300m 마다 설치
  • 단거리 강관 배관, 시가지에 매설하는 강관 방식
  • 희생금속(Mg, Zn) 암기TIP 마적(전선색상)
  • 기준 전극 : 포화황산동전극은 매설시 4~5㎝ 유지
  • 과방식의 염려가 없다.
  • 효과 범위가 적고 관리 개소가 많다.

★★★
02. 고압가스 저장실에서 바닥면 둘레면적이 15㎡이다. 가스누출시 통풍시설 종류별로 통풍능력은 얼마인가?

1) 자연통풍시설	2) 강제통풍시설
계산식 :	계산식 :
정답 :	정답 :

정답

계산식 **1) 자연통풍시설**

바닥면적이 $15m^2$이라면 → $15 \times 300cm^2$ = 4,500cm^2(필요한 통풍구 면적)

통풍구 개수 산출산식 : $\dfrac{4,500cm^2}{2,400cm^2}$ = 1.875개 ≒ 2개 설치 (참고)

계산식 **2) 강제통풍시설**

바닥면적이 $15m^2$이라면 → $15m^2 \times 0.5m^3/min$ = 7.5m^3/min 이상
(통풍구 개수는 자연환기일 경우만 해당됨)

해설 저장실의 통풍시설에는 자연통풍시설과 강제통풍시설이 있다.
1) 자연통풍시설 : 통풍구 바닥면에 접하고 외기에 면하여 2방향으로 분산 설치
통풍구 면적 : 1개 환기구의 면적은 $2,400cm^2$ 이하, 1㎡ 당 → 300㎠ 비율
2) 강제통풍장치(기계환기설비)
① 통풍능력은 바닥면적 1㎡당 0.5㎥/분 이상
② 방출구의 높이
㉠ 공기보다 가벼운 가스 : 3m 이상
㉡ 정압기실에 설치되는 안전밸브의 방출구 : 5m 이상
㉢ 흡입구 : 바닥면 가까이에 설치

★★
03. 용접 원통형 고압 저장탱크의 동판의 두께는 최소 몇 mm가 되어야 하는가?

• 내경 : 60cm	• 최고충전압력 : 2.5MPa	
• 허용응력 : 250N/mm²	• 부식여유 : 1mm	• 용접효율 : 0.8

정답 4.78(mm)

해설 $= \dfrac{PD}{2S_n - 1.2P} + C$ ($S=$ 허용능력$=\dfrac{\text{인장강도}}{4}$), 인장강도가 주어지면 S $= \dfrac{\text{인장강도}}{4}$ 이다.

$$t = \dfrac{2.5 \times 600}{2 \times 250 \times 0.8 - 1.2 \times 2.5} + 1$$

t = 4.778mm

★★
04. 배관의 압력 P가 8kgf/㎠이고, 외경 D 250mm, 두께 t가 4.5mm일 때 축방향 응력과 원주방향 응력을 각각 계산하시오.

> 축방향 응력 :
> 원주방향 응력 :

해설 ① 응력 계산 : 압력용기나 배관은 두께가 얇은 원형형태로 내부에서 압력을 받는다. 따라서, 압력(하중)을 가했을 때 변형을 수반. 응력은 하중과 단면적과의 비, 하중에 대응하는 내부적인 저항력이다.

(1) 축응력(세로방향응력)	(2) 원주응력(접선방향)
$\sigma = \dfrac{PD}{4t} = \dfrac{8(250 - 2 \times 4.5)}{4 \times 4.5}$ $= 107.11(\text{kgf/㎠})$	$\sigma = \dfrac{PD}{2t} = \dfrac{8(250 - 2 \times 4.5)}{2 \times 4.5}$ $= 214.22(\text{kgf/㎠})$
σ : 응력(stress)(kgf/㎠) P : 사용압력(kgf/㎠) D : 내경 = 안지름(mm) t : 두께(mm)  원통 찢어지고 파괴	해설 겨울철 동파시 축방향 응력이 원주방향응력의 1/2이므로 축방향쪽으로 찢어진다. 즉 축선에 평행하게 찢어지며 파괴된다. $\sigma = \dfrac{PD}{4t}$ (축응력=길이, 방향) $\sigma = \dfrac{PD}{2t}$ (원주응력=접선방향)

★★
05. 고압가스 용접용기 동체의 내경은 약 몇 ㎜인가?

> • 동체두께 : 2mm
> • 인장강도 : 480N/mm²
> • 최고충전압력 : 2.5MPa
> • 부식여유 : 0
> • 용접효율 : 1

정답 190mm

해설 용접용기 두께 계산(t = mm)

$$t = \frac{PD}{2S_n - 1.2p} + C \quad (S = \text{허용능력} = \frac{\text{인장강도}}{4})$$

$$2 = \frac{2.5 \times x}{2 \times \frac{480}{4} \times 1 - 1.2 \times 2.5} + 0$$

$$x = 189.6\text{mm} \fallingdotseq 190\text{mm}$$

★★★
06. 고압가스 운반기준에 대하여 3가지 이상 기술하시오.

> 1)
> 2)
> 3)

정답 및 해설

1. 고압가스 용기 운반 기준 (★ 표시 우선기재)

★ ① 차량의 앞·뒤에 "위험 고압가스"라는 경계표시와 전화번호 표시("독성가스" 부가 명기)

★ ② 바탕색 : 황색, 글씨 : 적색

★ ③ 가로치수 : 차체 폭의 30% 이상, 세로치수 : 가로치수의 20% 이상(차체 폭 × 0.3 × 0.2)

★ ④ 차량 적재 시 고무링을 씌우거나, 적재함에 넣어 세워서 운반할 것

⑤ 직사각형 곤란 시 : 600㎠ 이상

⑥ 오토바이, 자전거 적재 금지(단, 차량통행 곤란 지역으로서 20kg 이하의 용기 2개까지 가능)

⑦ 압축가스 용기는 적재함 높이 이내로 눕혀서 적재 가능

2. 혼합 적재 금지 (★ 표시 우선기재)

★ ① 염소와 아세틸렌, 암모니아, 수소는 동일 차량에 적재 운반하지 말 것

★ ② 가연성과 산소를 동일 차량에 적재시 충전용기 밸브가 서로 마주보지 않도록 적재

★ ③ 독성가스 중 가연성 가스와 조연성 가스는 동일 차량에 적재 운반하지 말 것

★ ④ 밸브가 돌출한 충전용기는 고정식 프로텍터나 캡을 부착하여 밸브의 손상을 방지한다.

⑤ 충전용기와 소방법이 정하는 위험물과는 동일 차량에 적재 운반하지 말 것

⑥ 충전용기를 운반할 때 넘어짐 등으로 인한 충격을 방지하기 위하여 충전용기를 단단하게 묶는다.

⑦ 위험물안전관리법이 정하는 위험물과 충전용기를 동일 차량에 적재하지 않는다

★
07. 각종 시험압력의 기준압력으로 일상적으로 사용하는 상태에서 각 설비등에 작용하는 최고사용압력을 무슨 압력이라 하는가?

정답 상용압력

★
08. 특정고압가스 중 <u>대통령령이 정하는</u> 특정고압가스의 종류를 3가지 이상 쓰시오.

정답 포스핀, 게르만, 삼불화인

해설 **[특정 가스 종류]**
(법에서 정한 가스-법 제20조) : 산소, 수소, 아세틸렌, 액화암모니아, 액화염소, 천연가스, 압축모노실란(SiH_4), 압축디브레인(B_2H_6), 액화알진(AsH_3), 포스핀(PH_3), 셀렌화수소(H_2Se), 게르만(GeH_4), 디실란(Si_2H_6)

(대통령령으로 정한 가스) : 포스핀(PH_3) 셀렌화수소(H_2Se), 게르만(GeH_4), 디실란(Si_2H_6), 삼불화인, 삼불화붕소, 삼불화질소, 사불화유황, 사불화규소, 오불화비소, 오불화인

(특수 고압가스) : 압축모노실란(SiH_4), 압축디브레인(B_2H_6), <u>액화알진(AsH_3)</u>, 포스핀(PH_3), 셀렌화수소(H_2Se), 게르만(GeH_4), 디실란(Si_2H_6)   25' 기출

★
09. 다음은 기화장치에 대한 질문이다. 기화장치에 사용되는 열원의 종류와 온도는 몇 (℃) 이하인가?

정답 종류 : 온수가열, 스팀가열, 전기식
온도 : 온수가열(80℃), 스팀가열(120℃)

해설 1) 강제기화방식 : 용기나 탱크 내의 액 LP가스를 도관을 통하여 기화장치에 의해 기화하는 방식으로 비등점이 높은 부탄을 소비하거나 가스 소비량이 많은 경우 및 추운 지방에서 공급할 때 사용한다.
ⓐ 기화장치의 구성요소 : 기화부, 제어부, 조압부
ⓑ 기화된 LP가스를 혼합기에 의해 공기와 혼합하여 공급하는 방식

※ 공기 혼합의 목적 : 재액화 방지, 발열량 조절, 연소효율 증대, 누설시 손실감소

★★★
10. −50℃ 이하인 액화가스를 충전하기 위한 용기로서 용기내의 가스온도가 상용의 온도를 초과하지 않도록 한 용기는 내조와 외조 사이를 진공작업 후 단열시공한다. 여기에 들어가는 단열재 3가지를 쓰시오.

정답 경질우레탄폼류, 염화비닐폼류, 펄라이트

해설 **[초저온 용기 조건]**
1) −50℃ 이하의 용기, 저장탱크
2) 단열재시공(정답외 글라스울이 있다)
3) 상용의 온도를 초과하지 아니한다.
4) 시험용 가스는 ·L−O_2 : −183℃ ·L−Ar : −186℃ ·L−N_2 : −195.8℃
5) 단열성능 합격기준 : 침입열량 1,000L 이상 : 0.002kcal/h·℃·L 이하
침입열량 1,000L 미만 : 0.0005kcal/h·℃·L 이하

★★★
11. 도시가스배관시공시 지하매설한 경우 배관표시 라인마크는 50m 마다 설치한다. 그 종류를 3가지 이상 기술하시오.

정답 및 해설

1) 종류 : 직선방향, 두방향, 세방향, 한방향, 관끝방향, 135° 방향(KGS FS 451 2022)

직선방향	세방향
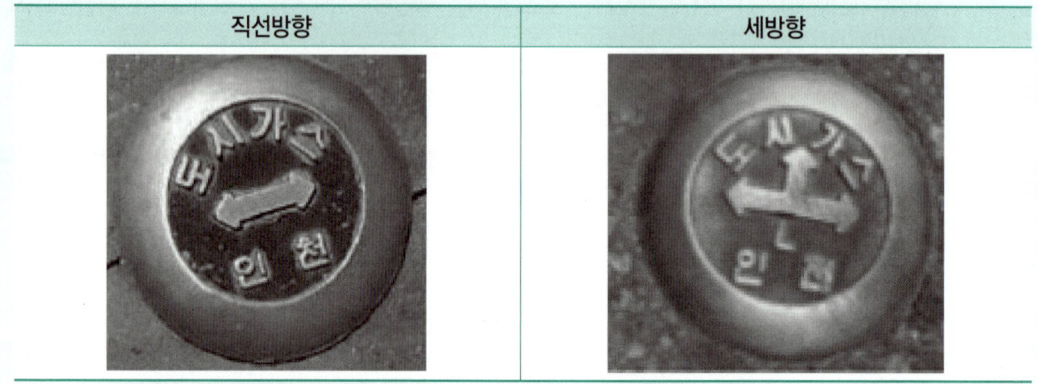	

2) 라인마크 설치기준 : 글씨크기 10mm, 장방향 양각처리하고, 도로법상 도로에 도시가스 매설시 설치. 배관길이 50m 마다 1개 이상 설치, 주요분기점, 굴곡지점 및 그 주위 50m 이내 설치

★★
12. 고압냉동설비에서 이상압력상승시 정상압력으로 되돌리는 안전장치의 종류 3가지를 쓰시오.

정답 안전밸브, 파열판, 자동제어장치
해설 냉동설비의 안전장치에는 고압차단스위치, 저압차단스위치 등이 있다.

★★★
01. 프로판가스 20L를 완전연소하는데 필요한 이론산소량은 약 몇 g인가?

정답 이론적 산소량(g) : 142.86(g)

해설 프로판의 완전연소식 $C_3H_8 + 5O_2 \rightarrow 3CO_2 + 4H_2O$

이론산소량 $O = \dfrac{20 \times 5 \times 32}{22.4} = 142.857g$

★★★
02. 프로판가스 1Nm³을 완전연소시켰을 때의 건연소가스량은 약 몇 Nm³인가?

정답 21.8(Nm³)

해설 프로판의 완전연소식 $C_3H_8 + 5O_2 \rightarrow 3CO_2 + 4H_2O$ 에서

이론건연소가스량 Gdo : CO_2 탄산가스몰수 + N 질소가스배출량($O_o \times 3.76$)

① O_o 이론산소량계산 = 탄화수소에서 산소의 몰수 (3 + 8/4 = 5)

② Gdo : 3 + 5 × 3.76 = 21.8(Nm³)

※ $\dfrac{N_2}{O_2} = \dfrac{79}{21} = 3.76$배

★★
03. 프로판 1Nm³ 가스를 공기비 1.1로 완전연소시 실제건연소가스량은 약 몇 Nm³인가?

정답 24.18(Nm³)

해설 1) 프로판의 완전연소식 $C_3H_8 + 5O_2 \rightarrow 3CO_2 + 4H_2O$에서

실제건연소가스량 Gd : 이론건연소가스량 Gdo + 과잉공기량(m − 1) A_o

이론건연소가스량 Gdo : CO_2 탄산가스몰수 + N 질소가스배출량($O_o \times 3.76$)

① Gdo : 3 + 5 × 3.76 = 21.8(Nm³)

② 실제건연소가스량 Gd = 3 + 5 × 3.76 + (1.1 − 1)(5/0.21) = 24.18(Nm³)

2) 연소가스량 계산

① 이론연소가스량 : 이론 공기량으로 완전연소시 발생하는 연소가스량

㉠ 이론건연소가스량(Gdo) : 이론연소가스 중 수증기가 포함되지 않는다.

Gdo : CO_2 탄산가스몰수 + N 질소가스배출량($O_o \times 3.76$) (Nm³/Nm³ 연료)

(질소성분배출량계산 : O_o 이론산소량 × 3.76배(질소 79 / 산소 21 = 3.76))

ⓒ 이론습연소가스량(Gwo) : 이론연소가스 중 연소의 가스량이다.

Gwo : CO_2 탄산가스몰수 + W 수증기몰수 + N 질소가스배출량(O_o × 3.76) (Nm^3/Nm^3 연료)

여기서, N : 연료 중의 질소량,　W : 연료 중에 포함된 수분

② 실제연소가스량 : A(실제 공기량)으로 연료연소시 발생되는 연소의 가스량

ⓐ 실제 건연소가스량 Gd : 이론건연소가스량 Gdo + 과잉공기량(m − 1) A_o

ⓒ 실제 습연소가스량 Gw : 이론습연소가스량 Gwo + 과잉공기량(m − 1) A_o

★

04. 물의 유속이 10m/s일 때 속도수두는 몇 m인가?

정답 5.1m

해설 속도수두의 계산 $\dfrac{V^2}{2g} = \dfrac{10^2}{2 \times 9.8} = 5.102 \fallingdotseq 5.1\text{m}$

★★

05. 피토관으로 어떤 기체의 속도를 측정하였더니 그 차압이 5kgf/m^2일 때 유속은 약 몇 m/s인가? (단, 유체의 비중량은 1.4kgf/m^3, 피토관계수가 0.95이다.)

정답 7.95

해설 유속 $V = C\sqrt{2gH}\,(\text{m/s})$

$$V = 0.95\sqrt{2 \times 9.8\text{m/s}^2 \times \dfrac{5\text{kgf/m}^2}{1.4\text{kgf/m}^3}} = 7.948$$

★★

06. 도시가스 사용시설인 배관의 내용적이 10L 초과 50L 이하일 때 기밀시험압력 유지시간은 얼마인가?

정답 10분 이상

해설 기밀시험압력(도시가스 사용시설 : 자기압력계 사용)

공기 또는 불활성 기체 8.4kPa 이상

배관 내 총 용량(L)	압력유지시간(분)
10 이하	5
10 초과~50 이하	10
50 초과~1m^3 이하	24
1 초과~10m^3 이하	240
10m^3 초과	24×V분

★★
07. 액화산소의 저장탱크 방류둑은 저장능력 상당용적의 몇 % 이상으로 하는가?

> **정답** 60%
>
> **해설** 방류둑 기능(20.03.18 개정)
> • KGS FP 111(고압가스 특정제조의 시설 · 기술 · 검사 · 감리 · 정밀안전검진 기준)
> 2.7.1.1 방류둑 기능
> : 방류둑은 저장탱크의 액화가스가 액체상태로 누출된 경우 액체상태의 가스가 저장탱크 주위의 한정된 범위를 벗어나서 다른 곳으로 유출되는 것을 방지하는 기능을 갖는 것으로 한다. 다만, 다음 기준에 따른 저장탱크는 방류둑을 설치한 것으로 본다. 방류둑용량 : 산소(저장능력 : 60%), 수액기(내용적의 90%)
>
> | 특정제조 | 저장능력 | 일반제조 | 저장능력 |
> |---|---|---|---|
> | 산소 | 1,000t | 산소 | 1,000t |
> | 가연성 | 500t | 가연성 | |
> | 독성 | 5t | | |

★★
08. 공급가스인 천연가스 비중이 0.6이라 할 때 45m 높이의 아파트 옥상까지 압력상승은 약 몇 mmH_2O 인가? 그리고 (–) 의미를 기술하시오.

> **정답** 1) 23.27mmH_2O 2) (–) 의미 : 압력상승
>
> **해설** 수직배관 압력손실(mmH_2O) 계산식(입상관에서 "수직배관"으로 용어개정)
>
> $$H = 1.293(S-1)h$$
>
> S : 비중 h : 높이(m)
>
> 따라서 $H = 1.293(0.6-1)\cdot45 = -23.274 ≒ -23.27$
> (–) 의미 : 압력상승을 의미한다.

★★
09. 상용압력 15MPa, 배관내경 15mm, 재료의 인장강도 480N/㎟, 관내면 부식여유 1mm, 안전율 4, 외경과 내경의 비가 1.2 미만인 경우 배관의 두께는?

> **정답** 2mm
>
> **해설** 외경과 내경의 비가 1.2 미만인 경우 배관두께 계산
>
> $$t = \frac{PD}{2Sn-P} + C = \frac{15 \times 15}{2 \times \frac{480}{4} - 15} + 1 ≒ 2mm$$

★★★
10. 1단 감압식 저압조정기의 성능에서 조정기의 출구(조정)압력과 최대 폐쇄압력은?

정답 1) 조정압력 : 2.3~3.3kPa   2) 최대 폐쇄압력 : 3.5kPa 이하

해설 조정기의 기능과 조정기 종류
(1) 기능 : 감압기능, 조정(압력 균일)기능, 폐쇄(차단)기능
(2) 종류

종류	입구압력	출구압력/조정압력
1단 감압식 저압 조정기	0.07~1.56MPa	2.3~3.3kPa
1단 감압식 준저압 조정기	0.1~1.56MPa	5.0~30kPa
2단 감압식 1차용 조정기	100kg 초과 0.3~1.56MPa 100kg 이하 0.1~1.56MPa	57~83kPa
2단 감압식 2차용 조정기-저압	0.01~0.1MPa 0.025~0.1MPa	2.3~3.3kPa
자동 절체식 일체형 저압 조정기	0.1~1.56MPa	2.55~3.3kPa
자동 절체식 일체형 준저압 조정기	0.1~1.56MPa	5.0~30kPa
자동 절체식 분리형 조정기	0.1~1.56MPa	32~83kPa
기타 조정기	조정압력 이상~1.56MPa 최대 입구 압력 × 1.1배	5kPa 초과/조정압력의 1.5배

(3) 조정기 폐쇄 압력 : 1단 감압식 저압, 2단 감압식 2차용, 자동 절체식 일체형 : 3.5kPa 이하
(4) 안전장치 작동압력
   ① 작동 표준 압력 : 7kPa
   ② 작동 개시 압력 : 5.60~8.4kPa
   ③ 작동 정지 압력 : 5.04~8.4kPa

★★★
11. 이상기체 1mol이 100℃, 100기압에서 0.1기압으로 등온가역적으로 팽창할 때 흡수되는 최대 열량은 약 몇 cal인가? (단, 기체상수는 1.987cal/mol · K이다.)

정답 5,120[cal]

해설 이상기체방정식에서

$$열량\, Q = RT\mathrm{Ln}\left(\frac{P_1}{P_2}\right)에서$$

$$= 1.987 \times (100 + 273) \times \mathrm{Ln}\left(\frac{100}{0.1}\right)$$

$$= 5,119.68 \fallingdotseq 5,120[cal]$$

★
12. 암모니아 충전용기로서 내용적이 1,000L 이하인 것은 부식여유치가 A이고, 염소 충전용기로서 내용적이 1,000L 초과하는 것은 부식여유치가 B이다. A와 B항의 알맞은 부식 여유치는?

정답 A : 1mm, B : 5mm

해설 독성가스의 부식 여유치(mm)

용기의 종류	내용적	부식여유(mm)
NH$_3$	1,000L 이하	1
	1,000L 초과	2
Cl$_2$	1,000L 이하	3
	1,000L 초과	5

가스전문가
홍까스와 함께하는 **필답형**

가스기능사 모의고사

Craftsman Gas

★★★
01. 전기기기의 방폭구조 중 아래설명에 해당하는 방폭구조를 쓰시오.

> 용기 내부에 보호가스, 질소 등의 불활성 가스를 압입하여 내부 압력을 유지함으로써 가연성 가스가 용기 내부로 유입되지 아니하도록 한 구조

정답 압력 방폭구조 : (Ex p)

해설 **[방폭구조의 종류]** (참조 : 24'-3회 8번 문제 기출해설) 2025 개정 ★

[방폭구조 및 그 정의]

방폭구조	정의
내압방폭구조 (Ex d)	기기의 외함 내부에서 가연성가스의 폭발이 발생할 경우 그 외함이 폭발압력에 견디고, 접합면, 개구부 등을 통해 외부의 가연성가스에 인화되지 아니하도록 한 방폭구조
안전증방폭구조 (Ex e)	정상작동상태 중 또는 특정한 비정상상태에서 가연성가스의 점화원이 될 수 있는 전기불꽃-아크 또는 고온부분의 발생을 방지하기 위하여 안전도를 증가시킨 방폭구조
본질안전방폭구조 (Ex i)	폭발성분위기에 노출되는 기기 및 연결 배선 내의 에너지를 스파크 또는 가열효과에 의하여 점화를 유발할 수 있는 수준 이하로 제한하는 방폭구조
압력방폭구조 (Ex p)	외함 내부의 보호가스 압력을 외부 대기 압력보다 높게 유지함으로써 외부 대기가 외함 내부로 유입되지 아니하도록 한 방폭 구조
비점화방폭구조 (Ex n)	정상작동 및 특정 이상상태에서 주위의 폭발성 분위기를 점화시키지 아니하는 전기 기계 및 기구에 적용하는 방폭구조
유입방폭구조 (Ex o)	전기기기 전체 또는 전기기기의 일부를 보호액체에 잠기게 함으로써 보호액체의 상부 또는 외함 외부에 존재하는 폭발성가스분위기에 점화가 일어나지 아니하도록 한 방폭구조
충전방폭구조 (Ex q)	폭발성가스분위기에 점화를 유발할 수 있는 부분을 고정설치하고 그 주위 전체를 충전물질로 둘러쌈으로써 외부 폭발성분위기에 점화가 일어나지 아니하도록 한 방폭구조
몰드방폭구조 (Ex m)	폭발성분위기에 점화를 유발할 수 있는 부분에 컴파운드를 충전함으로써 설치 및 운전 조건에서 폭발성분위기에 점화가 일어나지 아니하도록 한 방폭구조

02. 공기보다 비중이 가벼운 도시가스의 공급시설로서 공급시설이 지하에 설치된 경우의 통풍구조의 기준을 3가지 이상 기술하시오.

> 해설 ① 통풍구조는 환기구를 2방향 이상 분산하여 설치한다.
> ② 배기구는 천장면으로부터 30cm 이내에 설치한다.
> ③ 흡입구 및 배기구의 관경은 100mm 이상으로 하되, 통풍이 양호하도록 한다.
> ④ 배기가스 방출구는 지면에서 3m 이상의 높이에 설치하되, 화기가 없는 안전한 장소에 설치한다.

03. 석유정제사업자, 석유화학공업자, 비료생산업자, 철강공업자의 고압가스시설에는 안전성평가(SMS)를 실시한다. 정량적 평가기법의 종류를 3가지 이상 쓰시오.

> 정답 ① HEA기법 ② FTA기법 ③ ETA기법 ④ CCA기법
> 해설 **안전성평가(SMS)기법** : 정성적 평가기법, 정량적 평가기법
> **1) 정성평가방법**
> ① 체크리스트(checklist)기법
> 공정 및 설비의 오류 결함상태, 위험상황 등을 목록화한 형태로 작성하여 경험적으로 비교함으로써 위험성을 파악하는 것이다.
> ② 사고예상질문 분석(WHAT-IF)기법
> 공정에 잠재하고 있으면서 원하지 않은 나쁜 결과를 초래할 수 있는 사고에 대하여 예상 질문을 통해 사전에 확인함으로써 그 위험과 결과 및 위험을 줄이는 방법을 제시하는 것이다.
> ③ 위험과 운전분석(hazard and operability studies : HAZOP)기법
> 공정에 존재하는 위험요소들과 공정의 효율을 떨어뜨릴 수 있는 운전상의 문제점을 찾아내어 그 원인을 제거하는 것이다.
> **2) 정량평가방법**
> ① 작업자 실수 분석(HEA)기법
> 설비의 운전원, 정비보수원, 기술자 등의 작업에 영향을 미칠만한 요소를 평가하여 그 실수의 원인을 파악하고 추적하여 실수의 상대적 순위를 결정하는 것이다.
> ② 결함수 분석(FTA)기법
> 사고를 일으키는 장치의 이상이나 운전자 실수의 조합을 연역적으로 분석하는 것이다.
> ③ 사건수 분석(ETA)기법
> 초기사건으로 알려진 특정한 장치의 이상이나 운전자의 실수로부터 발생되는 잠재적인 사고결과를 평가하는 것이다.
> ④ 원인결과 분석(CCA)기법
> 잠재된 사고의 결과와 이러한 사고의 근본적인 원인을 찾아내고 사고 결과와 원인의 상호관계를 예측, 평가하는 것이다.

★★
04. 도시가스 검사항목은 압력, 연소성, 열량, (㉠) 등이 있으며, 압력은 정압기 출구, 압송기 출구, 가스 공급시설의 끝부분 압력이 (㉡) kPa이어야 한다. 다음 빈칸을 채우시오.

정답 ㉠ 유해성 ㉡ 1~2.5kPa
해설 [도시가스 검사항목]

측정 항목	측정 장소	검사 합격 기준	측정 시간	측정 기구
유해 성분	• 가스홀더 출구 • 홀더없는 경우: 정압기 출구	• 전유황 : 30mg 이하 • 할로겐 : 10mg 이하 • 실록산 : 10mg 이하 • 황화수소 : 1mg 이하 • 암모니아 검출(X)	매주 1회 0℃, 1atm	KSM 2082 연소가스 의 특수성분 분석방법
열량	• 배송기 출구 • 제조소 출구 • 압송기 출구	웨버지수 51.5~56.52(MJ/㎥) (12,300~13,500kcal/㎥)	• 06시 30분~9시 • 17시~20시 30분	자동열량 측정기
연소성	• 가스홀더 출구 • 압송기 출구	표준 웨버지수의 ±4.5% 이내		• 연소속도 (헴펠식분석법) • 웨버지수 측정
압력	• 가스홀더 출구 • 정압기 출구 • 가스공급시설 끝 부분의 배관	정압기 출구 및 공급시설의 배관 끝 부분 압력 1~2.5kPa		자기압력 기록계

암기TIP (가수)유열을 기억하세요. (도시는) 유열(과)연압(해라)

★
05. 도시가스의 노출배관 길이가 ( )m 이상인 경우 점검통로는 배관수평거리로 1m 이내이고, 폭 80cm 이상, 가드레일 90cm 이상이다. 또한 조명시설은 ( )lux 이상이어야 한다. 빈칸에 답하시오.

정답 15m, 70
해설 [점검통로설치기준]
통로 폭 80cm 이상이고 가드레일 90cm 이상
통로는 배관과 수평거리 1m 이내 / 조명도 : 70Lux

★★
06. 공정에 존재하는 위험요소들과 공정효율을 떨어뜨릴 수 있는 운전상 문제점을 찾아내어 그 원인을 제거하는 정성기법을 쓰시오.

> **정답** 위험과 운전분석(hazard and operability studies : HAZOP)기법

★★
07. 안전성평가(SMS)기법 적용 대상업종 중 석유화학공업자(석유화학공업 관련사업자를 포함한다)의 석유화학공업시설(석유화학 관련시설을 포함한다) 또는 그 부대시설에서 고압가스를 제조하는 것으로서 저장능력과 처리능력기준을 쓰시오.

> **정답** 저장능력(100t 이상)과 처리능력(1만㎥ 이상)기준
> **해설** (고압가스 안전관리법 시행령) 제3조제1항제1호에 특정제조허가 대상/시행규칙 제3조
> 1. 석유정제업자의 석유정제시설 또는 그 부대시설에서 고압가스를 제조하는 것으로서 그 저장능력이 100t 이상인 것
> 2. 석유화학공업자(석유화학공업 관련사업자를 포함한다)의 석유화학공업시설(석유화학 관련시설을 포함한다) 또는 그 부대시설에서 고압가스를 제조하는 것으로서 그 저장능력이 100t 이상이거나 처리능력이 1만㎥ 이상인 것
> 3. 철강공업자의 철강공업시설 또는 그 부대시설에서 고압가스를 제조하는 것으로서 그 처리능력이 10만㎥ 이상인 것
> 4. 비료생산업자의 비료제조시설 또는 그 부대시설에서 고압가스를 제조하는 것으로서 그 저장능력이 100t 이상이거나 처리능력이 10만㎥ 이상인 것
> (한국가스안전공사 KGS code : 고법 제3조)

★
08. 에어졸 제조시설에는 온수시험탱크를 갖추어야 한다. 에어졸 충전용기의 가스누출시험 온수온도의 범위를 쓰시오.

> **정답** 46℃ 이상 50℃ 미만

★★★
09. 2단 감압조정기 사용 시의 장점에 대하여 3가지 이상 기술하시오.

> **정답** ① 공급 압력이 안정하다.
> ② 중간 배관이 가늘어도 된다.
> ③ 입상배관에 의한 압력손실을 보정할 수 있다.

★★★
10. 0℃, 1atm에서 4L인 기체가 273℃, 1atm에서 차지하는 부피는 약 몇 L인가? (단, 이상기체로 가정한다.)

> **정답** 8L
> **해설** 보일–샤를의 법칙을 이용하여 풀면,
>
> 1) $\dfrac{PV}{T} = \dfrac{P_1 V_1}{T_1}$ 2) $\dfrac{1\text{atm} \cdot 4\text{L}}{(0℃ + 273)} = \dfrac{1\text{atm} \cdot x\text{L}}{(273℃ + 273)}$, $x(\text{L}) = 8$

★★★
11. 내용적 1천L 이상인 초저온가스용 용기의 단열성능 시험결과 합격기준은 몇 kcal/h·℃·L인가?

> **정답** 0.002 이하
> **해설** 단위에서 이하 삽입 주의
> 단열성능시험 – 1천L 이상 : 0.002kcal/h·℃·L 이하
> 1천L 미만 : 0.0005kcal/h·℃·L 이하

★★
12. LPG 탱크에 설치하는 폭발방지장치는 탱크 외부의 가스명 밑에는 장치를 설치하였음을 표시하도록 되어 있다. 그 크기는?

> **정답** 폭발방지장치 설치표시기준 : 탱크외부 표시크기는 가스명의 크기 1/2 이상
> **참고** 가스명 크기는 탱크직경의 $\dfrac{1}{10}$ 이상

★★
01. 시안화수소의 임계온도(℃)와 안정제 4가지를 쓰시오.

> **정답** 임계온도 : 183.5　　　　안정제 : 동, 동망, 인, 인산
>
> **해설** • 독성(10ppm), 가연성(폭발범위 6~41%)
> • 수분을 2% 이상 함유시 중합폭발을 일으키기 쉽다.
> • 중합폭발을 방지하기 위해 안정제를 사용한다.
> 　※ 안정제 : 동, 동망 / 인, 인산, 오산화인 / 황산, 아황산가스, 염화칼슘
> • 복숭아 냄새가 난다.
> • 중합폭발 : 부타디엔, C_2H_4O, HCN, 염화비닐

★★★
02. 가스분석법에서 각 성분 가스의 이동속도(확산속도)를 이용한 (1) 기기 분석법은 무엇이며, 그 기기의 (2) 주요구성 3개를 쓰시오.

> **정답** (1) 가스크로마토그래피법　　　(2) 분리관(컬럼), 검출기, 기록계
>
> **해설** 1) 가스크로마토그래피법 : 확산속도를 이용한 기기분석법, 물리적 분석법이다.
> 　　　　　　도시가스의 품질검사 시 가장 많이 사용되는 검사방법
> 　　　　　　캐리어가스 : [암기TIP] 수(H_2)헤(He)질(N_2)아(Ar)
> 　　　2) 흡수 분석법 : 특정한 흡수액에 혼합가스를 흡수시킨 다음 흡수 전·후의 가스 부피의 차에서 흡수된
> 　　　　가스량을 구하여 정량분석하는 것
> 　　　　① 햄펠 법 : 수소 및 메탄을 정량하고 나머지 성분을 질소로 하는 분석법
> 　　　　② 오르잣트 법 : 가스와 흡수액의 접촉이 양호한 구조의 피펫을 사용하여 가스의 흡수는 섞지 않고
> 　　　　　행한다.
> 　　　　　• 특징 : ⓐ 선택성이 좋고 정도가 높다(0.1~0.2% 정도).
> 　　　　　　　　　ⓑ 상온에서 분석하며 염화 제1구리의 CO 흡수가 느리고 흡수능력이 적어 측정 오차가
> 　　　　　　　　　　발생하기 쉽다.
> 　　　　　　　　　ⓒ 구조가 유리제품으로 부품이 파손되기 쉽고 점검, 보수, 소모품 대체에 잔손질이 많이
> 　　　　　　　　　　간다.
> 　　　　　• 흡수액 : CO : 암모니아성 염화 제1 구리액
> 　　　　　　　　　　CO_2 : 30%KOH
> 　　　　　　　　　　O_2 : 알칼리성 피롤카롤용액

• 분석 순서 : CO_2 – O_2 – CO

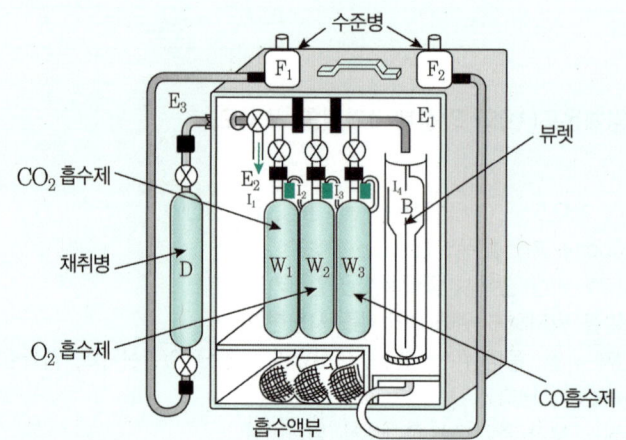

③ 게겔 법 : 저급 탄화수소 분석용

3) 연소 분석법

① 폭발법 : 폭발 피펫에서 스파크로 폭발

② 완만 연소법 : 지름 0.5㎜의 백금선을 3~4㎜의 코일로 한 완만연소 피펫으로 시료가스를 연소시켜 분석

③ 분별 연소법 : 탄화수소를 산화시키지 않고 CO_2 및 H_2만을 분별적으로 완전 산화시키는 방법

ⓐ 팔라듐관법 : H_2만 산출

ⓑ 산화구리법 : CH_4만 산출

4) 화학 분석법의 종류

① 적정법 : ⓐ 직접법 ⓑ 간접법 ⓒ 중화적정법

② 중량법

③ 흡광광도법 : 다른 물질과 시료가스를 반응시켜 발색이 될 때 광전분광 광도계를 사용 흡광도를 측정하여 함량을 구하는 분석법이다.

★
03. 액화석유가스를 탱크로리로부터 이 · 충전할 때 정전기를 제거하는 조치로 접지하는 접지접속의 규격은?

정답 5.5㎟ 이상

해설 정전기를 제거용 접지선 단면적 5.5㎟ 이상

비교 로케이팅 와이어 6㎟ 이상

★
04. 도시가스에는 가스 누출 시 신속한 인지를 위해 냄새가 나는 물질(부취제)를 첨가하고, 정기적으로 농도를 측정하도록 하고 있다. 농도측정방법 3가지를 쓰시오.

> 정답 ① 오더(Odor)미터법 ② 주사기법 ③ 냄새주머니법
> 해설 [농도측정방법 4가지]
>   ① 오더(Odor)미터법 ② 주사기법 ③ 냄새주머니법 ④ 무취실법

★★★
05. 자유 피스톤형 압력계에서 실린더 지름 0.02m, 추와 피스톤의 무게가 20,000g일 때 이 압력계의 접속된 부르동관의 압력계 눈금이 7kgf/cm²를 나타내었다. 이 부르동관 압력계의 오차는 약 몇 %인가? (단, 대기압은 무시한다.)

① 계산식 : ② 정답 :

> 정답 10(%)
> 해설 자유피스톤식 압력계의 압력(P) $= P_0 + \dfrac{F}{A}$ 에서 대기압을 무시할 경우, 압력 $P = \dfrac{F}{A}$ 이므로
>
> • $P = \dfrac{20kgf}{\dfrac{\pi}{4} \times (2cm)^2} = 6.369(kgf/cm^2)$: 참값
>
> • 오차율(%) $= \dfrac{측정값 - 참값}{참값} = \left(\dfrac{7 - 6.369}{6.369} \right) \times 100 = 9.907 \fallingdotseq 10$

★★
06. 일반도시가스사업자 정압기 입구측의 압력이 0.6MPa일 경우 안전밸브 분출부의 크기는 얼마 이상으로 해야 하는가?

> 정답 50A 이상
> 해설 [안전밸브 분출부 크기]
>   1) 정압기 입구 압력 0.5MPa 이상시 : 50A
>   2) 정압기 입구 압력 0.5MPa 미만시
>   • 정압기 설계유량 1,000N㎥/h 이상시 : 50A
>   • 정압기 설계유량 1,000N㎥/h 미만시 : 25A

★★★
07. 송수량 12,000L/min, 전양정 45m인 볼류트 펌프의 회전수를 1,000rpm에서 1,100rpm으로 변화시킨 경우 펌프의 축동력은 약 몇 PS인가? (단, 펌프의 효율은 80%이다.)

정답 200(ps)

계산식 $L_w = \dfrac{1000 \cdot 12 \cdot 45}{75 \times 60 \times 0.8}(PS)$ = 150에서 회전수를 변경시키면

변경전동력 $150 \times (1.1)^3$ = 199.65, 약 200(PS)

해설 **1) 펌프의 동력구하기**

가) 수동력 : 펌프에 의해 유체에 주어지는 동력

$$L_w = \frac{r \cdot Q \cdot H}{75 \times 60 \times \eta}(PS) \qquad L_w = \frac{r \cdot Q \cdot H}{102 \times 60 \times \eta}(kW)$$

r : 액체의 비중량(kgf/m³) H : 전양정(m) Q : 유량(m³/min)

2) 상사의 법칙 적용

회전속도에 의한 비례측 : 토출량(Q), 양정(H), 축동력(P)

- $Q_2 = Q_1\left(\dfrac{N_2}{N_1}\right)$ 회전수변화의 1승에 비례

- $H_2 = H_1\left(\dfrac{N_2}{N_1}\right)^2$ 회전수변화의 2승에 비례

- $Lw_2 = Lw_1\left(\dfrac{N_2}{N_1}\right)^3$ 회전수변화의 3승에 비례

N_1 : 변경 전의 회전수 N_2 : 변경 후의 회전수 Q_1 : 변경 전의 유량 Q_2 : 변경 후의 유량

H_1 : 변경 전의 양정 H_2 : 변경 후의 양정 Lw_1 : 변경 전의 동력 Lw_2 : 변경 후의 동력

★
08. 다음 배관재료 중 사용온도 350℃ 이하, 압력 1MPa에서 10MPa까지의 LPG 및 도시가스의 고압관에 사용되는 배관을 기술하시오.

정답 SPPS(압력배관용 탄소강관)

해설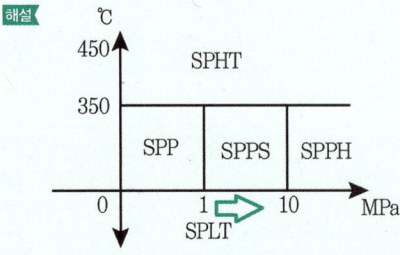

★
09. 배관재료 중 나사파이프와 나사파이프에서 (   )은 두 개의 다른 피팅을 연결하기 위해 일반적으로 각
끝에 암 파이프 나사산이 제공되는 짧은 파이프로 구성된 피팅이다. 또한 부속과 부속을 연결하는 배관재
료는 (   )이 있다. 빈칸에 알맞은 말은?

정답 소켓, 니플

해설

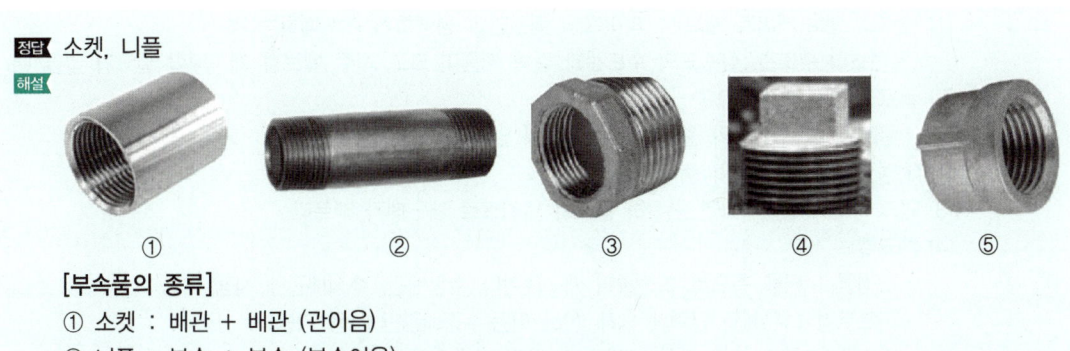

① ② ③ ④ ⑤

[부속품의 종류]
① 소켓 : 배관 + 배관 (관이음)
② 니플 : 부속 + 부속 (부속이음)
③ 부싱 : 암나사/수나사 (관경을 축소할 때 사용), 레듀사와 유의
④ 플러그 : 부속 막음
⑤ 캡 : 배관 막음

★★
10. 용접없는 이음새 방식 3가지를 쓰시오.

정답 플랜지 접합, 나사 접합, 융착이음
해설 플랜지 접합 : 고온·고압 가스 배관에 주로 사용·정비/보수시 사용이음법

╫ 용접 없는 이음새

① 주철관 : 인장 강도가 약함, 취성이 강함, 내식성이 강함
② 동관 : 플레어링 툴세트 **예** 나팔관성형

★
11. 배관의 이음 중 신축이음 3가지 이상을 쓰시오.

정답 루프형, 슬리브형, 벨로즈형
해설 [배관의 이음]
(1) 루프형 신축이음 : 고온·고압용 배관에 사용(옥외 배관에 많이 사용), 신축 곡관
(2) 슬리브형 신축이음 : 관의 팽창과 수축은 본체 속을 슬라이드하는 슬리브 파이프에 의해 흡수된다.
(3) 벨로즈형 신축이음(팩레스 신축이음) : 인청동제 또는 스테인리스제가 있다.
(4) 스위블 신축이음 : 증기 및 온수 난방용(2개 이상의 엘보로 연결)

★
12. 배관용 밸브 3가지 이상을 쓰시오.

정답 슬루스 밸브(게이트 밸브), 글로브 밸브(스톱 밸브), 체크밸브
해설 [배관용 밸브의 종류]
(1) 슬루스 밸브(게이트 밸브) : 파이프의 횡단면과 평행하게 개·폐하는 것
　　(발전소의 수도관, 상수도의 수도관과 같이 지름이 크고 자주 밸브를 개·폐할 필요가 없을 때 사용)
(2) 글로브 밸브(스톱 밸브)
　　• 글로브 밸브 입구와 출구가 일직선상에 있는 것
　　• 앵글 밸브는 입구와 출구가 90°인 것
(3) 콕크 : 90° 회전시키면 완전히 통로가 열리므로 개·폐가 빠르다.
(4) 체크밸브
　　• 스윙형 : 핀을 축으로 회전하여 개·폐한다.(수평배관, 수직배관에 사용 가능)
　　• 리프트형 : 유체의 압력에 의해 상하 이동(수평배관만 사용 가능)
　　• 스모렌스키형 : 리프트형 내에 날개가 달려 충격을 완화
(5) 감압밸브 : 고압측의 변화(압력과 증기 소비량)에 관계없이 저압측의 압력을 일정하게 유지

[배관용밸브의 종류]

종류	기호	밸브 종류
슬루스밸브		게이트밸브
글로브밸브		앵글밸브
체크밸브		스윙형, 리프트형, 스모렌스키형
콕		퓨즈콕, 상자콕, 주물연소기용콕
감압밸브		

가스전문가
홍까스와 함께하는 **필답형**
가스기능사 모의고사

★
01. 다음은 배관의 도면 표시이다. 다음의 빈칸을 채우시오.

| ① A : 공기   ② G : (   )   ③ O : (   ) |

정답 가스, 유류
해설 ① A : 공기   ② G : 가스
③ O : 유류   ④ S : 수증기 (Steam − 수분이 포함되어 있음)
⑤ V : 증기 (Vapor)

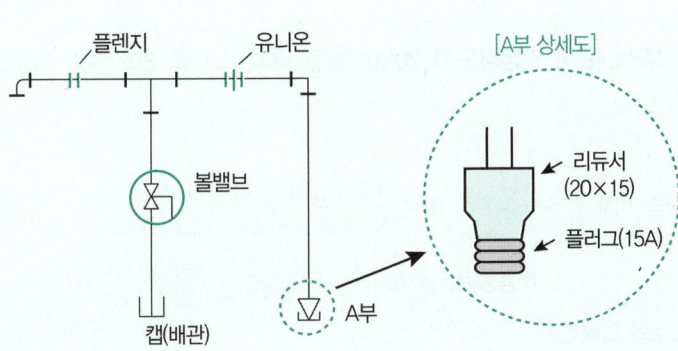

플렌지   유니온   [A부 상세도]

볼밸브

리듀서
(20×15)

플러그(15A)

캡(배관)   A부

★★★
02. 가스비중 1.5인 LP 가스를 시간당 10m³으로 길이 300m 떨어진 곳에 저압으로 공급하고자 한다. 압력 손실이 20mmH₂O이면 요구되는 최소 배관의 관 지름(cm)은? (단, pole 상수는 0.707)

정답 5.38(cm)
해설 저압배관 유량공식에서

$$Q = K\sqrt{\frac{D^5 h}{SL}} \quad \text{또는} \quad Q^2 = K^2 \cdot \left(\frac{D^5 \cdot H}{S \cdot L}\right), \quad D^5 = \frac{Q^2 \cdot S \cdot L}{K^2 \cdot H}, \quad D = \sqrt[5]{\frac{Q^2 \cdot S \cdot L}{K^2 \cdot H}}$$

$$D = \sqrt[5]{\frac{Q^2 \cdot S \cdot L}{K^2 \cdot H}} = \sqrt[5]{\frac{10^2 \times 1.5 \times 300}{0.707^2 \times 20}} = 5.378 = 5.38\text{cm}$$

Q : 가스유량(m³/h) K : 유량계수(폴의 정수 : 0.707) D : 파이프의 내경(cm)
H : 허용압력손실(mmH₂O) S : 가스비중 L : 파이프의 길이(m)

03. 상용압력 15MPa, 배관내경 15mm, 재료의 인장강도 480N/㎟, 관내면 부식여유 1mm, 안전율 4, 외경과 내경의 비가 1.2 미만인 경우 배관의 두께는?

정답 2mm

해설 외경과 내경의 비가 1.2 미만인 경우 배관의 두께 계산식

$$t = \frac{PD}{2S\eta - P} + C = \frac{15 \times 15}{2 \times \frac{480}{4} - 15} + 1 ≒ 2(mm)$$

참고 용접용기 두께(t)

$$용기(t) = \frac{P \cdot D}{2S_n - 1.2P} + C$$

04. 사용 압력이 2MPa, 관의 인장강도가 20kgf/㎟일 때의 스케쥴 번호(Sch No)는? (단, 안전율은 4로 한다.)

정답 40

해설 1) 공식의 이해 : Sch No = $10 \times \dfrac{P(사용압력 [kgf/cm^2])}{S(허용응력 [kgf/mm^2])}$

S 허용응력$[kgf/mm^2] = \dfrac{인장강도 (kgf/mm^2)}{안전율 (보통\ 4)}$

2) 2MPa의 압력변환

$$10 \times \frac{\left(\dfrac{2MPa}{0.1013MPa}\right) \times 1.033 kgf/cm^2}{\left(\dfrac{20kgf/mm^2}{4}\right)} = 40$$

05. 고압가스제조설비와 저장설비의 전기설비는 방폭구조를 원칙으로 한다. 전기기기의 방폭구조설비를 하지 않아도 되는 가스종류 3가지를 쓰시오.

해설 암모니아, 브롬화메탄, 자연발화하는 가스

★★
06. 보온재의 구비조건 3가지 이상을 쓰시오. (경제적 요인은 제외할 것)

┌───┐
│ 구비조건 :   │
│   │
│   │
│   │
│   │
└───┘

정답 ① 장시간 사용온도에 견디며, 변질되지 않을 것
② 가공이 균일하고 비중이 적을 것
★ ③ 시공이 용이하고 열전도율이 작을 것 (★ 반드시 기재 항목)
④ 흡습 · 흡수성이 적을 것

참고 [내화, 단열, 보온, 보냉재의 구분]

안전사용 온도	내화재	SK26(1,580℃) 이상에 사용되는 물질
	내화단열재	SK10(1,350℃) 이상에 사용되는 물질
	단열재	800~1,200℃ 이상에 사용되는 물질
	무기질보온재	200~800℃ 이상에 사용되는 물질
	유기질보온재	120~200℃ 이상에 사용되는 물질
	보냉재	100℃ 이하에 사용되는 물질

※ 유기질
• 펠트, 텍스, 폼류, 탄화콜크, 기능성 수지 [암기TIP] 펠 코 기 폼
※ 무기질
• 탄산마그네슘 : 250℃
• 유리섬유 : 300℃(일명 글라스울이라 함)
• 규조토 : 500℃, 석면 : 350~550℃, 암면 : 400~600℃
• 규산칼슘 : 650℃, 퍼얼라이트 : 650℃, 실리카 : 1,100℃, 세라믹화이버 : 1,300℃

★★
07. 내산화성이 우수하고 양파 썩는 냄새가 나는 부취제를 쓰시오.

정답 T.B.M
해설 (1) 부취제의 종류
① T.H.T : 석탄가스 냄새
② T.B.M : 내산화성 우수, 양파 썩는 냄새
③ D.M.S : 마늘 냄새

(2) 부취제 주입설비
1) 액체주입식 부취설비
① 펌프 주입방식 : 다이어프램 펌프로 직접 가스 중에 주입하는 방식(규모가 큰 부취설비에 적합)
② 적하 주입방식 : 중력에 의해 부취제를 가스흐름 중에 떨어지게 하는 가장 간단한 방식
③ 미터연결 바이패스식 : 가스 주배관에 오리피스 차압으로 바이패스 라인과 가스유량을 변화시켜
바이패스 라인에 설치된 부취제 첨가 장치를 구동하여 부취제를 가스 중에 주입하는 방식
2) 증발식 부취설비 : 설비비가 싸고 동력을 필요하지 않음(부취제 첨가율을 일정하게 유지가 어려움
(유량이 적은 소규모 설비에서 사용))

08. 콕의 종류 중 가스가 설정유량 이상일 경우 콕 내부에 볼로 유로를 차단하고 과류차단 안전기구가 부착
되어 있으며 호스와 배관, 호스와 호스, 배관과 커플러를 연결하는 가스제조허가용품은 무엇인지 쓰시오.

정답 퓨즈콕
해설 **[콕의 종류]**
① **종류** : 퓨즈콕, 상자콕, 주물연소기용 노즐콕
② **퓨즈콕** : 가스가 설정유량 이상일 경우 콕 내부에 볼로 유로를 차단하고 과류차단 안전기구가 부착
구분! 되어 있으며 호스와 배관, 호스와 호스, 배관과 커플러를 연결하는 가스제조허가용품
③ **상자콕(Box cock)** : 벽에 설치하여 가스를 사용할 경우에만 연결하여 사용하며 퀵카플러 안전기구
와 과류차단안전기구가 부착, 배관과 퀵카플러를 연결
④ **콕의 개폐** : 핸들을 90° 또는 180° 회전에 의해 완전개폐
⑤ **열림 방향** : 시계바늘의 반대방향
★ ⑥ **가스사용시설에는 퓨즈콕 설치**(단, 배관용 밸브 설치기준 : 연소기가 배관에 연결된 경우 또는 소비
량 19,400kcal/h를 초과 또는 압력이 3.3kPa 초과하는 연소기가 연결된 배관)

09. 가스 누출 검지 경보장치는 독성가스 및 가연성가스제조시설에 설치하는데 검지농도와 정밀도를 기술하시오.

정답 ① 가연성가스는 폭발하한의 1/4 이하, 독성가스는 TLV−TWA 허용농도 이하
② 정밀도 : 가연성가스(±25% 이하), 독성가스(±30% 이하)
해설 가스 누출 검지 경보장치(경보기)
① 방식 : 접촉연소방식(가연성가스), 격막 갈바니 전지방식(산소), 반도체 방식(독성·가연성)
② 검지 농도 : 가연성(폭발하한의 $\frac{1}{4}$ 이하), 독성가스(허용농도 이하), NH_3(50ppm 이하)
③ 정밀도 : 가연성가스용(±25% 이하), 독성가스용(±30% 이하)
④ 검지에서 발신까지의 시간(경보농도의 1.6배 농도에서) : 일반가스(30초 이내), NH_3, CO(1분 이내)
⑤ 신속검지, 경보 가능한 수량 : 바닥면 둘레 10m당 1개 이상, 단, 건축물 밖에는 20m당 1개

★★
10. LPG(C_4H_{10}) 공급방식에서 부탄(C_4H_{10})의 발열량이 30,000kcal/Sm^3일 때 공기희석하여 발열량을 12,000kcal/Sm^3하였다면 공기희석량(Sm^3)을 구하고 적정여부를 판단하시오.

정답 ① 1.5(Sm^3), ② 공기희석 가능함

해설 ① $\dfrac{Hg_1}{1+x} = Hg_2$ (Hg_1: 변경 전 총 발열량, Hg_2: 변경 후 총 발열량)

$\dfrac{30,000}{1+x} = 12,000$ $x = 1.5(Sm^3)$

② $\dfrac{1}{1+1.5} \times 100 = 40\%$

결론: 부탄은 1.8~8.4% 폭발범위이므로 공기희석이 가능하다.

★★
11. 독성가스 중 아황산가스 누출시 제독제로 사용가능한 중화제를 모두 쓰시오.

정답 가성소다, 탄산소다, 물

해설 독성가스 제독제(중화제, 흡수제)

구분	소석회	가성소다수용액	탄산소다수용액	물
염소	○	○	○	
시안화수소		○		
포스겐	○	○		
황화수소		○	○	
아황산가스		○	○	○
암모니아				
산화에틸렌		물		
염화메탄				

암기TIP 염소가탄(네)/ 시가/ 포가소/ 아가탄물/ 암, 산에, 염탄물

★★★
12. 압축기의 윤활유 (1) 구비조건을 2가지 기술하시오. 또한 다음 가스에 사용되는 (2) 윤활유에 대하여 답하시오.

---

(1) 구비조건 :
(2) LPG :   , 산소 :   , 공기 :

정답 (1) 인화점이 높을 것, 항유화성이 클 것
　　　(2) LPG : 식물성유, 산소 : 물, 10% 이하의 묽은 글리세린수, 공기 : 양질의 광유

해설 [압축기의 윤활유 사용시 구비조건 및 주의사항]
　　• 사용가스와 화학반응을 일으키지 않을 것
　　• 인화점이 높을 것
　　• 응고점이 낮을 것
　　• 정제도가 높고 잔류탄소의 양이 적을 것
　　• 항유화성이 클 것
　　• 열에 안정적일 것
　　　– 항유화성 : 화학적 성질의 변화에 견디는 힘. 수분혼입시 윤활유와 수분을 분리하는 성능

가스명	윤활유명
산소	물, 10% 이하의 묽은 글리세린수
염소	진한 황산(농황산)
공기, 아세틸렌, 수소	양질의 광유(디이젤 유)
아황산가스(SO_2), 염화메탄(CH_3Cl)	화이트 유
LPG	식물성 유

암기TIP 공·아·수 ⇒ 꽝(양질의 광유), 엘(LPG) ⇒ 식(식물성유)

★
01. 산소운반시 차량에 고정된 탱크의 내용적은 몇 L까지 운반가능한가?

> **정답** 18,000
> **해설** 차량에 고정된 탱크(탱크로리)의 고압가스 운반시 내용적(L) 제한
> ① 가연성가스, 산소(LPG 제외) – 18,000L 초과금지
> ② 독성 가스(L – NH_3 제외) – 12,000L 초과금지

★
02. 도시가스안전관리법에서 정하는 압력기준을 기술하시오.

> **정답** 고압 1MPa 이상, 중압 0.1~1MPa 미만, 저압 0.1MPa 미만

★
03. 고압가스 용기를 내압 시험한 결과 전증가량은 400mL, 영구증가량이 20mL이었다. 영구증가율은 얼마인가? 그리고 합격여부를 판단하시오.

> **정답** 5%, 합격
> **해설** 영구증가율 계산(%) $= \dfrac{영구증가량}{전증가량} = \dfrac{20\text{mL}}{400\text{mL}} = 0.05(5\%)$. 10% 이하이므로 합격

★★
04. 아세틸렌가스는 온도와 무관하게 2.5MPa의 압력으로 압축시 첨가하는 희석제종류 3가지를 쓰시오.

> **정답** 메탄, 일산화탄소, 질소
> **해설** [희석제의 종류]
> 종류 : 메탄, 일산화탄소, 수소, 프로판, 에틸렌, 질소
> **암기TIP** 메(CH_4)일(CO)스(H_2)프(C_3H_8)에(C_2H_4) 질(N_2)린다

05. 액화석유가스 소형저장탱크의 충전량은 내용적의 몇 %까지 충전하여야 하는가?

정답 85%
해설 ① 85% : 소형저장탱크, LPi 자동차   ② 90% : 저장탱크, 독성가스, 에어졸

06. 고압가스 설비의 내압 및 기밀시험에서 기밀시험은 상용압력 이상으로 하되 0.7MPa을 초과하는 경우 얼마 이상의 압력으로 해야 하는가?

정답 0.7MPa 이상
해설 KGS FU211 4.2.2.7.2 기밀시험방법
   (1) 기밀시험은 원칙적으로 공기 또는 위험성이 없는 기체의 압력으로 실시한다.
   (2) 기밀시험은 그 설비가 취성 파괴를 일으킬 우려가 없는 온도에서 실시한다.
   (3) 기밀시험압력은 상용압력 이상으로 하되, 0.7MPa를 초과하는 경우 0.7MPa 압력 이상으로 한다.

07. 다음 각 밸브 중 기호 "D"의 밸브명칭을 쓰고 특징 2가지를 기술하시오.

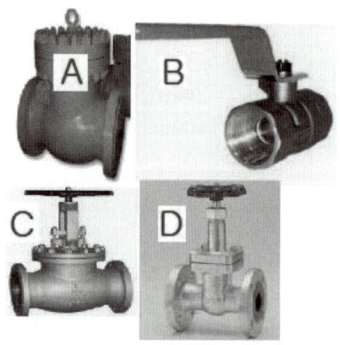

정답 명칭 : 게이트밸브
   특징 : 유체의 개폐용 밸브이다. 자주 개폐하는 곳에는 사용하지 않는다. 개폐시간이 길다.
해설 A : 체크밸브 B : 볼밸브 C : 글로브밸브

08. 긴급차단장치의 조작 동력원 3가지를 쓰시오.

> **정답** ① 액압   ② 기압   ③ 전기
> **해설** ①, ②, ③ 외 스프링식이 있다.

09. 액화석유가스(LPG) 이송방법 3가지를 기술하시오.

> **정답** ① 압력차에 의한 방법   ② 펌프에 의한 방법   ③ 압축기에 의한 방법

10. 사업소 내에서 긴급사태 발생 시 필요한 연락을 하기 위해 안전관리자가 상주하는 사업소와 현장 사업소 간에 설치하는 통신설비 3가지를 쓰시오.

> **정답** ① 구내전화   ② 구내방송   ③ 페이징설비   ④ 인터폰

해설

안전관리자가 상주하는 사업소와 현장사무소	사업소 내 전체	종업원 상호간
구내전화	사이렌	트란시버
구내방송설비 ======➤		
페이징 설비 ===================➤		
인터폰	휴대용 확성기 =========➤	
	메가폰 =========➤	

★★ **2021-2' 기출**

11. 아세틸렌이 은, 구리, 수은과 반응하여 폭발성의 금속 아세틸라이드를 형성하여 ① 폭발하는 형태는 무엇인가? 그리고 ② 나머지 폭발성 종류 2가지를 쓰시오.

정답 ① 화합폭발　② 산화폭발, 분해폭발

해설 ① 산화폭발 : 산소와 연소시 3,000℃ 이상 고열동반하며 폭발

$$C_2H_2 + 2.5O_2 \rightarrow 2CO_2 + H_2O$$

② 분해폭발 : 1.5기압하에서 가압, 충격, 마찰 등에 의해 폭발

$$C_2H_2 \rightarrow 2C + H_2 + 54.2kcal$$

③ 화합폭발 : Ag(은), Cu(동), Hg(수은) 등 금속과 화합시 폭발에 예민한 물질 생성

아세틸렌(C_2H_2) + 2Ag(은)　　→ Ag_2C_2(은아세틸라이드) + H_2
아세틸렌(C_2H_2) + 2Cu(동)　　→ Cu_2C_2(동아세틸라이드) + H_2
아세틸렌(C_2H_2) + 2Hg(수은) → Hg_2C_2(수은아세틸라이드) + H_2

★★★

12. 송수량 12,000L/min, 전양정 45m인 볼류트 펌프의 회전수를 1,000rpm에서 1,100rpm으로 변화시킨 경우 펌프의 축동력은 약 몇 PS인가? (단, 펌프의 효율은 80%)

정답 200

해설 $PS = \dfrac{\Upsilon \cdot Q \cdot H}{75 \times \eta \times 60}$ 에서　(Υ : 비중량, Q = 12,000L(12㎥))

① $\dfrac{1,000 \times 12m^3/분 \times 45m}{75 \times 0.8 \times 60} = 150$

② $150 \times \left(\dfrac{N_2}{N_1}\right)^3 = 150 \times \left(\dfrac{1,100}{1,000}\right)^3 = 199.65 \fallingdotseq 200$

참고 만일 송수량 12(㎥/min), 전양정 45m일 때 축동력을 200kW를 필요로 하는 원심펌프의 효율(%)을 구하면?

$kW = \dfrac{\Upsilon \cdot Q \cdot H}{102 \times \eta \times 60} = \dfrac{1,000 \times 12m^3/분 \times 45m}{102 \times x \times 60} = 200$

$x = 0.441 = 44.1(\%)$

가스전문가
홍까스와 함께하는 **필답형**
가스기능사 모의고사

★
01. 왕복식 압축기의 종류 3가지를 기술하시오.

정답 ① 피스톤 ② 플런저 ③ 다이어프램

해설

용적식	왕복동식	피스톤
		플런저
		다이어프램
	회전식	나사
		기어
		베인

암기TIP ① 용왕은 바다에 살고 바다는 회 먹는 곳(용적식, 왕복동, 회전식)
② 왕 주위엔 피플(사람들)이 많다(多).(피스톤, 플런저, 다이어프램)
★ 압축기별 주요특징
1) 왕복동식 : 유량조절이 용이하고, 범위가 넓고, 맥동이 많다.
2) 터보식(원심)압축기
   ① 용량 조정 범위는 비교적 좁고, 어려운 편이다.
   ② 경량, 형태가 작아 기초설치면적이 적다.
   ③ 고속회전이 가능하다. 토출압력변화에 비해 용량변화가 크다.
   ④ 1단으로 압축비가 적어 효율이 낮다.
   ⑤ 서어징 현상으로 운전 중에 주의

★★
02. 저장탱크에서 가스가 누출된 경우에 제2의 누출을 방지하기 위해서 방류둑을 설치한다. 가연성액화가스 및 독성액화가스의 저장설비를 지상설치시 저장능력기준을 쓰시오.

정답 ① 가연성 : 저장능력 1,000t 이상
② 독성 : 저장능력 5t 이상
해설 비교 특정 제조시설일 경우 가연성은 500t이다.
· 독성가스를 사용하는 내용적이 몇 10,000L 이상인 수액기 주위 액누출대비 방류둑 설치

★ 2021-2′ 기출
03. 압축기에서 다단압축을 하는 주된 목적 2가지를 쓰시오.

> 정답 압축일 감소와 체적효율 증가
> 해설 [다단압축의 목적]
> • 중간 냉각으로 토출가스의 온도 상승 방지
> • 1단 단열 압축과 비교한 일량의 감소
> • 체적효율 증가
> • 힘의 평형이 양호해짐

★★★ 2021-2′ 동영상 기출
04. 외경이 300㎜이고, 두께가 30㎜인 가스용 폴리에틸렌(PE)관의 사용 압력범위는?

> 정답 0.4MPa 이하
> 해설 [가스용 폴리에틸렌(PE)관]
> 최고사용압력 0.4MPa 이하
> ① $SDR = \dfrac{D}{t} = \dfrac{외경}{두께} = \dfrac{300mm}{30mm} = 10(SDR)$
>
> ②
>
> | SDR NO | 사용압력 |
> |---|---|
> | 11 | 0.4MPa 이하 ★★ |
> | 17 | 0.25MPa 이하 |
> | 21 | 0.2MPa 이하 |

★★
05. 액법시행규칙에서 공급설비란 용기가스소비자에게 액화석유가스를 공급하기 위한 설비로서 어디에서 어디까지를 말하는가? (판매방법별로 구분하여 기술)

> 정답 1) 체적판매인 경우 : 용기에서 가스계량기 출구까지의 설비
> 2) 중량판매인 경우 : 용기
> 해설 **액법시행규칙(20.8.5.)**
> 참고로 "소비설비"란 용기가스소비자가 액화석유가스를 사용하기 위한 설비로서 다음 각 목에서 정하는 설비를 말한다.
> 가. 체적판매방법 : 가스계량기 출구에서 연소기까지의 설비
> 나. 중량판매방법 : 용기 출구에서 연소기까지의 설비
> 비교 도시가스 공급설비는 가스(제조와 배관)시설이다.

★
06. 고압가스 일반제조소에서 저장탱크 설치 시 냉각 물분무장치는 동시에 방사할 수 있는 최대 수량을 몇 분 이상 연속하여 수원에 접속되어 있어야 하는가?

> 정답 30분
> 해설 **[물분무장치 수원]** 25' 3회 기출(동영상)
> 1) 수원 0.35MPa 400L/min 30분 이상(도시가스제조 60분)
> 2) 매월 1회 작동상황 점검
> 3) 저장탱크(직경 1m, 길이 4m)의 살수목적 수원보유량(t) 계산(기사 기출)

★
2021-2' 동영상 기출
07. 가스누출자동차단장치의 구성요소 3가지를 쓰시오.

> 정답 ① 검지부 ② 제어부 ③ 차단부
> 해설 1) 가스누출 자동차단장치의 검지부 설치금지 장소
> ① 출입구 부근 등으로서 외부의 기류가 통하는 곳
> ② 환기구 등 공기가 들어오는 곳으로부터 1.5m 이내의 곳
> ③ 연소기의 폐가스에 접촉하기 쉬운 곳
> 2) 경보는 램프의 점등 또는 점멸과 동시에 경보를 울리는 것으로 한다.
> 3) 검지부 설치갯수(바닥면 둘레)
> ① 건축물 내의 설치된 압축기, 펌프 및 열교환기 등은 바닥면 둘레가 10m 당 1개 설치
> ② 에틸렌 제조시설의 아세틸렌 수첨탑 주위는 10m 당 1개 설치
> ③ 가열로가 있는 제조설비의 주위 : 20m 당 1개 설치
> ④ 염소충전용 접속구 군의 주위 : 2개 설치

★★
08. 방사선투과검사시 용접부에 나타나는 결함 형태를 2가지 이상 쓰시오.

> 정답 ① 슬래그 혼입 ② 언더컷 ③ 오버랩
> 해설 **[용접부의 결함형태]**
> ① 슬래그혼입 : 용융된 피복제가 금속표면 위에 용착하거나 금속 안에 융착하여 남은 상태
> ② 언더컷 : 용접부분 경계선에 생기는 작은 구멍
> ③ 오버랩 : 모재와 용융금속이 섞여 모재상부에 겹쳐지는 형태

★★★
09. 고압가스용기에 표시된 다음 기호에 대하여 기술하시오.

① 가스명 :	② TP :
③ FP :	④ V :

정답 ① 아세틸렌 ② 내압시험압력 ③ 최고충전압력 ④ 내용적

해설 1) 기호설명
　　　① 아세틸렌가스 ② 내압시험압력 50MPa ③ 최고충전압력 15.5MPa ④ 내용적 41L
　　　그외 TW(kg) 충전용기질량에 용기의 다공물질·용제 및 밸브의 질량을 모두 합한 질량
　　2) 안전밸브형식 : 가용전식(105±5℃), 온도불구 2.5MPa 이상 충전금지, 충전구-암나사
　　3) 밸브재질 : 단조강, 동합금 62% 미만의 청동, 황동/ 다공도 75%~92% 미만

10. 차량에 고정된 탱크에서 LPG 충전시설의 저장탱크로 이입할 수 있는 장치로서 건축물이나 저장시설외부에 설치하는 이송장치 명칭을 쓰시오.

정답 로딩암

해설 KGS FP333(액화석유가스 자동차에 고정된 탱크충전의 시설기준)

3.2.2 제조 및 충전작업

3.2.2.1 저장탱크

1) 자동차에 고정된 탱크와 로리호스(로딩암)의 액체라인 및 기체라인 커플링을 접속한 후 충전한다. 〈신설 19.2.28〉

2) 저장탱크에 가스를 충전하려면 가스의 용량이 상용의 온도에서 저장탱크 내용적의 90%를 넘지 않도록 충전한다. 〈개정 21.1.12〉

3) 액화석유가스를 자동차에 고정된 탱크로부터 이입할 때에는 배관접속부분의 가스누출여부를 확인하고, 이입한 후에는 그 배관안의 가스로 인한 위해가 발생하지 않도록 조치한다. 〈개정 21.1.12〉

4) 액화석유가스충전사업자가 액화석유가스 특정사용자 또는 주거용으로 액화석유가스를 직접 공급하는 경우 저장탱크에 가스를 충전하려면 다음 기준에 따른다. 〈개정 19.2.28, 21.1.12〉

   (1) 자동차에 고정된 탱크와 로리호스(로딩암)의 액체라인 및 기체라인 커플링을 접속한 후 충전한다. 〈신설 19.2.28〉

   (2) 정전기 제거조치를 실시한 후 저장탱크의 내용적의 90%를 넘지 않도록 충전한다. 〈신설 19.2.28〉 〈개정 21.1.12〉

11. 시간당 200톤의 물을 20cm의 내경을 갖는 PVC 파이프로 수송하였다. 관내의 평균유속은 약 몇 m/s인가?

정답 1.77

해설 200t = 200,000kg = 200,000L = 200m^{3}이므로 Q = A·V에서

$$V(m/s) = \frac{Q}{A} = \frac{200(m^3/h)}{\frac{\pi}{4}(0.2m)^2 \times 3600} = 1.769 ≒ 1.77$$

보충 10cm 물이 가로×세로×높이 = 1L

1cm 물이 가로×세로×높이 = 1mL

물 4℃에서 ρ(밀도) 최대 1(kg/L) 액밀도

1m^3 = 1g ⇒ 1L = 1,000mL = 1,000g = 1kg

1,000cm^3 = 1L
1cm^3 = 1mL = 1g

★★★ 2021-3' 필답형 기출
12. 유체 중에 그 수온이 증기압보다 압력이 낮은 부분이 생기면 작은 기포가 다수 발생되는 펌프의 이상현상을 무엇이라 하는가?

정답 캐비테이션(공동현상)

해설 **1) 정의** : 유체 중에 그 수온의 증기압보다 압력이 낮은 부분이 생기면 증발이 시작되고 작은 기포가 다수 발생되는 현상

① 캐비테이션은 펌프 임펠러의 입구 부근에 더 일어나기 쉽다.

② 캐비테이션은 유체의 온도가 높을수록 생기기 쉽다.

③ 이용 NPSH 〉 필요 NPSH일 때 캐비테이션이 발생하지 않는다.

NPSHa(available) : 이용 NPSH은 펌프의 설치 조건, 즉 수면과 펌프의 거리 흡입관경 및 배관의 길이, 이송액체의 종류와 온도 등에 의해 결정된다.

NPSHr(required) : 필요 NPSH는 펌프의 제작자가 결정한다.

• 유효흡입양정(NPSH: Net Positive Suction Head)은 펌프의 공동화 현상(cavitaion)의 발생 가능성을 점검하는 척도

2) 수격 작용(Water hammering) : 펌프에서 물을 압송하고 있을 때 정전 등으로 급히 펌프가 멈추거나 수량 조절 밸브를 급히 폐쇄할 때 관내 유속이 급속히 변화하면 물에 의한 심한 압력의 변화가 생겨 관벽을 치는 현상

※ 수격작용 방지책

• 관경을 크게 하고 관내 유속을 느리게 한다.

• 관로에 조압수조(surge tank)를 설치한다.

3) 서징(Surging) 현상(=일명 맥동) : 압력계의 지침이 흔들리는 현상

• 방지책 : 관로에 잔류공기를 제거하고 관로의 단면적 및 유속 등을 변화시킨다.

4) 베이퍼 록(vapor lock) : 저비점 액체를 이송시 펌프의 입구쪽에서 발생하는 액체의 끓는 현상

★★
01. 발화점의 정의를 쓰시오.

> **정답** 가연성물질이 공기중에서 점화원 없이 스스로 연소하는 최저온도
> **해설** ① 발화점과 인화점 비교
> - 발화점 : 연소의 3요소에서 점화원 없이 착화하는 최저온도
>   즉, 가연성 물질이 공기중에서 점화원 없이 스스로 연소하는 최저온도
> - 인화점 : 점화원이 존재시 연소가능한 가연성 가스를 액표면에서 증발시키는 최저온도
>   즉, 점화원 존재시 가연성액체나 고체의 표면에 연소하한계 농도의 가연성 혼합기가 형성되는 최저온도
> ② 최소점화에너지 : 가스발화시 요구되는 최소에너지로 가스의 온도, 조성, 압력에 따라 상이하다.

★★
02. 특정고압가스를 사용하려는 자는 저장능력 액화가스 250kgf 이상, 압축가스 50㎥ 이상인 저장설비를 갖추어야 한다. 보기에서 사용가스 4가지를 선택하시오.

> **보기**
> 산소, 수소, 아세틸렌, 액화암모니아, 액화염소, 천연가스, 압축모노실란(SiH_4), 압축디브레인(B_2H_6), 액화알진(AsH_3), 포스핀(PH_3), 셀렌화수소(H_2Se), 게르만(GeH_4), 디실란(Si_2H_6)

> **정답** 산소, 수소, 아세틸렌, 천연가스
> **해설** [특정 가스 종류]
> - 법에서 정한 가스–법 제20조 : 산소, 수소, 아세틸렌, 액화암모니아, 액화염소, 천연가스, 압축모노실란(SiH_4), 압축디브레인(B_2H_6), 액화알진(AsH_3), 포스핀(PH_3), 셀렌화수소(H_2Se), 게르만(GeH_4), 디실란(Si_2H_6)
> - 대통령령으로 정한 가스 : 포스핀(PH_3), 셀렌화수소(H_2Se), 게르만(GeH_4), 디실란(Si_2H_6), 삼불화인, 삼불화붕소, 삼불화질소, 사불화유황, 사불화규소, 오불화비소, 오불화인
> - 특수고압 가스 : 압축모노실란(SiH_4), 압축디브레인(B_2H_6), 액화알진(AsH_3), 포스핀(PH_3), 셀렌화수소(H_2Se), 게르만(GeH_4), 디실란(Si_2H_6)   (= 아르신)

★
03. 도시가스 사용시설의 콕에서 연소기까지의 호스거리는 얼마인가?

> 정답 3m 이내
> 해설 **[도시가스 사용시설]**
> 내관·연소기 및 그 부속설비와 공동주택 등의 외벽에 설치된 가스계량기를 말한다.

★★★
04. 압력이 100kPa, 체적이 2L인 기체가 200kPa로 변화시 체적은 얼마로 변하는가?

> 정답 1.34(L)
> 계산식 $PV = P'V'$에서 절대압이므로
> $(100+101.325) \times 2 = (200+101.325) \times x$에서 $x = 1.336$
> 해설 **[기체의 법칙(계산시, 비교대상 있을 것)]**
> ① 보일의 법칙 : 온도가 일정할 때 체적(부피)은 압력에 반비례한다.
> $T = 일정$ $PV = P'V'$
> T : 절대온도(K) P : 절대압력(atm) V : 체적(L)
> ② 샤를의 법칙 : 압력이 일정할 때 체적은 절대온도에 비례한다.
> $P = 일정$ $\dfrac{V}{T} = \dfrac{V'}{T'}$
> ③ 보일 – 샤를의 법칙 : 일정량의 기체의 체적은 압력에 반비례하고 절대온도에 비례한다.
> $\dfrac{PV}{T} = \dfrac{P_1 V_1}{T_1}$

★
05. 도시가스의 주성분은 무엇인가?

> 정답 메탄

★★★
06. 프로판 1L를 기화시킬 경우 표준상태에서 체적은 얼마나 증가하는가? (단, 밀도는 0.5kg/L)

정답 254.56배 증가

계산식 $44g : 22.4L = x : 1L \quad x = 1.964g$
밀도를 반영하면 $500/1.964 = 254.582$

해설 ※ 아보가드로 법칙 : 모든 기체 1mol은 표준상태(0℃, 1atm)에서 부피는 22.4L이고, 원자수는 6.02×10^{23} 이다.

1) 아보가드로의 법칙 적용시

$44g \qquad 22.4L$
$x \qquad 1L$

$$x = \frac{1L}{22.4L} \times 44g = 1.9642g$$

밀도 $\rho = 500g/L$이므로

$$\frac{500}{1.9642} = 254.5566 \fallingdotseq 254.56$$

2) 이상기체상태 방정식 적용시

$PV = nRT$에서 $n = (\frac{W}{M})$. *단위적용 밀도(ρ) = 0.5kg/L ★

$$V(L) = \frac{nRT}{P} = \frac{(\frac{500}{44}) \times 0.082 \times (273 + 0)}{1atm} = 254.38(L)$$

※ 밀도(ρ) = 0.5kg/L = 500g/L(주의)

★★
07. 가버너의 사용 목적을 쓰시오.

정답 도시가스 압력을 2차측, 즉 수요처에 맞게 감압하여 허용압력범위로 유지 정압하고 가스흐름이 불안정할 경우에 2차측 압력상승을 방지하는 폐쇄기능을 갖는 정압기이다.

해설 도시가스 압력을 2차측, 즉 수요처에 맞게 감압하여 허용압력범위로 유지 정압하고 가스흐름이 불안정할 경우에 2차측 압력상승을 방지하는 폐쇄기능을 갖는 기기로 정압기용 압력조정기와 그 부속설비를 지칭한다. 정압기는 하나의 집합설비인 유니트(Unit)이다.

★★
08. 시퀀스제어의 정의를 기술하시오.

> **정답** 미리 정해진 순서에 따라 순차적으로 다음 동작이 연속으로 이루어지는 제어
> **해설** **자동제어** : 자동적으로 기계장치를 이용하여 행하는 제어
> - **피드백 제어(feed back control : 폐회로)** : 제어량의 크기와 목표치를 비교하여 그 값이 일치하도록 행하는 되먹임 신호(피드백 신호)를 보내어 수정동작을 하는 제어방식이다.(아날로그, 연속적=정량적, 정밀)
> - **시퀀스 제어(sequence control : 개회로)** : 미리 정해진 순서에 따라 순차적으로 다음 동작이 연속으로 이루어지는 제어방식이다.(자동판매기, 보일러의 점화동작절차 등)

★★
09. 가스미터기 고장종류 중 부동과 불통에 대하여 기술하시오.

> 부동 :
> 불통 :

> **정답** 부동 : 가스가 미터기를 통과하나 미터지침이 작동하지 않는 고장
> 불통 : 계량기 자체가 처음부터 고장된 상태로 가스가 미터기 자체를 통과하지 않는 고장
> **해설** ① 부동 : 가스는 미터를 통과하나 미터 지침이 작동하지 않는 고장
> ② 불통 : 가스가 미터를 통과하지 않는 고장
> ③ 기차불통 : 기차(계측기기의 오차)가 변해 사용 공차를 넘어서는 경우
> ④ 감도불량 : 감도유량을 흘렸을 때 미터의 지침시도에 변화가 나타나지 않는 고장

★★
10. 습도계의 종류 2가지를 쓰시오.

> **정답** ① 모발습도계 ② 건습구습도계
> **해설** ① 모발식 ② 건습구습도계 ③ 아스만습도계 ④ 전기저항식 ⑤ 전기정전용량 : 가장 널리 사용
> ⑥ 이슬림습도계 ⑦ 광학식
> - 건습구습도계 : 상대습도 계산시 활용

★
11. 고압가스의 충전용기는 항상 몇 ℃ 이하의 온도를 유지하여야 하는가?

> **정답** 40℃ 이하
>
> **해설** [고압가스의 충전용기 보관기준]
> ① 충전용기와 잔가스용기는 각각 구분하여 놓을 것
> ② 가연성, 독성, 산소 용기는 각각 구분하여 놓을 것
> ③ 계량기 등 작업에 필요한 물건 외에는 두지 말 것
> ④ 용기보관 장소 주위 2m 이내에 화기, 인화성, 발화성 물질을 두지 말 것
> ⑤ 충전용기는 40℃ 이하 유지, 직사광선을 받지 않도록 할 것
> ⑥ 충전용기 밸브 손상을 방지하는 조치를 할 것(캡 부착)
> ⑦ 가연성 가스용기 보관장소에는 방폭형 휴대형손전등 이외의 등화를 휴대 금지

★★★
12. 송수량 1.5㎥/min, 전양정 30m, 펌프의 효율은 72%인 펌프의 축동력은 약 몇 kW인가?

> **정답** 10.21(kW)
>
> **해설** $kW = \dfrac{\Upsilon \cdot Q \cdot H}{102 \times \eta \times 60}$ 에서 (Υ : 비중량, $Q = 1.5㎥$)
>
> ① $= \dfrac{1,000 \times 1.5\text{m}^3/\text{분} \times 30\text{m}}{102 \times 0.72 \times 60} = 10.212$
>
> **참고** 만일 송수량 12(㎥/min), 전양정 45m일 때 축동력을 200PS를 필요로 하는 원심펌프의 효율(%)을 구하면?
>
> $PS = \dfrac{\Upsilon \cdot Q \cdot H}{75 \times \eta \times 60} = \dfrac{1,000 \times 12\text{m}^3/\text{분} \times 45\text{m}}{75 \times x \times 60} = 200 \qquad x = 0.6$ **정답** 60(%)

★★★
01. 압축기에서 다단압축을 하는 주된 목적 2가지를 쓰시오.

> 정답 압축일 감소와 체적효율 증가
> 해설 [압축기의 다단압축을 하는 목적]
> ① 중간 냉각으로 토출가스의 온도 상승 방지
> ② 1단 단열 압축과 비교한 일량의 감소
> ③ 체적효율 증가
> ④ 힘의 평형이 양호해짐

★★
02. 압력구분에서 절대압력 = 대기압 (+ 또는 −) 게이지압력과 절대압력 = 대기압 (+ 또는 −) 진공압력이 있다. 빈칸을 채우시오.

> 정답 ① + ② −
> 해설
> [예상문제]
> 진공압력이 57cmHg일 때 진공도와 절대압력의 계산? (단, 대기압은 760mmHg 가정한다)
> ① 진공도계산 : (57/76) × 100 = 75(%)
>
>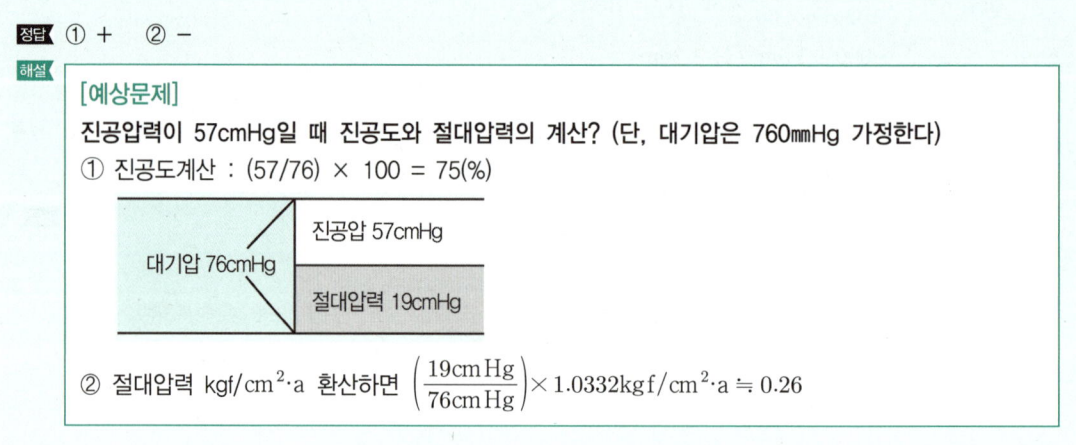
>
> ② 절대압력 $kgf/cm^2 \cdot a$ 환산하면 $\left(\dfrac{19cmHg}{76cmHg}\right) \times 1.0332kgf/cm^2 \cdot a \fallingdotseq 0.26$

★★★
03. 다음 염소가스의 특징을 분류한 것이다. 적절한 가스명을 쓰시오.

> ① 상태에 따른 분류
> ② 연소성에 따른 분류
> ③ 독성에 의한 분류

정답 ① 액화가스   ② 조연성(지연성) 가스   ③ 독성가스

해설 1. **저장(취급)상태에 따른 분류** : 압축가스(O_2), 액화가스(LPG, 염소), 용해가스(C_2H_2)

  1) 압축가스 : 수소(H_2), 산소(O_2), 질소(N_2), 메탄(CH_4), 네온(Ne), 아르곤(Ar) 등과 같이 상온에서 압력을 가해도 액화되지 않는 가스로 일정한 압력에 의해 압축되어 있는 것

  2) 액화가스 : LPG, 암모니아(NH_3), 염소(Cl_2), 부탄(C_4H_{10}), 시안화수소(HCN) 등과 같이 가압 냉각에 의해 액체 상태로 되는 것으로 대기압에서 비점이 40℃ 이하 또는 상용의 온도 이하인 것

  3) 용해가스 : 아세틸렌(C_2H_2)이 대표가스이며, 용기 내에 다공물질인 고체물질을 충전 후 발생된 가스를 주입된 유기용제에 용해시킨 가스

2. **성질상 분류**

  1) 연소성에 의해

   ㉠ 가연성 가스 : 공기중에 연소하며 공기(산소)와 혼합된 혼합가스의 폭발한계 하한이 10% 이하의 것과 상한과 하한의 차가 20% 이상인 가스(**예** 아세틸렌(C_2H_2), 수소(H_2), 일산화탄소(CO), 메탄(CH_4), 프로판C_3H_8), 부탄(C_4H_{10}), 석탄가스 등)

   ㉡ 조연성(지연성) 가스 : 가연성가스를 연소시키는데 도움을 주는 가스

     예 공기, 산소(O_2), 오존(O_3), 염소(Cl_2), 불소(F_2), 산화질소(NO), 아산화질소(N_2O)

   ㉢ 불연성 가스 : 스스로 연소는 못하고 다른 물질도 연소시키지 못하는 가스(치환시 사용)

     (**예** 질소(N_2), 탄산가스(CO_2), 네온(Ne), 아르곤(Ar), SO_2 등)

3. **독성유무 분류**

  1) 독성가스 : 포스겐($COCl_2$), 염소(Cl_2), 아황산가스(SO_2), 암모니아(NH_3) 등과 같이 누설시 인체에 영향을 주는 가스

  2) 비독성가스 : 탄산가스(CO_2), 질소(N_2) 등과 같이 누설시 인체에 크게 영향을 주지 않는 가스

★★
04. 다음은 고압가스의 충전용기 보관기준에 대한 설명이다. 다음 기준을 완성하시오.

• 충전용기는 (   ) 이하 유지, 직사광선 받지 않도록 할 것
• 용기보관 장소 주위 (   ) 이내에 화기, 인화성, 발화성 물질을 두지 말 것
• 충전용기 (   ) 손상을 방지하는 조치를 할 것
• 가연성 가스용기 보관장소에는 (   ) 휴대형 손전등 이외의 등화 휴대를 금지할 것

정답 40℃, 2m, 밸브, 방폭형

해설 [고압가스의 충전용기 보관기준]

  ① 충전용기와 잔가스용기는 각각 구분하여 놓을 것
  ② 가연성, 독성, 산소 용기는 각각 구분하여 놓을 것
  ③ 계량기 등 작업에 필요한 물건 외에는 두지 말 것
  ④ 용기보관 장소 주위 2m 이내에 화기, 인화성, 발화성 물질을 두지 말 것
  ⑤ 충전용기는 40℃ 이하 유지, 직사광선 받지 않도록 할 것
  ⑥ 충전용기 밸브손상을 방지하는 조치를 할 것(캡 부착)
  ⑦ 가연성 가스용기 보관장소에는 방폭형 휴대형손전등 이외의 등화를 휴대금지

★★★
05. 다음은 정압기의 구조에 대한 설명이다. 적합한 용어를 완성하시오.

> 정압기는 2차 압력을 감지하여 그 2차 압력의 변동을 메인밸브에 전달하는 (①), 2차측의 사용압력에 조정 압력으로 설정하는 부분인 (②), 마지막으로 가스의 유량을 밸브의 열린 정도에 의해 직접 조정하는 (③) 부분으로 구성되어 있다.

정답 ① 다이어프램   ② 스프링   ③ 메인밸브(조정밸브)

해설 1. **정압기** : 도시가스 압력을 2차측, 즉 수요처에 맞게 감압하여 허용압력범위로 유지 정압하고 가스흐름이 불안정할 경우에 2차측 압력상승을 방지하는 폐쇄기능을 갖는 기기로 정압기용 압력조정기와 그 부속설비를 지칭한다. 정압기는 하나의 집합설비인 유니트(Unit)이다.

2. **정압기의 3대 구조와 역활**
   (1) 다이어프램(Diaphragm) – 감지부(Sensing element)
   2차압력(사용측 압력)을 감지하여 그 사용유량(압력 변동)에 따라 상하로 움직이면서 메인밸브를 작동시킨다.
   (2) 스프링(Spring) – 부하부(Loading element)
   2차압력(사용측 압력)을 설정하는 것으로 일정한 스프링 힘에 의하여 2차측 유량변화에 따른 압력조절이 가능하도록 한다.
   (3) 메인밸브(Main valve) – 제어부(Restricting element)
   가스의 흐름을 제어하기 위한 것으로서 밸브의 열림정도에 의해 직접 조정한다.

★
06. 액화천연가스를 영문약자로 기술하시오.

정답 LNG

해설 ① 액화천연가스(LNG)의 주성분은 메탄(연소범위: 5~15%)
② 연소시 담청색의 불꽃을 내며 잘 연소된다.
$CH_4 + 2O_2 \rightarrow CO_2 + 2H_2O + 212.8kcal$
③ 수증기 개질법 : 니켈 촉매를 사용하여 고온에서 수증기 가스화제로 수성가스 생성
$CH_4 + H_2O \rightarrow CO + 3H_2 - 49.3kcal$
④ 부분 산화법 : $CH_4 + \frac{1}{2}O_2 \rightarrow CO + 2H_2 + 8.7kcal$
⑤ $CH_4 + 4Cl_2 \rightarrow CCl_4 + 4HCl$
　　　　　　　(사염화탄소)
　•용도 ① 연료용 가스   ② 합성원료가스의 제조용
　　　　 ③ 불완전연소로 카본블랙 제조용
※ LNG(liquefied natural gas)

07. 가스누출자동차단장치의 주요 구성요소 3가지를 쓰시오.

> **정답** ① 검지부   ② 제어부   ③ 차단부
> **해설** (1) 검지부 : 누출된 가스를 검지하는 기능을 한다.
> (2) 제어부 : 검지부로부터 가스가 누출되었다는 신호를 받아 차단부에 차단신호를 보내는 기능을 한다.
> (3) 차단부 : 제어부로부터 신호를 받아 가스의 공급을 차단하는 기능을 한다.
> (4) 가스누출 자동차단장치의 검지부 설치금지 장소
>   ① 출입구 부근 등으로서 외부의 기류가 통하는 곳
>   ② 환기구 등 공기가 들어오는 곳으로부터 1.5m 이내의 곳
>   ③ 연소기의 폐가스에 접촉하기 쉬운 곳
> (5) 경보는 램프의 점등 또는 점멸과 동시에 경보를 울리는 것으로 한다.
> (6) 검지부 설치갯수(바닥면 둘레)
>   • 건축물 내의 설치된 압축기, 펌프 및 열교환기 등은 바닥면 둘레가 10m당 1개 설치
>   • 에틸렌 제조시설의 아세틸렌 수첨탑 주위는 10m당 1개 설치
>   • 가열로가 있는 제조설비의 주위 : 20m당 1개 설치
>   • 염소충전용 접속구 군의 주위 : 2개 설치

★★★

08. 다음은 아세틸렌가스의 특징이다. (   )을 완성하시오.

> ① 분자량은 (   )로 공기(또는 산소)보다 가볍다.
> ② 폭발하한계는 얼마인가? (   )
> ③ Ag(은), 동, 동합금 등 금속과 화합시 폭발에 예민한 물질인 (   )를 생성한다.
> ④ 발열반응으로 압축할 경우에는 (   ) 폭발할 수 있다.
> ⑤ 카바이드(Carbide)와 무엇을 접촉시키면 발생되는 가스인가? (   )

> **정답** ① 26g   ② 2.5%   ③ 아세틸라이드   ④ 분해   ⑤ 물(H_2O)
> **해설** 1) 액체는 불안정하고, 고체 아세틸렌은 안정하여 융해하지 않고 승화한다.
> 2) 유기 용제 : 아세톤, DMF(디메틸포름아미드(dimethylformamide))
> 3) 아세틸렌 폭발성(산화폭발/ 분해폭발/ 화합폭발)
>   화합폭발 : Ag(은), Cu(동), Hg(수은) 등 금속과 화합시 폭발에 예민한 물질 생성
>   아세틸렌(C_2H_2) + 2Ag(은)　→ Ag_2C_2(은아세틸라이드) + H_2
>   아세틸렌(C_2H_2) + 2Cu(동)　→ Cu_2C_2(동아세틸라이드) + H_2
>   아세틸렌(C_2H_2) + 2Hg(수은) → Hg_2C_2(수은아세틸라이드) + H_2
> 4) 제조법
>   ① 카바이드 : CaC_2 + $2H_2O$ = 아세틸렌(C_2H_2) + $Ca(OH)_2$
>   ② 탄화수소를 고온(3000℃)으로 열분해하여 제조 : C_3H_8 → C_2H_2 + CH_4 + H_2
> 5) 압축기유는 양질의 광유 사용, 폭발한계(공기 중 2.5%~81%)

★★
09. 물에 전해질인 황산과 수산화나트륨을 넣고 전기분해하고자 한다. 전기분해시 산소와 수소기체의 부피비율을 쓰시오. (복원문제가 정확하지 않을 수 있음)

> **정답** 산소 1 : 수소 2의 비율
> **해설** 물의 전기분해시 시간이 다량 소요되기에 전해질인 수산화 나트륨을 소량 넣어 전류가 잘 흐르게 만들어 주어야 한다. 이 전해질 수용액에 2개의 전극을 담그고, 전원을 연결하면 (−)극에 수소가 (+)극에 산소가 각각 2:1의 부피비로 기체가 발생한다.

★★★
10. 내용적 50L인 용기에 가스를 충전하려고 한다. 이 충전용기의 충전량은 얼마인가? (단, 충전상수 1.04이다)

> **계산식** $W = \dfrac{V_2}{C}$ 에서 $W = \dfrac{50}{1.04} = 48.08$
>
> **정답** 48.08(kg)
> **해설** 저장 능력 계산 공식
> - 압축가스 : $Q = (10P + 1)V_1$
>   (단, Q : 저장능력(m^3), P : 35℃에서의 최고충전압력(MPa), V_1 : 내용적(m^3) 이다)
> - 액화가스(저장탱크) : $W = 0.9 \cdot d \cdot V_2$
>   (W : 저장능력(kg), d : 액비중, V_2 : 내용적(L) 이다)
> - 용기 및 차량에 고정된 탱크 : $W = \dfrac{V_2}{C}$
>   (W : 저장능력(kg), C : 충전상수, V_2 : 내용적(L) 이다)

★★
11. 가스가 충전되어 있는 용기의 온도가 25℃, 체적이 100㎥일 때 압력은 0.1MPa이었다. 이 용기의 온도가 −150℃, 압력이 5MPa 상승할 경우 이때의 체적은 약 몇 L인가? (단, 이상기체로 가정한다.)

> **계산식** $\dfrac{PV}{T} = \dfrac{P_1 V_1}{T_1} = \dfrac{0.1 \times 100}{(25℃ + 273)} = \dfrac{5 \times x}{(-150℃ + 273)}$
>
> $x(\text{L}) = 825.5$
>
> **정답** 825.5(L)
> **해설** 보일−샤를의 법칙을 이용하여 풀면, 절대압력
> [계산] 1) $\dfrac{PV}{T} = \dfrac{P_1 V_1}{T_1}$ 2) $\dfrac{0.1 \times 100}{(25℃ + 273)} = \dfrac{5 \times x}{(-150℃ + 273)}$
>
> $x(m^3) = 0.825503$ $x(\text{L}) = 825.5$

[비교문제] ★★★

47L 고압가스 용기에 20℃의 온도로 15MPa의 게이지압력으로 충전하였다. 40℃로 온도를 높이면 게이지 압력은 약 얼마가 되겠는가?

① 16.031MPa

② 17.132MPa

③ 18.031MPa

④ 19.031MPa

정답 ①

해설 [보일-샤를의 법칙 적용(절대압력기준)]

① $\dfrac{PV}{T} = \dfrac{P_1 V_1}{T_1}$ 에서 $\dfrac{(15 + 0.101325) \times 47L}{(20 + 273)} = \dfrac{x \times 47L}{(40 + 273)}$

② x(절대압력) = 16.13MPa·abs

x(게이지 P) = 16.13 − 0.101325 = 16.03(MPa·g)

★★
12. 가스의 용해도에 대한 설명이다. ( )을 완성하시오.

가스의 용해도는 온도가 (높을, 낮을)수록, 압력은 (높을, 낮을)수록 용해가 잘 된다.

정답 낮을, 높을

★
01. 도시가스 배관과 배관을 직선연결할 경우 사용할 수 있는 배관 부속 2종류를 쓰시오.

정답 소켓, 유니온
해설 나사이음과 용접이음에 따라 차이가 있음
1. 나사이음 : ① 소켓 ② 유니온
2. 용접/나사병용 : ③ 플랜지
만일, 부속과 부속을 직선 연결시에는 니플이 필요하다.
[제공 : 홍까스강의 "the가스"]

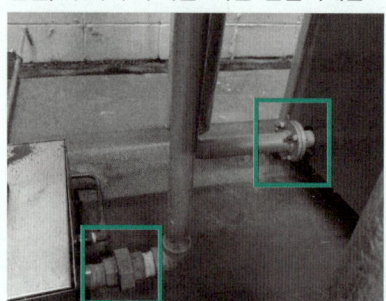

★★★
02. 암모니아 저장탱크에 3,000L를 저장하려고 한다. 이 저장탱크의 저장능력은 얼마인가? (단, 액비중 0.77
이다)

계산식 $W = 0.9 \cdot d \cdot V_2$ 에서 = $0.9 \times 0.77 \times 3,000 = 2,079$
    (W : 저장능력(kg), d : 액비중, V_2 : 내용적(L) 이다)
정답 2,079(kg)
해설 고압가스의 저장능력 계산공식
  • 압축가스 : $Q = (10P + 1) V_1$
        (단, Q : 저장능력(m^3), P : 35℃에서의 최고충전압력(MPa), V_1 : 내용적(m^3) 이다)
  • 액화가스(저장탱크) : $W = 0.9 \cdot d \cdot V_2$
        (W : 저장능력(kg), d : 액비중, V_2 : 내용적(L) 이다)
  • 용기 및 차량에 고정된 탱크 : $W = \dfrac{V_2}{C}$
        (W : 저장능력(kg), C : 충전상수, V_2 : 내용적(L) 이다)

★★
03. 정압기는 정특성, 동특성, 유량특성, 사용최대차압, 작동최소차압이 있다. 이 중 동특성에 대하여 설명하시오.

정답 부하 변동이 큰 곳에 사용되는 특성
부하변동에 따라 응답의 신속성과 안정성이 요구된다.

해설 **정압기의 특성(4가지)**
ㄱ 정특성 : 정상 상태에 있어서 유량과 2차 압력과의 관계
 • 유량이 변화하여 2차 압력으로부터 어긋난 것을 오프 셋(off–set)
 • 유량이 0으로 되었을 때의 끝맺은 압력과의 Ps차를 룩크 업(lock up)
 • 1차압력 등의 변화에 의하여 정압곡선이 전체적으로 어긋나는 것을 시프트(shift)

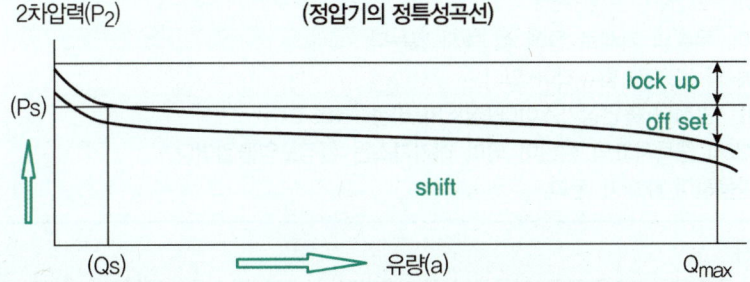

(정압기의 정특성곡선)

ㄴ 동특성 : 부하 변동이 크고 응답의 신속성과 안정성이 요구되는 특성
ㄷ 유량특성 : 메인 밸브의 열림과 유량과의 관계. 3종류의 특성이 있다.

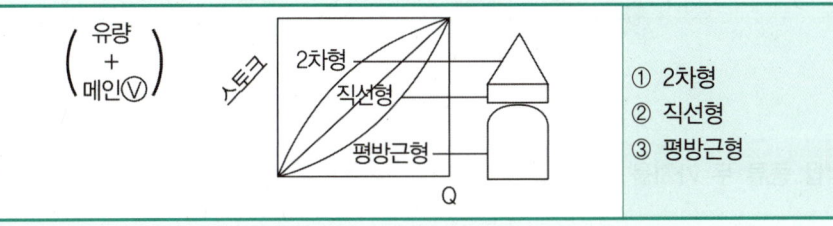

① 2차형
② 직선형
③ 평방근형

ㄹ 사용최대차압 : 1차 압력과 2차 압력의 차압이 최대로 되었을 때 최대차압
ㅁ 작동최소차압 : 정압기가 작동할 수 없게 되는 최소값

★
04. 시안화수소를 한 용기에 장기간 보관할 수 없는 이유를 서술하시오.

정답 중합 폭발하기 때문에 안정제를 사용하며, 충전 후 24시간 정치할 것
해설 ① 중합폭발을 방지하기 위해 안정제를 사용.
 ※ 안정제 : 동, 동망 / 인, 인산, 오산화인 / 황산, 아황산가스, 염화칼슘
② 용기 충전 후 60일이 경과되기 전 다른 용기에 충전할 것.
 (단, 순도 98% 이상으로 착색되지 아니한 것은 제외)

★★
05. 다음은 질소가스의 특징이다. 빈칸을 완성하시오.

• 질소는 공기중에 (　　)% 존재하고 분자량은 (　　), 공기중에 연소되지 않는 (　　)성 가스이다.
• 질소는 고온 · 고압하에서 (　　)와 반응하여 암모니아가 생성된다.
• 질소는 공기를 압축하여 비등점의 차이를 이용, 공기액화분리장치로 제조시 액화산소와 (　　　)로 만들어진다.

정답 78%, 28g, 불연, 수소, 액화질소

해설 ① 고온, 고압하 수소와 질소를 체적비로 3:1로 반응하여 NH_3가 생성된다.

$$3H_2 + N_2 \rightarrow 2NH_3 + 23kcal$$

② 무색, 무미, 무취의 기체로 물에 잘 녹지 않는다.
③ 공기 중에 약 78%가 함유되어 있다.
④ 상온에서는 안정된 불연성가스이다.(질소의 비점 −196℃)
⑤ 불완전연소시 중독사고의 원인이 되며 배기가스는 환경오염물질이다.
⑥ 산소와 반응하여 NOx가 된다.

참조

[다른 질문]
질소제조는 공기액화분리장치를 이용하여 공기로부터 산소와 질소를 분리하는 방법인데, 정류탑에서 산소와 질소의 비등점 차이로 복정류탑의 상부탑 하부에서는 순도 99.5% 이상의 액체산소가 분리되고 액산탱크에 하부탑 상부에서는 액체질소가 질소탱크에 저장된다.

★★★
06. 전기방식법 종류 두 가지를 쓰시오.

정답 유전양극법, 외부전원법
해설 [전기방식법의 종류]
유전 양극법, 외부 전원법, 선택배류법, 강제배류법

★★
07. 다음 설명에 대한 용어명칭을 쓰시오.

유체 중에 그 액온이 증기압보다 압력이 낮은 부분이 생기면 물이 증발을 일으키고, 투입된 공기가 낮은 압력으로 작은 기포가 다수 발생되는 현상

정답 캐비테이션(Cavitation), 공동현상

★
08. 대기압이 755mmHg이고 게이지압이 1.21(kgf/cm^2)일 때 절대압력(kgf/cm^2)으로 환산하면 얼마인가?

계산식 $\left(\dfrac{755\,\text{mmHg}}{760\,\text{mmHg}}\right) \times 1.0332\,\text{kgf}/\text{cm}^2 \cdot a \fallingdotseq 1.0264$

절대압력 = 게이지압력 + 대기압이므로 $1.0264 + 1.21 = 2.2364$

정답 2.24(kgf/cm^2)

★
09. 다음은 무엇을 설명하는지 명칭을 쓰시오.

도시가스의 총발열량(kcal/㎥)을 가스 비중의 평방근으로 나눈 값을 말한다.

정답 웨버지수(WI)

해설 $WI = \dfrac{H_g}{\sqrt{d}}$ (H_g : 총발열량(kcal/㎥), $\sqrt{d}$: 가스 비중의 평방근)

[유사기출]
도시가스의 웨버지수에 대한 설명으로 옳은 것은?
① 도시가스의 총발열량(kcal/㎥)을 가스 비중의 평방근으로 나눈 값을 말한다.
② 도시가스의 총발열량(kcal/㎥)을 가스 비중으로 나눈 값을 말한다.
③ 도시가스의 가스 비중을 총발열량(kcal/㎥)의 평방근으로 나눈 값을 말한다.
④ 도시가스의 가스 비중을 총발열량(kcal/㎥)으로 나눈 값을 말한다.

정답 ①

★
10. 다음 계측기 중 온도계에서 주로 사용하는 온도 2가지를 쓰시오.

정답 섭씨온도, 화씨온도
해설 가스설비(계측기기 및 장치)에서 주로 사용하는 온도는 4가지가 있다.
① 섭씨온도 ② 화씨온도 ③ 켈빈절대온도 ④ 랭킨절대온도

★★★
11. 다음은 가스분석방법이다. 흡수분석방법 3가지 중 하나를 쓰시오.

---

① 오르자트   ② 헴펠법   ③ (   )

정답 게겔법

해설 가스분석법 중 흡수분석법의 종류 암기TIP 오리새끼, 돼지(햄)새끼, 게새끼
① 오르자트 ② 헴펠법 ③ 게겔법 3가지 모두 암기요망

★★★
12. 다음 설명에 해당하는 명칭을 쓰시오.

높이 2m 이상, 두께 12cm 이상의 철근 콘크리트 또는 같은 수준 이상의 강도를 가지는 구조의 벽으로서
아세틸렌 압축기와 당해 충전장소 사이에 설치한다.

정답 방호벽

해설

종류		높이	두께	규격
철근콘크리트제			12cm	9mm 이상의 철근을 가로×세로 40cm 이하로 배근 결속
콘크리트 블럭제		2m 이상	15cm	철근 규격 상기와 동일, 단, 블록 공동부에 몰탈 채움. 간격 3,200㎜ 이하의 보조벽을 본체와 직각으로 설치한 것으로 한다.
강판제	박강판		3.2mm	30×30mm 이상의 앵글 강을 40×40cm 이하로 용접 보강, 1.8m 이하로 지주 세움
	후강판		6mm	1.8m 이하로 지주 세움

★★
01. 프로판가스 1L을 완전연소시 이론산소량은 몇 L인가?

> 정답 5(L)
>
> 해설 프로판의 완전연소식 $C_3H_8 + 5O_2 \rightarrow 3CO_2 + 4H_2O$에서
>
> O_o (이론산소량계산) = 탄화수소에서 산소의 몰수 (3+8/4 = 5)
>
> C_mH_n에서
>
> $$O_o = \left(m + \frac{n}{4}\right)$$
>
> $$= \left(3 + \frac{8}{4}\right)$$
>
> $$= 5$$

★★
02. 다음은 고압가스안전관리법에서 안전관리자의 업무이다. 빈칸을 완성하시오.

> 안전관리자는 다음의 안전관리 업무를 수행한다.
>
> 1. 사업소 또는 (   )의 시설·용기 등 또는 작업과정의 안전유지
> 2. 용기 등의 제조공정관리
> 3. 법 제10조에 따른 (   )의 의무이행 확인
> 4. 법 제11조에 따른 (   )의 시행 및 그 기록의 작성·보존
> 5. 사업소 또는 사용신고시설의 종사자(사업소 또는 사용신고시설을 개수 또는 보수(修)하는 업체의 직원포함)의 안전관리를 위하여..... (중략)

> 정답 사용신고시설, 공급자, 안전관리규정
>
> 해설 고압가스 안전관리법 시행령 제13조 「관리자의 업무」

03. 다음은 초저온용기에 대한 설명이다. 빈칸을 완성하시오.

> 초저온용기는 (   ) 온도 이하에서 액화가스를 저장(충전) 하기 위한 용기로서 단열재로 피복하거나 냉동설비로 냉각하는 등의 방법으로 탱크(용기) 내의 가스온도가 상용의 온도를 초과하지 않도록 한 것이며 신규검사항목 중 가장 중요한 항목은 외부침입열량을 검사하는 시험으로 (   ) 시험이 있다.

정답 −50℃, 단열성능

해설 초저온 용기

(1) 전제조건

−50℃ 이하 온도유지와 용기외부를 단열피복하여 상온(20±2℃) 초과 금지

• 단열성능 시험

시험용 가스인 액화O_2(−183℃), 액화Ar(−186℃), 액화N_2(−196℃)를 용기 내용적 1/3 이상 1/2 이하를 충전한다.

> 침입열량 계산
>
> $$Q = \frac{W \cdot q}{V \cdot H \cdot \triangle t} \ (q : 시험용가스의 기화잠열)$$
>
> • 합격 기준 : 내용적 1,000L 이상 : 0.002(kcal/L · h · ℃) 이하
> 　　　　　　　 내용적 1,000L 미만 : 0.0005(kcal/L · h · ℃) 이하
> • 내조 · 외조 사이 진공유지 이유 : 외부의 열침입방지

(2) 재질

① 18-8 스테인리스강 　② 9% Ni(니켈)강 　③ Cu(합금강), Al(합금강)

(3) 단열피복재 종류

① 경질우레탄폼 　② 염화비닐폼 　③ 펄라이트 　④ 글라스울

04. 다음 질문을 보기에서 골라 숫자로 쓰시오.

> **보기**
>
> ① 산소 　② 수소 　③ 염소 　④ 아세틸렌 　⑤ 이산화탄소 　⑥ 암모니아 　⑦ 메탄 　⑧ 아르곤

1) 밀도가 가장 작은 가스(   )와 큰 가스(   )를 쓰시오.
2) 조연성(지연성)가스는?
3) 가연성이면서 독성인 것은?
4) 공기액화분리기에서 얻는 것은?
5) 특이한 냄새로 구분하는 것은?

정답 1) ② 수소 ③ 염소　　　　2) ① 산소, ③ 염소　　　　3) ⑥ 암모니아
　　 4) ① 산소 ⑧ 아르곤　　　 5) ⑥ 암모니아 ③ 염소 ④ 아세틸렌

해설 가연성이면서 독성이 강한 가스 (일명 : 독,가)
　　 이황화탄소, 황화수소, 시안화수소, 브롬화메탄, 산화에틸렌, 염화메탄, 일산화탄소, 암모니아
　　 암기TIP 이황시/ 브롬산에/ 염탄일암
　　 ※ 아세틸렌은 불순물 함유시 특이한 냄새 있음, 순수한 것은 무취임

★★
05. 차압식 유량계를 1개 이상 기술하시오.

정답 오리피스

해설 ① 주요유량계의 종류

이용원리	형식	종류	특징
유체 전·후의 압력차		오리피스	H(압력손실)이 가장 크다.
		플로노즐	H(압력손실) 중간
		벤튜리	H(압력손실)이 가장 작다.
교축 면적의 변화	면적식의 특징(직접 측정) • 차압일정, 면적변화를 측정 • 소용량 측정, 부식성 유체나 고점도 유체측정에 적합 • 오차발생이 적다. • 수직배관에만 사용	① 로터미터	차압일정, 면적변화를 측정
		② 피스톤식 ③ 게이트식	

★
06. 공기 중 가장 많은 기체원소를 쓰시오.

정답 질소

해설 공기 구성 성분(N_2 78%, O_2 21%, Ar 0.9%, CO_2 0.03%, 기타)

★
07. 연소의 3요소(①)와 탄소의 완전연소반응식(②)을 쓰시오.

①	②

해설 1) 연소의 3요소 암기TIP 가산점
  • 가연물
  • 산소공급원(지연성 물질의 공급)
  • 점화원(연소반응에 필요한 에너지 공급)

2) 탄화수소 완전연소반응식 $C_mH_a + (m + \frac{n}{4})O_2 \rightarrow mCO_2 + \frac{n}{2}H_2O$

탄소 : ① $C + O_2 = CO_2 + 8{,}100(kcal/kg)$

수소 : ② (액체) $H_2 + \frac{1}{2}O_2 = H_2O + 34{,}200(kcal/kg)$

(기체) $H_2 + \frac{1}{2}O_2 = H_2O + 28{,}800(kcal/kg)$

황 : ③ $S + O_2 = SO_2 + 2{,}500(kcal/kg)$

★
08. 액화천연가스의 주성분을 기술하시오.

정답 메탄

해설 *LNG(liquefied natural gas)의 주성분은 메탄(연소범위 : 5~15%), 2021' 2회 6번 문제 해설

★ 09. 다음은 무엇을 설명하는지 명칭을 쓰시오.

> 도시가스의 총 발열량(kcal/㎥)을 가스 비중의 평방근으로 나눈 값을 말한다.

정답 웨버지수(WI)

해설 $WI = \dfrac{H_g}{\sqrt{d}}$ (H_g : 총 발열량(kcal/㎥), $\sqrt{d}$: 가스 비중의 평방근)

[유사기출]
도시가스의 웨버지수에 대한 설명으로 옳은 것은?
① 도시가스의 총 발열량(kcal/㎥)을 가스 비중의 평방근으로 나눈 값을 말한다.
② 도시가스의 총 발열량(kcal/㎥)을 가스 비중으로 나눈 값을 말한다.
③ 도시가스의 가스 비중을 총 발열량(kcal/㎥)의 평방근으로 나눈 값을 말한다.
④ 도시가스의 가스 비중을 총 발열량(kcal/㎥)으로 나눈 값을 말한다.

정답 ①

★ 10. 고압가스용기와 연소기구 사이에 설치하며 공급압력을 낮추고 사용압력을 일정하게 유지하는 장치의 명칭을 쓰시오.

정답 조정기(레귤레이터)

해설 조정기의 기능과 조정기 종류
(1) 기능 : 감압기능, 조정(압력 균일)기능, 폐쇄(차단)기능
(2) 종류

종류	입구압력	출구압력/조정압력
1단 감압식 저압 조정기	0.07~1.56MPa	2.3~3.3kPa
1단 감압식 준저압 조정기	0.1~1.56MPa	5.0~30kPa
2단 감압식 1차용 조정기	100kg 초과 0.3~1.56MPa 100kg 이하 0.1~1.56MPa	57~83kPa
2단 감압식 2차용 조정기 – 저압	0.01~0.1MPa 0.025~0.1MPa	2.3~3.3kPa
자동 절체식 일체형 저압 조정기	0.1~1.56MPa	2.55~3.3kPa
자동 절체식 일체형 준저압 조정기	0.1~1.56MPa	5.0~30kPa
자동 절체식 분리형 조정기	0.1~1.56MPa	32~83kPa
기타 조정기	조정압력 이상~1.56MPa 최대 입구 압력 × 1.1배	5kPa 초과/조정압력의 1.5배

(3) 조정기 폐쇄 압력

1단 감압식 저압, 2단 감압식 2차용, 자동 절체식 일체형 : 3.5kPa 이하

(4) 안전장치 작동압력

㉠ 작동 표준 압력 : 7kPa   ㉡ 작동 개시 압력 : 5.6~8.4kPa   ㉢ 작동 정지 압력 : 5.04~8.4kPa

★★★

11. 온도계 분류 중 비접촉식 온도계를 1개 이상 쓰시오.

①	②	③

정답 광 고온도계

해설

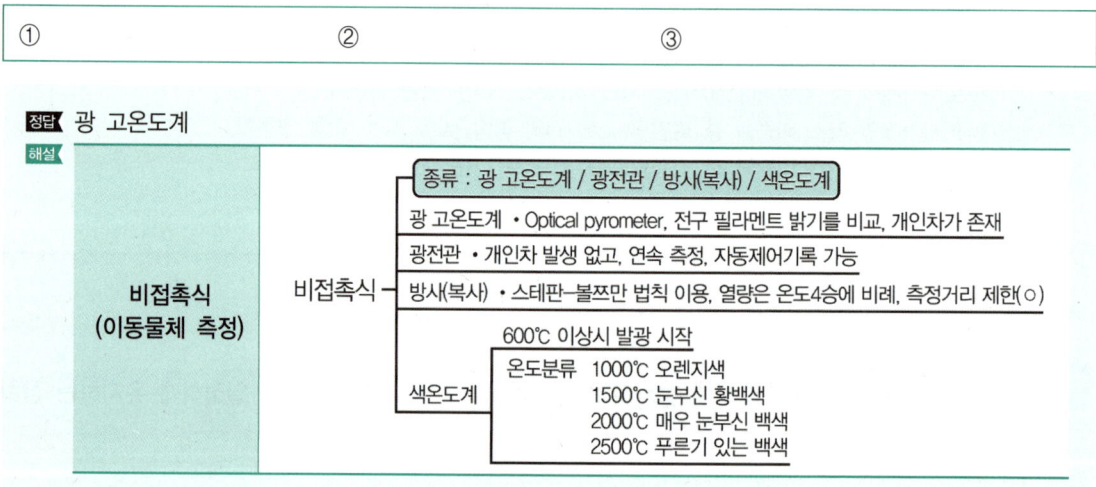

**비접촉식
(이동물체 측정)**

비접촉식 ─
- 종류 : 광 고온도계 / 광전관 / 방사(복사) / 색온도계
- 광 고온도계 • Optical pyrometer, 전구 필라멘트 밝기를 비교, 개인차가 존재
- 광전관 • 개인차 발생 없고, 연속 측정, 자동제어기록 가능
- 방사(복사) • 스테판—볼쯔만 법칙 이용, 열량은 온도4승에 비례, 측정거리 제한(○)
- 색온도계
  - 600℃ 이상시 발광 시작
  - 온도분류 1000℃ 오렌지색
    - 1500℃ 눈부신 황백색
    - 2000℃ 매우 눈부신 백색
    - 2500℃ 푸른기 있는 백색

★★★

12. 아세틸렌가스에서 유기용제 1가지를 기술하시오.

정답 DMF

해설 가) 유기 용제 : 아세톤, DMF(디메틸포름아미드) 사용

나) 아세틸렌 제조방법 및 주의사항

① 가스발생기 : 주수식, 침지식, 투입식

(주수식) : 카바이드(Carbide)에 물을 넣는 방법

• 물의 양을 조절함에 따라 가스 발생량을 조절할 수 있다.

(투입식) : 물에 카바이드(Carbide)를 넣는 방법

• 대량생산에 적당하며 공업용으로 널리 쓰인다.

• 카바이드 투입량을 조절함에 따라 발생량도 조절이 가능하다.

(침지식) : 물과 카바이드(Carbide)를 소량씩 접촉시키는 방법

★★★
01. 다음은 도시가스에 대한 특성이다. 다음 물음에 답하시오.

> 가. 도시가스 원료 중 액체가스 1가지를 적으시오.
> 나. 냄새로 가스누출여부를 알아보기 위해 투입하는 것은?
> 다. 도시가스는 제조, (   ), 열량분석 등의 공정순서로 제조된다.
> 라. 총 발열량을 가스비중의 평방근으로 나눈 값은?
> 마. 수요처의 사용량에 따라 가스를 저장하는 기능을 하는 것은?

정답 가. LPG(또는 LNG / 나프타)   나. 부취제   다. 정제과정   라. 웨버지수(웨베지수)   마. 가스홀더

해설 → 공정순서 : 제조 → 정제 → 열량분석 → 부취제첨가 → 공급 순

(제 조) - (정 제) - - - - - - - - - - - - - - - (열량분석)

원료
- 고체 : 석탄, 코우크스
- 액체 : LPG, LNG, 나프타
- 기체 : 천연가스(NG)

가스화제
- 수증기
  - 열분해(800~900℃)
  - 접촉분해(400~800℃) 촉매하에 생성 CmHn ⇒ CH₄, CO, CO₂, H₂
  - 부분연소 연소
- 수소첨가 예 $C + 2H_2 \rightarrow CH_4$
  〈수첨분해〉

1) 물 - 흡착
   - 실리카겔
   - 알루미나겔
   - 몰레큘러시이브
   흡수제 = LiBr

2) 황화합물
   수소화탈황법 : $SO_2 + H_2 \rightarrow$ 제거 $\boxed{H_2S} + O_2$

   건식탈황법
   - 흡착법
   - 수산화제1철
   - 산화철

   습식탈황법
   - 카볼트
   - 알카지드
   - 시볼트

- 증열법 : NG, LPG, 나프타 첨가
- 희석법 : 공기로 희석

⚙ 기타 $CO_2 + H_2O \rightarrow H_2CO_3$ (탄산수)
$CO_2 + \underbrace{2NaOH}$: 1.8배
44g   가성소다 80g : 1.8배

$CO \rightarrow CO_2 - O_2 - \underset{\text{암모니아성}}{CO}$
$CO + 2H_2 \rightarrow CH_4O$ ── 메탄올법 CO, H₂

★★
02. 고압가스법 안전관리자의 종류 및 자격에서 정한 안전관리자는 안전관리총괄자, (   ), 안전관리책임자, (   )으로 이루어져 있다. 다음 빈칸을 완성하시오.

정답 안전관리부총괄자, 안전관리원

해설 1) 고압가스 안전관리자 종류(고법 시행령 제12조) / 액법 시행령 제15조
안전관리총괄자, 안전관리부총괄자, 안전관리책임자, 안전관리원이 있다.
2) 고압가스 안전관리자는 다음의 안전관리 업무를 수행한다. (시행령 제13조)   (2021년 4회 필답형)

1. 사업소 또는 사용신고시설의 시설 · 용기 등 또는 작업과정의 안전유지
2. 용기 등의 제조공정관리
3. 법 제10조에 따른 공급자의 의무이행 확인
4. 법 제11조에 따른 안전관리규정의 시행 및 그 기록의 작성 · 보존
5. 사업소 또는 사용신고시설의 종사자(사업소 또는 사용신고시설을 개수 또는 보수(修)하는 업체의 직원 포함)에 대한 안전관리를 위하여 필요한 지휘 · 감독
6. 그 밖의 사고 예방을 위한 위해방지 조치를 한다.

비교 [도시가스사업법 시행령 제15조 안전관리자의 종류 및 자격]

▶도시가스 안전관리자 종류(5가지)

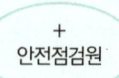

(고법상 안전관리자 종류-4가지)
안전관리 총괄자, 안전관리 부총괄자
안전관리책임자, 안전관리원

+
안전점검원

1. 안전관리자
   (1) 안전관리 총괄자는 도시가스사업자(법인의 경우에는 그 대표자), 도시가스사업자외의 가스공급시설 설치자(법인의 경우에는 그 대표자) 또는 특정가스 사용시설의 사용자(법인의 경우에는 그 대표자)로 하며, 안전관리부총괄자는 가스공급시설을 직접 관리하는 최고책임자로 한다.
   (2) 안전관리자의 자격과 선임인원은 [별표 1]과 같다.

2. 안전관리자의 업무(도시가스사업법 시행령 제16조)
   (1) 가스공급시설 또는 특정가스 사용시설의 안전유지
   (2) 정기검사 또는 수시검사 결과 부적합 판정을 받은 시설의 개선
   (3) 안전점검의무의 이행 확인
   (4) 안전관리규정 실시기록의 작성, 보존
   (5) 종업원에 대한 안전관리를 위하여 필요한 사항의 지휘, 감독
   (6) 정압기, 도시가스배관 및 그 부속설비의 순회점검, 구조물의 관리, 원격감시시스템의 관리, 검사업무 및 안전에 대한 비상계획의 수립, 관리
   (7) 본관, 공급관의 누출검사 및 전기방식시설의 관리
   (8) 사용자 공급관의 관리
   (9) 공급시설 및 사용시설의 굴착공사 관리
   (10) 배관의 구멍 뚫기 작업
   (11) 그 밖의 위해 방지 조치

3. 안전관리자의 업무분장
   (1) 안전관리 총괄자 : 가스공급시설 또는 특정 가스 사용시설의 안전에 관한 업무의 총괄 관리
   (2) 안전관리 부총괄자 : 안전관리총괄자를 보좌하여 해당 가스공급시설의 안전에 대한 직접 관리
   (3) 안전관리 책임자 : 안전관리부총괄자(특정가스사용시설은 안전관리총괄자)를 보좌, 사업장 안전의 기술적인 사항 관리 및 안전관리원 또는 안전점검원의 지휘 · 감독
   (4) 안전관리원 : 안전관리 책임자의 지시에 따라 안전관리자 직무를 수행하고 안전점검원을 지휘 · 감독
   (5) 안전점검원 : 안전관리 책임자 또는 안전관리원의 지시에 따라 안전관리자의 직무를 수행한다.

★
03. 도시가스 누출시 가스누출여부를 인지하기 위해 첨가하는 것의 특성 2가지를 쓰시오.

> **정답** ① 토양에 대한 투과성이 좋을 것
> ② 일반적인 생활냄새와 명확히 구별될 것
>
> **해설** 부취제 및 부취설비
> ※ 토양에 대한 투과성 크기 : D.M.S 〉 T.B.M 〉 T.H.T
> ※ 취기 강도 크기 : T.B.M 〉 T.H.T 〉 D.M.S
> ※ **암기TIP** 부용완 투독일응 가경화저(부용한 두 독일은 간경화죠!)
>
> ---
>
> **[유사기출]**
> 냄새가 나는 물질(부취제)의 구비조건이 아닌 것은?
> ① 독성이 없을 것
> ② 저농도에서도 냄새를 알 수 있을 것
> ③ 완전연소하고 연소 후에는 유해물질을 남기지 말 것
> ④ 일상생활의 냄새와 구분되지 않을 것
>
> **정답** ④
> **해설** **구비조건(특징)**
> ① ⓣ독식, ⓕ부식성이 없을 것
> ② 물에 ⓤ용해되지 않을 것
> ③ ⓦ완전히 연소하고 연소 후 유해물질을 남기지 않을 것
> ⑥ ⓘ일반적인 생활냄새와 명확히 구별될 것
> ⑦ 배관 내에서 ⓔ응축하지 않을 것, ⓣ투과성 좋을 것
> ⑧ ⓖ가스배관이나 가스미터 등에 흡착되지 않을 것
> ⑨ ⓖ경제적일 것
> ⑩ ⓗ화학적으로 안정될 것
> ⑪ ⓙ저농도에 있어서 냄새를 알 수 있을 것

★★★
04. 다음은 방호벽 설치기준이다. 방호벽 재질이 철근콘크리트인 경우 ① 방호벽 높이와 ② 두께는 얼마인가?

정답 ① 2m 이상 ② 12cm 이상

해설 종류(단위가 주어졌다면 답은 적절하게 사용가능함)

종류		높이	두께	규격
철근콘크리트제		2m 이상	12cm	9mm 이상의 철근을 가로×세로 40cm 이하로 배근 결속
콘크리트 블럭제			15cm	철근 규격 상기와 동일. 단, 블록 공동부에 몰탈 채움 간격 3,200mm 이하의 보조벽을 본체와 직각으로 설치한 것으로 한다.
강판제	박강판		3.2mm	30×30mm 이상의 앵글 강을 40×40cm 이하로 용접 보강, 1.8m 이하로 지주 세움
	후강판		6mm	1.8m 이하로 지주 세움

※ 철근 콘크리트제 방호벽의 기초
- 일체로 된 철근 콘크리트 기초일 것
- 높이는 350mm 이상, 되메우기 깊이는 300mm 이상일 것
- 기초의 두께는 방호벽 최하부 두께의 120% 이상일 것

★
05. 게이지압력이 1.03MPa일 경우 절대압력은 몇 kgf/cm^2인가? (단, 대기압은 1.0332kgf/cm² 로 본다)

계산식 압력변환

$$\left(\frac{1.03MPa}{0.101325MPa}\right) \times 1.0332(kgf/cm^2) + 대기압\ 1.0332 = 11.5359(kgf/cm^2)$$

정답 11.54(kgf/cm^2)

해설 ① 표준대기압이란 0℃에서 수은주 760mmHg에 해당하는 압력을 말한다.
② 진공압력이란 대기압보다 낮은 압력으로 절대압력 – 대기압력이다.
③ 용기내벽에 가해지는 기체의 압력을 게이지압력이라 하며, 절대압력 – 대기압력, 즉, 표준대기압을 0을 기준으로 한다.
④ 절대압력이란 완전진공상태를 "0"으로 기준($0kg/cm^2 \cdot abs$)한다.

[유사기출]
대기압이 1.0332kgf/cm²이고, 게이지압력이 10kgf/cm²일 때 절대압력은 약 몇 kgf/cm²인가?
① 8.9668 ② 10.332
③ 11.0332 ④ 103.32

해설 절대압력은 게이지 P과 대기압의 합에서
계산식 게이지 P 10 + 대기압 P 1.0332 = 절대압력 P은 11.0332
정답 11.0332(kgf/cm^2)

★★★
06. 다음의 물음에 답하시오.

> 산소, 메탄, 이산화탄소, 오존, 이산화황, 일산화탄소, 암모니아, 에탄

> 가. 밀도가 제일 낮은 것은?
> 나. 냄새로 구별할 수 있는 것은?
> 다. 불활성 가스는 어느 것인가?
> 라. 독성이며 가연성가스는 어느 것인가?
> 마. 지구온난화 현상을 유발하는 대기온실가스 중 6개에 해당하는 가스는 어느 것인가?

정답 가. 메탄　　　　　　　　나. 암모니아, 이산화황, 오존　　　　　다. 이산화탄소, 이산화황
　　 라. 일산화탄소, 암모니아　 마. 메탄, 이산화탄소

해설 • 밀도는 단위부피당 질량이므로 질량이 가장 작은 것 : 메탄
　　 (산소 32, 메탄 16, 이산화탄소 44, 오존 48, 이산화황 64, 일산화탄소 28, 암모니아 17, 에탄 30)
　　 • 가연성이면서 독성가스 종류 : 암기TIP 이황시/ 브롬산에/ 염탄일암
　　 • 온실가스 종류 : 이산화탄소, 메탄, 아산화질소(N_2O), 수소불화탄소(HFCs), 과불화탄소(PFCs), 육불화황
　　 (SF_6)
　　 • 오존(O_3) : 푸른기 있는 해초류의 비릿한 냄새

$$(cf)\ S + O_2 \rightarrow SO_2 + \frac{1}{2}O_2 \rightarrow SO_3 + H_2O \rightarrow H_2SO_4$$
$$\qquad\qquad\quad (=\substack{\text{무수황산}\\\text{삼산화황}})\qquad\quad (=\substack{\text{유수황산}\\\text{황산}})$$

★★
07. 대기 중 공기성분에는 질소, 산소, 아르곤, 이산화탄소 등이 있다. 다음 물음에 답하시오.

> 가. 대기 중에 제일 많은 것은?
> 나. 대기 중에 제일 적은 것은?

정답 가. 질소　 나. 이산화탄소

해설 • 공기구성성분 : 질소 78%, 산소 21%, 아르곤 0.9%, 이산화탄소 0.03%, 기타 0.03%

08. ★ 점화시 필요한 성분은 가연성물질과 (가), (나)이 필요하고 발열량은 다) (높을 때, 낮을 때) 착화가 용이하며 활성화 에너지는 라) (클, 작을) 경우 점화가 잘 된다. 빈 칸을 완성하시오.

> **정답** 가. 산소공급원   나. 점화원   다. 높을 때   라. 작을

09. ★★ 특정 온도에서 선팽창계수가 다른 얇은 두 금속판을 붙여 놓으면, 온도가 올라가면 두 금속 중에서 열팽창률이 큰 쪽이 더 많이 늘어나기 때문에 열팽창률이 작은 금속 쪽으로 휘게 된다. 이 온도계의 명칭을 쓰시오.

> **정답** 바이메탈온도계

10. ★★★ 산소압축기의 윤활유를 쓰시오.

> **정답** 물 또는 10% 이하의 묽은 글리세린수
> **해설** 압축기 윤활유

가스명	윤활유명
산소	물, 10% 이하의 묽은 글리세린수
염소	진한 황산
공기, 아세틸렌, 수소	양질의 광유(디이젤 유)
아황산가스(SO_2), 염화메탄(CH_3Cl)	화이트 유
LPG	식물성 유

> **암기TIP** 공 · 아 · 수 ⇒ 꽝(양질의 광유), 엘(LPG) ⇒ 식(식물성유)

★★
11. 표시유량 이상의 가스량이 통과되었을 경우 가스유로를 차단하는 장치명을 쓰시오.

정답 과류차단 안전장치

★★
12. 동판 및 경판을 각각 성형하여 심(Seam)용접이나 그 밖의 방법으로 만든 내용적(內容積) 1L 이하인 일회용 용기의 용기명칭을 쓰시오.

정답 접합 또는 납붙임 용기

★★★
01. 다음은 고압가스 설비의 시험방법에 대한 설명이다. 시험명칭을 쓰시오.

> 공기 또는 위험성이 없는 기체로 시험을 할 경우 취성파괴를 일으킬 우려가 없는 온도하에서 실시하고 상용압력이 0.7MPa 초과하는 경우 0.7MPa 압력 이상으로 한다.

[정답] 기밀시험

[유사기출]
고압가스 설비의 내압 및 기밀시험에 대한 설명으로 옳은 것은?
① 내압시험은 상용압력의 1.1배 이상의 압력으로 실시한다.
② 기체로 내압시험을 하는 것은 위험하므로 어떠한 경우라도 금지된다.
③ 내압시험을 할 경우에는 기밀시험을 생략할 수 있다.
④ 기밀시험은 상용압력 이상으로 하되, 0.7MPa을 초과하는 경우 0.7MPa 이상으로 한다.

[정답] ④
[해설] KGS FU211 4.2.2.7.2 기밀시험방법
　　(1) 기밀시험은 원칙적으로 공기 또는 위험성이 없는 기체의 압력으로 실시한다.
　　(2) 기밀시험은 그 설비가 취성 파괴를 일으킬 우려가 없는 온도에서 실시한다.
　　(3) 기밀시험압력은 상용압력 이상으로 하되, 0.7MPa를 초과하는 경우 0.7MPa 압력 이상으로 한다.
[참고] 고압가스설비 내압시험압력(TP) = 상용압력 × 1.5배 이상
　　③은 문구 주의(내압시험을 한 경우는 기밀시험을 생략할 수 있다.)
　　"상용압력"이란 내압시험압력 및 기밀시험압력의 기준이 되는 압력으로서 사용 상태에서 해당설비 등의 각부에 작용하는 최고사용압력을 말한다.

★★
02. 가스미터기 추량식 2가지를 쓰시오.

[정답 및 해설] 오리피스, 벤튜리, 플로노즐, 델타식, 터빈식, 로터미터

★
03. C_2H_2의 위험도를 구하시오.

정답 위험도$(H) = \dfrac{\overset{\text{(상한-하한)}}{U - L}}{\underset{\text{(하한)}}{L}} = \dfrac{81 - 2.5}{2.5} = 31.4$ 주의 단위가 없음

04. 도시가스의 원료 중 기체원료의 장점과 단점을 기술하시오.

장점 :

단점 :

정답 ① 장점
  • 적은 공기비로 완전 연소한다.
  • 공해가 거의 없다.
  • 국부균일 가열이 용이하다.
  • 저발열량의 연료로 고온을 얻을 수 있다.
  • 연소 효율이 높고 연소제어가 용이하다.
  • 회분 황분이 거의 없어 전열면에 손상이 없다.
② 단점
  • 누설 시 화재 폭발의 위험성이 있다.
  • 시설비가 많이 들고 설비가 어렵다.
  • 저장이나 수송이 어렵다.
참조 도시가스의 원료는 고체원료(석탄, 코우크스)와 액체원료(나프타, LPG, LNG), 마지막으로 기체원료(천연가스, 정유가스, 대체천연가스)가 있다.
  ※ 기체연료의 구비조건은 다음과 같다.
  • 제조설비의 건설비가 쌀 것
  • 이동변동이 용이할 것
  • 공해문제가 적을 것
  • 원료의 취급이 간편할 것

★★★
05. 다음은 계측기기에 대한 질문이다. 각 질문에 답하시오.

> (1) 측정값과 참값의 차이를 쓰시오.
> (2) 계측기의 측정 결과에 대한 신뢰도를 수량적으로 표시한 척도인 정도에는 정확도와 정밀도로 구분한다.
>   여기에서 근접여부 즉, 흩어짐이 적은 정도를 무엇이라 하는지 답하시오.
> (3) 측정량의 변화에 민감한 정도를 무엇이라 하는지 기술하시오.

정답 (1) 오차(절대오차)　　(2) 정밀도　　(3) 감도

해설 (1) 정도 : 계측기의 측정 결과에 대한 신뢰도를 수량적으로 표시한 척도
　　(2) 감도 : 계측기가 측정량의 변화에 민감한 정도를 나타내는 값
　　　　① 감도가 좋으면 측정시간이 길어지고 측정범위는 좁아진다.
　　　　② 감도$=\dfrac{\text{지시량의 변화}}{\text{측정량의 변화}}$

　　　　즉, 측정량의 변화에 대한 계측기가 받는 지시량의 변화
　　　　정밀도(精密度)는 동일시료를 동일 계기로서 몇 번을 측정하여도 측정값이 일정하지 않다. 이 일치하지 않는 작은 정도(程度)를 정밀도라 하며 산술적 평균치로 나타낸다. 평균값과 참값의 차가 작은 정도를 정확도라 하고 반복하여 측정하는 경우 산포가 적은 정도를 정밀도라 한다.
　　※ 계통적 오차가 적으면 정확도가 우수, 우연의 오차가 적으면 정밀도가 우수

> 오차를 줄이기 위한 공업계측 표준조건은?
> 온도 : 20℃　　압력 : 760mmHg　　습도 : 58%

★★★
06. 다음은 고압가스 종류이다. 물음에 답하시오.

산소　　수소　　질소　　염소　　메탄　　암모니아

> (1) • 밀도가 낮은 가스는?
>   • 밀도가 높은 가스는?
> (2) 가연성가스이며 독성가스는?
> (3) 조연성 가스는?
> (4) 압축가스는?
> (5) 공기액화분리장치로 분리되는 것은 무엇인가?

정답 (1) • 질량이 가장 작은 것 : 수소
　　　　• 질량이 가장 큰 것 : 염소
　　　　　(산소 32, 수소 2, 질소 28, 염소 71, 메탄 16, 암모니아 17)
　　(2) 암모니아
　　(3) 산소, 염소
　　(4) 산소, 수소, 질소, 메탄
　　(5) 산소, 질소

해설 가연성이면서 독성가스 종류 암기TIP 이황시/ 브롬산에/ 염탄일암 (2021 4회 해설 참조)

★★
07. 다음은 치환작업과 관련된 내용이다. 물음에 답하시오.

> (1) 산소측정기 등으로 측정하여 산소의 농도가 18%부터 22%까지로 된 것이 확인될 때까지 무엇으로 반복하여 치환하는가?
> (2) 치환결과를 가스검지기 등으로 측정하고 독성가스 기준농도 이하로 될 때까지 치환을 계속해야 하는데 해당기준을 쓰시오.

정답 (1) 공기　(2) TLV-TWA 기준

> **[유사기출]**
> 저온, 고압의 액화석유가스 저장 탱크가 있다. 이 탱크를 퍼지하여 수리 · 점검 작업할 때에 대한 설명으로 옳지 않은 것은?
> ① 공기로 재치환하여 산소 농도가 최소 18%인지 확인한다.
> ② 질소가스로 충분히 퍼지하여 가연성 가스의 농도가 폭발하한계의 1/4 이하가 될 때까지 치환을 계속한다.
> ③ 단시간에 고온으로 가열하면 탱크가 손상될 우려가 있으므로 국부가열이 되지 않게 한다.
> ④ 가스는 공기보다 가벼우므로 상부 맨홀을 열어 자연적으로 퍼지가 되도록 한다.
>
> 정답 ④

08. 황 1kg 연소시 이론적 산소량(kg/kg)은 얼마인가?

> 계산식 ① 황(S)의 완전연소 반응식
>
> $$S \ + \ O_2 \ \rightarrow \ SO_2 \ + \ 2,500(kcal/kg)$$
>
> ② 이론산소량 계산
>
>   황의 분자량은 32kg/kmol이고, 산소는 32kg/kmol이다.
>
> $$32kg \ : \ 32kg$$
> $$1kg \ : \ X(O_o)kg$$
> $$X(O_o)kg = (1 \times 32)/32 = 1(kg/kg)$$
>
> 정답 1(kg/kg)

> **[추가질문]**
> **이론공기량 계산** : 공기 중 산소의 질량비는 23.2%이므로 이론산소량(O_o)을 산소의 질량비로 나누어주면
> **이론공기량(A_o) 계산(kg/kg)**
> 이론공기량(A_o) = O_o / 0.232 = 1/0.232 = 4.31(kg/kg)

09. 가스누출을 감지하고 자동적으로 차단하는 장치는 무엇인가?

> 정답 가스누출 자동차단장치

> **[유사기출]**
> 가스누출을 감지하고 차단하는 가스누출 자동차단기의 구성요소가 아닌 것은?
> ① 제어부
> ② 중앙통제부
> ③ 검지부
> ④ 차단부
>
> 정답 ②

10. 액화석유가스가 자연증발이 안되서 강제로 가스를 생성시키는 공급방식 즉, 자연기화가 잘 안될 때 강제로 기화를 도와주는 장치명을 쓰시오.

> 정답 기화장치

11. 도시가스배관 중 폴리에틸렌관(PE관)의 최고사용가능 압력(MPa)은 얼마인가?

정답 0.4MPa 이하

참조 ① 도시가스 저압공급압력은 0.1MPa 미만이나 중압 공급방식에서는 PLP관을 사용해야하나 PE관은 0.4MPa 이하까지 배관시공이 가능하다.
　　② 가스용 폴리에틸렌(PE)관의 사용압력별 구분

SDR NO	사용압력
11	0.4MPa 이하
17	0.25MPa 이하
21	0.2MPa 이하

12. 온도가 일정할 때 부피와 압력은 반비례한다는 법칙을 쓰시오.

정답 보일의 법칙

참조 **KGS CODE : 허가대상 가스용품의 범위(액법 #별표 4)**
대상 : 액화석유가스 또는 도시가스사업법에 의한 연료용 가스를 사용하기 위한 기기를 제조하는 사업
1. 압력조정기(용접 절단기용 액화석유가스 압력조정기를 포함한다)
2. 가스누출자동차단장치
3. 정압기용필터(정압기에 내장된 것은 제외한다)
4. 매몰형정압기
5. 호스
6. 배관용 밸브(볼밸브와 글로우브 밸브만을 말한다)
7. 콕(퓨즈콕, 상자콕 및 주물연소기용 노즐콕만을 말한다)
8. 배관이음관
9. 강제혼합식가스버너(제10호에 따른 연소기와 별표 7 제5호 나목에서 정한 연소기에 부착하는 것은 제외한다)
10. 연소기[연소장치 중 가스버너를 사용할 수 있는 구조의 것으로서 가스소비량이 232.6W(20만 kcal/h) 이하인 것만을 말하되, 별표 7 제5호 나목에서 정하는 것은 제외한다]
11. 다기능가스안전계량기(가스계량기에 가스누출차단장치 등 가스안전기능을 수행하는 가스안전장치가 부착된 가스용품을 말한다. 이하 같다)
12. 로딩암
13. 연료전지(가스소비량이 232.6kW(20만 kcal/h) 이하인 것만을 말한다. 이하 같다.)
14. 다기능보일러[온수보일러에 전기를 생산하는 기능 등 여러 가지 복합기능을 수행하는 장치가 부착된 가스용품으로서 가스소비량이 232.6kW(20만 kcal/h) 이하인 것을 말한다.]

★★★
01. 다음은 고압가스 종류이다. 물음에 답하시오.

산소 오존 이산화탄소 일산화탄소 메탄 암모니아 아르곤 이산화황

(1) • 밀도가 낮은 가스는?
　　• 밀도가 높은 가스는?
(2) 가연성가스이며 독성가스는?
(3) 6대 온실가스를 모두 기술하시오.
(4) 냄새로 구분이 가능한 가스는?
(5) 공기액화분리장치로 분리되는 가스는?

[정답] (1) • 질량이 가장 작은 것 : 메탄
　　　 • 질량이 가장 큰 것 : 이산화황
　　　　 (산소 32, 이산화황 64, 오존 48, 메탄 16, 암모니아 17)
　　　 (2) 일산화탄소, 암모니아
　　　 (3) 이산화탄소, 메탄
　　　 (4) 오존, 암모니아, 이산화황
　　　 (5) 산소, 아르곤
[해설] 가연성이면서 독성가스 종류 [암기TIP] 이황시/ 브롬산에/ 염탄일암
　　　 ★ 6대 온실가스 : 이산화탄소, 메탄, 아산화질소(N_2O), 수소불화탄소, 과불화탄소, 육불화황
　　　 [암기TIP] 수소 과 육 아 이 메 !

★★★
02. 다음은 고압가스일반제조 및 충전시설과 액화가스설비의 안전관리자 선임기준이다. (　)을 완성하시오.

특정규모 이상의 사업장에서 안전관리를 위해 (　　　) 1명, (　　　) 1명, (　　　) 1명, (　　　) 2명으로 안전관리자를 구성한다.

[정답] 안전관리총괄자, 안전관리부총괄자, 안전관리책임자, 안전관리원
[해설] 1) 고압가스 안전관리자 종류(고법 시행령 제12조) / 액법 시행령 제15조
　　　　 안전관리총괄자, 안전관리부총괄자, 안전관리책임자, 안전관리원이 있다.
　　　 2) 고압가스 안전관리자는 다음의 안전관리 업무를 수행한다. (시행령 제13조)

(2021년 4회 필답형)

　　　　　 1. 사업소 또는 사용신고시설의 시설·용기 등 또는 작업과정의 안전유지
　　　　　 2. 용기 등의 제조공정관리

3. 법 제10조에 따른 공급자의 의무이행 확인
4. 법 제11조에 따른 안전관리규정의 시행 및 그 기록의 작성 · 보존
5. 사업소 또는 사용신고시설의 종사자(사업소 또는 사용신고시설을 개수 또는 보수(修)하는 업체의 직원포함)에 대한 안전관리를 위하여 필요한 지휘 · 감독
6. 그 밖의 사고 예방위한 위해방지 조치를 한다.

비교 [도시가스사업법 시행령 제15조 안전관리자의 종류 및 자격]

▶도시가스 안전관리자 종류(5가지)

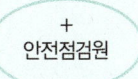

(고법상 안전관리자 종류–4가지)
안전관리 총괄자, 안전관리 부총괄자
안전관리책임자, 안전관리원

+
안전점검원

1. 안전관리자
   (1) 안전관리총괄자는 도시가스사업자(법인의 경우에는 그 대표자), 도시가스사업자외의 가스공급시설 설치자(법인의 경우에는 그 대표자) 또는 특정가스 사용시설의 사용자(법인의 경우에는 그 대표자)로 하며, 안전관리부총괄자는 가스공급시설을 직접 관리하는 최고책임자로 한다.
   (2) 안전관리자의 자격과 선임인원은 [별표 1]과 같다.

03. 기화방식 중 기화기에서 LPG 가스와 공기를 혼합하여 발열량 조절과 재액화 방지를 위하여 공기를 혼합하는 방식을 쓰시오.

정답 공기혼합방식
해설 발열량 조절방법 : 공기희석방식과 증열법이 있다.

04. 일산화탄소의 위험도를 계산하시오. (단, 폭발범위 : 12.5%~74%)

정답 및 해설 위험도(H)는 폭발범위를 폭발 하한계로 나눈 수치로 단위는 없다.
혼합가스의 폭발위험성을 나타내는 기준

$$= \frac{U-L}{L}$$ 여기서 U : 폭발상한값, L : 폭발하한값

예 CO의 위험도(H) = $\frac{74-12.5}{12.5}$ = 4.92(단위는 없다)

※ 또 다른 기출된 폭발범위 계산

C_4H_{10} : 1.8~8.4% (H : 3.7)	NH_3 : 15~28% (H : 0.87)
아세트알데히드 : 4.1~57% (H : 12.9)	CH_4 : 5~15% (H : 2)

05. 공기 중 산소의 부피비는 21%이다. 공기의 분자량이 29일 때 산소의 무게(wt%)를 구하시오.

> 정답 및 해설 ◀ 공기의 평균 분자량(M) 계산
> M = (28 × 0.78) + (32 × 0.21) + (40 × 0.01) ≒ 28.96 = 29
> 산소무게 = 32 × 0.21 = 6.72g
> ∴ $\dfrac{6.72}{29} \times 100 = 23.17(wt\%)$, 즉 공기 중 산소무게는 23.2(%)

06. 유량계 중 차압식 2가지를 쓰시오.

> 정답 ◀ 차압식 유량계는 오리피스, 플로노즐, 벤튜리가 있다.

07. 다음은 아세틸렌가스에 대한 설명이다. 다음 물음에 답하시오.

> 가. 아세틸렌은 몇 압력 이상 압축시 희석제를 첨가하여야 하는가?
> 나. 습식아세틸렌 발생기 표면온도는 얼마 이하로 유지하는가?
> 다. 아세틸렌 충전 후 정치시 섭씨 15도에서 압력은 몇 이하인가?
> 라. 아세틸렌의 침윤제는 DMF와 무엇이 있는가?

> 정답 ◀ 가. 2.5MPa   나. 70℃   다. 1.5MPa   라. 아세톤
> 해설 ◀ 아세틸렌 가스는 용해가스로 가스발생기의 적정온도(50~60℃), 표면온도(70℃)
> 압축기 내부 윤활유 : 양질의 광유(디젤유), 충전시 2.5MPa 이하로 유지
> 고압건조기의 건조제 : 염화칼슘($CaCl_2$), 발생가스에 함유되어 있는 불순물을 제거(청정제 : 카다리솔/리
> 가솔/에퓨렌)하며 이 때 2.5MPa 이상으로 압축시 첨가되는 희석제의 종류(메탄/일산화탄소/수소/프로판/
> 에틸렌/질소)
> 암기TIP 메일수프에 질(린다)

08. 시료가스를 분리관에서 기체와 액체로 분리하는 분석법으로 웨버지수, 산소, 질소 등을 분석하는 분석법
명칭을 쓰시오.

> 정답 ◀ 가스크로마토그래피
> 해설 ◀ 기기 분석법 − 물리적 분석법 : 가스 크로마토그래피 : 각 가스의 이동속도(확산속도)를 이용한 분석법

특징
- 여러 성분의 분석을 1대의 장치로 가능, 선택성이 우수하다.
- 연구실용
- 구성 : 분리관(컬럼), 검출기, 기록계
- 캐리어(전개제) 가스 : 수소, 헬륨, 질소, 아르곤

09. 위험한 가연성 가스 작업 환경에서 사용하는 방폭구조 2가지를 적으시오.

정답 본질안전 방폭구조, 안전증 방폭구조

해설 **01. 방폭원리의 이해**

폭발성 분위기(가연물 + 조연성 가스) 생성 장소에서 전기설비로 인한 화재·폭발이 발생되지 않도록 하기 위해서 전기 방폭 분야에서는 점화원 중에서 전기적인 점화원을 제거하는 방법을 사용한다. 이러한 방법으로는 아래의 세 가지가 있다.

(1) 점화원의 실질적 격리
전기기기의 점화원이 되는 부분을 주위 폭발성 가스와 격리하여 접촉하지 않도록 하는 방법이다.

(2) 전기기기의 안전도 증가
정상상태에서 점화원인 불꽃이나 고온부가 존재하는 전기기기에 대해서는 특히 안전도를 증가시키고, 고장의 발생을 어렵게 함으로써 종합적으로 고장을 일으킬 확률을 0에 가까운 값으로 할 수 있다.

(3) 점화능력의 본질적 억제
낮은 전류 회로의 전기기기는 정상상태뿐만 아니라 사고시 발생하는 전기불꽃 또는 고온부가 폭발성 가스에 점화할 위험성이 없다는 것을 시험 등 기타 방법에 의해 제작된 것이다.

02. 방폭구조의 종류 (핵심정리 **20** 방폭구조 참조(P. 29)) 개정 추가

(1) 내압 방폭구조 : (Ex d)
(2) 유입 방폭구조 : (Ex o)
(3) 압력 방폭구조 : (Ex p)
(4) 안전증 방폭구조 : (Ex e) 정상운전 중에 가연성 가스의 점화원이 될 전기 불꽃, 아크 또는 고온부분 등의 발생을 방지하기 위하여 기계적, 전기적 구조상 또는 온도 상승에 대하여 특히 안전도를 증가시킨 구조
(5) 본질안전 방폭구조 : (Ex ia, ib) 정상시 및 사고(단선, 단락, 지락 등) 시에 발생하는 전기 불꽃, 아크 또는 고온부에 의해서 가연성 가스가 점화되지 아니하는 것이 점화시험, 기타 방법에 의하여 확인된 구조
(6) 특수 방폭구조 : (Ex s)

10. 가스설비 내에서 이상 상태가 발생시 설비 내의 내용물을 설비 밖으로 긴급하고 안전하게 이송하는 설비 명칭을 기술하시오.

> **정답** 벤트스택

11. 공급가스의 비중이 1.50이고 20m 높이의 압력손실은 약 몇 mmH$_2$O인가? (공기밀도 = 1.293kg/m^2)

> **정답** 12.93mmH$_2$O
>
> **해설** 수직배관 압력손실(mmH$_2$O) 계산식(입상관에서 "수직배관" 용어 개정)
>
> $H = 1.293(S-1)h$ S : 비중   h : 높이(m)
>
> 따라서 $H = 1.293(1.5-1) \cdot 20 = 12.93$
>
> 만일 비중이 1보다 작은 경우 (−) 발생 : 압력상승을 의미한다.

12. 액화가스란 가압 / (   )에 의해 액체 상태로 되는 것으로 대기압에서 비점이 40℃ 이하 또는 (   ) 이하인 가스를 말한다. 괄호 안에 들어갈 용어는?

> **정답** 냉각, 상용의 온도
>
> **해설** 저장(취급)상태에 따른 분류 : 압축가스(O$_2$), 액화가스(LPG, 염소), 용해가스(C$_2$H$_2$)
>
> 1) 압축가스 : 수소(H$_2$), 산소(O$_2$), 질소(N$_2$), 메탄(CH$_4$), 네온(Ne), 아르곤(Ar) 등과 같이 상온에서 압력을 가해도 액화되지 않는 가스로 일정한 압력에 의해 압축되어 있는 것
> 2) 액화가스 : LPG, 암모니아(NH$_3$), 염소(Cl$_2$), 부탄(C$_4$H$_{10}$), 시안화수소(HCN) 등과 같이 가압 냉각에 의해 액체 상태로 되는 것으로 대기압에서 비점이 40℃ 이하 또는 상용의 온도 이하인 것
> 3) 용해가스 : 아세틸렌(C$_2$H$_2$)이 대표가스이며, 용기 내에 다공물질인 고체물질을 충전 후 발생된 가스를 주입된 유기용제에 용해시킨 가스

★★★
01. 다음은 고압가스 종류이다. 물음에 답하시오.

> ① 산소 ② 수소 ③ 일산화탄소 ④ 이산화탄소 ⑤ 질소 ⑥ 암모니아 ⑦ 아르곤 ⑧ 에틸렌

> (1) 공기보다 무거워 금방 가라앉는 가스를 번호로 쓰시오.
> (2) 가연성가스이며 독성가스를 번호로 쓰시오.
> (3) 이원자분자(동핵분자)가스를 번호로 쓰시오.
> (4) 고유의 냄새가 있는 가스를 번호로 쓰시오.
> (5) 6대 온실가스에 해당하는 가스를 번호로 쓰시오.

정답 (1) 밀도가 1보다 큰 것 : ① 산소 32, ④ 이산화탄소 44, ⑦ 아르곤 40 (분자량 파악하기)
　　　　(산소 32, 수소 2, 일산화탄소 28, 이산화탄소 44, 질소 28, 암모니아 17, 아르곤 40, 에틸렌 28)
　　(2) ③ 일산화탄소, ⑥ 암모니아
　　(3) ① 산소, ② 수소, ⑤ 질소
　　(4) ⑥ 암모니아(자극성 화장실 냄새), ⑧ 에틸렌(달콤한 향)
　　(5) ④ 이산화탄소
해설 가연성이면서 독성가스 종류 암기TIP 이황시/ 브롬산에/ 염탄일암
　　6대 온실가스 : 메탄, 아산화질소(N_2O), 수소불화탄소(HFCs), 과불화탄소(PFCs), 육불화황(SF_6)

02. 메탄이 주성분인 천연가스를 액화시켜 LNG로 만드는 이유를 쓰시오.

정답 일반적으로 기체가스를 액체가스로 만드는 이유는 취급 및 저장이 목적이며 메탄가스를 1/600 액화하면
　　다량의 기체가스를 액체가스로 많은 양을 이송 및 저장이 가능하기 때문이다.

03. 물을 전기분해하면 양극에서는 ( ) 기체가 나오고 음극에서는 ( ) 기체가 나온다. 괄호에 알맞은 것을 쓰시오.

정답 양극 (산소), 음극 (수소)

해설 물의 전기분해시 시간이 다량 소요되기에 전해질인 수산화나트륨을 소량 넣어 전류가 잘 흐르게 만들어 주어야 한다. 이 전해질 수용액에 2개의 전극을 담그고, 전원을 연결하면 (−)극에 수소가, (+)극에 산소가 각각 2 : 1의 부피비로 기체가 발생한다.

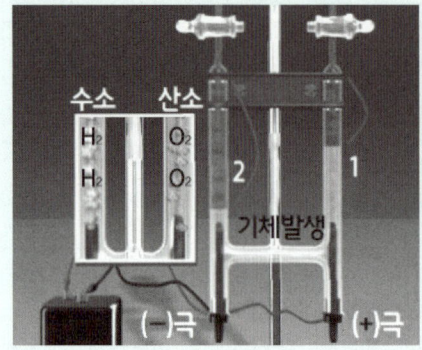
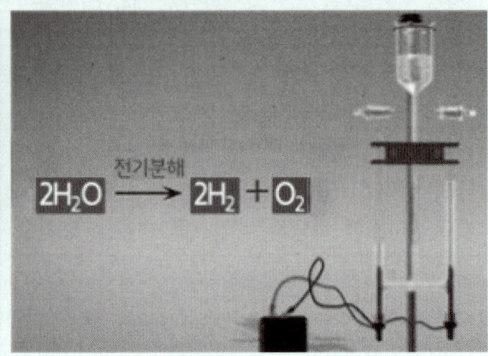

04. 심리스(seamless) 용기의 특징을 쓰시오. [필기기출]

정답 ① 독성 가스를 충전하는데 사용한다.   ② 내압에 대한 응력 분포가 균일하다.
   ③ 고압에 잘 견디는 구조이다.   ④ 용접용기에 비해 값이 비싸다.

[유사기출]
다음 중 이음매 없는 용기의 특징이 아닌 것은?
① 독성 가스를 충전하는데 사용한다.
② 내압에 대한 응력 분포가 균일하다.
③ 고압에 견디기 어려운 구조이다.
④ 용접용기에 비해 값이 비싸다.

정답 ③

해설 (1) 이음매 없는 용기(= 무계목용기, 심리스용기)는 고압에 잘 견딘다.
   (2) 이음매 있는 용기(= 계목용기, 심용기, 웰딩용기)는 고압에 견디기 어려운 구조이다.
      [특징]
      • O_2, H_2, N_2, Ar 등의 고압 압축가스 또는 상온에서 높은 증기압을 갖는 고압 액화가스 맹독성을 갖는 염소용으로 사용한다.(CO_2, C_2H_4)
      • 저렴한 강판을 사용하므로 경제적이다.
      • 두께 공차가 적다.
      • 재료가 판재이므로 용기의 형태, 치수를 자유로이 선택가능하다.

05. 다음 가스공급시설에 대해서 공통적으로 들어갈 말을 쓰시오.

> 가스시설 중 (   )은(는) 공급압력이 자동으로 제어되어야 하며, 공급가스의 성분이 변경될 경우에도 수요처에 일정한 열량을 공급하는 (   )설비가 설치되어야 한다.

정답 가스홀더

해설 가스홀더 기능
  ㉠ 수요의 급격한 변화 대비(제조량, 수요량 조절)
  ㉡ 제조, 공급시설 장애(공급의 안정성 확보)
  ㉢ 사용처 근처 설치(피크시 공급능력을 높일 수 있다)
  ㉣ 조성 변동가스 혼합(성분, 열량, 연소성 등 품질 균일)

> **[유사기출]** (2022년 1회)
> 수요처의 사용량에 따라 가스를 저장하는 기능을 하는 것은?
> **정답** 가스홀더

06. 이온화 경향이 강한 금속을 배관 주변에 매설함으로써 배관은 음극이 되어 부식을 방지하는 전기방식법은 무엇인가?

정답 희생양극법

해설 (1) 정의 : 지하나 수중에 설치한 양극과 피방식 가스관로를 전선으로 연결하여 양극금속과 배관 사이의 전지작용에 의해 방식전류를 얻는 전기방식법을 희생양극법(유전양극법)이라 한다.
  (2) 특징
  • 전위 측정용 터미널 박스 : 300m 마다 설치
  • 단거리 강관 배관, 시가지에 매설하는 강관 방식
  • 희생금속(Mg, Zn)   **암기TIP** 마적(전선 색상)
  • 기준 전극 : 포화황산동전극은 매설깊이 4~5㎝ 유지
  • 과방식의 염려가 없다.
  • 효과 범위가 적고 관리 개소가 많다.

07. 아세틸렌은 폭발범위가 넓어 대단히 위험하다. 아세틸렌을 가압·충격을 가했을 때 탄소와 수소로 분해되면서 폭발하는데 무슨 폭발이라 하는가?

정답 분해폭발

해설 (2021년 2회 기출) 아세틸렌 가스는 용해가스로 가스발생기의 적정온도(50~60℃), 표면온도(70℃)
  압축시 윤활유 압력 : 2.5MPa 이상 압축금지($C_2H_2 \rightarrow 2C + H_2 + 54.2$[kcal])

고압건조기의 건조제 : 염화칼슘($CaCl_2$), 가스에 함유되어 있는 불순물을 제거한다.
이 때 2.5MPa 압력충전시 분해폭발방지 희석제 첨가(메탄 / 일산화탄소 / 수소 / 프로판 / 에틸렌 / 질소)
암기TIP 메일수프에 질(린다)

08. 내용적 45L인 용기에 35kgf/cm²의 압력을 가해 내압시험을 하였다. 이 때 용기의 용적이 45.05L로 늘어났고, 압력을 제거하여 대기압 상태에서 용기용적은 45.004L로 되었다. 이 용기의 항구변형률을 계산하고 합격여부를 판정하시오.

정답 1) 항구변형률 계산 $= \dfrac{영구증가량}{전증가량} = \dfrac{45.004-45}{45.05-45} \times 100 = 0.08$

2) 합격여부 : 8%(합격)

해설 (필기기출문제) 영구증가율(항구변형률)(%) : 10% 이하(합격)

09. 독성가스 용기 내 혼합기체의 비율과 허용농도가 다음과 같을 경우 혼합독성가스의 허용농도를 구하시오. (허용농도 단위는 주어지지 않음)

A. 50%, 25ppm   B. 10%, 2.5ppm   C. 40%, ∝(무한대)

계산식 Lc50기준 허용농도는 대기 중 치사량의 가스농도의미이므로 기준비율 100% 적용한다.

$$\therefore LC_{50} = \dfrac{1}{\sum_i^n \dfrac{C_i}{LC_{50i}}} = \dfrac{1}{\dfrac{0.50}{25} + \dfrac{0.10}{2.5} + \dfrac{0.4}{\propto (무한대)}} = 16.666ppm$$

C가스의 농도가 무한대이므로 결과값은 "0"이다.
또한, 허용농도 의미는 공기(대기) 중 치사농도이므로 C가스는 그 농도가 거의 0에 가깝지만 대기 중의 가스농도에는 포함되므로 기준값에 포함되는게 적절함

정답 16.67ppm

해설 허용농도(해당 가스를 성숙한 흰 쥐 집단에게 대기 중에서 1시간 동안 계속하여 노출시킨 경우 14일 이내에 그 흰 쥐의 2분의 1 이상이 죽게 되는 가스의 농도를 말한다. 이하 같다)가 100만분의 5000 이하인 것을 말한다. 이 경우 혼합가스의 허용농도 산정을 위한 시험 절차는 KS B ISO 10298 3.2에서 명시한 내용에 따라 실시하여 허용농도를 산정하며, 유효한 실험 데이터가 없을 때에는 식 1.3.2를 이용한다. 〈개정 16.12.15, 17.12.14〉

$$\therefore LC_{50} = \dfrac{1}{\sum_{i=1}^n \dfrac{C_i}{LC_{50i}}}$$

여기에서 LC_{50} : 독성가스의 허용농도
n : 혼합 가스를 구성하는 가스 종류의 수
C_i : 혼합 가스에서 i번째 독성 성분의 몰분율
LC_{50i} : 부피 ppm으로 표현되는 i번째 가스의 허용농도

10. 다음 가스배관의 사용압력이 동일할 경우 수용가에서 동일한 열량을 사용할 수 있다. 가스노즐에 적혀 있는 이것의 지수명칭을 쓰시오.

> 정답 웨버지수
>
> 해설 웨버지수 : 가스의 연소성, 호환성 판단지수로 사용
>
> $$WI= \frac{H_g}{\sqrt{d}} \text{ (의사표현 : 가스비중의 평방근에 대한 총발열량)}$$
>
> • WI : 웨버지수   • H_g : 가스발열량(kcal/m³)   • d : 가스의 비중

11. 습식가스미터의 장점과 단점을 한 가지씩 쓰시오.

> 정답 장점 : 계량이 정확하다.   단점 : 설치면적이 크다.
>
> 해설

특성	막식 가스미터	습식 가스미터	루트 미터
장점	값이 싸고 설치 후 유지관리가 쉽다.	기준·검정용. 계량이 정확하고 사용 중에 기차(계측기기의 오차)의 변동이 작다.	설치 면적이 작으며 대유량 및 중압가스의 계량이 가능하다.
단점	대용량의 것은 설치면적이 크다.	사용 중에 수위조정 등의 관리가 필요하고 설치 면적이 크다.	스트레이너의 설치 및 설치 후 유지관리가 필요하고 소유량(0.5m³/h)의 것은 부동 우려가 있다.

12. 압력이 변함에 따라서, 금속의 탄성이 변하는 것을 이용한 탄성식 압력계 두 가지를 쓰시오.

> 정답 부르동관식, 다이어프램식
>
> [유사기출]
> 압력변화에 의한 탄성변위를 이용한 탄성압력계에 해당되지 않는 것은?
> ① 플로트식 압력계   ② 부르동관식 압력계
> ③ 다이어프램식 압력계   ④ 벨로즈식 압력계
>
> 정답 ①
>
> 해설 2차 압력계종류 : 부르동관식, 다이어프램식, 벨로즈식
>
> 암기TIP 베, 브르, 다

가스전문가
홍까스와 함께하는 필답형
가스기능사 과년도

시행: 2023년(1회) 2023.3.26(일)

★★★
01. 다음은 고압가스 종류이다. 물음에 답하시오.

① 산소	② 수소	③ 이산화탄소	④ 일산화탄소
⑤ 황화수소	⑥ 염소	⑦ 질소	⑧ 불소

(1) 밀도가 가장 높은 가스를 쓰시오.
(2) 밀도가 가장 낮은 가스를 쓰시오.
(3) 불연성가스 종류를 쓰시오.
(4) 고유의 냄새가 있는 가스를 쓰시오.
(5) 기체상태에서는 무색이나 색상이 있는 가스를 쓰시오.

정답 (1) 질량이 가장 큰 것, 즉 밀도가 가장 큰 것 : 염소 71g
　　　(분자량 파악하기)
　　　산소32, 수소2, 이산화탄소44, 일산화탄소28, 황화수소34, 염소71, 질소28, 불소38
　　(2) 질량이 가장 작은 것, 즉 밀도가 가장 낮은 것 : 수소 2g
　　(3) 질소, 이산화탄소
　　(4) 염소, 황화수소, 불소
　　(5) 염소, 불소
해설 • 염소 : 황록색의 소독약 냄새
　　• 황화수소 : 무색의 계란 썩는 냄새
　　• 불소 : 자극성 있는 연한 황색
　　[온실가스 종류]
　　이산화탄소, 메탄, 아산화질소(N_2O), 수소불화탄소(HFCs), 과불화탄소(PFCs), 육불화황(SF_6)

02. 공기를 액화분리할 경우 나오는 가스를 쓰시오.

정답 액화산소, 액화질소, 액화아르곤

03. 어떤 기체가 0.1㎥이면 표준상태에서 몰수는 얼마인가?(계산식과 답을 쓰시오.)

계산식) 0.1㎥은 100L이므로
100L : X(mol) = 22.4L : 1mol   X = 4.464
정답) 4.46(mol)
해설) 아보가드로 법칙 : 모든 기체 1mol은 표준상태(0℃, 1atm)에서
부피는 22.4L이고, 원자수는 6.02×10^{23} 이다.

> [유사기출] (2021.1회)
> 프로판 1L를 기화시킬 경우 표준상태에서 체적은 얼마 증가하는가?(단, 밀도는 0.5kg/L)
> 계산식) 44g : 22.4L = X : 1L   X = 1.964g
> 밀도를 반영하면 500/1.964 = 254.545
> 정답) 254.55배 증가

04. 다음 분자식을 쓰시오.

(1) 산소   (2) 일산화탄소

정답) (1) O_2 (2) CO
해설) 분자량은 어떤 물질이 갖은 양의 크기로서 1몰의 질량과 동일한 개념으로 사용
모든 기체 1몰의 부피는 표준상태(0℃, 1atm)하에서 22.4L이다. (비교 Co : 코발트)

05. 온도 100℉는 ℃로 얼마인가?

계산식) ℉ = 1.8℃ + 32에서 100 = 1.8℃ + 32℃ = 37.778
정답) 37.78(℃)

06. 다음은 독성가스의 정의이다. ( )를 완성하시오.

> "독성가스란 인체에 유해한 독성을 가진 가스"로서 허용농도(해당 가스를 성숙한 흰 쥐 집단에게 대기 중에서 1시간 동안 계속하여 노출시킨 경우 14일 이내에 그 흰 쥐의 ( ) 이상이 죽게 되는 가스의 농도를 말한다.) 100만분의 ( ) 이하인 것을 말한다.

정답 1) 2분의 1   2) 5,000
해설 흰 쥐 집단에게 대기 중에서 1시간 동안 계속하여 노출시킨 경우 14일 이내에 그 흰 쥐의 2분의 1 이상이 죽게 되는 가스의 농도를 말한다.
100만분의 5,000 이하인 것을 말한다.
이 경우 혼합가스의 허용농도 산정을 위한 시험 절차는 KS B ISO 10298 3.2에서 명시한 내용에 따라 실시하여 허용농도를 산정한다.

07. 다음은 가스누출자동차단장치의 설명이다. 공통용어를 완성하시오.

> (1) 검지부 : 누출된 가스를 검지하는 기능을 한다.
> (2) ( ) : 검지부로부터 가스가 누출되었다는 신호를 받아 차단부에 차단신호를 보내는 기능을 한다.
> (3) 차단부 : ( )로부터 신호를 받아 가스의 공급을 차단하는 기능이다.

정답 제어부
해설 검지부로부터 가스가 누출되었다는 신호를 받아 차단부에 차단신호를 보내는 기능을 한다.

08. 다음은 고압가스 정의에 대한 설명이다. ( )를 완성하시오.

> 1) 압축가스 : 수소(H_2), 산소(O_2), 질소(N_2), 메탄(CH_4), 네온(Ne), 아르곤(Ar) 등과 같이 상온에서 압력을 가해도 액화되지 않는 가스로 일정한 ( )에 의해 압축되어 있는 가스를 말한다.
> 2) 액화가스 : LPG, 암모니아(NH_3), 염소(Cl_2), 부탄(C_4H_{10}), 시안화수소(HCN) 등과 같이 가압, ( )에 의해 액체 상태로 되는 것으로 대기압에서 비점이 40℃ 이하 또는 상용의 온도 이하인 것을 말한다.

정답 1) 압력   2) 냉각

09. 다음은 연소와 연료에 대한 설명이다. (   )를 완성하시오.

> 1) 연소는 가연성가스가 산소와 만나면 (   )반응에 의해 빛과 열을 수반
> 2) 연료는 (   ), 수소 H, 황 S 등으로 이루어졌다.
> 3) 프로판의 (   )는 2.1%~9.5%이다.

정답 산화, 탄소 C, 폭발범위
해설 연료의 가연성분 탄소, 수소, 황이며 폭발범위는 폭발한계(가연범위)라고도 함

10. 프로판가스 200kg을 내용적 40L 용기에 충전할 때 필요한 용기의 개수는 몇 개인가?(단, 가스정수 C 는 2.35이다.)

정답 12개
해설 (2021.2회 기출문제와 유사)
[저장능력 계산식]
① W(kg) = L/C 에서 W = 40/2.35 = 17.021
② 용기 개수 200/17.021 = 11.75(개)

11. 유체 중에 그 수온이 증기압보다 압력이 낮은 부분이 생기면 작은 기포가 다수 발생되는 펌프의 이상현 상을 무엇이라 하는가?

정답 캐비테이션(공동현상)
해설 1) **정의** : 유체 중에 그 수온의 증기압보다 압력이 낮은 부분이 생기면 증발을 일으키고 작은 기포가 다수 발생되는 현상
   ① 캐비테이션은 펌프 임펠러의 입구 부근에 더 일어나기 쉽다.
   ② 캐비테이션은 유체의 온도가 높을수록 생기기 쉽다.
   ③ 이용 NPSH > 필요 NPSH일 때 캐비테이션이 발생하지 않는다.
     • NPSHa(available) : 이용 NPSH은 펌프의 설치 조건, 즉 수면과 펌프의 거리
                          흡입관경 및 배관의 길이, 이송액체의 종류와 온도 등에 의해 결정된다.
     • NPSHr(required) : 필요 NPSH는 펌프의 제작자가 결정한다.
     • 유효흡입양정(NPSH : Net Positive Suction Head)은 펌프의 공동화 현상(cavitaion)의 발생 가능
       성을 점검하는 척도
2) **수격 작용(Water hammering)**
   펌프에서 물을 압송하고 있을 때 정전 등으로 급히 펌프가 멈추거나 수량 조절 밸브를 급히 폐쇄할 때
   관내 유속이 급속히 변화하면 물에 의한 심한 압력의 변화가 생겨 관 벽을 치는 현상

※ 수격작용 방지책
- 관경을 크게 하고 관내 유속을 느리게 한다.
- 관로에 조압수조(surge tank)를 설치한다.

3) 서징(Surging) 현상(=일명 맥동) : 압력계의 지침이 흔들리는 현상
- 방지책 : 관로에 잔류공기를 제거하고 관로의 단면적 및 유속 등을 변화시킨다.

4) 베이퍼 록(vapor lock)
저비점 액체를 이송시 펌프의 입구쪽에서 발생하는 액체의 끓는 현상

12. 다음은 PE배관시 융착이음방식 2가지를 쓰시오.

정답 맞대기융착, 소켓융착
해설 ① 융착방식 : 맞대기융착, 소켓융착, 새들융착
② 융착상태의 적합성 판정 기준 : 비드폭
③ 이음부와 연결오차는 배관두께의 10% 이하
④ 공칭외경별 비드폭 계산 (최소 3+0.5t, 최대 5+0.75t)

[동영상] (2014년 13번 문제/해설)
1. 맞대기융착은 관경 90mm 이상 직관과 이음관 연결
2. 비드(Bead)는 좌우대칭, 둥글고 균일, 청결할 것
3. 이음부와 연결오차는 배관두께의 10% 이하
4. 공칭외경별 비드폭 계산
   (최소 3+0.5t, 최대 5+0.75t)

★★★
01. 다음은 고압가스 종류이다. 물음에 답하시오.

① 산소	② 수소	③ 염소	④ 암모니아
⑤ 메탄	⑥ 이산화탄소	⑦ 질소	⑧ 에틸렌

(1) 공기보다 무거운 가스를 쓰시오.
(2) 가연성이면서 독성인 가스를 쓰시오.
(3) 이원소가스를 쓰시오.
(4) 냄새로 구분하는 가스를 쓰시오.
(5) 6대 온실가스를 쓰시오.

정답 (1) 공기질량 29g보다 무거운, 즉 밀도가 공기보다 큰 것 파악하기
　　　산소, 염소, 이산화탄소
　　　산소32, 수소2, 염소71, 암모니아17, 메탄16, 이산화탄소44, 질소28, 에틸렌28
　　(2) 암모니아
　　　독성이며 가연성가스 : 이황시 브롬산에 염탄일암
　　(3) 산소, 수소, 염소, 질소
　　(4) 염소, 암모니아, 에틸렌
　　(5) 메탄, 이산화탄소
해설 • 염소 : 황록색의 소독약 냄새　　　• 암모니아 : 자극성 있는 화장실 냄새
　　• 에틸렌 : 감미로운 냄새(12×2+4 = 28g)

[온실가스 종류]
이산화탄소, 메탄, 아산화질소(N_2O), 수소불화탄소(HFCs), 과불화탄소(PFCs), 육불화황(SF_6)
암기TIP 수소과 육아 아 이 메? (이북사투리)
　　　　(검찰 수사과(수소과) 육아 아입니까?)

02. 다음 물질의 분자식을 쓰시오.

염소 :	황화수소 :

정답 Cl_2　　　　H_2S

03. 절대압력 2kPa일 때 5L의 부피는 절대압력 10kPa일 때 그 부피(L)는 얼마인가? (이상기체를 가정)

계산식 $PV = P_1V_1$에서 2kPa × 5L = 10kPa × X(L)   X = 1

정답 1(L)

해설 보일의 법칙 : 압력과 체적은 반비례한다

> [유사기출] (2021.1회)
> 프로판 1L를 기화시킬 경우 표준상태에서 체적은 얼마 증가하는가?(단, 밀도는 0.5kg/L)
> 계산식 44g : 22.4L = X : 1L   X = 1.964g
>   밀도를 반영하면 500/1.964 = 254.545
> 정답 254.55배 증가

★★★
04. 다음을 완성하시오.

> (1) 1atm = (   )kPa
> (2) 절대압력 = 대기압 + (   )

정답 (1) 101.325   (2) 게이지압력

05. 온도 40℃를 절대온도(K)로 변환하시오.

정답 313(K)

계산식 K = ℃ + 273에서   40℃ + 273 = 313

06. 일반적으로 수소와 헬륨을 제외하고 기체를 팽창시키면 온도가 내려가는 효과를 무엇이라 하는가?

정답 줄-톰슨효과

해설 W. Thomson과 P. Joule이 1853년에 발표한 기체를 가는 구멍을 통하여 팽창시키는 실험에서의 온도 변화의 효과, 물리적으로 온도란 분자의 운동에너지의 척도이다. 운동에너지의 감소는 온도의 감소를 수반한다.
기체가 팽창하면 인력의 영향이 약해지지만 위치에너지가 늘어나서 분자의 운동에너지는 작아지게 된다. 반면 상온에서 압축되어 있는 수소와 헬륨은 상호간 반발력으로 자유롭지 못하나 팽창시 기체분자간 거리가 멀어져 운동에너지가 증가. 곧 기체의 온도가 올라간다.

07. 다음은 가스설비와 관련된 안전장치의 설명이다. 명칭을 완성하시오.

> 가스용기의 온도와 압력이 높아지면 위험함으로 온도와 압력상승을 방지하기 위하여 (①)를 설치하고 급격한 온도상승, 독성가스, 유체의 부식성 등으로 (①) 설치가 어려울 경우 (②)를(을) 설치한다.

정답 ① 안전밸브 ② 가용전

해설 **안전밸브(아세틸렌 용기)**
LPG – 스프링식(엘식)
산소, 수소, 질소, 탄산가스 – 파열판식 [암기TIP] 산수질탄 – 파
아세틸렌, 암모니아, 염소 – 가용전식 [암기TIP] 아~ 암염소(인)가?

08. 일산화탄소의 완전연소반응식을 완성하시오.

정답 $CO + \frac{1}{2}O_2 = CO_2$ 또는 $2CO + O_2 = 2CO_2$

09. 아세틸렌은 충전 후 15℃에서 압력이 몇 Pa을 초과하지 않도록 정치하여야 하는지 쓰시오.

정답 1,500,000 (1.5×10^6)

해설

[유사문제] (필기 과년도)

C_2H_2 제조설비에서 제조된 C_2H_2를 충전용기에 충전시 위험한 경우는?

① 아세틸렌이 접촉되는 설비부분에 동함량 72%의 동합금을 사용하였다.

② 충전중의 압력을 2.5MPa 이하로 하였다.

③ 충전 후에 압력이 15℃에서 1.5MPa 이하로 될 때까지 정치하였다.

④ 충전용 지관은 탄소함유량이 0.1% 이하의 강을 사용하였다.

정답 ①

해설 아세틸렌이 접촉되는 설비부분에 동함량 62%, 동합금 금지

10. 가스 중 화염의 전파속도가 음속보다 큰 경우에 발생되는 현상을 무엇이라 하는지 답하시오.

정답 폭굉

해설 정상연소속도 0.03~10m/s

음속 340m/s

폭굉 1,000~3,500m/s, 폭굉은 화염 전파속도가 음속보다 크다.

11. 정상상태에서 유량과 2차압력과의 관계를 무엇이라 하는가?

정답 정특성

해설 필답형 2021년 3회 기출해설 참조(8월 22일 시행)

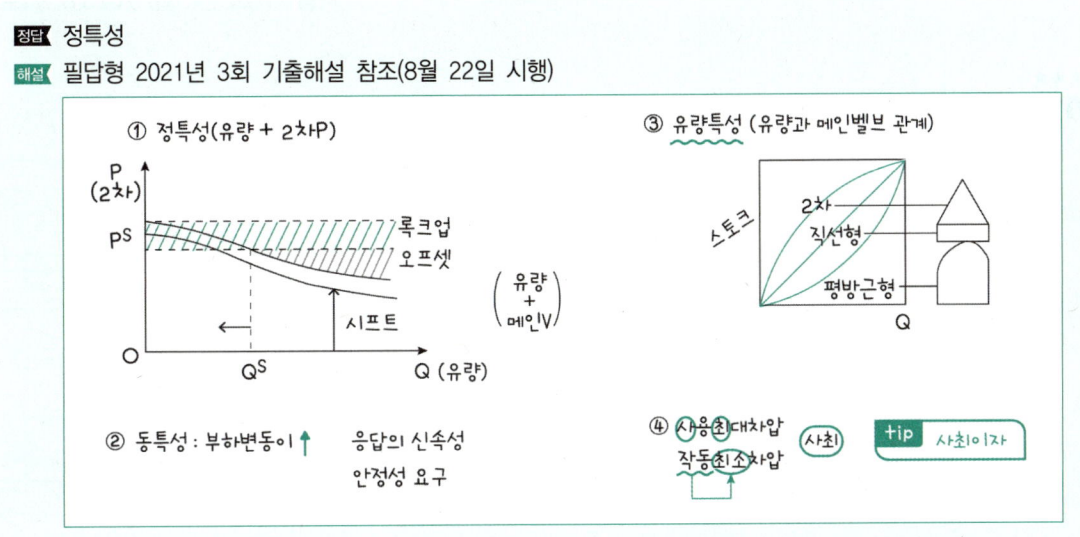

12. 철근콘크리트재질 높이 2m 이상, 두께 12cm 이상 또는 이와 같은 수준 이상의 강도를 갖는 구조의 벽을 무엇이라 하는가?

정답 방호벽

해설 방호벽 설치기준

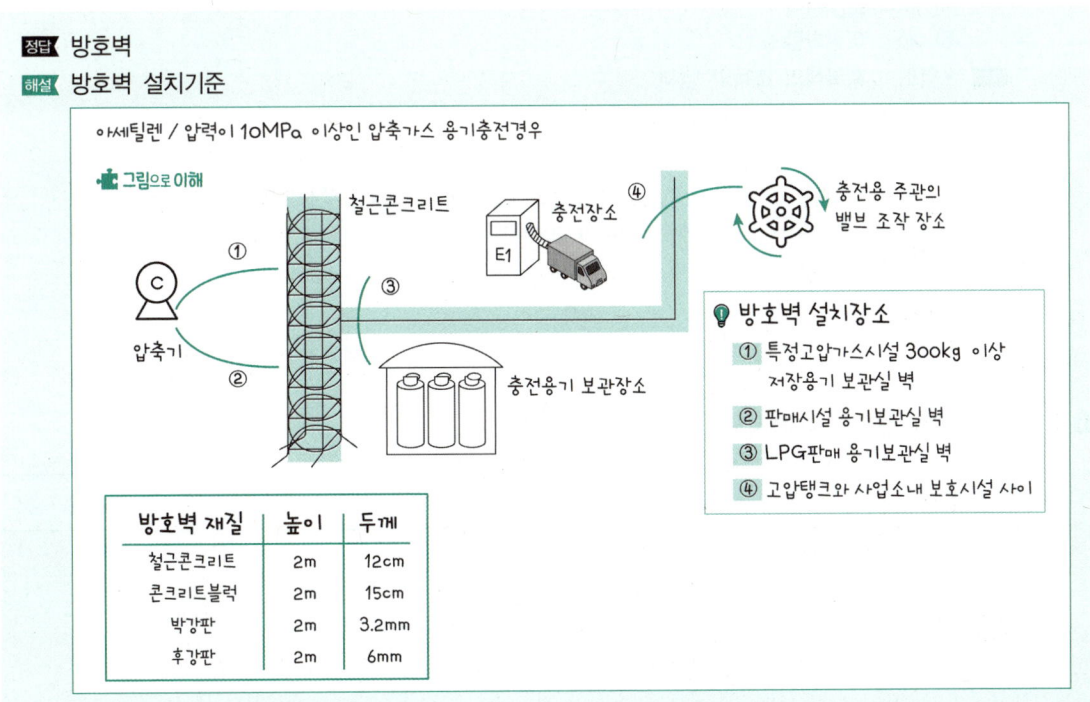

★★★
01. 다음은 고압가스 종류이다. 물음에 답하시오.

① 산소	② 수소	③ 염소	④ 암모니아
⑤ 메탄	⑥ 이산화탄소	⑦ 질소	⑧ 일산화탄소

(1) 공기보다 무거운 가스를 쓰시오.
(2) 불연성가스를 쓰시오.
(3) 공기액화분리장치로 얻는 가스를 쓰시오.
(4) 냄새로 구분하는 가스를 쓰시오.
(5) 6대 온실가스를 쓰시오.

정답 (1) 공기질량 29g보다 무거운, 즉 밀도가 공기보다 큰 것 파악하기
　　　산소, 염소, 이산화탄소
　　　(산소32, 수소2, 염소71, 암모니아17, 메탄16, 이산화탄소44, 질소28)
　　(2) 불연성가스 : 이산화탄소, 질소
　　(3) 산소, 질소
　　(4) 염소, 암모니아
　　(5) 메탄, 이산화탄소
해설 • 염소 : 황록색의 소독약 냄새
　　　• 암모니아 : 자극성 있는 화장실 냄새
　　[온실가스 종류]
　　이산화탄소, 메탄, 아산화질소(N_2O), 수소불화탄소(HFCs), 과불화탄소(PFCs), 육불화황(SF_6)
　　암기TIP 수소과 육아 아 이 메? (이북사투리)
　　　　(검찰 수사과(수소과) 육아 아입니까?)

02. 다음 물질의 분자식을 쓰시오.

일산화탄소 :	수소 :

정답 CO, H_2

★★★
03. 부피10(L), 게이지압력 4atm·g일 때 일정한 온도에서 20L로 증가시키면 절대압력은 몇 atm인가? (대기압은 1로 가정)

> 계산식 $PV = P_1V_1$에서 (4atm + 1) × 10L = X(atm) × 20(L)
>   X = 2.5
> 정답 2.5(atm)
> 해설 보일의 법칙 : 압력과 체적은 반비례한다. 기준압력은 절대압력임
>   • 처음 주어진 압력이 게이지압력이므로 절대압력으로 환산해야함
>
>   > **[유사기출]** (2023.2회)
>   > 절대압력 2kPa일 때 5L의 부피는 절대압력 10kPa일 때 그 부피(L)는 얼마인가?(이상기체를 가정)
>   > 계산식 $PV = P_1V_1$에서 2kPa × 5L = 10kPa × X(L), X = 1

04. 탱크의 압력이 38cmHg일 때 절대압력(atm)을 구하시오. (단, 대기압 1atm은 760mmHg이다) / 공단오류정정문제임

> (1) 절대압력 = 대기압(76cmHg) + 게이지압력(38cmHg) = 114
> (2) 압력환산하면 = (114/76) × 1atm = 1.5(atm)

> 정답 1.5(atm)

★★★
05. 온도 40℃는 랭킨온도(°R)로 몇 도인가?

> 계산식 °R = 1.8K (K = 40℃ + 273)에서 1.8 × 313 = 563.4   °R = (°F) + 460
> 정답 563.4(°R) 또는 564(°R)   = (1.8 × 40 + 32) + 460 = 564

★★★
06. 정압기용 조정기 전단에 설치하는 것으로 가스흐름을 방해하는 불순물등을 제거하는 기능의 정압기 명칭을 쓰시오.

> 정답 필터(정압기필터)
> 해설 정압기는 일명 "정압설비(UNIT)"이다.

07. 가스의 원거리이송에 적합한 수송수단을 2가지 쓰시오.

> 정답 ① 철도 ② 유조선(선박) ③ 탱크로리 ④ 파이프라인(사이다)
> 해설 **공단의 질의내용 답변 추가(포괄적 해석 : 정답처리)**
> 정답외 압축기와 펌프도 정답처리함. 하지만 원거리수송수단으로 압축기와 펌프를 포함시키는 것은 무리가 있음(이유 : 저장 및 충전시 가스의 이·충전장치에 활용)

★★★
08. 프로판의 완전연소 반응식을 완성하시오.

> 정답 및 해설 $C_3H_8 + 5O_2 \rightarrow 3CO_2 + 4H_2O$
>
> **탄화수소(CmHn)의 완전연소식 CmHn + $\left(m + \dfrac{n}{4}\right)O_2 \rightarrow \left(\dfrac{n}{2}\right)H_2O$**
>
> [이론산소량(O_o)] $C_mH_n + \left(m + \dfrac{n}{4}\right)O_2$에서 산소의 몰수
>
> 예 $C_3H_8 + \left(3 + \dfrac{8}{4}\right) = 5$, C_3H_8의 $O_o = 5$

★
09. 천연가스나 원유에서 추출하는 부산물로서 무색, 물에는 잘 용해되지 않는 합성화학원료이며 가장 간단한 올레핀계 탄화수소는 무엇인가?

> 정답 에틸렌(C_2H_4)
> 해설 에틸렌(폭발범위 2.7~36%) 위험도 문제 기출(주어진 범위는 그대로 적용)
> 무색, 감미로운 냄새, 2중결합(부가반응), 물에는 불용해, 알코올과 에테르에 용해
> └──→ 2022년 4회 실기
> • 임계압력(49.98atm = 50atm)
> • 물질안전보건자료(MSDS)의 공급제조사마다 약간 상이함(3.1~32%)

10. 워터햄머링 방지법 1가지를 쓰시오.

> **정답** 관경을 크게 하고 관내 유속을 느리게 한다.
> **해설** 수격 작용(Water hammering) : 펌프에서 물을 압송하고 있을 때 정전 등으로 급히 펌프가 멈추거나 수량 조절 밸브를 급히 폐쇄할 때 관내 유속이 급속히 변화하면 물에 의한 심한 압력의 변화가 생겨 관 벽을 치는 현상
> ※ **수격작용 방지책**
> • 관내 유속을 느리게 한다.(단, 관경을 크게)
> • 관로에 조압수조(surge tank)를 설치한다.
> • 펌프에 플라이 휠을 설치하여 정전시 펌프의 급격한 변화를 방지한다.
> • 체크밸브를 토출구 가까이 설치하여 제어한다.
>
> ○ 서징(Surging) 현상(= 일명 맥동) : 펌프가 운전 중에 한숨을 쉬는 것과 같은 상태가 되어 토출구 및 흡입구에서 압력계의 바늘이 흔들리며 동시에 유량이 변화하는 현상.
> ※ 방지책 : • 관로에 잔류공기를 제거하고
> • 관로의 단면적 및 유속 등을 변화시킨다.
> ○ 베이퍼 록(vapor lock) : 저비점 액체를 이송시 펌프의 입구쪽에서 발생하는 액체의 끓는 현상

11. 불꽃 근처의 공기, 즉 2차 공기만을 취하며 1차 공기를 취하지 않는 연소방식을 무엇이라고 하는가?

> **정답** 적화식
> **해설** 적화식 연소 방식은 연소에 필요한 공기의 전부를 불꽃 주변으로부터 취한 2차 공기에 의해 연소하는 방식으로 ★온도는 900℃ 정도이고 순간온수기, 각종 파일로트 버너가 해당된다.

12. 소비량이 많거나 한랭시 연속적인 가스공급이 가능하며 공급가스의 조성과 발열량을 일정하게 하는 장치의 명칭을 쓰시오.

> **정답** 기화장치(기화기, 강제기화장치)

★★★
01. 다음은 고압가스 종류이다. 물음에 답하시오.

① 산소	② 수소	③ 염소	④ 암모니아
⑤ 시안화수소	⑥ 이산화탄소	⑦ 아세틸렌	⑧ 메탄

(1) 공기보다 무거운 가스를 쓰시오.
(2) 불연성가스를 쓰시오.
(3) 탄화칼슘과 물로 제조하며 용접절단에 사용하는 가스를 쓰시오.
(4) 냄새로 구분하는 가스를 쓰시오.
(5) 6대 온실가스를 쓰시오.

정답 (1) 산소, 염소, 이산화탄소
　　　공기질량 29g보다 무거운, 즉, 밀도가 공기보다 큰 것 파악하기
　　　(산소32, 수소2, 염소71, 암모니아17, 시안화수소27, 이산화탄소44, 아세틸렌26, 메탄16)
　　(2) 불연성가스 : 이산화탄소
　　(3) 아세틸렌
　　(4) 염소, 암모니아, 시안화수소
　　(5) 이산화탄소, 메탄

해설 • 염소 : 황록색의 소독약 냄새
　　• 암모니아 : 자극성 있는 화장실 냄새
　　• 시안화수소 : 복숭아 냄새
　　• 아세틸렌은 냄새가 있으나 구분이 어려움

[온실가스 종류]
이산화탄소, 메탄, 아산화질소(N_2O), 수소불화탄소(HFCs), 과불화탄소(PFCs), 육불화황(SF_6)
암기TIP 수소과 육아 아 이 메? (이북사투리)
　　　(검찰 수사과(수소과) 육아 아입니까?)

02. 다음 물질의 분자식을 쓰시오.

질소 :	산화에틸렌 :

정답 N_2, C_2H_4O

03. 부피10(L)인 용기 내부의 가스가 0℃, 200kPa일 때 온도를 40℃ 상승시키면 내부가스의 압력은 몇 kPa 인가? (단, 압력은 절대압력이다)

계산식 $P_1/T_1 = P_2/T_2$에서 $P_2 = P_1 \times (T_2/T_1)$
$P_2 = 200 \times (40+273)/(0+273) = 229.304$
$P_2 = 229.30$

정답 229.3(kPa · abs)

해설 • 샤를의 법칙 : 압력과 온도는 비례한다. 적용 온도는 절대온도기준
→ 처음 주어진 온도는 절대온도로 환산해야함

> [유사기출] (2023.2회)
> 절대압력 2kPa일 때 5L의 부피는 절대압력 10kPa일 때 그 부피(L)는 얼마인가?(이상기체를 가정)
> **계산식** $PV = P_1V_1$에서 $2kPa \times 5L = 10kPa \times X(L)$, $\therefore X = 1$

★★★
04. 대기압이 755mmHg, 게이지압력이 200kPa일 때 절대압력(kPa)을 구하시오. (단, 대기압은 101.325kPa 이다)

(1) 절대압력 = 대기압(755mmHg) + 게이지압력(200kPa)이므로
(2) 압력환산하면 (755/760) × 101.325 + 200 = 300.658

정답 300.66(kPa)

05. 온도 1K는 몇 ℃인가?

계산식 $K = ℃ + 273$ ($1 = ℃ + 273$)에서 $℃ = -272$
정답 $-272℃$

06. 고압가스 저장시설에서 방호벽을 설치하는 이유를 쓰시오.

정답 가스폭발 및 이상상태 발생시 충격파와 파편비산 등을 차단

07. 저장탱크와 소형저장탱크를 구분하는 저장능력 기준(톤)을 쓰시오.

정답 3톤
해설 저장소 : 5톤 이상, 저장탱크 : 3톤 이상, 소형저장탱크 : 3톤 미만

08. 액화천연가스의 주성분인 메탄의 화학반응식을 쓰시오.

정답 $CH_4 + 2O_2 \rightarrow CO_2 + 2H_2O$
해설 ① 액화천연가스(LNG)의 주성분은 메탄(연소범위 : 5~15%)
② 연소시 담청색의 불꽃을 내며 잘 연소된다.
$CH_4 + 2O_2 \rightarrow CO_2 + 2H_2O + 212.8kcal$
③ 수증기 개질법 : 니켈 촉매를 사용하여 고온에서 수증기 가스화제로 수성가스 생성
$CH_4 + H_2O \rightarrow CO + 3H_2 - 49.3kcal$

09. LPG의 주성분 2가지를 기술하시오.

정답 프로판, 부탄

10. 유체 중에 그 수온이 증기압보다 압력이 낮은 부분이 생기면 증발을 일으키고 작은 기포가 다수 발생되는 펌프의 이상현상을 무엇이라 하는가?

> **정답** 캐비테이션(Cavitation) : 공동현상
> **해설** 펌프의 이상현상 : 캐비테이션
> ① **발생조건**
> ㉠ 흡입 양정이 지나치게 길 때
> ㉡ 과속으로 유량이 증대될 때
> ㉢ 흡입관 입구 등에서 마찰저항 증가 시
> ㉣ 관로 내의 온도가 상승될 때
> ② **방지대책**
> ㉠ 양 흡입 펌프를 사용한다.
> ㉡ 펌프의 회전수를 낮춘다.
> ㉢ 펌프의 설치위치를 낮추어 흡입양정을 짧게 한다.
> ㉣ 관경을 크게 하고 흡입측의 저항과 유속을 줄인다.
> ㉤ 수직축 펌프를 사용하고 회전차를 수중에 잠기게 한다.
> ㉥ 펌프를 두 대 이상 설치한다.

11. 가연물 연소시 산소농도가 증가할 경우 보기에서 선택하시오.

높아진다, 낮아진다, 넓어진다, 좁아진다, 빨라진다, 늦어진다

가. 연소속도 :	나. 폭발범위 :
다. 발화온도 :	라. 화염온도 :

> **정답** 빨라진다. 넓어진다. 낮아진다. 높아진다

12. 고압가스 제조시설에서 가연성가스(아세틸렌, 에틸렌, 수소 제외) 중 산소의 용량이 전체용량의 4% 이상일 경우와 산소 중 아세틸렌, 에틸렌, 수소의 용량이 전체용량의 2% 이상일 경우 금지하는 것은 무엇인가?

> **정답** 압축(금지)

01. 다음은 고압가스 종류이다. 물음에 번호로 쓰시오.

① 산소	② 수소	③ 에틸렌	④ 일산화탄소	
⑤ 아세틸렌	⑥ 암모니아	⑦ 불소	⑧ 에탄	⑨ 메탄

(1) 공기보다 무거운 가스를 번호로 쓰시오.
(2) 올레핀계 탄화수소 가스를 번호로 쓰시오.
(3) 조연성 가스를 번호로 쓰시오.
(4) 냄새가 나지 않는 가스를 번호로 쓰시오.
(5) 비점이 제일 낮은 가스를 번호로 쓰시오.

[정답] (1) 산소, 불소, 에탄
　　　공기질량 29g보다 무거운 것 파악하기
　　　(산소 32, 수소 2, 불소 38, 암모니아 17, 일산화탄소 28, 메탄 16, 에틸렌(C_2H_4) 28, 에탄(C_2H_6) 30, 아세틸렌 26)
　　(2) 에틸렌
　　(3) 산소, 불소
　　(4) 산소, 수소, 일산화탄소, 메탄
　　(5) 수소
[해설] • 염소: 황록색의 소독약 냄새
　　　암모니아: 자극성 있는 화장실 냄새
　　　시안화수소: 복숭아 냄새
　　　아세틸렌: 불순물포함시 역겨운 냄새
　　　에탄: 달달한 향
　　• 비점: 산소 −183℃, 수소 −252.5℃, 암모니아 −33.3℃, 메탄 −161.5℃,
　　　　아세틸렌 −84℃, 질소 −195.8℃, 아르곤 −186℃, 헬륨 −269℃

02. 다음 물질의 분자식을 쓰시오.

염화메탄 :	일산화탄소 :

[정답] CH_3Cl, CO

03. 내용적 10(L), 압력 5atm 가스를 일정한 온도에서 2(L) 용기로 이동 시 압력은 몇 atm인가? (단, 압력은 절대압력이다.)

> 계산식 $P_1V_1 = P_2V_2$에서 $P_2 = P_1 \times (V_1/V_2)$
> $P_2 = 5 \times (10/2) = 25$
> 정답 25(atm · abs)
> 해설 • 보일의 법칙 : 압력과 부피는 반비례한다. 적용 압력은 절대압력기준이다.
>
> > [유사기출] (2023.2회)
> > 절대압력 2kPa일 때 5L의 부피는 절대압력 10kPa일 때 그 부피(L)는 얼마인가?(이상기체를 가정)
> > 계산식 $PV = P_1V_1$에서 $2kPa \times 5L = 10kPa \times X(L)$, $\therefore X = 1$

04. 비중이 0.8이고 액체높이가 8m일 경우 수은주는 몇 mmHg인가? (단, 수은의 비중 13.6)

> 해설 (1) 압력 = r(액비중: g/㎤) × h(액주높이), P = rh 적용
> (2) 액체압력 = (0.8/1000)(g/㎤) × 800㎠ = 0.64(kgf/㎠)
> (3) 압력변환 = (0.64/1.0332) × 760 = 470.770
> 정답 470.77(mmHg)

05. 온도 40℃는 몇 ℉인가?

> 계산식 ℉ = 1.8℃ + 32 (℉ = 1.8 × 40℃ + 32)에서 ℉ = 104
> 정답 104℉

06. 도시가스 공급시설에 설치되는 정압기의 설치목적을 기술하시오.

> 정답 도시가스 압력을 2차측, 즉 수요처에 맞게 감압하여 허용압력범위로 유지 정압하고 가스흐름이 불안정할 경우에 2차측 압력상승을 방지하는 폐쇄기능을 갖는 장치로 정압기실의 가스공급의 안정성을 확보하기 위해 설치하며 정압기는 압력조정기와 그 부속설비를 통칭하는 하나의 집합설비인 유니트(Unit)이다.

07. 암모니아 저장탱크의 내용적 24000L, 비중 0.58일 경우 충전 시 저장능력은 얼마인가?

> 계산식 $W = 0.9 \cdot d \cdot V_2 = 0.9 \times 0.58 \times 24000 = 12,528(kg)$
> 정답 12,528(kg)

> **[유사기출]** (2023.4회)
> 저장탱크와 소형저장탱크를 구분하는 저장능력 기준(톤)을 쓰시오.
> 정답 3톤
> 비교 저장탱크 : 3t 이상, 소형저장탱크 : 3t 미만

08. 프로판 $1Sm^3$를 (1) 완전연소반응식과 (2) 이론공기량(Sm^3)을 쓰시오. (단, 공기 중 산소비율 21v%)

> 정답 및 해설 (1) 완전연소반응식 : $C_3H_8 + 5O_2 \rightarrow 3CO_2 + 4H_2O$　　(2) 23.81(Sm^3)
> [A_0(이론공기량) 계산]
>
> $$C_mH_n + (m + \frac{n}{4})O_2 \rightarrow mCO_2 + \left(\frac{n}{2}\right)H_2O$$
>
> 이론공기량 $A_0 = \dfrac{O_o}{0.21}$ 에서 $\dfrac{\left(m + \dfrac{n}{4}\right)}{0.21}$ 이므로
>
> [이론산소량(O_o)] $C_mH_n + \left(m + \dfrac{n}{4}\right)O_2$에서 산소의 몰수
>
> 예 $C_3H_8 + \left(3 + \dfrac{8}{4}\right) = 5$, C_3H_8의 $O_o = 5$
>
> A_0(이론공기량) : 5 / 0.21 = 23.809

09. 염소가스의 분류를 고르시오.

> 염소는 (압축, 액화)가스, 성질상(가연성, 조연성, 불연성)가스, (독성, 비독성)가스이다.

정답 액화가스, 조연성가스, 독성가스

10. 도시가스 매설배관 시 전기방식법 3가지를 쓰시오.

정답 희생양극법, 외부전원법, 배류법(선택배류, 강제배류)

11. 도시가스 사용시설 중 가스누출경보(통보) 장치의 구성 3가지를 쓰시오.

정답 검지부, 제어부, 차단부

> 1. 동영상문제가 필답형문제로 처음 기출된 사례임.
> 2. [기출문제 2021년] 연소방식 종류
>   ① 접촉연소방식(가연성가스), ② 격막 갈바니 전지방식(산소), ③ 반도체 방식(독성·가연성)

12. 다음 빈칸에 들어갈 말을 순서대로 쓰시오.

> 액화석유가스시설의 수리 등을 할 때에는 가스공급을 차단하기 위해 필요한 안전조치를 하고, 그 내부의 가스를 불활성가스 또는 (　　)등 해당 가스와 반응하지 않는 가스 또는 액체로 치환한다.
> 잔류가스를 대기 중에 방출할 경우에는 방출한 가스의 착지농도가 액화석유가스 폭발하한계의 (　　) 이하가 되도록 방출관으로부터 서서히 방출한다.

정답 물, 1/4

[신출문제] KGS FU433(저장탱크에 의한 액화석유가스의 시설·기술·검사 기준) 2023.11.7. 개정
3.4 수리·청소 및 철거기준　2023.11.7. 개정
　규칙 별표 20 제1호나목3)에 따라 사용시설 중 액화석유가스가 통하는 설비를 수리·청소 및 철거하는 때에는 그 작업의 안전 확보와 그 설비의 작동성 유지를 위하여 다음 기준에 따라 안전하고 확실하게 작업한다. 〈개정 15.10.2.〉
3.4.1 수리·청소 및 철거 준비
3.4.1.1 가스시설의 수리·청소 및 철거(이하 "수리등"이라 한다)를 할 때에는 해당 수리등의 작업내용, 일정, 책임자 그 밖의 작업담당구분, 지휘체제, 안전상의 조치, 소요자재 등을 정한 작업계획을 미리 해당 작업의 책임자 및 관계자에게 주지시키는 동시에 그 작업계획과 해당 책임자의 감독 하에 수리등 작업을 실시한다. 〈개정 21.7.5.〉

3.4.1.2 가스시설의 수리 등을 할 때에는 가스공급을 차단하기 위해 필요한 안전조치를 하고, 다음 기준에 따라 미리 그 내부의 가스를 불활성가스 또는 물 등 해당 가스와 반응하지 않는 가스 또는 액체로 치환한다. 〈개정 21.7.5.〉

3.4.1.2.1 가스시설의 내부가스를 그 압력이 대기압 가까이 될 때까지 다른 저장탱크 등에 회수한 후 잔류가스를 서서히 안전하게 방출하거나 연소장치에 유도하여 연소시키는 방법으로 대기압이 될 때까지 방출한다. 〈개정 21.7.5.〉

3.4.1.2.2 3.4.1.2.1에 따라 처리를 한 후에는 잔류가스를 불활성가스 또는 물이나 스팀 등 해당 가스와 반응하지 않는 가스 또는 액체로 서서히 치환한다. 이 경우에 가스방출 방법은 3.4.1.2.1의 방법을 따른다.

3.4.1.2.3 3.4.1.2.1 및 3.4.1.2.2의 잔류가스를 대기 중에 방출할 경우에는 방출한 가스의 착지농도가 액화석유가스 폭발하한계의 1/4 이하가 되도록 방출관으로부터 서서히 방출한다. 이 농도확인은 가스검지기 그 밖에 해당 가스농도 식별에 적합한 분석방법(이하 "가스검지기 등"이라 한다)으로 한다.

3.4.1.2.4 치환 결과를 가스검지기 등으로 측정하고 액화석유가스의 농도가 폭발하한계의 1/4 이하가 될 때까지 치환을 계속(係屬)한다.

★★★

01. 다음은 고압가스 종류이다. 물음에 번호로 쓰시오. [5점]

① 수소	② 산소	③ 질소	④ 불소
⑤ 황화수소	⑥ 일산화탄소	⑦ 이산화탄소	⑧ 메탄

(1) 공기보다 무거운 가스를 쓰시오.
(2) 독성가스 종류를 쓰시오.
(3) 조연성가스 종류를 쓰시오.
(4) 공기액화분리장치에서 제조되는 가스를 쓰시오.
(5) 6대온실가스를 쓰시오.

해설 (1) 산소, 불소, 황화수소, 이산화탄소
　　　분자량 파악하기 공기29와 비교
　　　산소32, 수소2, 이산화탄소44, 일산화탄소28, 황화수소34, 불소38, 메탄16, 불소38
(2) 불소, 황화수소, 일산화탄소
(3) 산소, 불소
(4) 산소, 질소
(5) 이산화탄소, 메탄
　　• 가연성이면서 독성이 강한 가스 (일명: 독,가)
　　　이황화탄소, 황화수소, 시안화수소, 브롬화메탄, 산화에틸렌, 염화메탄, 일산화탄소, 암모니아
　　　암기TIP 이황시 / 브롬산에/ 염탄일암
　　• 온실가스 종류 : 이산화탄소, 메탄, 아산화질소(N_2O), 수소불화탄소(HFCs), 과불화탄소(PFCs), 육불화황(SF_6)

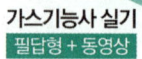

02. 다음 물질의 분자식을 쓰시오.

수소 :	포스핀 :	시안화수소 :

정답 H_2, PH_3, HCN

★★

03. 27℃의 기체가 압력이 100kPa, 체적이 2L를 가지고 있다. 압력을 200kPa로 상승시 체적은 얼마인가? 그리고 적용되는 법칙을 쓰시오.

해설 1) 계산식 보일의 법칙 PV = P′V′(온도일정)공식 적용하면
(100+101.325) × 2L = (200+101.325) × XL에서   X = 1.336
정답 1.34(L)

2) 보일의 법칙 [2021년 1회 04번 기출문제]
기체의 법칙(계산시, 비교대상 있을 것)/ 압력은 절대압력기준
① 보일의 법칙 : 온도가 일정할 때 체적(부피)은 압력에 반비례한다.
T = 일정, PV = P′V′

[유사기출] (2023.2회)
절대압력 2kPa일 때 5L의 부피는 절대압력 10kPa일 때 그 부피(L)는 얼마인가?(이상기체를 가정)
계산식 PV = P_1V_1에서 2kPa × 5L = 10kPa × (L)
정답 1(L)

★★

04. 에탄 1S㎥를 완전연소할 경우 산소량(S㎥)을 구하시오. (단, 공기 중 산소비율 21v%) [5점]

해설 (1) 완전연소반응식 $C_mH_n + (m + \frac{n}{4})O_2 \rightarrow mCO_2 + \left(\frac{n}{2}\right)H_2O$

$C_2H_6 + 3.5O_2 \rightarrow 2CO_2 + 3H_2O$

(2) 산소량 계산
22.4㎥ : 3.5×22.4㎥
1㎥ : X (O_o)㎥
∴ Xm³ = (1 × 3.5×22.4)/22.4 = 3.5(㎥)

정답 3.5(S㎥)

★★

05. 연소의 3요소(①)와 탄소의 완전연소반응식(②)을 쓰시오.

①	②

정답 및 해설 2021년 4회 기출문제

① 연소의 3요소 (암기TIP 가산점)
  ▷ 가연물
  ▷ 산소공급원(자연성 물질의 공급)
  ▷ 점화원(연소반응에 필요한 에너지 공급)

② 탄화수소의 완전연소반응식 $C_mH_n + \left(\dfrac{n}{4}+m\right)O_2 \rightarrow mCO_2 + \dfrac{n}{2}H_2O$

• 탄소 : $C + O_2 = CO_2 + 8,100(kcal/kg)$

  (불완전연소일 경우 : $C + \dfrac{1}{2}O_2 = CO$)

• 수소 : (액체) $H_2 + \dfrac{1}{2}O_2 = H_2O + 34,200(kcal/kg)$

  (기체) $H_2 + \dfrac{1}{2}O_2 = H_2O + 28,800(kcal/kg)$

• 황 : $S + O_2 = SO_2 + 2,500(kcal/kg)$

★

06. 1atm 압력을 각각 환산하시오.

(1) Pa	(2) mmHg	(3) mbar	(4) mH₂O

정답 및 해설

압력 변환 $1\ atm = 1.0332\ kgf/cm^2 = 14.7\ Lb/in^2a(PSiA) = 0\ Lb/in^2(PSi)$
= 760 mmHg = 10.332 mH₂O(Aq) = 10332 mmH₂O
= 76 cmHg = 1.01325 bar = 1013.25 mbar = 1013.25 hpa
= 30 inHg = 0.101325 MPa = 101.325 kPa = 101325 Pa (N/m²)

★★★

07. 온도계 분류 중 비접촉식 온도계를 1개 이상 쓰시오.

①	②	③

정답 광고온도계, 광전관온도계, 방사온도계, 색온도계

해설 2021년 4회 기출문제

비접촉식 (이동물체 측정)	비접촉식	종류 : 광 고온도계 / 광전관 / 방사(복사) / 색온도계
		광 고온도계 ·Optical pyrometer, 전구 필라멘트 밝기를 비교, 개인차가 존재
		광전관 ·개인차 발생 없고, 연속 측정, 자동제어기록 가능
		방사(복사) ·스테판─볼쯔만 법칙 이용, 열량은 온도4승에 비례, 측정거리 제한(○)
		색온도계 600℃ 이상시 발광 시작 온도분류 1000℃ 오렌지색 1500℃ 눈부신 황백색 2000℃ 매우 눈부신 백색 2500℃ 푸른기 있는 백색

★ 신출유형
08. 정전기제거 및 방지법을 기술하시오.

정답 및 해설

① 접지법 : 지표면으로 전류를 보내 제거하며 접지저항측정기로 접지저항값의 총 합이 100Ω 이하
     (단독접지 : 탑류, 탱크류, 열교환기, 벤트스택, 회전기계)
② 본딩법 : 등전위 접지법으로 회전기계, 가스배관은 본딩용 접선 및 접지 접속선을 전기접지시스템과 연결.
     접속단면적은 $5.5mm^2$ 이상
③ 정전기제거장치 사용법 : 제거장치를 이용하여 정전기를 방전시킨다.

09. 도시가스 누출시 가스누출여부를 인지하기 위해 1/1000 농도로 첨가하는 것은 무엇인가?

정답 및 해설 홍까스 가스기능사 필답형 모의고사 10강 10번 / 2022년 1회 유사
명칭 : 부취제 (종류 : DMS, TBM, THT)

10. LPG저장시설에서 강제 기화장치 중 기화기 설치시 장점을 2가지 쓰시오.

> 정답 및 해설 2023년 3회 유사
> ① 소비량이 많거나 한랭시 연속적인 가스공급이 가능
> ② 공급가스의 조성과 발열량을 일정하게 유지
> ③ 기화량을 가감할 수 있다.
> ④ 설치면적 적고 설비비 및 인건비가 절약된다.(기능장 필답기출)

11. 다음 혼합가스의 평균분자량을 구하시오.

질소 50%	산소 20%	이산화탄소 30%

> 계산식 $(28 \times 0.5 + 32 \times 0.2 + 44 \times 0.3) = 33.6$
> 정답 33.6

12. 다음 설명은 열평형의 법칙이다. 열역학 몇 법칙인가?

"어떤 2개의 물체가 또 다른 제3의 물체와 서로 열평형을 이루고 있으면 그 2개의 물체도 서로 열평형 상태이다."

정답 열역학 제0법칙

해설 가스기능사 필기/에너지관리기능장 필기기출

1) 0법칙 (평형법칙) [열] 고온 →(이동) 저온 : 평형

2) 1법칙 (에너지보존법칙)/가역변화

① Q ⇄ W (가역)   ② 가역단열과정은 등엔트로피과정

$$Q = AW \longrightarrow kgf \cdot m$$

열(kcal)   일에 대한 열당량 $\dfrac{1}{427}\left(kcal / kgf \cdot m \right)$

3) 2법칙 (이동, 방향성 법칙)/비가역변화

① Q ⇄(×) W (비가역) 열   일

② 클라시우스 법칙 (clausius 표현)

$$(비가역)\ \oint \frac{\Delta Q}{T} < 0, \quad 부등식\ \oint \frac{\Delta Q}{T} \leq 0$$

③ 캘빈 플랭크 법칙 (kelvin-Plank 표현)
– 어느 기관이든 100% 열효율기관은 없다.

가스전문가
홍까스와 함께하는
가스기능사 과년도

시행: 2024년(3회) 2024.8.18(일)

★★★
01. 다음 보기의 가스중에서 설명에 해당하는 것을 모두 골라 그 번호를 쓰시오. [5점]

① 산소	② 질소	③ 메탄	④ 불소	⑤ 프로판
⑥ 일산화탄소	⑦ 아세틸렌	⑧ 포스겐	⑨ 산화에틸렌	

(1) 독성가스 종류를 쓰시오.
(2) 가연성가스 종류를 쓰시오.
(3) ① 확산속도가 가장 느린 것은?
    ② 확산속도가 가장 빠른 것은?
(4) 끓는점이 가장 낮은 것을 쓰시오.
(5) 물과 반응하여 독성물질이 나오는 것은?

정답 및 해설

(1) 불소, 일산화탄소, 포스겐, 산화에틸렌
(2) 메탄, 프로판, 산화에틸렌, 일산화탄소, 아세틸렌
(3) 확산속도는 분자량(질량)에 반비례 (분자량 비교: 공기 29g)
　산소 32, 일산화탄소 28, 메탄 16, 프로판 44, 불소 38
　아세틸렌(C_2H_2) 26, 산화에틸렌(C_2H_4O) 44, 포스겐 99
　① 포스겐 99
　② 메탄 16
(4) 질소(비점: 질소 -195.8, 메탄 -161.5, 산소 -183, 아르곤 -186)
(5) 포스겐
　① 활성탄 촉매로 일산화탄소와 염소를 반응시켜 제조한다.
　　$CO + Cl_2 \rightarrow COCl_2$
　② $COCl_2 + H_2O \rightarrow CO_2 + 2HCl$ (염산)

[가연성이면서 독성이 강한 가스(일명: 독, 가)]
이황화탄소, 황화수소, 시안화수소, 브롬화메탄, 산화에틸렌, 염화메탄, 일산화탄소, 암모니아
암기TIP) 이황시 / 브롬산에 / 염탄일암

02. 다음 물질의 분자식을 쓰시오.

산화질소 :	황화수소 :	클로로메탄 :	에틸렌 :

정답 NO H_2S CH_3Cl C_2H_4

주의 이산화질소 NO_2와 아산화질소 N_2O 구분 주의
또한 클로로메탄은 정확히 클로로메틸(염화메틸 CH_3Cl) 이다.

03. 0℃의 압력이 1atm, 체적이 5.6L를 가지는 산소의 몰수는 얼마인가?

1) 계산식:

2) 정답:

계산식 **이상기체방정식**

(1) $PV = nRT = \dfrac{W}{M}RT$, $n(몰수) : \dfrac{W(질량)}{M(분자량)}$

여기서, W : 질량(g) V : 체적(L)
M : 분자량(g) T : 절대온도(K)
P : 압력(atm) R : 기체상수(0.082L · atm/mol · K)

$PV = nRT = \dfrac{W}{M}RT$, $n(몰수)$

$n = \dfrac{PV}{RT}$에서 $\dfrac{1 \times 5.6}{0.082 \times (273 + 0)} = 0.2501$

별해 5.6L ÷ 22.4L = 0.25몰

정답 (2) 0.25몰

> [아보가드로 법칙]
> 모든 기체 1mol은 표준상태(0℃, 1atm)에서 부피는 22.4L이고, 원자수는 6.02×10^{23} 이다.

★★
04. 탄소 1kg을 완전연소할 경우 이론산소량(kg)을 구하시오.(단, 공기 중 산소비율 21v%)

해설 (1) 탄화수소의 완전연소반응식

$$C_mH_n + \left(m+\frac{n}{4}\right)O_2 \rightarrow mCO_2 + \left(\frac{n}{2}\right)H_2O$$

① $C + O_2 = CO_2 + 8{,}100(kcal/kg)$

(불완전연소일 경우: $C + \frac{1}{2}O_2 = CO$)

② (액체) $H_2 + \frac{1}{2}O_2 = H_2O + 34{,}200(kcal/kg)$

(기체) $H_2 + \frac{1}{2}O_2 = H_2O + 28{,}800(kcal/kg)$

③ $S + O_2 = SO_2 + 2{,}500(kcal/kg)$

(2) 이론산소량(O_o) 계산

$C + O_2 \rightarrow CO_2$

12　32

1kg　$x$kg

$x = \frac{1}{12} \times 32kg = 2.666$

정답 2.67(kg)

05. 온도 20℃를 온도변환하시오.

(1) 켈빈온도 :

(2) 화씨온도 :

정답 및 해설

① $K = ℃ + 273$ ($K = 20℃ + 273$)에서 $K = 293$
② $℉ = 1.8℃ + 32$ ($℉ = 1.8 \times 20℃ + 32$)에서 $℉ = 68$

[유사기출] (2023년 2회 기출)
온도 40℃를 절대온도(K)로 변환하시오.
정답 $K = ℃ + 273$에서 $40℃ + 273 = 313$

★★★
06. 다음은 정압기의 구조에 대한 설명이다. 적합한 용어를 완성하시오.　　　　[2021년 2회 기출]

> 정압기는 2차 압력을 감지하여 그 2차 압력의 변동을 메인밸브에 전달하는 (①), 2차측의 사용압력에 조정압력으로 설정하는 부분인 (②), 마지막으로 가스의 유량을 밸브의 열린 정도에 의해 직접 조정하는 (③)부분으로 구성되어 있다.

정답 ① 다이어프램 ② 스프링 ③ 메인밸브(조정밸브)

해설 1. **정압기란** : 도시가스 압력을 2차측, 즉 수요처에 맞게 감압하여 허용압력범위로 유지 정압하고 가스흐름이 불안정할 경우에 2차측 압력상승을 방지하는 폐쇄기능을 갖는 기기로 정압기용 압력조정기와 그 부속설비를 지칭한다. 정압기는 하나의 집합설비인 유니트(Unit)이다.

2. **정압기의 3대구조와 역활**

(1) 다이어프램(Diaphragm) – 감지부(Sensing element)

　　2차압력(사용측 압력)을 감지하여 그 사용유량(압력 변동)에 따라 상하로 움직이면서 메인밸브를 작동시킨다.

(2) 스프링(Spring) – 부하부(Loading element)

　　2차압력(사용측 압력)을 설정하는 것으로 일정한 스프링 힘에 의하여 2차측 유량변화에 따른 압력조절이 가능하도록 한다.

(3) 메인밸브(Main valve) – 제어부(Restricting element)

　　가스의 흐름을 제어하기 위한 것으로서 밸브의 열림정도에 의해 직접조정한다.

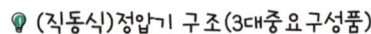

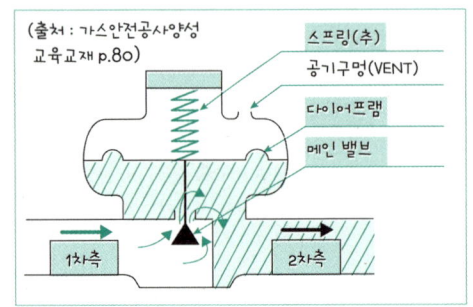

07. 다음은 방폭전기기기의 용어에 대한 설명이다. 해당하는 구조의 기호를 쓰시오.

> (   )이란 대형가스 사고를 방지하기 위하여 오래되어 낡은 고압가스 제조시설의 가동을 중지한 상태에서 가스안전관리 전문기관이 정기적으로 첨단장비와 기술을 이용하여 잠재된 위험요소와 원인을 찾아내고 그 제거방법을 제시하는 것을 말한다.

> **정답** 정밀안전검진
> **해설** **용어정의**
> 고압가스 제조의 시설 · 기술 · 검사 · 감리 · 정밀안전검진 기준

08. 방폭전기기기의 설명이다. 해당하는 구조의 기호를 쓰시오.

> 용기 내부에 보호가스, 질소 등의 불활성 가스를 압입하여 내부 압력을 유지함으로써 가연성 가스가 용기 내부로 유입되지 아니하도록 한 구조

> **정답** Ex d
> **해설** 2025년 개정된 방폭구조

[방폭구조 및 그 정의]

방폭구조	정의
내압방폭구조 (Ex d)	기기의 외함 내부에서 가연성가스의 폭발이 발생할 경우 그 외함이 폭발압력에 견디고, 접합면, 개구부 등을 통해 외부의 가연성가스에 인화되지 아니하도록 한 방폭구조
안전증방폭구조 (Ex e)	정상작동상태 중 또는 특정한 비정상상태에서 가연성가스의 점화원이 될 수 있는 전기불꽃—아크 또는 고온부분의 발생을 방지하기 위하여 안전도를 증가시킨 방폭구조
본질안전방폭구조 (Ex i)	폭발성분위기에 노출되는 기기 및 연결 배선 내의 에너지를 스파크 또는 가열효과에 의하여 점화를 유발할 수 있는 수준 이하로 제한하는 방폭구조
압력방폭구조 (Ex p)	외함 내부의 보호가스 압력을 외부 대기 압력보다 높게 유지함으로써 외부 대기가 외함 내부로 유입되지 아니하도록 한 방폭 구조
비점화방폭구조 (Ex n)	정상작동 및 특정 이상상태에서 주위의 폭발성 분위기를 점화시키지 아니하는 전기기계 및 기구에 적용하는 방폭구조
유입방폭구조 (Ex o)	전기기기 전체 또는 전기기기의 일부를 보호액체에 잠기게 함으로써 보호액체의 상부 또는 외함 외부에 존재하는 폭발성가스분위기에 점화가 일어나지 아니하도록 한 방폭구조
충전방폭구조 (Ex q)	폭발성가스분위기에 점화를 유발할 수 있는 부분을 고정설치하고 그 주위 전체를 충전물질로 둘러쌈으로써 외부 폭발성분위기에 점화가 일어나지 아니하도록 한 방폭구조
몰드방폭구조 (Ex m)	폭발성분위기에 점화를 유발할 수 있는 부분에 컴파운드를 충전함으로써 설치 및 운전 조건에서 폭발성분위기에 점화가 일어나지 아니하도록 한 방폭구조

09. 다음 고압가스의 충전용기 보관기준에 관한 사항이다. ( )을 완성하시오.

○ 충전용기와 잔가스용기는 각각 구분하여 놓을 것
　① 용기보관장소의 주위 ( )m 이내에는 화기 또는 인화성물질이나 발화성물질을 두지 말 것
　② 충전용기(내용적이 5L 이하인 것은 제외한다)에는 넘어짐 등에 의한 충격 및 ( )의 손상을 방지하는
　　 등의 조치를 할 것(캡 부착)
　③ 충전용기는 항상 ( )℃ 이하의 온도를 유지하고, 직사광선을 받지 않도록 조치할 것
　④ 가연성가스 용기보관장소에는 ( ) 휴대용 손전등 이외의 등화를 휴대금지
○ 용기보관장소에는 계량기등 작업에 필요한 물건 외에는 두지 말 것

정답 및 해설

실기기출: 2021.1회차 해설을 학습한 경우 득점할 문제
고압가스 안전관리법 시행규칙 [별표 8] 고압가스 저장·사용의 시설·기술·검사 기준 〈개정 2022.6.2.〉
－ 충전용기와 잔가스용기는 각각 구분하여 놓을 것
－ 가연성, 독성, 산소 용기는 각각 구분하여 놓을 것
－ 계량기등 작업에 필요한 물건 외에는 두지 말 것
－ 용기보관 장소 주위 2m 이내에 화기, 인화성, 발화성 물질을 두지 말 것
－ 충전용기(내용적이 5L 이하인 것은 제외한다)에는 넘어짐 등에 의한 충격 및 밸브의 손상을 방지하는 등의
　 조치를 하고 난폭한 취급을 하지 않을 것
－ 충전용기는 40℃ 이하 유지, 직사광선 받지 않도록 할 것
－ 가연성용기 보관 장소에는 방폭형 휴대용 손전등 이외의 등화 휴대 금지

[유사기출] (2021년 1회 기출)
고압가스의 충전용기는 항상 몇 ℃ 이하의 온도를 유지하여야 하는가? 40℃ 이하

★ 신출유형

10. 액화석유가스 사용시설의 연소기 설치방법과 관련하여 (   )에 알맞은 것을 쓰시오.

> 밀폐형 연소기 : 급기구, 배기통과 벽과의 사이에 배기 가스가 실내에 들어올 수 없게 한다.
> ① 반밀폐형 연소기는 (   )을(를) 설치한다.
> ② 개방형 연소기를 설치한 실에는 (   )를 설치한다.
> ③ 가스온풍기는 (   )이 가스온풍기에서 이탈되지 않도록 (   )이 가연성물질로 된 벽 또는 천정 등을 통과
>   하는 경우에는 금속 외의 불연성재료로 단열조치를 한다. (   )의 재료는 스테인리스강판 또는 배기가스
>   및 응축수에 내열·내식성이 있는 것으로 한다.
> ④ 가스온풍기와 (   )은 나사식이나 (   )등으로 접합한다.

정답 및 해설

KGS FU431 용기에 의한 액화석유가스 사용시설의 시설·기술·검사 기준
① 2.7.2.2 반밀폐형연소기는 급기구와 배기통을 설치한다.
② 2.7.2.1 개방형연소기를 설치한 실에는 환풍기나 환기구를 설치하는 등 수시로 환기가 가능하도록 한다. 〈개
  정 13.6.27〉
③ 2.7.2.8 가스온풍기는 배기통이 가스온풍기에서 이탈되지 않도록 다음 기준에 따라 설치한다. 〈신설 09.12.2〉
  배기통이 가연성물질로 된 벽 또는 천정 등을 통과하는 경우에는 금속 외의 불연성재료로 단열조치를 한다.
④ 2.7.2.8.1 가스온풍기와 배기통은 나사식이나 플랜지식 또는 밴드식 등으로 접합한다.
  2.7.2.8.2 배기통의 재료는 스테인리스강판 또는 배기가스 및 응축수에 내열·내식성이 있는 것으로 한다.

2.7 연소기 기준
2.7.1 가스보일러 및 가스온수기 설치
  가스보일러나 가스온수기는 GC208(주거용 가스보일러의 설치·검사 기준) 또는 GC209(상업·산업용가
  스보일러의 설치·검사 기준)에 따른다.
  다만, 개방형 가스온수기(실내에서 연소용 공기를 흡입하고 폐가스를 실내로 방출하는 가스온수기)는 설
  치하지 않는다. 〈개정 12.6.26, 17.9.29〉
2.7.2 그 밖의 연소기(연료전지 제외) 설치기준 〈개정 12.6.26〉
2.7.2.1 개방형연소기를 설치한 실에는 환풍기나 환기구를 설치하는 등 수시로 환기가 가능하도록 한다. 〈개정
  13.6.27〉
2.7.2.2 반밀폐형연소기는 급기구와 배기통을 설치한다.
2.7.2.3 배기통의 재료는 스테인리스강판이나 배기가스 및 응축수에 내열·내식성이 있는 재료를 사용한다. 〈개
  정 09.12.2〉
2.7.2.4 배기통이 가연성물질로 된 벽 또는 천장 등을 통과하는 경우에는 금속 외의 불연성재료로 단열조치를
  한다.
2.7.2.5 자연배기식 반밀폐형 및 밀폐형 연소기의 배기통 끝은 배기를 방해하지 않는 구조로, 장애물 또는 외기
  의 흐름에 따라 배기를 방해하지 않는 위치에 설치한다.
2.7.2.6 밀폐형 연소기는 급기구·배기통과 벽 사이를 배기가스가 실내로 들어올 수 없게 밀폐한다.

2.7.2.7 배기팬이 있는 밀폐형 또는 반밀폐형의 연소기를 설치한 경우에는 그 배기팬의 배기가스와 접촉하는 부분의 재료를 불연성재료로 한다.

2.7.2.8 가스온풍기는 배기통이 가스온풍기에서 이탈되지 않도록 다음 기준에 따라 설치한다. 〈신설 09.12.2〉

2.7.2.8.1 가스온풍기와 배기통은 나사식이나 플랜지식 또는 밴드식 등으로 접합한다.

2.7.2.8.2 배기통의 재료는 스테인리스강판 또는 배기가스 및 응축수에 내열·내식성이 있는 것으로 한다.

2.7.2.8.4 배기통의 호칭지름은 가스온풍기의 배기통접속부의 호칭지름과 동일한 것으로 하며, 배기통과 가스온풍기의 접속부 및 배기통과 배기통의 접속부는 내열실리콘 등(석고붕대는 제외한다)으로 마감조치하여 기밀이 유지되도록 한다. 〈개정 10.8.31〉

[유사기출] KGS FU431 / 가스기능장 2023.7 4회 (필답형)

밀폐식 가스보일러 설치기준 중 배기통의 접합방법 1가지는?

(1) 가스보일러와 배기통의 접합방법 : 나사식, 플랜지식, 리브식

(2) 연통과 연통의 접합방법 : 나사식, 플랜지식, 연통일체형밴드조임식 또는 리브식

암기TIP (김민재선수의 나플리 밀폐수비)

[★★] 홍까스 가스기능사필기 안전관리법 P210-452 예상문제

452. 액화석유가스 사용시설의 연소기 설치방법으로 옳지 않은 것은?

① 밀폐형 연소기는 급기구, 배기통과 벽과의 사이에 배기가스가 실내로 들어올 수 없게 한다.

② 반밀폐형 연소기는 급기구와 배기통을 설치한다.

③ 개방형 연소기를 설치한 실에는 환풍기 또는 환기구를 설치한다.

④ 배기통이 가연성 물질로 된 벽을 통과시에는 금속등 불연성 재료로 단열조치를 한다.

(×)

정답 ④

---

11. 도시가스의 사용시설에 사용되는 장치로서 가스사용량을 계산하며, 사용시 사용유량에 정밀하고 정확하여 측정 중 내구성과 기밀성, 안전성의 오차범위가 없어야 하는 이것의 명칭을 쓰시오.

정답 가스계량기(가스미터기, 가스안전계량기)

12. 가스제조시설의 자동제어 장점 5가지를 기술하시오. [5점]

① 밸브 및 에츄에이터를 사용함으로 가스흐름을 자동조절 가능
② PID등 공정을 자동관리하는 제어시스템으로 제조효율성 향상
③ 가스 공급시 발생가능한 사고로부터 안전성 향상
④ 공정화를 최적화함으로 생산성 향상
⑤ 가스설비등 설비의 내용연수를 연장
⑥ 공정운영상 발생하는 운영비 감소
⑦ 품질향상에 따른 매출액 증가 및 회사 유보이익 증가
⑧ AI활용과 자동제어의 융복합으로 분산제어가능 및 제어속도 향상

가스전문가
홍까스와 함께하는
필답형
Craftsman Gas

가스기능사 과년도

시행: 2024년(4회) 2024.11.9(토)

★★★

01. 다음은 고압가스의 종류이다. 물음에 번호로 쓰시오. [5점]

① 수소	② 산소	③ 에틸렌	④ 불소
⑤ 암모니아	⑥ 일산화탄소	⑦ 포스겐	⑧ 메탄

(1) 독성가스 종류를 쓰시오.
(2) 조연성가스 종류를 쓰시오.
(3) ① 확산속도가 가장 느린 것은?
　　② 확산속도가 가장 빠른 것은?
(4) 6대온실가스를 모두 고르시오.
(5) 철족의 금속과 고온고압에서 반응하는 가스를 쓰시오.

정답 및 해설

(1) 불소, 암모니아, 일산화탄소, 포스겐
(2) 산소, 불소
(3) 확산속도는 분자량(질량)에 반비례 (분자량 비교: 공기 29g)
　　산소 32, 일산화탄소 28, 메탄 16, 프로판 44, 불소 38
　　에틸렌(C_2H_4) 28, 산화에틸렌(C_2H_4O) 44, 포스겐 99
　　① 포스겐 99
　　② 메탄, 수소
(4) 메탄
(5) 수소, 일산화탄소

[온실가스 종류]
이산화탄소, 메탄, 아산화질소(N_2O), 수소불화탄소(HFCs), 과불화탄소(PFCs), 육불화황(SF_6)

02. 다음 물질의 분자식을 쓰시오

질소 :	아세틸렌 :	아산화질소 :	이황화탄소 :

정답 N_2 C_2H_2 N_2O CS_2

주의 (비교) 이산화질소 NO_2, 아산화질소 N_2O

★★

03. 일산화탄소의 완전연소식을 구하시오.

정답 $CO + \frac{1}{2}O_2 \rightarrow CO_2$ (또는 $2CO + O_2 \rightarrow 2CO_2$)

해설 Co는 코발트이므로 주의요망, 소문자 작성시 모두 오답처리

★

04. 대기압이 101.325kPa이고 게이지압이 10atm일 때 절대압력(atm)으로 환산하면 얼마인가?

계산식 대기압 단일 통일하면 $\left(\frac{101.325kPa}{101.325kPa} \right) \times 1atm = 1atm$

절대압력 = 게이지압력 + 대기압이므로 $10 + 1 = 11$

정답 11(atm)

★★

05. 펌프에서 발생하는 이상현상을 4가지 쓰시오.　　　　　　　　　　　　　　　　　　[2021년 기출]

> 정답 캐비테이션(Cavitation), 베이퍼록, 서징, 워터햄머링

06. LNG의 주성분을 기술하시오.

> 정답 메탄
> 해설 ① 액화천연가스(LNG)의 주성분은 메탄(연소범위: 5 ~ 15%)
> 　　　② 연소시 담청색의 불꽃을 내며 잘 연소된다.
> 　　　　$CH_4 + 2O_2 \rightarrow CO_2 + 2H_2O + 212.8kcal$

★★

07. 다음은 방호벽 설치기준이다. 방호벽 재질이 철근콘크리트의 경우 ① 방호벽 높이와 ② 두께는 얼마인가?　　　　　　　　　　　　　　　　　　　　　　　　　　　　　　　　　　[2022년 1회 기출]

> 정답 ① 2m 이상　② 12cm 이상

★★

08. 액화석유가스(LPG)의 이송방법 3가지를 쓰시오.　　　　　　　　　　　　　　　　[2023년 3회 기출]

> 정답 ① 압력차에 의한 방법 ② 펌프에 의한 방법 ③ 압축기에 의한 방법
>
> ┌───┐
> │ [홍까스 가스기능사필기 P168] │
> │ 206. 액화석유가스(LPG) 이송방법과 관련이 먼 것은? │
> │ ① 압력차에 의한 방법　　　② 온도차에 의한 방법 │
> │ ③ 펌프에 의한 방법　　　　④ 압축기에 의한 방법 │
> └───┘

★
09. 다음은 초저온용기에 대한 설명이다. ( )를 완성하시오. [2021년 4회 기출]

> 초저온용기는 ( ) 온도 이하에서 액화가스를 저장(충전) 하기 위한 용기로서 단열재로 피복 하거나 냉동설비로 냉각하는 등의 방법으로 탱크(용기)내의 가스온도가 상용의 온도를 초과하지 않도록 한 것이며 신규검사항목 중 가장 중요한 항목은 외부침입열량을 검사하는 시험으로 단열성능시험이 있다.

정답 −50℃(또는 섭씨 −50도)
해설 초저온 용기의 전제조건
　　　−50℃ 이하 온도유지와 용기외부를 단열피복하여 상온(20±2℃) 초과 금지.

★★
10. 다음은 가스분석장치의 설명이다. 검지기의 명칭을 쓰시오. [신출(동영상기출)]

> 탐지 장소에 레이저 포인트를 적용하여 0.5~30m 거리에서 메탄 가스의 농도를 선별적으로 감지하며 장비와 탐지 지점 사이의 메탄 가스 밀집 부분 농도는 탐지점(가스 배관, 천장, 벽, 바닥, 지면 등)으로 송신되는 레이저와 탐지점의 반사되는 레이저신호 수신을 통하여 알 수 있는 가스검지기이다. 측정값은 ppm−m으로 표시된다.

정답 (광학식) 레이저 메탄검지기

★★ [신출유형]

11. 다음은 LPG소형저장탱크의 접속 및 충전에 관한 사항이다. ( )를 완성하시오.

1. LPG 소형저장탱크에서 자동차에 고정된 탱크(벌크로리를 포함한다)와 소형저장탱크의 액체라인 및 기체라인 커플링을 접속한 후 충전한다.
2. 벌크로리 측의 호스어셈블리로 충전을 하는 경우에는 충전호스를 호스릴 등에서 풀어 내고, 충전호스 끝의 세이프티커플링 및 소형저장탱크의 세이프티커플링으로부터 캡을 열기 전에 (①)밸브를 열어 압력이 없음을 확인하며, 커플링을 접속한 후에는 액화석유가스 검지기 등을 사용하여 접속부의 가스 누출이 없음을 확인한다.
3. 길이 (②) 이상의 충전호스를 사용하여 충전하는 경우에는 별도의 충전 보조원에게 충전작업 중 충전호스를 감시하게 한다.

정답 ① 블리더 ② 10m
해설 LPG소형저장탱크의 충전 및 이송방법 2022년 2회 5번 해설참조

[탱크로리측 블리더 밸브]   [로딩암측 블리더 밸브]

(출처 : 한국가스안전교육원 LPG P264)

★

12. 다음은 계측기기에 대한 질문이다. 각 질문에 답하시오. [5점] [2022년 2회 기출]

> (1) 측정값과 참값의 차이를 쓰시오.
> (2) 계측기의 측정 결과에 대한 신뢰도를 수량적으로 표시한 척도인 정도에는 정확도와 정밀도로 구분한다. 여기에서 근접여부 즉, 흩어짐이 적은 정도를 무엇이라 하는지 답하시오.
> (3) 측정량의 변화에 민감한 정도를 무엇이라 하는지 기술하시오.

정답 (1) 오차(절대오차) (2) 정밀도 (3) 감도

해설 2022년 2회 5번 해설참조

　　(1) 정도 : 계측기의 측정 결과에 대한 신뢰도를 수량적으로 표시한 척도

　　(2) 감도 : 계측기가 측정량의 변화에 민감한 정도를 나타내는 값

정밀도(精密度)는 동일시료를 동일 계기로서 몇 번을 측정하여도 측정값이 일정하지 않다. 이 일치하지 않는 작은 정도(程度)를 정밀도라 하며 산술적 평균치로 나타낸다. 평균값과 참값의 차가 작은 정도를 정확도라 하고 반복하여 측정하는 경우 산포가 적은 정도를 정밀도라 한다.

★★★

01. 다음은 고압가스 종류이다. 물음에 번호로 쓰시오. [5점]

① 산소	② 질소	③ 메탄	④ 부탄
⑤ 아세틸렌	⑥ 일산화탄소	⑦ 불소	⑧ 에틸렌

(1) 독성가스 종류를 쓰시오.
(2) 불연성가스 종류를 쓰시오.
(3) ① 확산속도가 가장 느린 것은?
　　② 확산속도가 가장 빠른 것은?
(4) 탄화수소가스 중 올레핀계가스를 고르시오.
(5) 가장 위험도가 큰 가스를 고르시오.

정답 및 해설

(1) 불소, 일산화탄소
(2) 질소
(3) 확산속도는 분자량(질량)에 반비례 (분자량 비교 : 공기 29g)
　　산소 32, 질소 28, 메탄 16, 부탄 58, 아세틸렌 26,
　　일산화탄소 28, 불소 38, 에틸렌(C_2H_4) 28
　　① 부탄 58
　　② 메탄 16
(4) 에틸렌 (**참고** 프로필렌, 부틸렌, 에틸렌 등이 있다.)
(5) 아세틸렌(폭발범위가 가장 넓다.)
　　→ 아세틸렌 폭발범위 : (2.5% ~ 81%)이므로 $\left(\dfrac{81 - 2.5}{2.5} \right) = 31.4$
　　대체로 아세틸렌 > 산화에틸렌 > 수소 > 일산화탄소 순으로 기출된다.

02. 다음 물질의 분자식을 쓰시오.

아세틸렌 :	브롬화메탄 :	프로필렌 :	아르신 :

정답 C_2H_2 CH_3Br C_3H_6 AsH_3

해설 주의 : AsH는 타고남은 재와 분진을 지칭한다.

★★
03. 프로판 11.2L는 표준상태에서 무게(g)는 얼마인가?

정답 22(g)

계산식 $44g : 22.4L = X : 11.2L$ $X = 22g$

※ 아보가드로 법칙 : 모든 기체 1mol은 표준상태(0℃, 1atm)에서
부피는 22.4ℓ이고, 원자수는 6.02×10^{23} 이다.
22.4L의 반은 11.2이므로 44g의 반은 22g이다.

★
04. 가스 누출시 검지(경보)장치의 검지농도를 기술하시오.

가연성가스 :	독성가스 :

정답 가연성가스 : 폭발하한의 1/4 이하
독성가스 : TLV-TWA(기준농도=허용농도) 이하

★★

05. 메탄의 완전연소반응식을 구하시오.

> 정답 $CH_4 + 2O_2 \rightarrow CO_2 + 2H_2O$

★★

06. 가스의 용해도에 대한 설명이다. (　)을 완성하시오.　　　　　　　　[2021년 2회 기출]

> 가스의 용해도는 온도가 (높을, 낮을)수록, 압력은 (높을, 낮을)수록 용해가 잘된다.

> 정답 낮을, 높을

★★

07. 다음은 LPG충전용기에 대한 설명이다. (　)를 완성하시오.

> (1) 충전용기의 용기색상은 (　)이다.
> (2) 안전밸브형식은 (　)이다.
> (3) 충전구의 나사형식은 (　)이다.
> (4) 용기 밸브의 나사형식은 (　)이다.

> 정답 밝은 회색, 스프링식, 왼나사, 오른나사
> 해설 **고압가스의 충전용기 보관기준**
> ① 용기보관 장소 주위 2m 이내에 화기, 인화성, 발화성 물질을 두지 말 것
> ② 충전용기는 40℃ 이하 유지
> ③ 방폭형 휴대형손전등 이외의 등화를 휴대금지
> ④ 충전용기 밸브손상을 방지하는 조치를 할 것(캡부착)

★★

08. 소비량이 많거나 한랭시 연속적인 가스공급이 가능하며 공급가스의 조성과 발열량을 일정하게 하는 장치
의 명칭을 쓰시오.   [2023년 3회 기출]

> 정답 기화장치(기화기, 강제기화장치)

★★

09. 일반도시가스사업의 시설 및 기술기준에서 공급압력을 2차측, 즉 수요처에 맞게 감압하여 허용압력범위
로 유지 및 정압하고 가스흐름이 불안정할 경우 2차측 압력상승을 방지하는 폐쇄기능을 갖는 기기인 정
압기는 압력조정기와 그 부속설비를 지칭하는 하나의 집합설비인 유니트(Unit)이다. 정압기의 특성을 4
가지 쓰시오.   [2021년 1회 기출]

> 정답 정특성, 동특성, 유량특성, 사용최대차압 및 작동최소차압

10. 다음은 도시가스 사용시설의 설명이다. 빈칸을 완성하시오. [5점]

---

1) 가스계량기와 화기 사이에 유지하는 우회거리는 (①)m 이상으로 한다.
2) 가스계량기의 설치 높이는 바닥으로부터 계량기 지시장치(계량값 표시창)의 중심까지 (②)m 이상 (③)m 이내 수직·수평으로 설치한다.
3) 가스계량기와 전기개폐기와의 거리는 (④)m 이상, 전기점멸기 및 전기접속기, 단열조치 않은 굴뚝과의 거리는 (⑤)m 이상 거리를 유지한다.

정답 ① 2 ② 1.6 ③ 2 ④ 0.6 ⑤ 0.3

해설 **1) 가스공급시설** (p53, 문05번 참조)
    (1) 가스제조시설
        가스의 하역·저장·기화·송출 시설 및 그 부속설비
    (2) 가스배관 시설
        도시가스 제조사업소로부터 가스사용자가 소유하거나 점유하고 있는 토지의 경계(공동주택 등으로서 가스사용자가 구분하여 소유하거나 점유하는 건축물의 외벽에 계량기가 설치된 경우에는 그 계량기의 전단밸브, 계량기가 건축물의 내부에 설치된 경우에는 건축물의 외벽)까지 이르는 배관, 공급설비와 그 부속설비를 말한다.
2) 가스사용시설 : 내관·연소기 및 그 부속설비와 공동주택 등의 외벽에 설치된 가스계량기를 말한다.

[배관이음부 & 가스계량기 유지거리 비교]

구분 (단위 : cm)	공급시설(배관이음부)			사용시설			
	LPG 집단	도시가스 (공급소 밖, 일반도시가스)		배관이음부			가스 계량기
				LPG 집단	도시가스 (공급소 밖, 일반)		
전기(계량기, 개폐기)		60cm			60cm		60
전기(접속기, 점멸기)	30cm	30cm		15cm			30
굴뚝(단열조치 X)		15cm					
전선(절연조치 X)							15
전선(절연조치 O)		10cm		10cm			규정없음

사용시설 : 내관·연소기 및 그 부속설비와 공동주택 등의 외벽에 설치된 가스계량기를 말한다.

★ 신출유형

11. 가스보일러로 물 1kg을 10분 동안 가열하여 온도상승분이 70℃일 경우 가스 보일러의 연소효율(%)은 얼마인가? (단, 물의 비열은 1kcal/kg · ℃, 가스의 발열량은 13,000kcal/㎥, 가스사용량은 10L)

정답 53.85(%)

계산식 입 · 출열법에 의한 열정산 시

효율은 $\left(\dfrac{출열}{입열}\right) \times 100$이므로 $\dfrac{1kg \times 1kcal/kg \cdot ℃ \times 70℃}{13,000kcal/m^3 \times 10L \times \dfrac{1m^3}{1,000L}} \times 100 = 53.846$

12. 수소의 위험도를 계산하시오.

정답 및 해설 수소의 폭발범위 : 4% − 75%이므로 $\left(\dfrac{75-4}{4}\right) = 17.75$

★★★
01. 다음은 고압가스 종류이다. 물음에 답하시오. [5점]

| ① 산소 | ② 질소 | ③ 아세틸렌 | ④ 이산화탄소 |
| ⑤ 암모니아 | ⑥ 일산화탄소 | ⑦ 황화수소 | ⑧ 메탄 |

(1) 공기보다 무거운 가스 종류를 쓰시오.
(2) 불연성가스 종류를 쓰시오.
(3) 2원자분자(동핵)로 구성된 가스종류를 쓰시오.
(4) 유독한 가스종류를 모두 고르시오.
(5) 지구온난화와 관련 있는 가스를 모두 고르시오.

정답 및 해설

(1) 산소, 이산화탄소, 황화수소(공기 29g보다 분자량이 큰 것)
    산소32, 질소28, 아세틸렌26, 이산화탄소44
    암모니아17, 일산화탄소28, 황화수소(H_2S)34, 메탄16
(2) 이산화탄소, 질소
(3) 산소, 질소(동핵분자 : 같은 종류의 원자로 구성) 예 O_2, N_2, H_2
    (이핵분자 : 이산화탄소, 암모니아, 일산화탄소, 황화수소, 메탄)
(4) 황화수소, 암모니아, 일산화탄소
(5) 이산화탄소, 메탄
    • 온실가스 종류 : 이산화탄소, 메탄, 아산화질소(N_2O), 수소불화탄소(HFCs), 과불화탄소(PFCs), 육불화황(SF_6)

★★
02. 부탄가스의 완전연소식을 구하시오.

정답 $C_4H_{10} + \dfrac{13}{2}O_2 \rightarrow 4CO_2 + 5H_2O$

(또는 $2C_4H_{10} + 13O_2 \rightarrow 8CO_2 + 10H_2O$)

★
03. 아세틸렌가스의 위험도를 계산하시오.

정답 31.4

해설 아세틸렌 폭발범위 : 2.5~81%이므로 $\left(\dfrac{81-2.5}{2.5}\right)=31.4$

04. 가스 누출시 검지(경보)장치의 검지농도를 기술하시오.

가연성가스 : 폭발하한의 1/4 이하
독성 가스 : TLV-TWA(허용농도) 이하

해설 우리나라의 독성가스 허용농도 기준은 LC_{50}

★★
05. 시안화수소를 한 용기에 장기간 보관할 수 없는 이유를 서술하시오. [2021년 3회 기출]

정답 중합폭발하기 때문에 안정제를 사용하며, 충전 후 24시간 정치할 것
해설 ① 중합폭발을 방지하기 위해 안정제를 사용.
   ※ 안정제 : 동, 동망 / 인, 인산/ 오산화인 / 황산, 아황산 / 염화칼슘
② 용기 충전 후 60일 경과 전 다른 용기에 충전할 것.
   (단, 순도 98% 이상으로 착색되지 아니한 것은 제외)

06. 다음은 고압가스 종류이다. 물음에 답하시오.

산소	질소	이산화탄소	아르곤

(1) 대기 중 가장 많은 것은?
(2) 대기 중 가장 적은 것은?

해설 ① 질소(공기의 78%) ② 이산화탄소 0.03% (참고 : 아르곤, 수소포함시 약 1%)

★
07. 다음은 초저온용기에 대한 설명이다. ( )을 완성하시오. [2021년 4회 / 2024년 4회 기출동일]

초저온용기는 ( ) 온도 이하에서 액화가스를 저장(충전)하기 위한 용기로서 단열재로 피복하거나 냉동설비로 냉각하는 등의 방법으로 탱크(용기)내의 가스온도가 상용의 온도를 초과하지 않도록 한 것이며 신규검사 항목 중 가장 중요한 항목은 외부침입열량을 검사하는 시험으로 단열성능시험이 있다.

정답 -50℃(또는 섭씨 -50도)
해설 **초저온 용기의 전제조건**
　　-50℃ 이하 온도 유지와 용기 외부를 단열피복하여 상온(20±2℃) 초과 금지.

★
08. 다음 빈칸을 완성하시오.

점화시 필요한 성분은 가연성 물질과 ( ), ( )이 필요하고 활성화에너지가 (크고, 작고), 발열량이 (높을, 낮을) 때 점화가 잘된다.

정답 산소공급원, 점화원, 작고, 높을

★ [신출유형]
09. 다음은 염소가스의 특성이다. 빈칸을 완성하시오. [5점]

• 공업용 충전용기의 색상은 (①)이다.
• 염소는 (②)와 반응하여 염소폭명기를 발생한다.
• 수분 존재시 강재를 부식시키는 (③)이/가 생성된다.
• 제조법 중 소금의 (④)법이 있다.
• 고압가스법상 분류는 연소성에 따른 (⑤)가스이다.

정답 ① 갈색 ② 수소 ③ 염화수소(HCl) ④ 전기분해 ⑤ 조연성(지연성)

해설 염소 : 황록색의 기체이며 소독약 냄새

제조법으로는 염산의 전기분해와 소금의 전기분해(격막법 / 수은법)이 있다.

★
10. 초저온 저장탱크에 주로 사용되며, 차압에 의하여 측정하는 액면계는?

[2021년 1회 이후 실기에 처음 출제 / 2019년 2회 필기 출제]

정답 차압식 액면계 (또는 햄프슨식 액면계)

해설 **액면계의 분류**

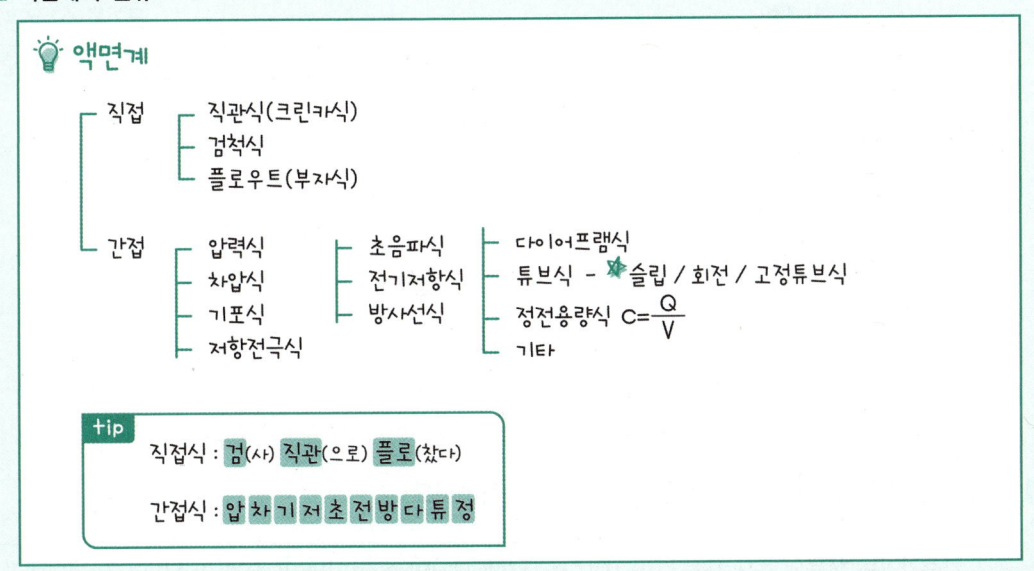

[홍까스 가스기능사필기 P284]

244. 초저온 저장탱크에 주로 사용되며, 차압에 의하여 측정하는 액면계는?

① 시창식   ② 햄프슨식

③ 부자식   ④ 회전 튜브

★
11. 가스보일러 설치기준에서 연소용 공기를 실외에서 취하고 배기가스는 옥외로 배출하는 보일러형식을 쓰시오.

[2021년 1회 이후 실기에 처음 출제 / 2022년 필기 기출]

정답 밀폐형 강제급·배기식(FF)

해설 KGS GC208 가스보일러의 급·배기방식

	급기구	배기구	비고
개방형	실내	실내	실내연소용공기 폐가스 실내로
반밀폐형 FE/CF	실내	실외	실내연소용공기 폐가스 배기통
밀폐형 FF/BF	실외	실외	급기통연소용공기 폐가스 배기통

반밀폐식은 자주 기출됐으나 밀폐식은 처음 출제됨.

[홍까스 가스기능사 필기 P355]
22. 가스사용시설인 가스보일러의 급·배기방식에 따른 구분으로 틀린 것은?
① 반밀폐형 자연배기식(CF)   ② 반밀폐형 강제배기식(FE)
③ 밀폐형 자연배기식(RF)   ④ 밀폐형 강제급·배기식(FF)

12. 다음은 고압가스에 대한 정의이다. 빈칸을 완성하시오.

압축가스는 상용의 온도 또는 (①)℃에서 압력(②)MPa·g 이상이 되는 가스이며, 아세틸렌가스는 15℃에서 압력이 (③)Pa·g를 초과하는 가스이다.

정답 ① 35   ② 1   ③ 0

해설 고압가스안전관리법의 적용을 받는 고압가스의 종류 및 범위
① **압축가스** : 상용의 온도 또는 35℃에서 압력이 1MPa·g 이상이 되는 가스
② **액화가스** : 상용의 온도에서 압력이 0.2MPa·g 이상이 되는 가스 및 0.2MPa·g에서 35℃ 이하인 가스
③ **용해가스** : 15℃에서 압력이 0Pa·g를 초과하는 아세틸렌가스
④ 35℃에서 압력이 0MPa을 초과하는 액화가스 중 액화(산화에틸렌, 시안화수소, 브롬화메탄)
L − C_2H_4O L − HCN   L − CH_3Br

가스전문가
홍까스와 함께하는 필답형

가스기능사 과년도

시행: 2025년(3회) 2025.8.30(토)

★★★

01. 다음 질문을 보기에서 골라 숫자로 쓰시오. [5점]　　　　　　　　　　　[2021년 4회 기출]

① 수소	② 산소	③ 염소	④ 아세틸렌
⑤ 이산화탄소	⑥ 암모니아	⑦ 메탄	⑧ 아르곤

1) 밀도가 가장 작은 가스는? (　①　) 가장 큰 가스는? (　②　)
2) 조연성(지연성)가스는?
3) 가연성이면서 독성인 가스는?
4) 공기액화분리기에서 얻는 가스는?
5) 특이한 냄새로 구분되는 가스는?

　　정답　1) ① 수소 ② 염소
　　　　　2) 산소, 염소
　　　　　3) 암모니아
　　　　　4) 산소, 아르곤
　　　　　5) 암모니아, 염소, 아세틸렌
　　해설　1) 분자량 계산 : 산소 32, 수소 2, 염소 71, 아세틸렌 26, 이산화탄소 44, 암모니아 17, 메탄 16, 아르곤 40
　　　　　2) 가연성이면서 독성이 강한 가스 (일명: 독, 가)
　　　　　　이황화탄소, 황화수소, 시안화수소, 브롬화메탄, 산화에틸렌, 염화메탄, 일산화탄소, 암모니아
　　　　　　　tip　이황시 / 브롬산에 / 염탄일암
　　　　　3) 공기액화분리장치에서 액화산소와 액화질소 아르곤을 얻을 수 있다.

02. 섭씨온도와 화씨온도가 일치하는 온도와 구하는 식을 쓰시오.

> 정답 −40도
> 해설 ① °F = 1.8℃ + 32에서 °F=℃ 일치하므로 두 온도를 x로 치환하면
> ② 구하는 식
>
> $$°F = 18℃ + 32 \qquad \left(\dfrac{°F}{℃}\right) 를 \ x라 \ 하면$$
>
> $$x = 1.8x + 32$$
> $$(1-1.8)x = 32$$
> $$x = -\dfrac{32}{0.8} = -40$$

★

03. 가스 누출시 검지(경보)장치의 검지농도를 기술하시오.　　　　　　　　　　　　[2025년 1회 기출]

가연성가스 :	독성가스 :

> 정답 **가연성가스** : 폭발하한의 1/4 이하
> **독성가스** : TLV−TWA(기준농도=허용농도) 이하

★

04. 액화가스란 가압 / (　　)에 의해 액체 상태로 되는 것으로 대기압에서 비점이 40℃ 이하 또는 (　　)
이하인 가스를 말한다.　　　　　　　　　　　　　　　　　　　　　　　　　　　[2021년 4회 기출]

> 정답 냉각, 상용의 온도
> 해설 **저장(취급) 상태에 따른 분류** : 압축가스(O_2), 액화가스(LPG, 염소), 용해가스(C_2H_2)
> 　1) **압축가스** : 수소(H_2), 산소(O_2), 질소(N_2), 메탄(CH_4), 네온(Ne), 아르곤(Ar) 등과 같이 상온에서 압력을
> 　　가해도 액화되지 않는 가스로 일정한 압력에 의해 압축되어 있는 것
> 　2) **액화가스** : LPG, 암모니아(NH_3), 염소(Cl_2), 부탄(C_4H_{10}), 시안화수소(HCN) 등과 같이 가압 · 냉각에 의
> 　　해 액체 상태로 되는 것으로 대기압에서 비점이 40℃ 이하 또는 상용의 온도 이하인 것
> 　3) **용해가스** : 아세틸렌(C_2H_2)이 대표가스이며, 용기내에 다공물질인 고체물질을 충전 후 발생된 가스를
> 　　주입된 유기용제에 용해시킨 가스

★

05. 다음 설명에 해당하는 명칭을 쓰시오. [2021년 3회 기출]

> 높이 2미터 이상, 두께 12센티미터 이상의 철근 콘크리트 또는 같은 수준 이상의 강도를 가지는 구조의 벽으로서 아세틸렌 압축기와 당해 충전장소 사이에 설치한다.

정답 방호벽

★

06. 이음매 없는 용기(심리스, seamless)의 특징을 쓰시오. [2022년 4회 기출. 필기기출]

정답 ① 독성가스를 충전하는데 사용한다.
② 내압에 대한 응력 분포가 균일하다.
③ 고압에 잘 견디는 구조이다.
④ 용접용기에 비해 값이 비싸다.

★★★

07. 다음 고압가스의 충전용기 보관기준에 관한 사항이다. (　)을 완성하시오.

[2021년 1,2회 / 2024년 2회 기출. 필기기출]

> • 충전용기와 잔가스용기는 각각 구분하여 놓을 것
> • 충전용기는 항상 (　)℃ 이하의 온도를 유지하고, 직사광선을 받지 않도록 조치할 것
> • 용기보관장소에는 계량기 등 작업에 필요한 물건 외에는 두지 말 것

정답 40℃
해설 실기기출 : 2021.1회차 해설을 학습한 경우 득점할 문제
고압가스 안전관리법 시행규칙 [별표 8] 고압가스 저장·사용·검사 기준
– 가연성, 독성, 산소 용기는 각각 구분하여 놓을 것
– 계량기등 작업에 필요한 물건 외에는 두지 말 것
– 용기보관 장소 주위 2m 이내에 화기, 인화성, 발화성 물질을 두지 말 것

– 충전용기(내용적이 5L 이하인 것은 제외한다)에는 넘어짐 등에 의한 충격 및 밸브의 손상을 방지하는 등의 조치를 하고 난폭한 취급을 하지 않을 것
– 충전용기는 40℃ 이하 유지, 직사광선을 받지 않도록 할 것
– 가연성용기 보관 장소에는 방폭형 휴대형 손전등 이외의 등화 휴대 금지

★★ [신출유형]

08. 다음 ( )를 완성하시오.

○ (①) : 압력이 일정할 때 체적(부피)은 온도에 비례하는 법칙
○ (②) : 온도가 일정할 때 체적(부피)은 압력에 반비례하는 법칙
○ (③) : 액화할 수 있는 최고온도

정답 ① 샤를의 법칙 ② 보일의 법칙 ③ 임계온도
해설 기체의 법칙(계산시, 비교대상 있을 것) / 압력은 절대압력기준
① 보일의 법칙 : 온도가 일정할 때 체적(부피)은 압력에 반비례한다.
T = 일정, $PV = P'V'$

★★ [신출유형]

09. 정압기용 조정기 전단에 설치하여 가스흐름을 방해하는 불순물등을 제거하는 필터의 점검 주기를 기술하시오.

[2021년 4회 기출 유사]

정답 가스공급 개시 후 1개월 이내 및 그 후 매년 1회 이상
해설 필터는 정압기 필터라고도 하며 정압기는 "정압설비(UNIT)"이다.

★★

10. 다음은 계측기기이다. 압력손실이 큰 유량계의 명칭을 쓰시오. [2021년 4회 기출. 동영상 기출]

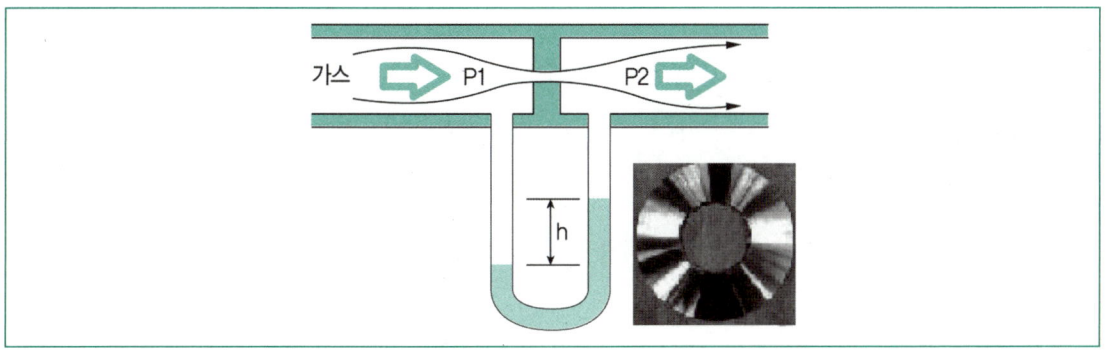

정답 오리피스

해설 [주요유량계의 종류]

이용원리	형식	종류	특징
유체 전·후의 압력차		오리피스	H(압력손실)이 가장 크다.
		플로노즐	H(압력손실) 중간
		벤튜리	H(압력손실)이 가장 작다.
교축면적의 변화	면적식의 특징(직접측정) • 차압일정, 면적변화를 측정 • 소용량측정, 부식성 유체나 고점도 유체측정에 적합 • 오차발생이 적다. • 수직배관에만 사용한다.	① 로터미터	차압일정. 면적변화를 측정
		② 피스톤식 ③ 게이트식	

11. 도시가스 배관 중 폴리에틸렌관(PE관)의 최고사용압력(MPa) 기준은 얼마인가?

정답 0.4MPa 이하

해설 도시가스 저압공급압력은 0.1MPa 미만이나 중압공급방식에서는 PLP관을 사용해야하나 PE관은 0.4MPa 이하까지 배관시공이 가능하다.

★★ [신출유형]

12. 가스 중 화염의 전파속도가 음속보다 큰 경우에 발생되는 현상을 무엇이라 하는지 답하시오.

[2023년 2회 기출]

정답 폭굉

해설 정상연소속도 0.03~10m/s

음속 340m/s

폭굉 1,000~3,500m/s : 폭굉은 화염 전파속도가 음속보다 크다.

가스전문가 홍까스와 함께하는
가스기능사 실기

PART 03

가스기능사 기출문제

동영상

01. 다음 저장탱크의 크린카식 액면계이다. 상부·하부스톱밸브의 기능을 쓰시오.

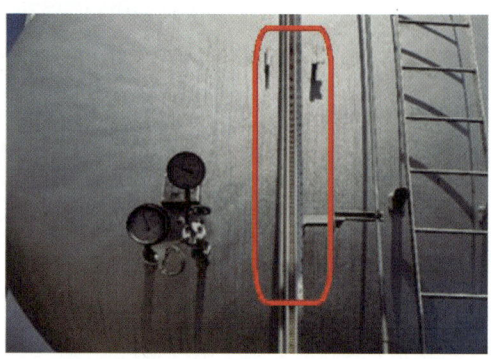

정답 액면계파손으로 액유출을 방지하는 수동식 및 자동식 스톱밸브

02. 다음은 저장시설에 설치된 압력계이다. 공업용으로 널리 사용되는 2차 압력계의 대표적 압력계의 명칭은?

정답 부르동관 압력계

해설 **[2차압력계의 종류]**
① 부르동관(공업적으로 가장 많이 사용)
② 다이어프램(측정범위: 20~5,000mmH$_2$O)
③ 벨로즈(측정범위: 0.01~10kgf/cm^2)

03. ① 가스기구의 명칭과 ② 역할을 기술하시오.

정답 ① 액체 자동 절체기
② 사용중 액체라인 가스가 전량 소비되었을 때 예비라인으로 절체되어 예비측 가스가 공급되게 하는 절체기

04. 작동되는 유량계의 명칭은?

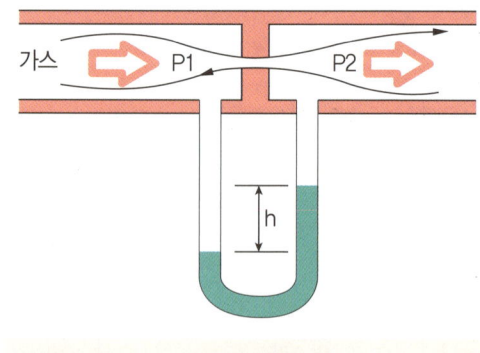

정답 오리피스미터(오리피스 유량계)

05. ① 액면계의 명칭은? ② 인화 중독의 우려가 없는 곳에 사용되는 액면계의 명칭 3가지를 쓰시오.

정답 ① 슬립튜브식 액면계
② 고정튜브식 액면계, 슬립 튜브식, 회전튜브식 액면계

06. 가스배관이음의 명칭은?

정답 루프 이음

07. 다음 가스시설의 ①과 ②번의 명칭은 무엇이며 ② 번의 역할을 기술하시오.

정답 ① 자동절체조정기 ② 차단부
② 역할 : 차단부로서 사용중인 가스가 누설시 감지하며 가스의 공급을 차단하는 차단부

08. CO_2를 압축하여 드라이아이스를 제조할 때, 그때의 압력(atm)은 얼마인가?

정답 100atm

09. 다음은 정압기실의 자기압력기록계이다. 용도를 2가지 이상 기술하시오.

정답 ① 정압기의 1주일간 운전상태를 기록
② 이상 압력 상태 확인
③ 배관내에서는 기밀시험 측정

10. 다음 배관부속의 ① 명칭과 ② 사용용도를 쓰시오.

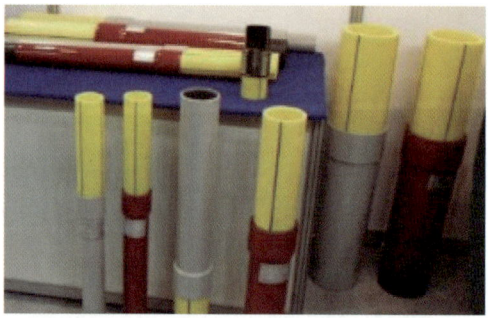

정답 ① TF 관이음(이형질이음관)
② 강관과 PE관을 연결하는 이형질 이음관

11. 다음은 도시가스 정압기실 외부전경이다. 표시 부분의 명칭과 기능 3가지를 쓰시오.

정답 [RTU(원격단말감시장치)]
① 출입문 개폐감시기능
② 정압기실 이상사태 감시기능
③ 가스누출검지 경보기능

12. 다음은 LPG지하저장시설의 상부이다. 표시 부분의 장치명을 쓰고 조작을 위한 동력원 3가지 이상을 쓰시오.

정답 긴급차단장치
→ 공기압, 유압, 전기압, 스프링압

13. 다음은 배관융착의 한 과정이다. ① 융착방식의 종류 3가지와 ② 융착상태의 적합성 판정에 사용되는 것은 무엇인지 쓰시오.

정답 ① 맞대기융착, 소켓융착, 새들융착
② 비드폭
해설 1. 맞대기융착은 관경 90mm 이상 직관과 이음관연결
2. 비드(Bead)는 좌우대칭, 둥글고 균일, 청결할 것
3. 이음부와 연결오차는 배관두께의 10% 이하
4. 공칭외경별 비드폭 계산 (최소 3+0.5t, 최대 5+0.75t)

14. 가스 압축시 사용되는 원심식 압축기의 구성요소 3가지를 쓰시오.

정답 임펠러, 디퓨저, 가이드베인

15. 다음 원심펌프에서 일어날 수 있는 캐비테이션의 발생원인 3가지를 쓰시오.

정답 ① 회전수가 빠를 때
② 펌프설치 위치가 높을 때
③ 흡입관경이 작을 때

16. 다음 고압가스용기를 차량에 운반할 경우 주의사항을 3가지 이상 쓰시오.

정답 ① Cl_2와 C_2H_2, NH_3, H_2는 동일차량에 적재하여 운반 말 것
② 가연성가스와 산소를 동일차량에 운반시 충전용기 밸브가 마주보지 않게 할 것
③ 충전용기는 위험물과 혼합 적재 말 것
④ 독성가스중 가연성, 조연성 가스를 동일차량에 적재 운반 말 것
⑤ 용기의 상하차시 충격을 완화하기 위해 완충판을 사용할 것

17. 다음은 배관용 부속품이다. 각각의 부속품 명칭을 쓰시오.

정답 ① 90° 엘보 ② 니플   ③ 티   ④ 플러그
　　 ⑤ 유니온   ⑥ 부싱   ⑦ 캡   ⑧ 크로스

18. 냉각살수장치 작동시 몇 분간 연속분무가 가능한 수원에 접속하여야 하는가?

정답 30분

해설

냉각살수장치(ℓ/min)	
일반탱크	준내화구조
5L/min	2.5L/min

• 방류둑외면 10m 이내
• (방류둑설치 ×, 가연성물질) 20m 이내
• 수원 : 30분 이상(도시가스 : 60분)

19. 다음은 고압산소용기이다. 용기의 재검사주기에 대하여 아래 물음에 답하시오.

내용적	재검사주기	
500L 이상	(①)년	
500L 미만	신규검사 후 경과년수 10년 이하	(②)년
	신규검사 후 경과년수 10년 초과	(③)년

정답 ① 5 ② 5 ③ 3

20. 고압가스 A(아세틸렌)용기에서 표시부분의 ① 명칭과 이 장치가 온도에 의해 작동 시 그 때의 ② 용융온도는 얼마인가? 또한 ③ B부분의 충전가스를 쓰시오.

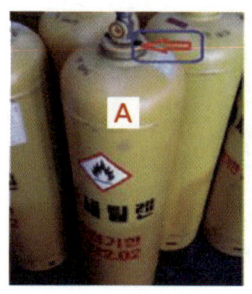

정답 ① 가용전식 안전밸브
　　 ② 105±5℃
　　 ③ 염소가스

21. 다음 C_2H_2용기 안전밸브에 사용되는 가용전 합금 원소를 3가지 이상 쓰시오.

정답 납, 주석, 안티몬, 비스무트, 카드뮴
해설 ① 일반적 가용온도 : 75℃
② 아세틸렌 : 105±5℃
③ 염소 : 65 ~ 68℃

22. 다음은 LPG 지상 저장탱크이다. LPG저장시설의 A부분 경계책 높이(m)를 쓰시오.

정답 1.5m 이상

23. 보냉제의 종류 3가지를 쓰시오.

정답 경질우레탄폼, 폴리염화비닐폼, 펄라이트, 글라스울

24. 다음은 초저온탱크(용기)이다. 용기의 내조와 외조 사이에 진공으로 두는 이유는?

정답 외부열을 차단하여 외부온도 영향을 받지 않도록 하기 위함

25. 다음 정압기실 내부에 표시부분의 장치명칭과 역할을 쓰시오.

정답 **[긴급차단장치]**
정압실의 2차 압력상승 및 이상사태 발생시 가스흐름을 차단, 위해를 방지하기 위함

26. 다음 방폭구조의 종류는?

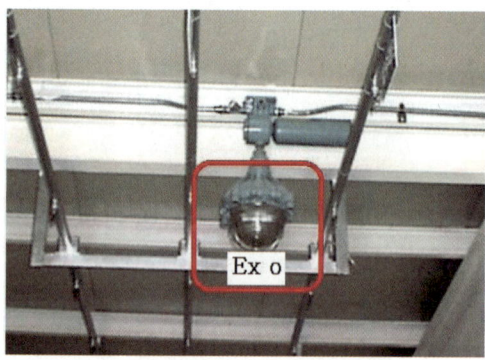

정답 유입방폭구조

해설 ① 내압 방폭구조 : (Ex d) 용기가 폭발 압력에 견디고 접합면, 개구부 등을 통하여 외부의 가연성가스에 인화되지 않는 구조
② 유입 방폭구조 : (Ex o) 용기 내부에 기름을 주입하여 불꽃, 아크 또는 고온 발생 부분이 기름속에 잠기게 함으로써 기름면 위에 존재하는 가연성 가스에 인화되지 아니 하도록 한 구조

27. 다음은 전기방식법의 일부이다. 다음 물음에 답하시오.

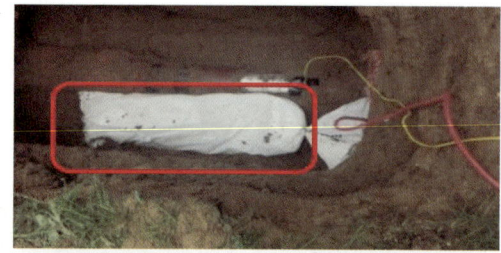

지하매설기관의 부식방지를 위하여 전위측정용 터미널(T/B)의 설치간격은?

(1) 희생양극법인 경우 몇 m마다 설치하여야 하는가?
(2) 배류법인 경우 몇 m마다 설치하여야 하는가?
(3) 외부전원법인 경우 몇 m마다 설치하여야 하는가?

정답 ① 300m, ② 300m, ③ 500m

28. 다음 표시부분의 의미를 기술하시오.

정답 C_2H_2가스를 충전하는 용기의 부속품
해설 [용기 부속품의 종류]
- 아세틸렌가스를 충전하는 용기의 부속품 : AG
- 압축가스를 충전하는 용기의 부속품 : PG
- 액화석유가스 외의 액화가스를 충전하는 용기의 부속품 : LG
- 액화석유가스를 충전하는 용기의 부속품 : LPG
- 초저온 용기 및 저온용기의 부속품 : LT

29. 도시가스 사용시설에 설치된 가스계량기의 설치 높이는 바닥으로부터 얼마인가?

정답 바닥으로부터 계량기지시장치(계량값 표시창)의 중심까지 1.6m 이상 2m 이내
해설 1) 가스계량기 : 단, 보호상자에 가스 계량기를 넣을 경우 2m 이내에 설치
2) 입상관 밸브 : 밸브 손잡이가 부착된 부분(중심)을 기준으로 바닥으로부터 1.6m 이상 2m 이내에 설치한다.

30. 다음 가스보일러의 ① 밀폐식보일러(FF)를 설치할 수 없는 장소 4가지와 ② 전용보일러실에 설치하지 않는 기구명칭과 그 이유를 쓰시오.

정답 ① 환기불량과 배기가스누출로 사람이 질식할 우려가 있는 장소인 방, 거실, 목욕탕, 샤워장, 베란다
② 환기팬
이유 : 대기압보다 낮은 음압형성의 원인이 됨

31. 가스보일러에 반드시 설치하여야 할 안전장치를 2가지 이상 쓰시오.

정답 소화안전장치, 과열방지장치, 공연소방지장치, 역풍방지장치, 연소용 팬 검지안전장치
해설 왼쪽이미지 : FE식
우측이미지 : FF식

32. 다음 ①, ② 밸브 명칭을 쓰시오.

정답 ① 슬루스 밸브   ② 릴리프 밸브

33. 가스난방기 안전장치 중 FE식 난방기에 설치할 수 있는 안전장치 2가지는?

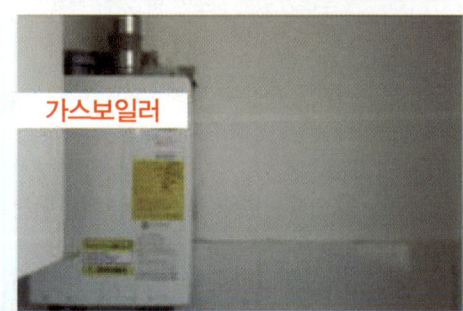

정답 과대풍압안전장치, 과열방지안전장치

34. 다음은 모든 압력계의 기준형이며, 2차 압력계의 교정장치로 사용되는 이 압력계의 명칭은?

정답 자유피스톤식 압력계(표준분동식 압력계)

35. 다음 가스계량기 설치장소 2가지를 쓰시오.

정답 ① 검침, 교체, 유지 관리, 계량이 용이한 장소
② 직사광선, 빗물을 받을 우려가 있는 장소에는 보호장치 내에 설치

36. 다음은 도시가스 매설위치를 표시하는 라인마크
이다. (1) 라인마크 종류 ①,②,③,④를 쓰시오. (2)
라인마크가 설치된 것으로 간주할 수 있는 경우를
쓰시오.

정답 (1) ① 두방향, ② 세방향, ③ 직선방향, ④ 한방향
(2) 밸브박스 또는 배관직상부에 설치된 전위
측정용터미널

해설 • 설치기준 : 글씨크기 10mm 장방향 양각처리
하고 도로법상 도로에 도시가스 매설시 설치,
배관길이 50m 마다 1개 이상 설치. 주요분
기점, 굴곡지점 및 그 주위 50m 이내 설치
• 종류 : 직선방향, 두방향, 세방향, 한방향,
관끝방향, 135˚방향(KGS FS 451 2022)

37. PE관의 맞대기융착의 ①, ② 과정을 순서대로
기술하시오.

정답 ① 열판기를 사용하는 가열용융과정
② 압착냉각과정

38. 다음은 가스배관에 설치된 가스미터기이다. 기기
의 명칭을 쓰시오.

정답 터빈식 가스미터기

39. 다음 원심식 펌프에서 일어나는 캐비테이션 방지
방법을 2가지 이상 쓰시오.

정답 ① 펌프의 회전수를 낮춘다.
② 펌프의 설치위치를 낮추어 흡입양정을 짧게
한다.
해설 그 외 방지법은 아래와 같다.
③ 관경을 크게 하고 흡입측의 저항과 유속을
줄인다.
④ 양 흡입 펌프를 사용한다.
⑤ 수직축 펌프를 사용하고 회전자를 수중에
잠기게 한다.
⑥ 펌프를 두 대 이상 설치한다.

40. ① 밸브 명칭과 ② 역할을 쓰시오.

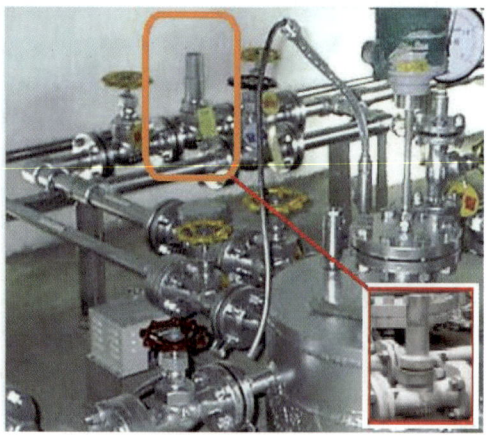

정답 ① 릴리프 밸브
② 액관에 설치되어 액관에 고압력이 형성시 밸브가 개방. 액화가스가 흡입측으로 되돌아감으로 액관 파손을 방지(대기중 분출되지 않음)

41. 다음은 보온재의 일부이다. 보온재의 구비조건 2가지 이상을 쓰시오.

정답 ① 보온 능력이 크고 열전도율이 작을 것
② 비중이 작을 것
③ 흡수성이 적고, 방수성이 높을 것
④ 취급이 용이할 것
⑤ 구조가 간단할 것
⑥ 경제적일 것

42. 다음은 콕의 일부이다. ①, ② 콕의 종류를 쓰고, ③ 나머지 한 개의 콕을 쓰시오.

정답 ① 퓨즈콕
② 상자콕
③ 주물연소기용콕

43. 다음은 왕복압축기이다. 이 압축기에서 발생될 수 있는 실린더의 이상음 발생원인을 3가지 쓰시오.

정답 ① 실린더의 피스톤 접촉
② 실린더 내의 이물질 혼입
③ 가스의 분출

44. 다음은 비파괴검사의 종류이다. 비파괴검사종류를 순서대로 영어 약자로 쓰시오.

정답 1. PT   2. MT
      3. RT   4. UT
해설 ① 침투탐상시험   ② 자분탐상시험
      ③ 방사선투과시험   ④ 초음파탐상시험

46. 다음 고압가스용기의 충전나사 형식을 A, B, C 로 표시하시오.

정답 ① B형식(암나사), ② A형식(수나사)

45. 다음 LPG지상저장탱크에서 지시하는 부분의 ① 액면계명칭과 탱크상부하부에 설치되어 있는 수동식·자동식 ② 스톱밸브의 기능을 쓰시오.

정답 ① 클린카식 액면계
     ② 액면계 파손시 LP 가스의 액누출을 차단하기
        위함

47. ① Ex ② d ③ ⅡB ④ T_4 의 의미를 쓰시오.

정답 ① 방폭구조
     ② 내압방폭구조
     ③ 방폭전기기기의 폭발등급
     ④ 방폭전기기기의 온도등급
        (135℃ 초과 200℃ 이하)

48. 도시가스이음 중 융착기를 이용한 맞대기융착 이음의 합격 기준을 쓰시오.

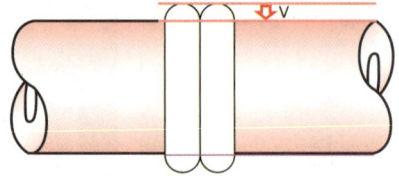

정답 ① 비드폭은 좌우 대칭형으로 둥글게 하고 균일하게 형성되도록 한다.
② 비드(Bead)는 표면을 매끄럽고 청결하도록 한다.
③ 접합면의 비드와 비드사이 경계 부위는 PE 관의 외면보다 높게 형성되도록 한다.
④ 이음부 연결 오차는 PE관 두께의 10% 이하로 한다.

49. 다음 배관용 밸브의 명칭 A, B, C, D를 쓰시오.

정답 A : 퓨즈콕　　B : 볼 밸브
　　C : 글로브 밸브　　D : 슬루스(= 게이트) 밸브

50. 도시가스 정압기지 및 밸브기지 내 경계책 설치 기준을 3가지 쓰시오.

정답 ① 정압기지, 밸브기지 주위에는 높이 1.5m 이상의 경계책을 설치하여 외부인의 출입을 방지
② 경계책 주위에는 경계표지를 보기 쉬운 곳에 부착
③ 경계책에는 인화성 물질을 휴대하고 들어가지 아니한다.

51. LPG용기 충전시설기준 중 저장설비의 저장능력이 28ton일 때 사업소 경계와의 거리는 몇 m 인가?

정답 30m

해설 [LPG 충전시설 중 저장설비와 사업소 경계와의 거리]

저장능력	사업소 경계
10t 이하	24m
10t 초과 ~ 20t 이하	27m
20t 초과 ~ 30t 이하	30m
30t 초과 ~ 40t 이하	33m
40t 초과 ~ 200t 이하	36m
200t 초과	39m

52. 다음은 사용중인 LPG 용기이다. 압력게이지 "A"가 0.2MPa이고, "B"는 0.1MPa를 지시하고 있을 경우 사용측용기를 구분하시오.

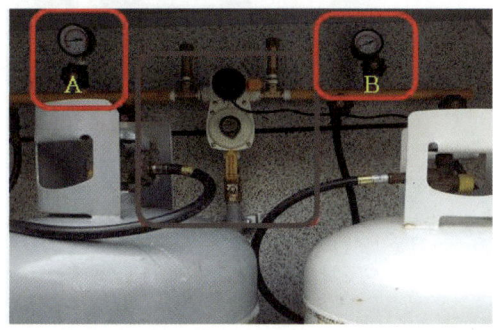

정답 사용측게이지 : B

2015 동영상
가스기능사 기출문제

01. 다음 보기에서 터보펌프의 정지순서를 번호순으로 기술하시오.

> **보기**
> 1. 흡입밸브를 닫는다.
> 2. 송출(=토출)밸브를 닫는다.
> 3. 전동기를 정지시킨다.
> 4. 펌프내 액을 드레인시킨다.

정답 2-3-1-4 **암기TIP** 터보는 가수(송)다

02. 다음은 계목용기이다. 이 용기의 탄소 함유량은 얼마인가?

정답 0.33% 이하

해설

종류	C(탄소)	P(인)	S(황)	비고
무계목 용기	0.55% 이하	0.04 이하	0.05 이하	압축가스 : 고압용 (산소, 수소, 네온, 아르곤 등)
계목 용기	0.33% 이하	0.04 이하	0.05 이하	액화가스 : 저압용 (프로판, 부탄, 아세틸린, 암모니아 등)

03. 다음 계측기기의 명칭과 이 장치기기의 용도 2가지를 쓰시오.

정답 명칭 : 자유 피스톤식 압력계
용도 :
① 연구실, 실험실용
② 2차 압력계(부르동관식)교정용

04. 다음은 가스크로마토그래피 구조이다. 검출기 종류 중 탄화수소에는 감도는 양호하나 SO_2, CO, O_2, CO_2, H_2 등의 감도는 없는 검출기의 명칭을 쓰시오.

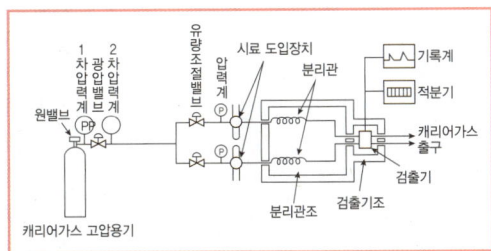

정답 수소이온화검출기
(FID, Flame Ionization Detector)
해설 연소하는 동안 시료가 파괴되고 유기화합물 분석에 가장 널리 사용

05. 다음 가스정압기실 외부에 표시된 부분의 명칭과 용도 3가지를 쓰시오.

정답 명칭: RTU(Remote Terminal Unit)
용도 :
① 정압기실 이상상태 감시기능
② 정압기실 출입문 개폐 감지기능
③ 가스누출검지 경보기능

06. 다음 장치의 명칭을 쓰시오.

정답 배관고정장치(고정대)
해설 [배관 고정대 설치]
• 관경 13mm 미만 : 1m 마다
• 관경 13 ~ 33mm 미만 : 2m 마다
• 관경 33mm 이상 : 3m 마다

07. 다음 정압기실에 설치된 1, 2, 3, 4 각각의 장치 명칭을 쓰시오.

정답 1 : 이상압력통보(경보)장치
2 : 정압기
3 : 긴급차단장치
4 : 자기압력기록계

08. 다음 LPG 저장탱크에 설치된 장치의 명칭과 용도를 쓰시오.

정답 명칭 : 맨홀
용도 : 탱크 내부 점검시에 개방하여 작업자가
들어가서 점검하기 위한 용도

09. 다음 폴리에틸렌(PE)관의 연결하는 방식을 쓰시오.

정답 전기소켓융착이음

10. 다음 비파괴 검사 방법의 장점을 3가지 쓰시오.

정답 ① 내부결함 검출이 가능하며 필름상에 형상을
구현
② 공업적으로 신뢰성이 가장 높고 많이 사용
③ 결과기록이 가능
해설 RT(방사선) : 내부선원법, 이중법, 이중상법
단점 : 가격이 비싸다. 신체방호 필요. 적층결함을
찾기 어렵다.

11. 다음의 명칭과 설치기준 3가지를 쓰시오.

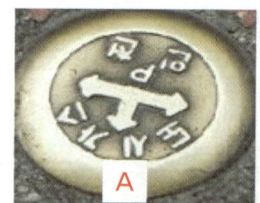

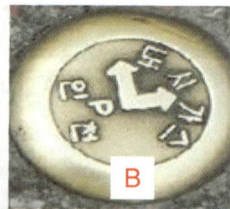

정답 명칭 : 라인마크
설치기준 :
① 매설 배관길이 50m 마다 설치할 것
② 분기점에 설치할 것
③ 구부러진 지점에 설치할 것

12. 다음은 정압기실 내부이다. 좌측 이미지의 정압기 명칭을 쓰시오.

정답 A.F.V식
(엑시얼 플로우 정압기(Axial Flow Regulator))

13. 다음 지하저장탱크 콘크리트실의 설계강도를 쓰시오.

정답 21MPa 이상

14. 다음 정압기실 출입문에 설치된 장치의 명칭을 쓰시오.

정답 출입문 개폐 감시장치

15. 다음은 희생양극법의 전위측정용 터미널(T/B)이다. 만일 외부 전원법일 경우 몇 m의 간격으로 설치해야 하는가?

정답 500m 마다

16. 다음 가스 용기에 충전하는 공업용 가스 명칭을 쓰시오.

정답 A : 아세틸렌
B : 수소
C : 이산화탄소
D : 산소

17. 다음 용접불량의 결함명칭을 쓰시오.

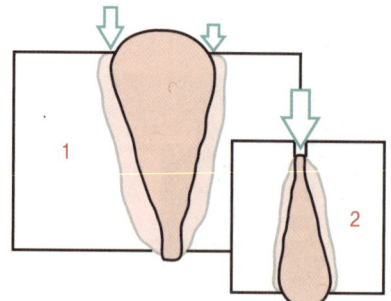

정답 1) 언더컷
　　　2) 용입불량

해설 1) 언더컷 : 용접선 끝에 생기는 작은 홈
　　　2) 용입불량 : 용융금속이 완전히 깊은 용착이
　　　　　 되지 않은 상태
　　　3) 오버랩 : 용융금속이 모재와 융합되어 모재
　　　　　 윙에 겹쳐지는 상태
　　　4) 슬래그혼입 : 녹은 피복제가 용착 금속표면에
　　　　　 떠있거나 용착금속 속에 남아 있는 현상

18. 다음 안전장치의 명칭(형식 포함)을 쓰시오.

정답 스프링식 안전밸브

19. 다음 용기의 재질을 쓰시오.

가스명

제공: 홍가스밴드"마스"

정답 탄소강

20. 다음 정압기 설계유량이 1,000 N㎥/h 미만일 때
안전밸브 방출관 크기를 쓰시오.

정답 25A 이상

21. 다음 A와 B충전용기의 ① 안전밸브형식을 쓰고, 아세틸렌가스 용기에 사용되는 ② 유기용제 2 가지를 쓰시오.

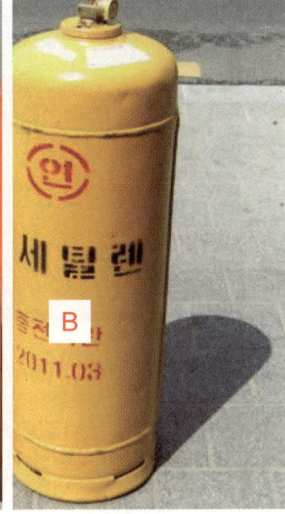

정답 ① 안전밸브형식
　　A : 파열판식　B : 가용전식
② 유기용제 : 아세톤, DMF(디메틸포름아미드)

22. 다음에 사용되는 가스 명칭을 쓰고 폭발범위를 쓰시오.

정답 가스 명칭 : 부탄(C_4H_{10})
폭발범위 : 1.8~8.4%

23. 다음 2단 감압조정기의 장점을 3가지 쓰시오.

정답 ① 공급압력이 안정하다.
② 배관지름이 가늘어도 된다.
③ 입상배관에 의한 압력손실을 보정할 수 있다.

24. 다음 PE관 융착공정에서 주요공정 3가지를 쓰시오.

정답 ① 가열
② 용융압착
③ 냉각

25. 다음 PLP 강관 용접부의 비파괴 검사법을 영문으로 쓰시오.

정답 RT

26. 다음 장치의 명칭을 쓰시오.

정답 역류방지 장치(체크밸브)

27. 다음 표시 계측기기의 명칭을 쓰시오.

정답 클린카식 액면계

28. 다음 용기에 각인된 기호에 대해 설명하시오.

① TP :
② FP :
③ TW :
④ V :

정답 ① TP : 내압시험 압력
② FP : 최고충전 압력
③ TW : 용기 질량(W)에 다공물질 및 유기용제, 밸브의 질량을 합한 총 질량
④ V : 용기 내용적
해설 • 내용적(기호 : V, 단위 : L)
• 초저온 용기 외의 용기는 밸브 및 부속품(분리할 수 있는 것에 한한다)을 포함하지 아니한 용기의 질량(기호 : W, 단위 : kg)

29. 다음 LPG 저장탱크의 저장량이 18톤일 경우 병원, 학교 등과의 안전거리를 쓰시오.

정답 21m 이상
해설 [저장 · 처리설비와 제1종, 제2종 보호사설 사이의 유지거리]

저장 및 처리 능력(kg · m³)	산소 = (2종 독 · 가)	독성 · 가연성	기타 = (2종 산소)
1만 이하	12m ⌉2	17m ⌉4	8m ⌉1
2만 이하	14m ⌉2	21m ⌉3	9m ⌉2
3만 이하	16m ⌉2	24m ⌉3	11m ⌉2
4만 이하	18m ⌉2	27m ⌉3	13m ⌉1
4만 초과	20m	30m	14m

30. 다음 LNG를 기화시킬 경우 기화기에 사용되는 열매체를 쓰시오.

정답 해수(바닷물)

31. 다음 LPG 소형저장탱크의 저장능력이 1,000kg일 때 가스 충전구와 건축물 개구부까지 유지해야 할 거리를 쓰시오.

LPG 소형저장탱크

경계책

정답 3m

해설 소형저장탱크(단위 kg · m) : 가스충전구로부터

구분	토지경계까지	탱크간	건축물 개구부까지
1,000kg 미만	0.5	0.3	0.5
1,000~2,000kg 미만	3.0	0.5	3.0
2,000kg 이상	5.5m	0.5m	3.5m

32. 다음 고압가스용기의 충전구 형식과 나사방향에 대하여 쓰시오.

정답 ① 충전구 형식 : B형(암나사)
② 나사방향 : 왼나사(가연성가스)

33. 다음 LPG 용기의 안전점검 및 관리기준 3가지를 쓰시오.

정답 ① 용기의 내면, 외면을 점검하여 사용에 지장을 주는 부식, 금, 주름 등이 있는지 확인할 것
② 용기에 도색과 표시가 되어 있는지 확인할 것
③ 재검사기간의 도래 여부를 확인할 것

해설 • 유통 중 열 영향을 받았는지를 점검할 것. 열 영향을 받은 용기는 재검사를 할 것
• 용기캡이 씌워져 있거나 프로텍터가 부착되어 있는지를 확인할 것
• 용기의 스커트에 찌그러짐이 있는지와 사용에 지장이 없도록 적정 간격을 유지하고 있는지를 확인할 것
• 용기 아랫부분의 부식상태를 확인할 것
• 밸브의 몸통, 충전구나사 및 안전밸브 사용에 지장을 주는 홈, 주름, 스프링의 부식 등이 있는지를 확인할 것
• 밸브의 그랜드 너트가 이탈하는 것을 방지하기 위하여 고정핀 등을 이용하는 등의 조치가 있는지를 확인할 것
• 밸브의 개폐 조작이 쉬운 핸들이 부착되어 있는지를 확인할 것

2021-3' 기출

34. 다음 계측기의 명칭을 쓰시오.

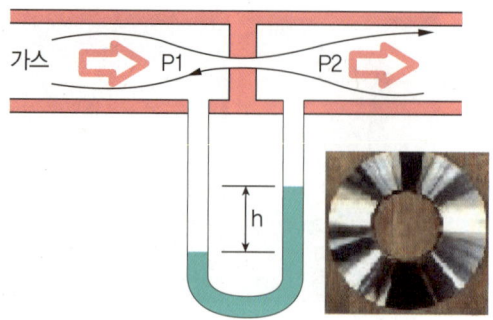

정답 오리피스 유량계

35. 다음 LPG 충전기와 사업소 대지 경계까지의 안전거리를 쓰시오.

정답 24m

36. 다음은 도시가스배관이 "ㄷ"자 형으로 되어있다. 이것의 명칭을 쓰시오.

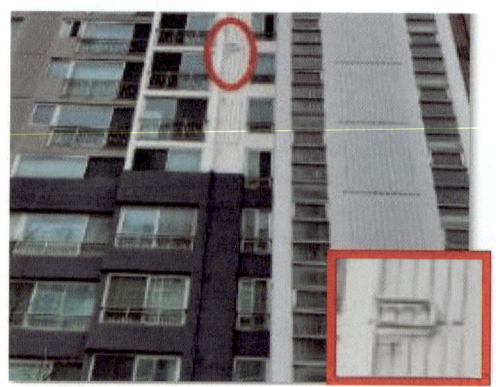

정답 신축흡수장치(루프형 곡관)

2021-3' 기출

37. 다음 LPG 자동차 용기 내부에 설치되는 안전 장치의 명칭을 쓰고, 저장탱크 내용적의 몇 %를 넘지 않도록 하는지 쓰시오.

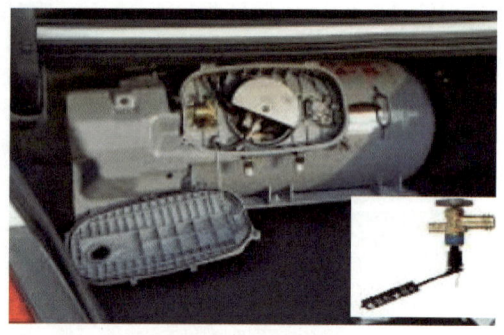

정답 ① 과충전 방지 장치
② 85%

38. 다음 공동주택 등에 압력조정기를 설치하여 저압의 도시가스를 공급할 경우 압력 조정기의 ① 합격 유량범위와 ② 전체 가스공급 세대수를 쓰시오.

정답 ① 유량범위 : ±20%
② 저압조정기가스공급 세대수 : 250세대 미만

39. 다음 보일러 배기통의 입상높이는 몇 m 이내인지 쓰시오.

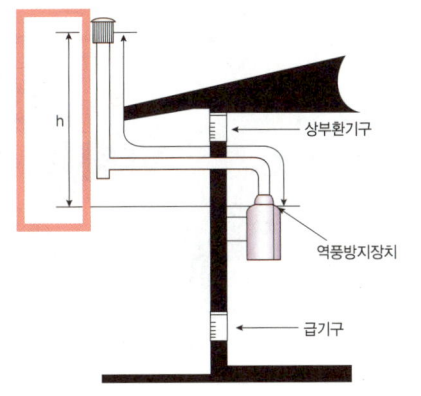

정답 10m
법규참조 ※ KGS GC 208, GC 209

40. 다음 LNG 저장시설이다. 저장탱크에 사용되는 단열재 구비조건 3가지를 쓰시오.

정답 ① 열전도율이 적을 것
② 흡수성이 적을 것
③ 사용온도에 대해 변질되지 않을 것

41. 다음 터보 압축기 정지순서를 쓰시오.

정답 ① 토출(송출) 밸브를 닫는다.
② 모터를 정지시킨다.
③ 흡입밸브를 닫는다.
④ 드레인시킨다(잔류액을 배출).

42. 다음 내용적이 47L인 무계목용기의 재검사 기간을 쓰시오. (신규검사 후 10년 경과된 용기이다.)

정답 3년

해설

내용적	재검사주기	
500L 이상	5년	
500L 미만	신규검사 후 경과년수 10년 이하	5년
	신규검사 후 경과년수 10년 초과	3년

43. 다음 가스운반 차량과 제 1종 보호시설과의 주·정차 이격거리를 쓰시오.

정답 15m

해설 KGS GC 206

44. 다음 가스미터기에 표시된 ① Pmax : 10[kPa] ② V : 1.0[d㎥/rev]의 의미를 기술하시오.

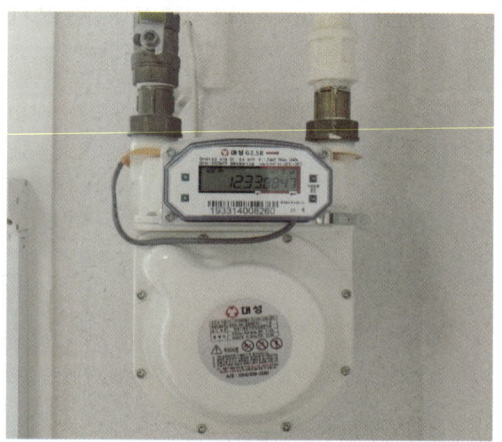

정답 ① Pmax : 10[kPa]
　　　 : 가스미터기의 최대압력이 10[kPa]임
　　② V : 1.0[d㎥/rev]
　　　 : 가스미터 1주기 체적이 1.0[d㎥]임

45. 다음 가스 계측기기 명칭을 쓰시오.

정답 레이저 메탄 검지기

46. 다음 펌프 이송시에 발생되는 캐비테이션 발생 원인 3가지를 쓰시오.

> **정답** ① 흡입양정이 지나치게 길 때
> ② 흡입관측에서의 마찰저항이 증대될 때
> ③ 흡입 유량이 과속으로 증대될 때
>
> **해설** [캐비테이션 방지대책]
> ① 양 흡입 펌프를 사용한다.
> ② 펌프의 회전수를 낮춘다.
> ③ 펌프의 설치위치를 낮추어 흡입양정을 짧게 한다.
> ④ 관경을 크게 하고 흡입측의 저항과 유속을 줄인다.
> ⑤ 펌프를 두 대 이상 설치한다.

47. 다음의 ① 명칭과 ② 종류를 쓰시오.

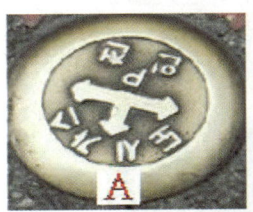 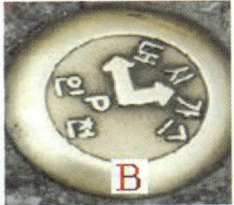

> **정답** ① 라인 마크
> ② A: 세방향, B: 두방향, C: 직선방향

48. 다음 보호판에 구멍을 뚫은 목적과 규격, 그 거리를 쓰시오.

> **정답** ① 목적 : 배관에서 누출된 가스가 지면으로 확산될 수 있도록 한다.
> ② 구멍의 규격 : 직경 30mm 이상 50mm 이하
> ③ 구멍간 거리 : 3m 이하

49. 다음 가스미터의 명칭을 쓰시오.

 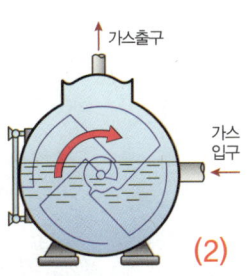

> **정답** (1) 막식 가스미터
> (2) 습식 가스미터
> (3) 로터리식 가스미터
> (4) 터빈식 가스미터

50. 다음의 연소기는 연소에 필요한 공기를 1차로 가스와 혼입하고 부족한 공기는 2차 공기로 완전 연소하는 방식이다. 이 연소 방식을 쓰시오.

정답 분젠식

51. 다음 설비의 조작시설과 당해 저장탱크와의 이격 거리를 쓰시오.

정답 조작거리 : 5m

52. 다음 LPG 자동차 충전시 안전수칙 3가지를 쓰시오.

정답 **[LPG 자동차 충전 작업시 안전수칙]**
　　① 자동차의 엔진을 정지할 것
　　② 디스펜서와 자동차 용기의 암수 커플링이 정상적으로 체결되었는지 확인 후 충전하고 충전시 과충전되지 않도록 한다.
　　③ 충전 완료 후 충전 호스는 자동차 용기에서 완전 분리 후 자동차를 출발시킬 것

53. 다음 밸브의 명칭을 쓰시오.

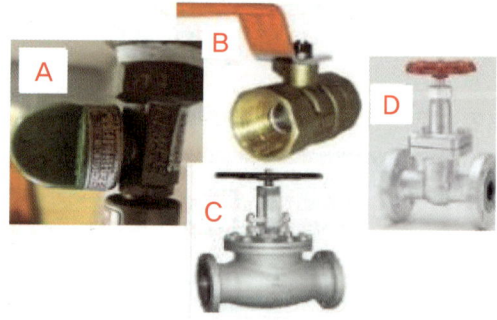

정답 A : 퓨즈 콕
　　B : 볼 밸브
　　C : 글로브 밸브
　　D : 슬루스 밸브

54. 다음 가스 누출검지경보장치의 검지부 설치개수 기준을 쓰시오.

정답 바닥면 둘레 20m에 대해서 1개 비율로 설치

55. 다음 용기보관실을 30mm×30mm 이상의 앵글 강을 가로, 세로 40cm×40cm 이하의 간격으로 용접 보강한 방호벽 강판의 두께를 쓰시오.

정답 강판 두께 3.2mm 이상일 것

56. 다음 가스배관을 건축물의 외벽과 같이 도색했을 때 설치기준을 쓰시오.

정답 지면에서 1m 높이에 폭 3cm의 황색 띠 2줄로 표시
해설 배관도색 – 황색 : 저압 / 적색 : 중, 고압
① 건물색과 동일도색 조건 : 바닥면에서 1m 높이에 폭 3cm의 황색이중선 도색 필요.
② T/F 이음 : 이종금속이음으로 지상배관과 연결시 30cm 이하로 시공

57. 다음 PLP 강관 용접부의 비파괴 검사법 3가지를 쓰시오.

정답 ① 침투탐상 비파괴검사
② 자분탐상 비파괴검사
③ 방사선투과 비파괴검사
④ 초음파 비파괴검사

58. 다음 PE관 접합 방식을 쓰시오.

정답 전기새들융착이음

59. 다음 가스설비의 방폭구조 종류 5가지를 쓰시오.

정답 ① 압력 방폭구조
② 내압 방폭구조
③ 유입 방폭구조
④ 본질 안전 방폭구조
⑤ 안전증 방폭구조

01. 지시하고 있는 B부분 밸브를 작동할 수 있는 동력원을 4가지 쓰시오.

정답 유압, 공기압, 전기압, 스프링압

02. 밸브의 명칭을 쓰시오.

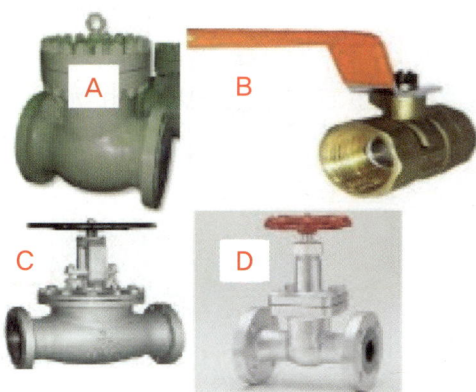

정답 A : 체크 밸브
B : 볼 밸브
C : 글로브 밸브
D : 게이트 밸브

03. 고압가스용기의 공업용과 의료용으로 색상을 구분하여 쓰시오.

정답 ① 아세틸렌 C_2H_2 황색
② 공업용 탄산가스 청색
③ 공업용 수소
④ 공업용 산소

04. 도시가스 정압기시설에서 지시부분의 명칭을 쓰시오.

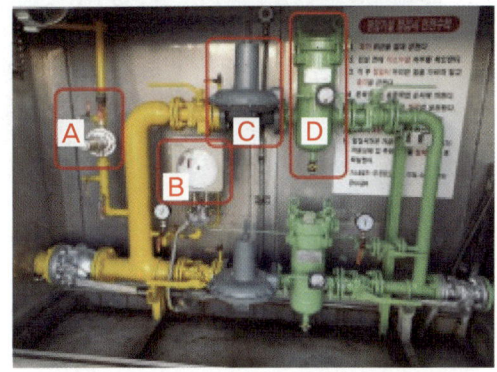

정답 A : 안전밸브   B : 자기압력기록계(PR)
C : 정압기   D : 필터(F)

05. LPG 용기 충전시설기준 중 저장설비의 저장능력이 28ton일 때 사업소 경계와의 거리는 몇 m인가?

정답 30m

해설 [LPG 충전시설 중 저장설비와 사업소 경계와의 거리]

저장능력	사업소 경계
10t 이하	24m
10t 초과 ～ 20t 이하	27m
20t 초과 ～ 30t 이하	30m
30t 초과 ～ 40t 이하	33m
40t 초과 ～ 200t 이하	36m
200t 초과	39m

06. 다음은 LPG 충전용기시설이다. 충전설비와 사업소 경계까지 유지할 거리는 얼마인가?

정답 24m 이상 유지

07. 다음 도시가스 정압기실 외부 "1번" 부분의 장치명과 그 기능을 3가지 쓰시오.

정답 장치명: RTU
① 가스누출 경보(통보)설비
② 정전시 비상전원 공급기능
③ 통신설비(압력, 온도, 가스누출) 감시 안전관리자가 상주하는 상황실에 보고하는 원격감시 기능

해설 [RTU 기능]
①,②,③ 외 경보장치는 (dB 70 이상)이며 작동상황 점검은 1주일에 1회 이상 출입문 개폐통보장치가 있다.

08. LP 가스 자동차에 고정된 용기 충전시설 중 사업소의 부지는 그 한 면이 몇 m 이상의 도로에 접하여야 하는가?

정답 8m

해설 KGS FP332 2021 액화석유가스 자동차에 고정된 용기 충전시설의 도로 연결기준
사업소의 부지는 그 한 면이 폭 8m 이상의 도로에 접하도록 한다. 다만, 사업소 부지가 전용 진·출입로를 통해 폭 8m 이상의 도로와 연결되는 경우에도 사업소 부지 한 면이 도로에 접한 것으로 볼 수 있다.

09. LPG 저장탱크에 설치된 ① 시설물의 명칭과 ② 용도를 쓰시오.

정답 ① 방폭형 접속금구
② LPG의 이·충전시 발생되는 정전기를 제거하여 폭발을 방지

10. LP 가스 자동차 용기충전시설에서 유의사항 3가지를 쓰시오.

정답 1. 정전기 방지 장치 설치
2. 가스 주입기(충전구)는 원터치형일 것
3. 과도한 힘(490.4~588.4)N을 가했을때 분리

해설 액화석유가스용 KGS AA235/ 당김 성능
커플링은 연결된 상태에서 (30±10)mm/min의 속도로 당겼을 때 (490.4~588.4)N에서 분리되는 것으로 한다.

비교 고정식 CNG 충전차량 KGS FP653.2021.1.12.
긴급분리장치는 수평방향으로 당길 때 666.4N (68kgf) 미만의 힘으로 분리되는 것으로 한다.

11. LPG 저장탱크실은 레디믹스 콘크리트(ready-mixed concreate)를 사용하여 수밀(水密) 콘크리트로 시공한다. 설계강도(MPa 이상)를 쓰시오.

정답 21MPa

12. 단단감압식 저압조정기의 장점 2가지와 단점 2가지를 쓰시오.

정답 장점 : ① 장치가 간단
　　　　② 조작이 간단
　　　　③ 경제적
　　　단점 : ① 배관이 굵다
　　　　② 정확한 압력조정이 힘들다
　　　　③ 안정적인 연소 불가

13. LPG 저장탱크의 바닥면적이 30m²일 경우 통풍시설의 개수를 쓰시오.

정답 4개
해설 ・계산식 : 30 × 300㎠ = 9,000㎠ (통풍구면적)
　　・개수산출식 : 9,000/2,400㎠ = 3.75개
　　・자연통풍 : 통풍구는 바닥면에 접하고 외기에 면하여 2방향으로 분산 설치.
　　・면적 : 1개 면적은 2,400㎠ 이하, 1㎡ 당 → 300㎠ 비율
비교 강제통풍장치(기계환기설비)
　　① 통풍능력 : 바닥면적 1㎡ 당 0.5㎥/분 이상
　　② 방출구 높이(공기보다 가벼운 가스 : 3m 이상)
　　・정압기실 안전밸브의 방출구 : 5m 이상

14. 다음 도시가스배관의 관경이 20A인 경우 고정장치의 간격은 얼마인가?

정답 2m 마다
해설 (1) 배관 고정대 설치
　　・관경 13mm 미만 : 1m 마다
　　・관경 13~33mm 미만 : 2m 마다
　　・관경 33mm 이상 : 3m 마다
　　(2) 배관 도색 – 황색 : 저압 / 적색 : 중・고압
　　① 건물색 동일조건 : 바닥에서 1m 높이에 황색, 폭 3㎝의 이중선
　　② T/F 이음 : 이종금속이음 지상배관과 연결 시 30㎝ 이하

15. 고압가스 용기 운반 시 주의사항 4가지는 무엇인가?

정답 ① 적재량 초과하지 말 것
　　② 염소가스와 수소, 암모니아, 아세틸렌 가스와 동일차량 적재 말 것
　　③ 가연성가스와 산소를 동일차량 운반 시 밸브가 마주 보지 말 것
　　④ 소방법이 정한 위험물과 혼합 적재하지 말 것

16. 다음 LPG 이송에 사용되는 압축기 지시부분의 명칭과 기능을 쓰시오.

정답 명칭 : ① 사방밸브
기능 : ② 저장탱크로 액 이송시 흡입 토출 방향을 전환하여 잔가스를 저장탱크로 회수 가능

17. 다음은 LPG 충전시설의 저장탱크의 상부이다. 표시부분의 명칭과 기능을 쓰시오.

정답 명칭 : 맨홀
기능 : 정기검사와 수리점검할 경우 탱크 내부에 작업자가 들어가 육안으로 검사하기 위함

18. C_2H_2 용기 내부에 있는 유기용제의 종류 2가지를 쓰시오.

정답 아세톤, DMF

19. LPG 용기의 1단 감압식 저압조정기의 조정압력, 폐쇄압력은 무엇인가?

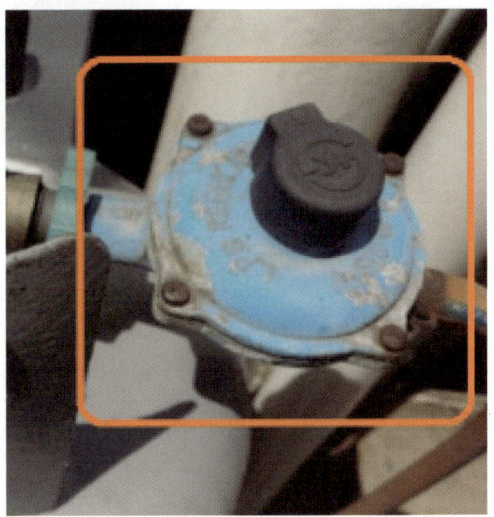

정답 조정압력 : 2.3~3.3kPa
폐쇄압력 : 3.5kPa 이하

20. 다음 배관이음에 사용되는 부속명칭을 쓰시오.

정답 ① 유니온
② 플랜지

21. 충전용기 AG의 의미는?

정답 아세틸렌가스를 충전하는 용기의 부속품
해설 [용기 부속품의 종류]
• 아세틸렌가스를 충전하는 용기의 부속품 : AG
• 압축가스를 충전하는 용기의 부속품 : PG
• 액화석유가스 외의 액화가스를 충전하는 용기의
부속품 : LG
• 액화석유가스를 충전하는 용기의 부속품 : LPG
• 초저온 용기 및 저온용기의 부속품 : LT

22. 반밀폐식 자연배기방식의 단독배기방식의 배기
통의 가로 길이는 몇 m인가?

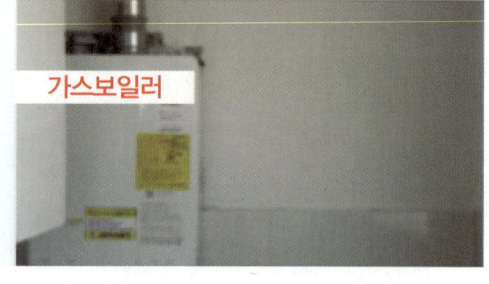

가스보일러

정답 가로 길이 5m 이하

23. G/C(가스크라마토그래피) 분석장치에서 캐리어
가스의 종류 4가지를 쓰시오.

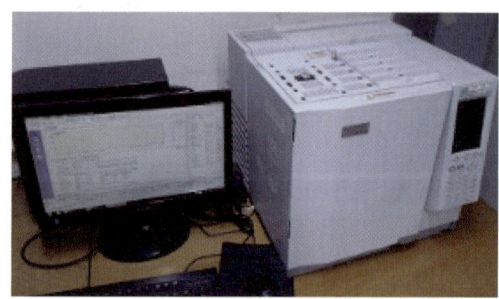

정답 수소, 헬륨, 질소, 아르곤
해설 [각 가스의 이동속도(확산속도)를 이용한 분석법]
① 가스분석을 1대의 장치로 가능, 연구실용
② 구성 : 분리관(컬럼), 검출기, 기록계
③ 캐리어 가스 : 수소, 헬륨, 질소, 아르곤

24. 고정식 압축천연가스 자동차 충전시설기준에서 처리설비, 압축가스설비, 충전시설 외면으로부터 사업소 경계까지 안전거리는 얼마인가?

정답 10m 이상

해설 [압축천연가스(CNG) 시설 기준]
1. 저장설비, 처리설비, 압축가스설비, 충전설비는 사업소 경계와 10m 이상(방호벽 설치 시 5m)
2. 저장설비, 처리설비, 압축가스설비, 충전설비는 철도에서부터 30m 이상
3. 저장설비, 처리설비, 압축가스설비, 충전설비는 고압전선과 5m 이상
4. 저장설비, 처리설비, 압축가스설비, 충전설비는 저압전선과 1m 이상
5. 저장설비, 처리설비, 압축가스설비, 충전설비는 화기 취급 장소 및 인화성, 가연성 물질 저장소와 8m 이상
6. 충전 설비는 도로의 경계와 5m 이상의 거리 유지

25. 저장능력 1000kg 이상 소형 LPG 저장탱크 경계 높이에 설치하는 강관제 보호대의 높이(cm)와 호칭지름은 얼마인가?

정답 높이 80cm 이상
     호칭지름 100A 이상

해설 KGS FU432. 소형저장탱크에 의한 액화석유가스 사용시설의 시설
1. 보호대는 다음 중 어느 하나를 만족하는 것으로 한다. 〈개정 19.5.21〉
   ① 두께 12cm 이상의 철근콘크리트
   ② 호칭지름 100A 이상의 KS D 3507(배관용 탄소강관)기계적 강도를 가진 강관
   ③ 보호대의 높이는 80cm 이상으로 한다.
   ④ 보호대는 차량의 충돌로부터 소형저장탱크를 보호할 수 있는 형태로 한다. 다만, 말뚝형태일 경우 말뚝은 2개 이상을 설치하고, 간격은 1.5m 이하로 한다.

26. 압축기 형식을 쓰시오.

정답 왕복동 압축기

27. 도시가스 부취제 주입 시 메터링 펌프를 사용하는 이유를 쓰시오.

정답 일정량의 부취제를 직접 가스에 주입하기 위함

28. 아세틸렌 용기에서 지시부분의 의미를 쓰시오.

정답 가연성가스

29. 초저온용기의 지시부분의 명칭은?

정답 ① 액면계
② 스프링 안전밸브
③ 파열판식 안전밸브
④ 진공배기구
⑤ 케이싱 외조 파열판

실무 20kgf/cm² 초과시
스프링식 안전밸브가 "푸쉬쉬"하면서 터짐
(20분 간격)

30. 다음은 LPG 운반 벌크로리차량이다. 지시하는 "B 부분"의 ① 가로, ② 세로의 길이는?

정답 삼각기
가로 40cm, 세로 30cm
해설 "A부분"은 경계표시로서 황색바탕에 적색글씨

31. LPG 저장탱크에 설치되는 안전장치 종류 3가지를 쓰시오.

정답 안전밸브, 릴리프 밸브, 긴급차단 밸브, 액면계

32. 다음은 C_2H_2 용기의 각인사항이다. 각각의 명칭을 쓰시오.

정답 TP : 내압시험압력
FP : 최고충전압력
V : 용기 내용적
W : 용기 질량
TW : 용기 질량에 다공물질, 유기용제, 충전구 밸브를 합한 모든 질량

33. 방폭구조의 종류는 무엇인가?

정답 안전증 방폭구조

34. 다음은 저장설비, 가스설비 및 배관에서 가스설비 등의 압력이 허용압력을 초과한 경우 즉시 그 압력을 허용압력 이하로 되돌릴 수 있는 1) 장치명칭과 2) 설치높이를 기술하시오.

정답 1) 명칭 : 과압안전장치(안전밸브)
2) 설치높이 : 가연성 저장 탱크 : 지면으로부터 5m, 탱크 정상부로부터 2m 높이 중 높은 위치
참조 가스방출장치는 저장탱크 및 가스홀더는 $5m^3$ 이상의 가스 저장시 가스 방출 장치 설치

35. 아크용접에서 용접방법을 쓰시오.

정답 티그(TiG) 용접

37. LPG 지하탱크실의 상부이다. 지시부분의 명칭을 쓰시오.

정답 검지관
해설 지면과 거의 같은 높이에 있는 가스검지관, 집수 관 등의 입구에는 빗물 및 지면에 고인물 등이 저장탱크실 내로 침입하지 않도록 덮개를 설치한다.

36. LPG 액화가스 이입 이·충전 시 정전기 제거용 접지접속선의 단면적(mm²)은?

정답 5.5mm² 이상

38. 다음 도시가스 공급시설에 설치되는 부분의 명칭과 기능을 설명하시오.

정답 명칭 : 정압기
기능 : 1차 압력 및 부하유량의 변동에 관계 없이 2차 압력을 일정하게 유지하는 기능

39. 다음의 아세틸렌용기의 경과년수가 10년 경과 15년 미만 시 재검사 주기는 몇 년인가? (단, 내용적 V = 80L이다.)

3년(계목용기 재검사 주기)
[용기의 재검사 기간]

(단위 : L)

용기의 종류		재검사 주기		
		신규 검사 후 경과 연수		
		15년 미만	15년 이상 20년 미만	20년 이상
용접용기 (계목)	500L 이상	5년 마다	2년 마다	1년 마다
	500L 미만	3년 마다	2년 마다	1년 마다
이음매 없는 용기 (무계목)	500L 이상	5년 마다		
	500L 미만	10년 초과 3년 마다. (다만 신규검사 후 10년 이하 : 5년마다)		

※ LPG : 20년 이상(2년) / 20년 미만(5년)
단, 50L 미만 : 4년마다

40. C_2H_2 용기의 지시부분 명칭은?

정답 가용전식 안전밸브
해설 [가용전식 안전밸브 해당가스]
　아세틸렌, 암모니아, 염소
비교 가) 스프링식(LP 가스)
　나) 산소, 수소, 질소, 탄산가스 : (파열판식)

41. 다음 도시가스배관은 신축 등으로 지상배관에 대하여 도시가스가 누출하는 것을 방지하기 위하여 "ㄷ"자 신축흡수장치등 필요한 조치를 강구한다. 신축이음명칭을 쓰시오.

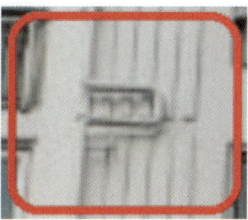

정답 신축이음(루프형)
해설 신축흡수장치 종류 : 루프, 상온스프링법, 벨로즈, 슬리브, 스위블 조인트

42. 다음 융착 이음방법이다. 이음방법을 쓰시오.

정답 ① 맞대기 열융착이음
　　② 소켓 전기융착이음

43. LPG 이송펌프의 축봉장치 중 메커니컬시일에서 밸런스시일을 사용하는 경우 특징을 2가지 이상 기술하시오.

정답 ① 내압이 4~5kgf/cm² 이상
② 저비점 액체일 때(LPG 등 액화가스) 사용
③ 하이드로 카본일 경우

해설 [축봉장치(메커니컬 시일)의 종류]

형식	구분	특성
사이드형식	아웃사이드형(외장형)	• 점성계수가 100CP를 초과하는 고점도액일 때 • 저응고점액일 때 • 구조재, 스프링재가 액의 내식성에 문제가 있을 때 • 스터핑 박스 내가 고진공일 때
면압밸런스형식	밸런스실	• 내압 0.4MPa ~ 0.5MPa 이상일 때 • 저비점 액체일 때(LPG 등 액화가스) • 하이드로 카본일 때

[기출문제]
다음 중 펌프의 내압이 0.4MPa ~ 0.5MPa이며 LPG와 같이 저비점액체일 때 사용되는 메커니컬 시일은 무엇인가?
① 밸런스실   ② 언밸런스실
③ 카아본실   ④ 오일필름실

[펌프의 안전관리]
1) 왕복펌프 운전정지 순서
　모터의 스위치를 끈다. → 토출 밸브를 닫는다.
　→ 흡입밸브를 닫는다. → 드레인 밸브를 연다.
2) 터보펌프 운전정지 순서
　토출 밸브를 닫는다. → 모터의 스위치를 끈다.
　→ 흡입밸브를 닫는다. → 드레인 밸브를 연다.

44. 안전증 방폭구조가 가연성 제조시설에 사용 시 몇 종 위험장소에 사용할 수 있는가?

정답 0종
해설 [위험장소와 방폭구조의 관계]

위험장소	방폭구조
제0종	ia, ib
제1종	p, o, d
제2종	e

45. 다음 충전용기의 다공물질의 종류 5가지를 쓰시오.

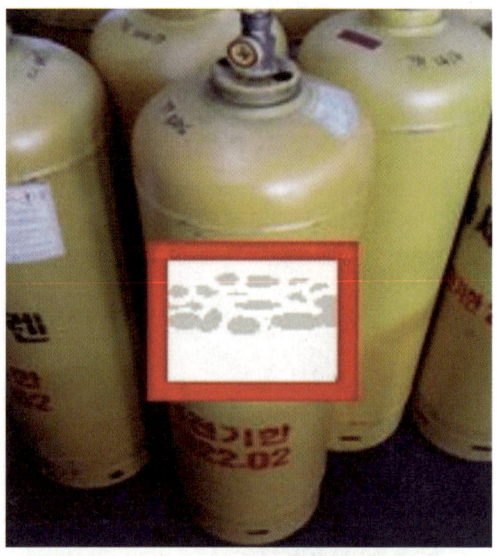

정답 규조토, 석회석, 산화철, 목탄, 다공성 플라스틱

46. 고압가스충전시설에 설치된 압력계의 최고 눈금 범위는?

정답 상용압력 1.5~2.0배 이하
해설 [LPG 충전사업의 시설 및 기술기준]
충전사업소에는 점검을 필한 표준압력계를 2개 이상 보유하며 최고눈금이 설비에는 상용 압력의 1.5배 ~ 2배 이하이어야 한다.

47. 초저온 탱크에 충전가능 액화가스 종류 3가지 비등점을 쓰시오.

정답 L-O_2 : -183℃
L-Ar : -186℃
L-N_2 : -196℃
해설 [초저온 용기]
-50℃ 이하의 액화가스를 저장(충전)하기 위한 저장탱크(용기)로서 단열재로 피복하거나 냉동 설비로 냉각하는 등의 방법으로 저장탱크(용기) 내의 가스온도가 상용의 온도를 초과하지 않도록 한 것
• 용기재질은 18-8 STS, 9%Ni, (Cu, Al)합금강

48. 방폭구조에서 표시된 T6의 의미는?

정답 방폭전기기기의 최고 사용 온도 85℃ 초과 100℃ 이하
해설 [발화등급(폭발등급)과 온도등급]

온도등급 (℃)	폭발등급		
	1	2	3
T1 450 초과	암모니아, 프로판, 일산화탄소, 메탄	석탄가스 ($CH_4 + H_2$)	수성가스 ($CO + H_2$)
T2 300~450 이하	부탄, 옥시드	에틸렌	아세틸렌
T3 200~300 이하	가솔린, 헥산		
T4 135~200 이하	아세트 알데히드 에틸에테르		
T5 100 초과~ 135 이하			이황화탄소

[예제 ★★★] ※ T6(85 초과 ~ 100 이하)
가연성가스의 발화온도 범위가 85 초과 100℃ 이하는 다음 발화도 범위에 따른 방폭전기기기의 온도 등급 중 어디에 해당하는가?
① T3   ② T4   ③ T5   ④ T6

※ 안전간격 : 1등급(0.6mm 이상), 2등급(0.4~0.6mm 미만), 3등급(0.4mm 미만)

49. 다음은 LPG를 탱크로리에서 저장탱크로 이·충전하는 장치이다. 명칭과 A와 B 부분의 용도를 쓰시오.

정답 ① 명칭 : 로딩암
② 용도
  A: 액관(탱크로리에서 저장탱크로
    LPG 액체가스가 흐르는 관)
  B: 기체배관(저장탱크에서 탱크로리로
    LPG 기체가스가 흐르는관)

50. 배관 부속품의 명칭을 쓰시오.

정답 ① 소켓 ② 부싱 ③ 플러그 ④ 유니온

51. 가스도매사업에 설치된 LNG 저장탱크에 방류둑 설치시 저장능력기준을 쓰시오.

정답 저장능력 500ton 이상

52. 다음은 지상에 설치된 천연가스 저장탱크의 지반 침하방지 측정주기는 언제인가?

정답 1년에 1회 이상
해설 저장량(압축 100m^3, 액화 1,000kg) 이상

53. 다음은 LPG 지상저장탱크이다. 적색표시된 주위 경계책의 높이를 쓰시오.

정답 높이 1.5m 이상

54. 고압가스 장치의 ① 명칭과 ② 기능(역할)을 쓰시오.

정답 ① 긴급차단장치
② 고압가스 충전시설에서 이상사태(가스누설, 화재) 발생 시 차단하여 가스 유동 방지
해설 [긴급차단장치(SSV)]
1) 동력원 : 액압, 기압, 전기, 스프링(배관 및 탱크의 온도 110℃에서 작동)
2) 조작 위치 : 특정제조 : 10m 이상
(비고) 일반 제조 : 5m 이상)

55. 도시가스배관에 설치된 가스미터기의 종류이다. 각 가스미터기의 명칭을 쓰시오.

정답 1) 막식 가스미터기
2) 다기능 가스미터기(다기능 가스안전계량기)
해설

특징	막식 가스미터
장점	값이 싸고 설치 후 유지관리가 쉽다
단점	대용량의 것은 설치 면적이 크다

56. 가연성가스 배관 이음부에 휴대용가스 검지기로 누출검사 시 검지기의 경보농도는?

정답 폭발 하한의 $\frac{1}{4}$ 이하

57. LPG 충전소에 설치된 ① 명칭, ② 역할을 쓰시오.

정답 ① 방폭형 접속금구
② LPG 충전·이입시 발생되는 정전기를 제거하여 폭발 방지

58. 다음은 도시가스배관에 설치된 가스미터기이다. 가스미터기 명칭을 쓰시오.

정답 **터빈식 가스미터기**
해설
1) 가스계량기 종류

실측 (직접식)	건식		막식(다이어프램)
		회전식	오벌기어(보일러에 사용)
			로터리
			루트미터
	습식 가스미터		미터기의 기준기, 검정용
추측 (간접식)	유속식		피토관 사용, 유속이 5m/s 이상, $V = \sqrt{2gh}$, 동압측정
	차압식		오리피스 : H(압력손실이 가장 크다.)
			플로노즐 : H(압력손실이 중간 정도.)
			벤튜리 : H(압력손실이 가장 적다.)
	면적식 (암기TIP 면적은 로피게)		★로터미터(차압일정하고, 면적변화를 이용 측정)
			피스톤
			게이트

2) 가스미터기 특성(★ : 중요, 출제빈도 높음)

특성	장점	단점
막식 가스미터	값이 싸고 설치 후 유지관리가 쉽다.	대용량의 것은 설치 면적이 크다.
습식 가스미터	계량이 정확하고 사용 중에 기차 (계측기기의 오차) 의 변동이 작다.	사용중에 수위조정 등의 관리가 필요하고 설치 면적이 크다.
★루트 미터	설치 면적이 작으며 대유량 및 중압가스의 계량이 가능하다.	스트레이너의 설치 및 설치 후 유지관리가 필요하고, 소유량(0.5m/s)의 것은 부동의 우려가 있다.

3) 가스미터기의 종류

막식 가스미터기	습식 가스미터기
	루트미터

59. LPG 이송압축기에서 ① 지시부분의 명칭, ② 역할은?

정답 ① 액트랩(액분리기)
② 압축기로 액화가스가 유입되는 것을 방지목적
으로 액화가스 회수장치이며 회수 후 저장
탱크로 회수

2017 동영상
가스기능사 기출문제

04

01. 다음 도시가스배관 이음부와 표시된 하단부와의 이격거리는?

정답 60cm 이상

02. 저장탱크의 직경이 각각 3m, 2m일 때 두 저장 탱크 간 이격거리(m)는? (단, 물분무 장치가 없으며, 탱크의 크기는 10t이다.)

정답 1.25m
해설 (3+2)/4 = 1.25
이격거리계산 : 탱크직경의 합한 거리 ×1/4 이상

03. 박강판제 방호벽에서 ① 방호벽 높이(m), ② 두께 (mm), ③ 규격(×)mm의 앵글강을 사용하며 방호벽과 지주 사이에 용접보강하여야 한다. 빈칸을 채우시오.

정답 ① 높이 2m
② 3.2mm 이상
③ 30×30mm

04. 다음 아크용접방법의 명칭을 쓰시오.

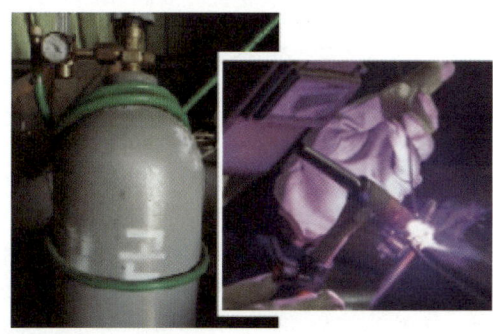

정답 티그(TIG) 용접

05. 다음은 고압가스 중 충전 가능한 가스명(가스색깔)과 용도 2가지를 쓰시오.

`정답` 가스명 : 염소(황록색)
용도 :
① 섬유표백 및 수돗물의 살균작용
② 종이, 펄프공업, 알루미늄공업 등에 사용된다.
③ 염화수소, 염화비닐, 염화메틸, 포스겐 제조에 사용
`참조` [공업적 제조법]
1. 염산의 전기분해 $2HCl \rightarrow H_2 + Cl_2$
2. 소금의 전기분해(격막법)
3. 소금의 전기분해(수은법)

06. 도시가스 사용시설이 설치된 압력조정기가 저압인 경우 설치가능 최대 세대수는?

`정답` 249세대
`해설` [압력조정기는 공동주택 경우에 설치]
㉠ 가스 압력이 중압 이상으로서 전체 세대수가 150세대 미만인 경우(최대공급가능 149세대)
㉡ 가스 압력이 저압으로서 전체 세대수가 250세대 미만인 경우(최대공급가능 249세대)

07. PE관 상부에 설치된 ① 전선의 명칭, ② 면적(mm²)을 쓰시오.

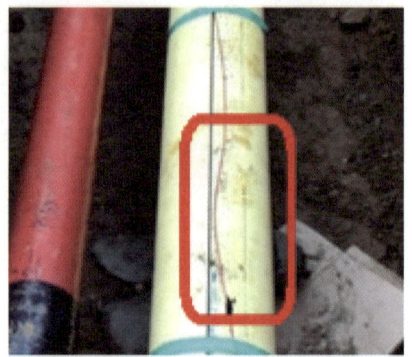

`정답` 로케이팅 와이어
6mm² 이상

08. 보여주는 LPG 이송설비의 장점 2가지 이상을 쓰시오.

`정답` [압축기 이송시 장점]
① 충전시간이 짧다.
② 가스 회수가 용이하다.
③ 베이퍼록 현상이 없다.

09. 가스계량기 명칭을 쓰시오.

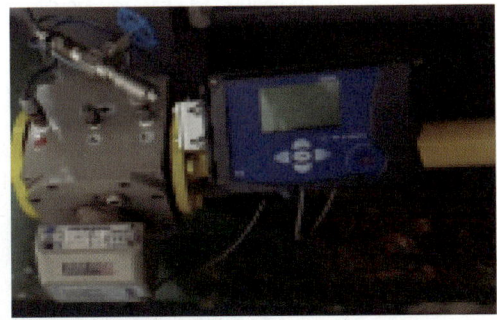

①

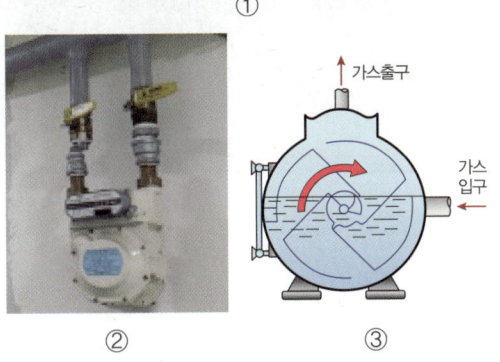

② ③

정답 ① 로터리식 ② 막식 ③ 습식

10. 다음은 도시가스 사용시설에서 가스미터기가 보호 상자안에 설치된 경우이다. 가스계량기 설치높이를 쓰시오.

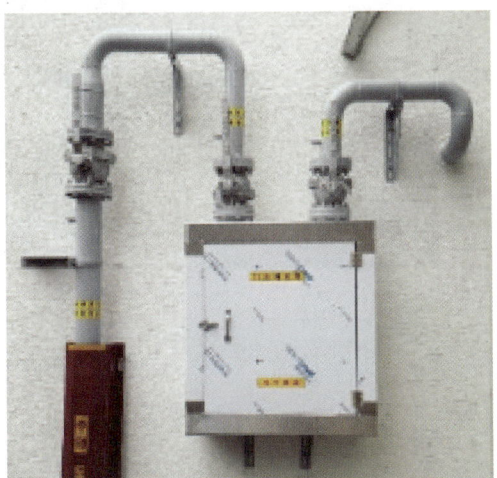

정답 2m 이내
해설 가스 계량기와 입상관 밸브 바닥면 1.6m ~ 2m 이내에 설치, 보호상자에 가스 계량기 넣을 경우 2m 이내에 설치(2019년 개정)

11. NH₃가스 용기충전시설의 지시부분의 명칭 ①, ②, ③, ④를 쓰시오.

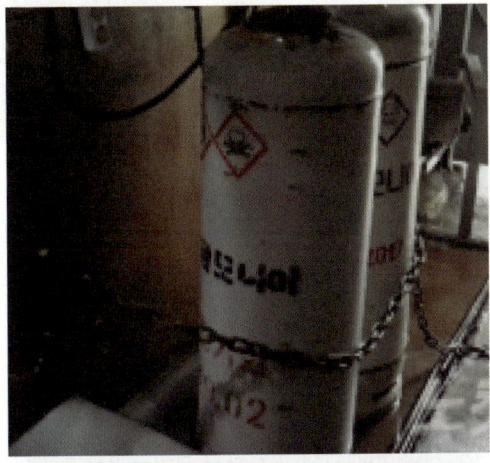

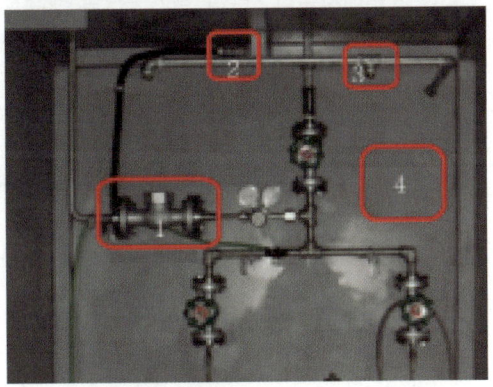

정답 ① 체크밸브
② 가스검지기
③ 살수장치
④ 방호벽

12. 지하매설 도시가스 배관의 명칭을 쓰시오.

정답 ① 가스용 폴리에틸렌관
② 폴리에틸렌 피복강관
해설 [배관 설치 기준]
PE관 : 폴리에틸렌관
(연결법 : 맞대기, 소켓, 새들 융착 이음)
PLP관 : 폴리에틸렌 피복 강관

14. CO_2 용기에서 다음 물음에 답하시오. 밸브각인 사항 중 ① 안전밸브 형식과 ② PG의 의미를 쓰시오.

정답 ① 파열판
② 압축가스를 충전하는 용기 부속품

13. LPG 판매시설의 저장실 용기보관실 면적(m^2)은?

정답 19m^2 이상

15. 초저온용기 ①, ②의 명칭과 용기밸브에 각인되어 있는 ③ 부속품기호를 쓰시오.

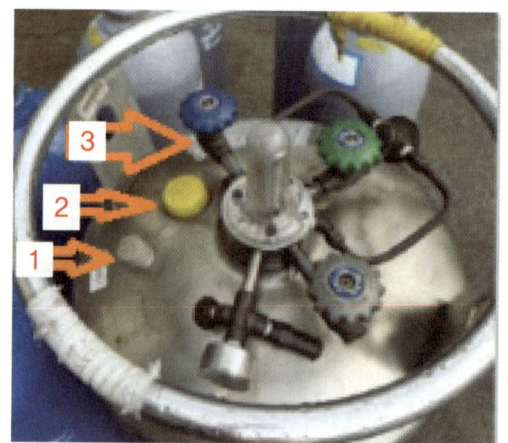

정답 ① 진공구
② 케이싱파열판
③ LT

16. 다음 청색부분은 도시가스계량기이다. 가스계량기와 전기계량기의 이격거리는?

정답 60cm 이상

17. 다음은 도시가스 지하매설배관 상부이다 ① 시설물의 명칭과 ② (1), (2)번의 공급압력을 구분하고 ③ 최고사용압력이 저압인 배관으로서 매설깊이가 1m 이상인 경우 보호판에서 이격거리(m)를 쓰시오.

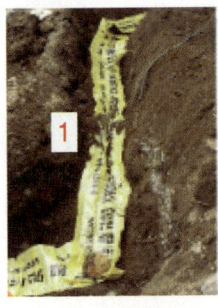

정답 ① 보호포
② 1번: 저압. 2번: 중압
③ 0.3m 이상
해설 [배관의 보호포 KGS FS551 2020]
(1) 사양표
• 재질 : 폴리에틸렌수지 또는 폴리프로필렌 수지
• 두께 : 0.2mm 이상 폭은 15cm 이상 〈개정 09.9.25〉
• 색상 : 저압관(황색바탕, 흑색 글씨), 중압관(적색바탕, 흑색 글씨)
㉠ 배관의 호칭지름에 10cm를 더한 폭 이상으로 배관의 직상부에 설치하고, 2열 이상을 설치할 경우 보호포 간의 간격은 보호포 넓이 이내로 한다.
㉡ 보호포는 최고사용압력이 저압인 배관으로서 매설깊이가 1m 이상인 경우에는 배관 정상부로부터 60cm 이상, 매설깊이가 1m 미만인 경우에는 배관 정상부로부터 40cm 이상, 중압 이상인 배관의 경우에는 보호판의 상부로부터 30cm 이상, 공동주택의 부지 내에 설치하는 경우에는 배관의 정상으로부터 40cm 이상 떨어진 곳에 설치할 것
㉢ 기록 사항 : 사용가스명, 최고사용압력, 공급자명

18. 다음의 아세틸렌용기의 경과년수가 10년 경과 15년 미만 시 재검사 주기는 몇 년인가? (단, 내용적 V=80이다.)

정답 3년

해설 [용기의 재검사 기간]

(단위 : L)

용기의 종류		재검사 주기		
		신규 검사 후 경과 연수		
		15년 미만	15년 이상 20년 미만	20년 이상
용접용기 (계목)	500L 이상	5년 마다	2년 마다	1년 마다
	500L 미만	3년 마다	2년 마다	1년 마다
이음매 없는 용기 (무계목)	500L 이상	5년 마다		
	500L 미만	10년 초과 3년 마다. (다만 신규검사 후 10년 이하 : 5년마다)		

※ LPG : 20년 이상(2년) / 20년 미만(5년)
단, 50L 미만 : 4년마다

19. 다음은 저장시설의 상부이다. 가스설비의 A부분의 ① 명칭과 ② 기능을 쓰시오.

정답 ① 명칭 : 체크 밸브
② 기능 : 유체방향을 한 방향으로만 통제

해설 [체크 밸브의 종류]
• 스윙형 : 핀을 축으로 회전하여 개 · 폐한다. (수평배관, 수직배관에 사용 가능)
• 리프트형 : 유체의 압력에 의해 상하 이동 (수평배관만 사용가능)
• 스모렌스키형 : 리프트형 내에 날개가 달려 충격을 완화

20. (1)은 가연성, (2)는 독성 · 가연성 용기이다. (1), (2)를 쓰고, (3)에서 (1), (2)에 알맞은 기호를 ①~⑤에서 고르시오.

(1)　　　　　　(2)

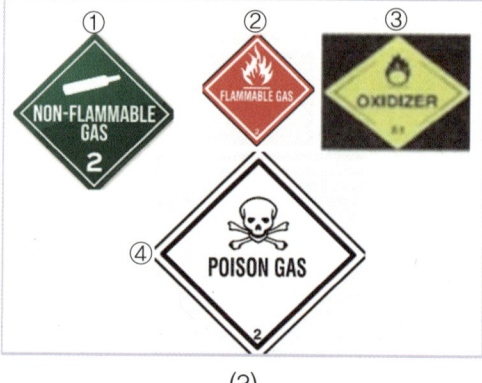

(3)

정답 (1) C_2H_2 용기
(2) NH_3 용기
(3) C_2H_2 : ②　　　NH_3 : ②, ④

21. 다음은 자동차 LPGi 충전용기에서 A와 B의 명칭을 쓰시오.

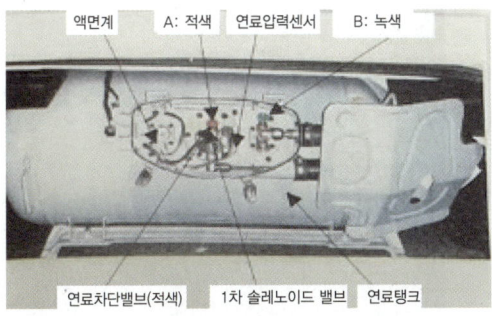

정답 A : 액체연료출구밸브(적색), B : 충전밸브(녹색)

정답 명칭 : 냉각살수장치
기능 : 주변화재 등으로 주차된 탱크로리는 국부가 열손상으로 액팽창을 유발하고 결국 파괴를 초래하므로 주·정차 상부의 냉각살수로 온도 상승 방지와 폭발을 방지한다.

해설 [분무·냉각살수 장치]

분무(0.5㎥/min)		
내화구조	준내화구조	전표면
4/min	6.5/min	8/min
수원 : 30분 이상, 도시가스 : 60분 이상		

살수(5/min)	
일반탱크	준내화구조
5/min	2.5/min
• 방류둑 외면 10m 이내	
• (방류둑×, 가연성 물질) : 20m	

22. 다음은 갈색 독성가스용기를 운반하는 차량이다. 이 용기가스를 동일차량에 적재금지하는 가스 3가지를 화학식으로 쓰시오.

정답 C_2H_2, NH_3, H_2

23. LPG 충전사업소에서 차량에 고정된 탱크의 주·정차 부지 위에 설치된 이것의 명칭과 기능을 쓰시오.

24. 다음은 도시가스 지하배설배관 상부이다. ① 시설물의 명칭과 ② 저압인 배관으로서 매설깊이가 1m 이상인 경우 배관상부까지의 이격거리(cm)를 쓰시오.

정답 보호판
30cm 이상

25. 다음 도시가스 사용시설 배관작업시 연결할 연소기까지의 저압호스길이는 얼마인가?

정답 3m 이내

해설 [저압호스 종류]
① 종류 : 염화비닐호스, 금속플렉시블호스, 고무호스 및 수지호스
② 1종 : 안지름 6.3mm, 2종 : 9.5mm, 3종 : 12.7mm
③ 허용차 : ±0.7mm

암기TIP 63빌딩 꾸오꾸오95올랐더니 12층이야. 땡7이 되네

26. 다음은 공업용가스의 용기이다. 신규검사후 8년인 가스용기일 경우, 재검사주기에 대하여 쓰시오.

정답 5년

해설 [용기의 재검사 기간]

(단위 : L)

용기의 종류		재검사 주기		
		신규 검사 후 경과 연수		
		15년 미만	15년 이상 20년 미만	20년 이상
용접용기 (계목)	500L 이상	5년 마다	2년 마다	1년 마다
	500L 미만	3년 마다	2년 마다	1년 마다
이음매 없는 용기 (무계목)	500L 이상	5년 마다		
	500L 미만	10년 초과 3년 마다. (다만 신규검사 후 10년 이하 : 5년마다)		

※ LPG : 20년 이상(2년) / 20년 미만(5년)
　단, 50L 미만 : 4년마다

27. 도시가스 부취제 주입 시 메터링펌프를 사용하는 이유를 쓰시오.

정답 일정량의 부취제를 직접 가스에 주입하기 위함

28. 충전용기 밸브에 각인된 "LG"의 의미를 설명하시오.

정답 액화석유가스 외의 액화가스를 충전하는 용기 부속품

해설 [용기 부속품]
- 아세틸렌가스를 충전하는 용기의 부속품 : AG
- 압축가스를 충전하는 용기의 부속품 : PG
- 액화석유가스 외의 액화가스를 충전하는 용기의 부속품 : LG
- 액화석유가스를 충전하는 용기의 부속품 : LPG
- 초저온 용기 및 저온용기의 부속품 : LT

29. 저장탱크에 설치된 부품에서 지시하는 부분의 명칭을 쓰시오.

정답 스프링식 안전밸브

30. 가스용 폴리에틸렌관(PE관)의 융착이음 명칭을 쓰시오.

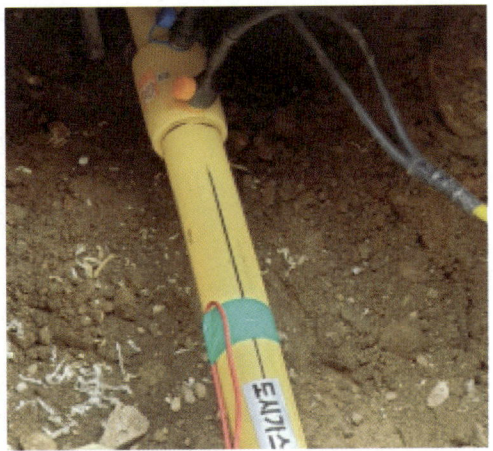

정답 소켓전기융착이음

해설 1. LPG 일반집단공급사업의 시설기준 및 기술기준 (용어변경 : 집단 ▷ 일반집단, 2020년 개정)
- PE관 : 폴리에틸렌관
  (연결법 : 맞대기, 소켓, 새들 융착 이음)
- PLP관 : 폴리에틸렌 피복 강관

참조 ※ 배관은 매설하여 시공이 원칙
단, 지상 배관과의 연결로 보호조치한 경우 지면에서 30cm 이하로 노출 시공가능하며 관의 굴곡 허용반경은 외경의 20배 이상(20배 미만시 엘보 사용)
※ 배관 도색 – 황색 : 저압 / 적색 : 중, 고압
① 건물색과 동일도색 조건 : 바닥면에서 1m 높이에 폭 3cm의 황색 2중선 도색 필요
② T/F 이음 : 이종금속이음으로 지상배관과 연결시 30cm 이하로 시공

31. 도시가스 사용시설에 설치된 가스계량기의 설치 높이는 바닥으로부터 얼마인가?

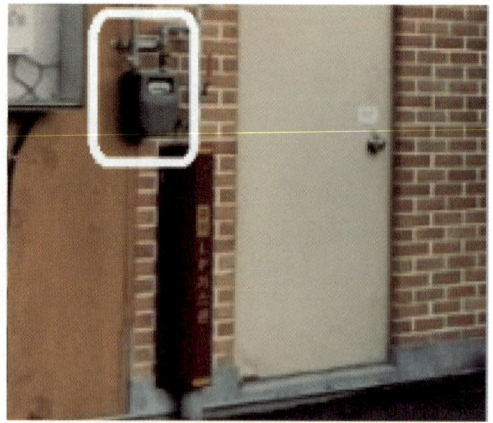

정답 바닥면에서 1.6m ~ 2m 이내에 설치

해설 가스 계량기와 입상관 밸브위치 :
바닥면에서 1.6m ~ 2m 이내에 설치
(보호상자에 가스 계량기를 넣을 경우 2m 이내에 설치 – 2019년 개정)

참조

가스계량기	배관이음부
LPG 집단공급소, 도시가스 일반제조소, 공급소 밖	LPG 사용시설 / 도시가스사용시설
1. 전기 계량기, 개폐기(60㎝ 이상)	1. 전기 계량기, 개폐기(60㎝ 이상)
2. 전기 접속기/점멸기, 굴뚝(30㎝)	2. 전기 접속기/점멸기, 굴뚝(15㎝)
3. 전선 10㎝[절연조치 아니한 것(15㎝)]	3. 전선 10㎝[절연조치 아니한 것(15㎝)]

※ 단, 도시가스를 실내에 설치 시 배관 이음부는 절연전선과 (10㎝) 이격유지
(단, 가스누출자동차단장치 작동을 위한 전선은 제외)
절연 및 단열 조치를 하지 아니한 전선과 굴뚝은 (15㎝)

32. 다음은 LPG 지하저장실 지상에 설치된 것으로 그 명칭을 쓰시오.

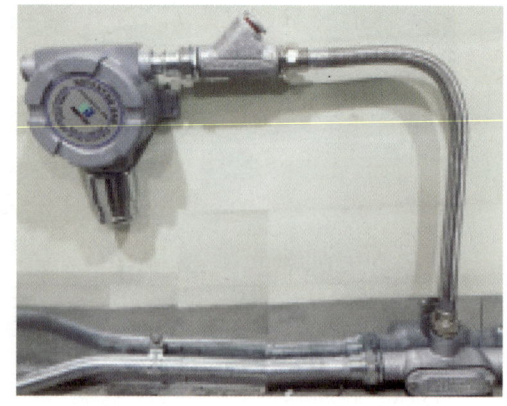

정답 가스누설검지기

33. 배관 부속품의 명칭을 쓰시오.

정답 ① 소켓 ② 부싱 ③ 플러그 ④ 유니온

34. 다음은 고압가스의 충전구밸브이다. 충전구 (1 번), (2번), (3번)의 형식을 쓰고, (4) 나사가 없는 충전구형식의 명칭을 무엇이라고 하는가?

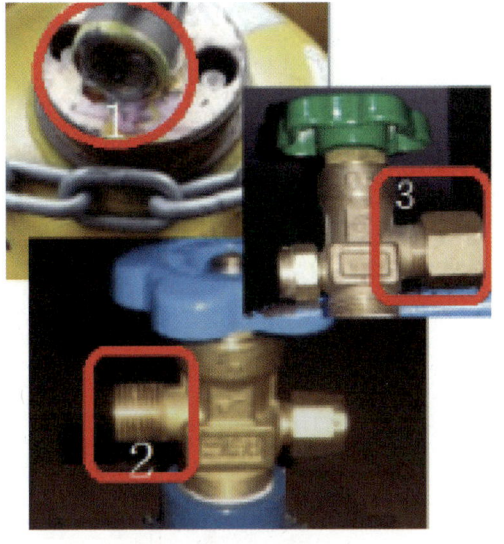

정답 (1) B형 (2) A형 (3) A형 (4) C형
[충전구 밸브]
1) 충전구 형식에 따라
  • A형 : 가스 충전구가 수나사
  • B형 : 가스 충전구가 암나사
  • C형 : 가스 충전구에 나사가 없는 것
2) 충전구 나사 방향
  • 가연성 가스 : 왼나사
    (CH_3Br, NH_3는 오른나사)
  • 그 밖의 가스 : 오른나사
3) 용기의 구조 [암기TIP] 오백다마 불패
  • O링식
  • 백시트식
  • 다이어프램식
  • 패킹식
4) 그랜드 너트
  왼나사 용기에는 그랜드 너트의 "V"자 홈을 파내어 왼손 나사임을 표시

35. LPG 저장탱크에 설치된 안전밸브 방출구 높이는 얼마인가?

정답 지면으로부터 5m 이상 또는 저장탱크 정상부에서 2m 중 높은 위치

36. 다음은 고압가스 충전용기상부의 안전장치이다. 각 번호의 (1) 명칭과 1번을 사용하고 있는 (2) 대표가스 2가지 이상을 쓰시오.

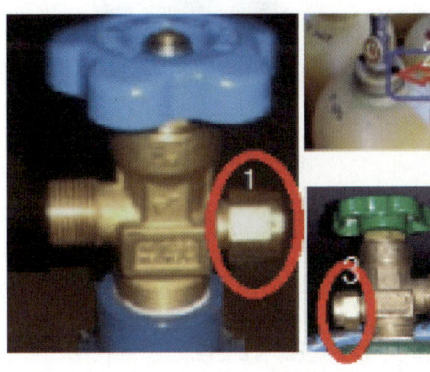

정답 (1) 명칭 : 1) 파열판식, 2) 가용전식, 3) 파열판식
(2) 대표가스 : 산소, 수소, 질소, 탄산가스
해설 안전밸브 종류 : 파열판식, 가용전식, 스프링식
  • 암모니아는 파열판식, 가용전식을 병행
  • LPG는 스프링식을 사용

37. LPG 판매시설에서 용기보관실의 바닥면적은 1㎡마다 통풍구 크기와 통풍구 1개 크기는 얼마인가?

정답 ① 통풍구 크기 : 300㎠ 이상
② 통풍구 1개의 크기 : 2,400㎠ 이하

38. 초저온 용기에 충전할 수 있는 액화가스의 종류 2가지를 쓰시오. (단, 액화질소는 제외한다.)

정답 ① 액화산소
② 액화아르곤
해설 액화O₂(−183℃), 액화Ar(−186℃),
액화N₂(−196℃) 용기 내용적의 1/3 이상
1/2 이하를 충전한다.
참조 [초저온용기나 저장탱크 및 단열성능시험
(침입열량계산)]
1) 전제조건 :
−50℃ 이하 온도유지와 용기외부를
단열피복하여 상온(20±2℃) 초과 금지.
[단열 성능 시험]
시험용가스인 액화O₂(−183℃),
액화Ar(−186℃), 액화N₂(−196℃)를
용기 내용적 1/3 이상 1/2 이하를 충전한다.

[침입열량 계산] $Q = \dfrac{W \cdot q}{V \cdot H \cdot \triangle t}$

q : 시험용가스의 기화잠열

• 합격 기준
  − 내용적 1,000L 이상 :
    0.002(kcal/L·h·℃) 이하
  − 내용적 1,000L 미만 :
    0.0005(kcal/L·h·℃) 이하
• 내조·외조 사이 진공유지 이유 : 외부의
  열침입방지

2) 재질
① 18 − 8 스테인레스강
② 9% Ni(니켈) 강
③ Cu(합금강), Al(합금강)
3) 단열피복재 종류
① 경질우레탄폼   ② 염화비닐폼
③ 펄라이트   ④ 글라스울

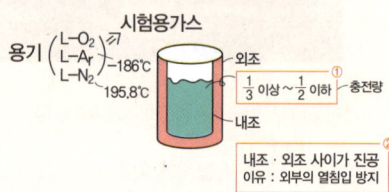

39. 다음은 전기방식에 사용되는 금속이다. 전위가 낮은 금속은 가스관에 접속하여 애노드(anode)로 하고 피방식체인 가스관은 캐소드(cathode)로 하여 부식을 방지하는 전기방식법을 무엇이라고 하는가?

정답 희생양극법(유전양극법)
해설
1. 희생양극법(유전양극법)의 특징 : 지하나 수중에
설치한 양극과 피방식 가스관로를 전선으로 연결
하여 양극금속과 배관사이의 전지작용에 의해 방식
전류를 얻는 방법

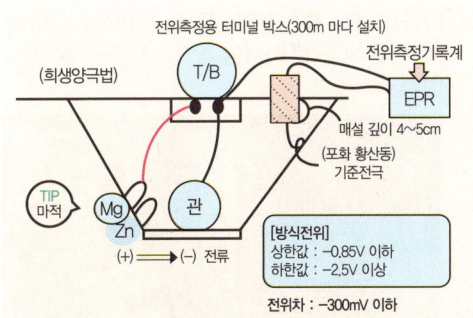

(희생양극법)

전위측정용 터미널 박스(300m 마다 설치)

전위측정기록계

T/B

EPR

매설 깊이 4~5cm

(포화 황산동) 기준전극

TIP 마적

Mg Zn

관

(+) ⟹ (−) 전류

[방식전위]
상한값 : −0.85V 이하
하한값 : −2.5V 이상

전위차 : −300mV 이하

2. 특징

- 전위 측정용 터미널 박스 : 300m 마다 설치
- 단거리 강관 배관, 시가지에 매설하는 강관 방식
- 희생금속(Mg, Zn) **암기TIP** 마적(전선색상)
- 기준 전극 : 포화황산동전극은 매설시 4 ~ 5cm 유지
- 과방식의 염려가 없다.
- 효과 범위가 적고 관리 개소가 많다.

[지하매설배관의 전기방식기준]

- 전기방식전류가 흐르는 상태에서 토양 중에 있는 배관등의 방식전위
- 상한 값은 포화황산동 기준전극으로 −0.85V 이하, 하한 값은 −2.5V 이상일 것
- 전기방식전류가 흐르는 상태에서 자연전위와의 전위변화가 최소한 −300mV 이하일 것
- 배관에 대한 전위측정은 가능한 배관 가까운 위치에서 실시할 것
- 전기방식시설의 관 대지전위 등을 1년에 1회 이상 점검할 것(주의: 2년 1회 ×)

참조 그 외 외부전원법, 선택배류법, 강제배류법

정답 이상압력통보(경보)장치

해설 [정압기실 내부설비장치 및 기기 종류]
긴급차단장치, 필터, 정압기, 안전밸브, 자기압력기록계

41. 다음은 정압기실 정압기로서 unloading형이고, 정특성과 동특성이 모두 좋으며 고차압이 될수록 특성이 좋은 매우 콤팩트한 정압기의 명칭을 쓰시오.

정답 AFV식 정압기
(또는 엑시얼 플로우식 정압기)

해설 그 외 다이어프램과 메인밸브를 고무 슬리브 1개를 공용으로 사용하는 정압기이다.

42. 다음 중 지하매설배관에 마그네슘과 아연바를 사용한 ① 전기방식법 명칭을 쓰고 ② T/B의 정확한 명칭과 ③ 설치간격은 몇 m인가?

바닥형

바닥형뚜껑

입상형

정답 ① 희생양극법
② 전위측정용터미널
③ 300m 마다

해설 외부전원법 : 500m 마다
희생양극법, 배류법 : 300m 마다

40. 다음 지시부분은 도시가스 정압기실에 설치된 것으로 명칭을 쓰시오.

43. LPG 자동차 충전기의 충전호스 길이는 얼마인가?

정답 5m 이내

44. 다음 계측기기의 명칭과 특징을 2가지 쓰시오.

정답 명칭 : 자유 피스톤식 압력계
용도 : ① 연구실, 실험실용
　　　 ② 2차 압력계(브르동관식) 교정용

해설 1차 ┬ 액주계 ┬ U자관식
　　　　　 │　　　　├ 단관식
　　　　　 │　　　　├ 경사관식
　　　　　 │　　　　└ 플로우트식(부자식)
　　　　　 └ 자유피스톤식

[자유피스톤식]	계산식
1. 피스톤의 단면적으로 압력을 산출	$P = P_0 + \dfrac{F\text{무게}(\text{추}+\text{피스톤})kgf}{A\text{ 단면적 }cm^2}$
2. 실험실용, 부르동관 압력계 눈금교정	P : 압력(kgf/cm²), P_0 : 대기압, F : 무게, A : 피스톤 지름

45. 다음은 LPG 충전소의 경계표시이다. ① "화기엄금"의 바탕색과 글씨색상과 ② 손상된 글씨는 무엇인가?

정답 ① 바탕색 : 백색, 글씨색상 : 적색
② 충전중 엔진정지

46. 다음 방폭전기기기의 정션박스, 풀박스접속함은 어떤 구조로 하는가?

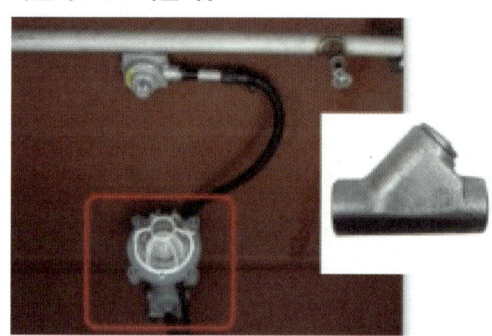

정답 내압방폭구조, 안전증방폭구조

47. 다음은 LPG 충전소의 로딩암주변 설비이다. 표시된 부분의 ① 명칭과 ② 기능을 쓰시오.

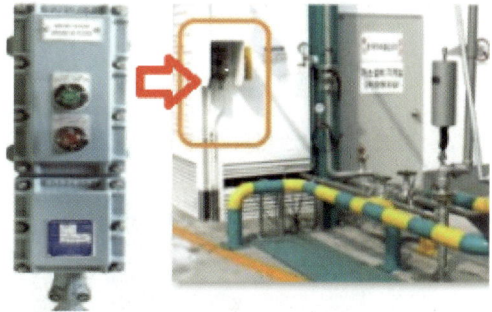

정답 ① 방폭형 접속금구
② LPG 충전 이입 시 발생되는 정전기를 제거하여 폭발방지 기능

48. 다음은 고압가스 충전용기이다. ① 용기 제조방법에 따른 분류를 쓰고 ② 의료용가스를 모두 쓰시오.

정답 ① 이음매 없는 용기
(또는 무계목 용기, 심리스용기)
② 산소

49. LPG용 강제기화장치를 사용할 때 특징을 2가지 이상 쓰시오.

정답 ① 한랭시에도 연속적으로 가스 공급이 가능하다.
② 공급 가스의 조성이 일정하다.
③ 설치면적이 좁아진다.
④ 기화량을 가감할 수 있다.
⑤ 설비비 및 인건비가 절약된다.

50. LP 가스 저장실 내 가스누설검지기의 설치 위치를 쓰시오.

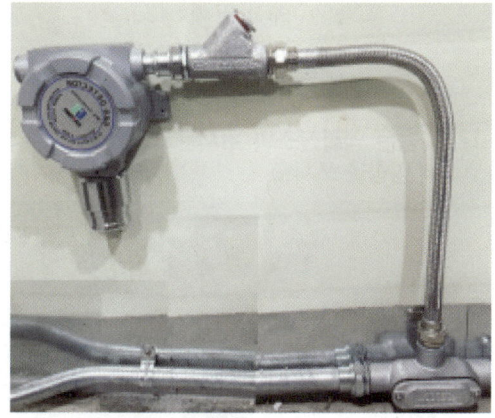

정답 바닥면에서 30cm 이내

01. 다음은 LPG 충전소의 경계표시이다. ① 표시된 충전기 보호대의 높이와 관경의 크기 ② 보호대를 철근콘크리트구조물로 설치시 높이와 두께는 얼마인가?

정답 ① 높이 : 80cm, 관경의 크기 : 100A
　　 ② 높이 : 80cm, 두께 : 12cm

02. 다음은 액화산소의 초저온저장탱크이다. 액면계의 명칭을 쓰시오.

정답 차압식

03. 다음은 액체이송장치인 펌프이다. 펌프 이송시 장점을 2가지 쓰시오.

정답 ① 재액화의 우려가 없다.
　　 ② 압축기에서 발생하는 압축오일이 탱크에 들어가는 현상이 없다.

04. 다음 LPG 용기에 설치된 조정기이다. 장점을 2가지 이상 기술하시오.

정답 ① 전체 용기수량이 수동교체식의 경우보다 적어도 된다.
　　 ② 잔액이 거의 없어질 때까지 소비된다.
　　 ③ 용기 교환주기의 폭을 넓힐 수 있다.
　　 ④ 분리형을 사용하면 단단 감압식 조정기의 경우보다 배관의 압력손실을 크게 해도 된다.

05. 반밀폐식보일러의 급·배기설비 설치 기준에서 배기통의 입상높이는 얼마인가?

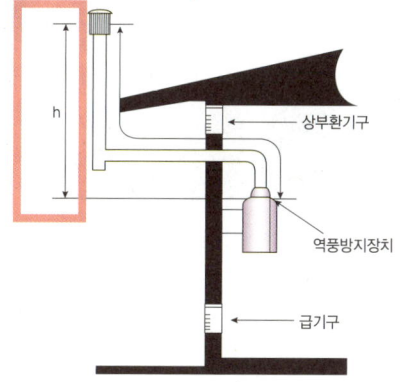

정답 10m 이하

해설 [반밀폐식보일러의 급·배기설비 설치 기준]
① 배기통의 굴곡수는 4개 이하로 한다.
② 배기통의 입상높이는 원칙적으로 10m 이하로 한다. 다만 부득이하여 입상높이가 10m를 초과하는 경우에는 보온조치를 한다.
③ 배기통의 끝은 옥외로 뽑아낸다.
③ 배기통의 가로 길이는 5m 이하

06. LP 가스 용기충전시설에서 표시된 부분의 명칭과 두께를 쓰시오.

정답 방호벽(후강판)
두께 6mm 이상

해설 박강판은 프레임 앵글강 있음
후강판 : 1.8m 이하 지주만 있음

07. 다음은 고압식 공기액화분리장치이다. 정류탑에서 분리되는 가스를 순서대로 쓰시오.

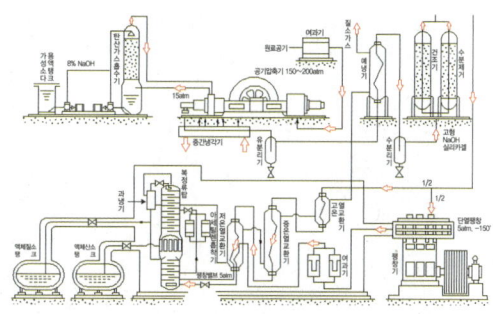

정답 산소 → 아르곤 → 질소

해설 액화산소 −183℃
액화아르곤 −186℃
액화질소 −196℃

08. 다음은 LPG 충전소이다. 표시된 부분의 명칭과 기능을 쓰시오.

정답 · 세이프티커풀링(safety coupling)
· 과도한 힘(490.4~588.4)N을 가했을 때 충전기와 가스주입기가 분리

해설 액화석유가스용 KGS AA235/ 당김 성능
커플링은 연결된 상태에서 (30±10)mm/min의 속도로 당겼을 때(490.4~588.4)N에서 분리되는 것으로 한다.

비교 고정식 CNG 충전차량 KGS FP653 2021.1.12
긴급분리장치는 수평방향으로 당길 때 666.4N (68kgf) 미만의 힘으로 분리되는 것으로 한다.

09. 다음은 도시가스 정압기실 내부이다. 표시된 부분의 명칭과 기능을 쓰시오.

정답 자기압력기록계
① 정압기실의 1주일 동안의 운전상태를 기록
② 기밀시험압력 적용 시 압력상태를 기록

10. 다음은 초저온용기인 L−O₂ 용기이다. 비점과 임계압력은 얼마인가?

정답 −183℃, 50.1atm

11. 도시가스배관 시공시 사용되는 이것의 명칭과 기능을 쓰시오.

정답 ① 피그
② 매설배관 내부와 가스배관 속의 이물질을 제거하는 장치이다.

12. 다음은 차압식 유량계의 단면이다. 명칭을 쓰시오.

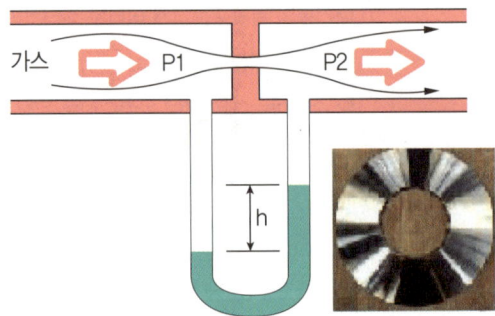

정답 오리피스(유량계), 오리피스미터

13. 다음은 가스연소기의 연소현상이다. 발생하는 ① 연소현상명칭과 ② 원인을 한 가지 이상 쓰시오.

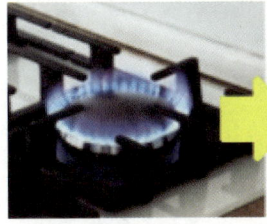 

정답 ① 연소현상 : 불완전 연소
　　 ② 원인 : 연소공기량 부족
영상 작업자가 연소기 공기댐퍼를 조절하는 장면을 보여준다.

14. 다음은 연료용기이다. 사용가스 명칭의 분자식과 폭발범위를 쓰시오.

정답 ① 가스 명칭 : C_4H_{10}(부탄)
　　 ② 폭발범위 : 1.8~8.4%

15. LP 가스의 충전 및 저장시설에 사용되는 부속품이다. 각각 명칭을 쓰시오.

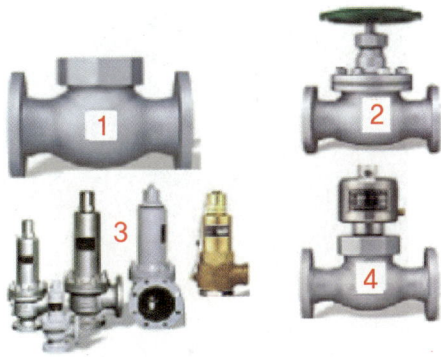

정답 1. 체크밸브(역류방지밸브)
　　 2. 글로브밸브
　　 3. 안전밸브
　　 4. 긴급차단밸브

16. 다음 전기방식법의 명칭과 방식에 사용되는 양극 원소 2가지 이상을 쓰시오.

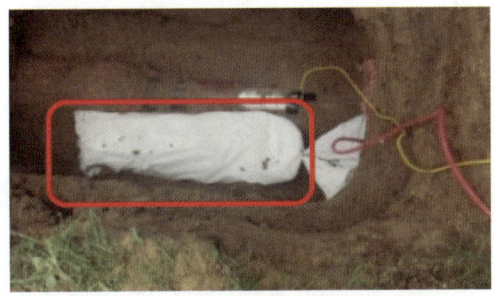

정답 ① 방식법 : 희생 양극법
　　 ② 재질 : 마그네슘, 알루미늄, 아연

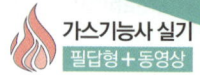

17. 다음 아세틸렌 충전용기에 각인된 표시의미를 각각 기술하시오.

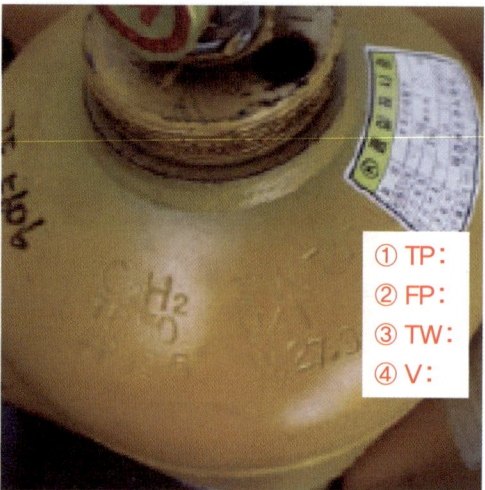

① TP:
② FP:
③ TW:
④ V:

정답 ① TP : 내압시험 압력
② FP : 최고충전 압력
③ TW : 다공물질 및 유기용제를 포함한 용기의 총 질량
④ V : 용기 내용적

18. 다음은 LPG 지하저장탱크 상부의 가스설비이다. 장치의 명칭을 쓰시오.

정답 릴리프 밸브
해설 [안전밸브와 릴리프 밸브의 차이]
1) 안전밸브 : 최고압력 한정(A접점, 압력용기)
2) 릴리프 밸브 : 주로 액체이송라인 설치. 최고 압력 한정(B접점회로 펌프 토출측에 설치)

19. 다음은 도시가스 지하매설배관의 지상에 설치된 표지판이다. 표지판 크기와 설치간격을 쓰시오. (단, 일반도시가스사업 제조소 및 공급소 밖의 배관의 시설 기준)

정답 ① 표지판의 가로 치수는 200mm, 세로 치수는 150mm 이상의 직사각형
② 설치간격 : 200m 마다
해설 [KGS. FS551 표지판 설치기준]
1) 표지판은 배관을 따라 200m 간격으로 1개 이상으로 설치하되, 교통 등의 장애가 없는 장소를 선택해 일반인이 쉽게 볼 수 있도록 설치한다. 〈개정 12.12.28〉
2) 표지판의 가로 치수는 200mm, 세로 치수는 150mm 이상의 직사각형으로 하고, 황색바탕에 검정색 글씨
3) 도시가스 배관임을 알리는 뜻과 연락처를 표기한다.

20. 다음 용기보관실벽을 30×30mm 이상의 앵글강을 가로세로 40×40mm 이하 간격으로 용접보강한 방호벽이다. 강판의 두께는 얼마인가?

정답 3.2mm 이상

21. 다음 용접불량의 결함명칭을 쓰시오.

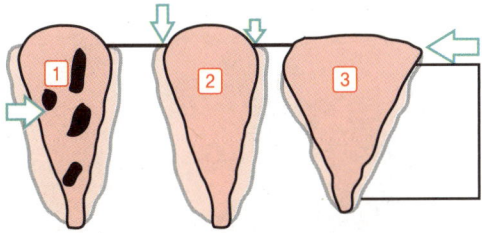

정답 ① 슬래그 혼입 ② 언더컷 ③ 오버랩
해설 1) 언더컷 : 용접선 끝에 생기는 작은 홈
2) 용입불량 : 용융금속이 완전히 깊은 용착이 되지 않은 상태
3) 오버랩 : 용융금속이 모재와 융합되어 모재 위에 겹쳐지는 상태
4) 슬래그 혼입 : 녹은 피복제가 용착 금속표면에 떠있거나 용착금속 속에 남아 있는 현상

22. 다음은 지하에 매설되는 도시가스배관 위의 전선을 표시한 부분이다. 이 부분의 명칭을 쓰고 단면적은 얼마인지 쓰시오.

정답 명칭 : 로케이팅 와이어
굵기 : 6㎟ 이상

23. 다음 저장탱크 상·하부에 설치된 액면계의 부속 설비이다. 이것의 명칭과 설치목적을 기술하시오.

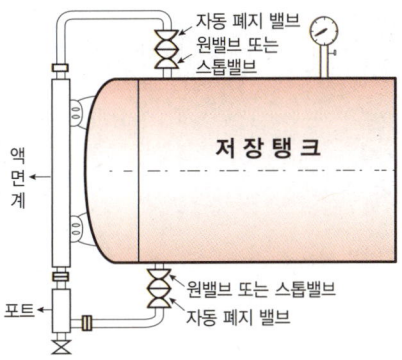

정답 명칭 : 자동·수동식 스톱밸브
기능 : 액면계 파손시 탱크 내 가스유출을 신속히 차단

24. 다음 지하정압기실의 저장설비에서 강제통풍장치의 통풍능력을 쓰시오.

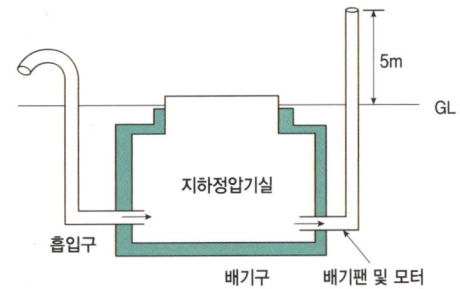

정답 바닥 면적 1㎡당 0.5㎥/분
해설 강제통풍장치 KGS FS552
[일반도시가스사업 정압기의 시설기준]
① 가연성, 독성가스로서 공기보다 무거운 가스나 지하시설은 강제통풍장치로 한다.
② 통풍능력(환기능력) : 바닥면적 1㎡당 0.5㎥/분 이상

25. 다음 고압가스 산소충전시설에서 배관과 압축가스 사이에 설치하는 장치를 쓰시오.

정답 수취기(드레인 세퍼레이터)

26. 다음 가스미터기에 표시된 ① Pmax : 10[kPa] ② V : 1.0[dm³/rev]의 의미를 기술하시오.

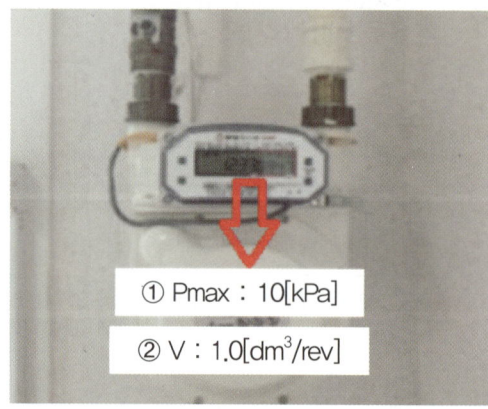

① Pmax : 10[kPa]

② V : 1.0[dm³/rev]

정답 ① Pmax : 10[kPa]
　　: 가스미터기의 최대압력이 10[kPa]임
　② V : 1.0[dm³/rev]
　　: 가스미터 1주기 체적이 1.0[dm³]임

27. 다음 도시가스 매설배관의 표시부분의 이음방식을 기술하시오.

정답 소켓 전기융착이음

28. 지시하는 것은 도시가스의 수직배관에 설치된 입상관밸브이다. 설치높이를 쓰시오.

정답 밸브 손잡이가 부착된 부분(중심)을 기준으로 바닥으로부터 1.6m 이상 2m 이내에 설치한다.
해설 비교 가스계량기는 바닥으로부터 계량기지시 장치(계량값 표시창)의 중심까지 1.6m 이상 2m 이내에 설치
단, 보호상자에 가스 계량기를 넣을 경우 2m 이내에 설치

29. 다음은 가스보일러 내부사진이다. 보일러의 안전성과 편리성을 위해 설치하는 안전장치를 3가지 이상 기술하시오.

> **정답** ① 소화안전장치   ② 가스누출방지장치
> ③ 과열방지장치   ④ 공연소 방지장치
> ⑤ 동결방지장치

> **영상** 보일러의 내부사진을 보여준다.

30. 다음은 아세틸렌 용기이다. 용기 내에 충전되어 있는 다공물질 종류를 3가지 이상 쓰시오.

> **정답** ① 규조토   ② 목탄
> ③ 코크스   ④ 탄산마그네슘
> ⑤ 다공성플라스틱 ⑥ 석회
> ⑦ 석면

31. 다음은 초저온용기의 상부이다. 지시부분의 명칭을 각각 쓰시오.

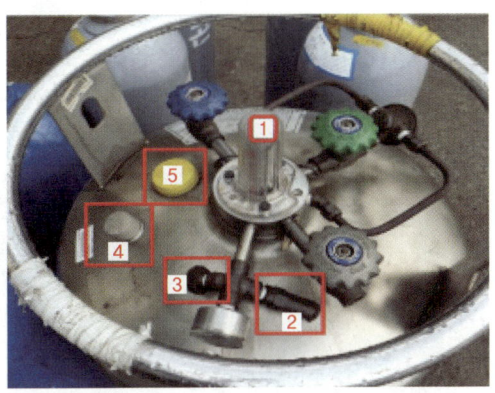

> **정답** ① 액면계
> ② 스프링 안전밸브
> ③ 파열판식 안전밸브
> ④ 진공배기구
> ⑤ 케이싱 외조 파열판

32. 다음은 도시가스 PE관을 지하에 매설시 사용하는 장치이다. ① 명칭과 ② 특징 그리고 ③ 개폐방향을 쓰시오.

> **정답** ① 매설용 가스 PE관 밸브
> ② 특징
>   • 시공간편하고 부식이 없다.
>   • 조작이 용이하다.
> ③ 시계바늘 반대방향

33. 다음 LPG 이송에 사용되는 압축기 지시부분의 명칭과 기능을 쓰시오.

정답 명칭 : 사방밸브
기능 : 저장탱크로 액 이송시 흡입 토출 방향을
전환하여 잔가스를 저장탱크로 회수 기능

34. 다음은 폴리에틸렌관(PE관) 맞대기이음의 공정 이미지이다. 주요공정을 3가지 쓰시오.

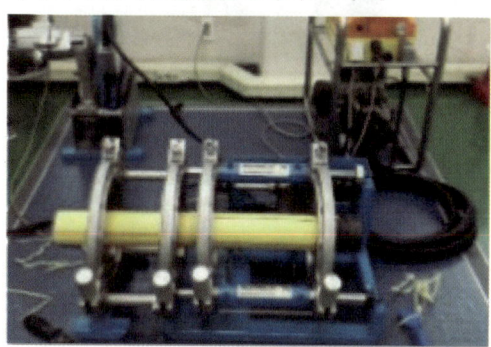

정답 ① 가열용융 ② 압착 ③ 공기냉각

35. 다음 LPG 저장탱크의 저장량이 18톤일 경우 병원, 학교 등과의 안전거리를 쓰시오.

정답 21m

36. 다음 유량계의 명칭을 쓰시오.

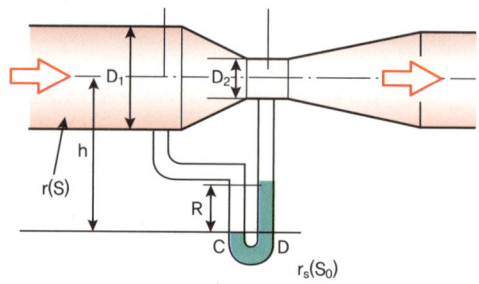

정답 벤튜리 유량계

37. 다음 펌프의 명칭과 특징을 쓰시오.

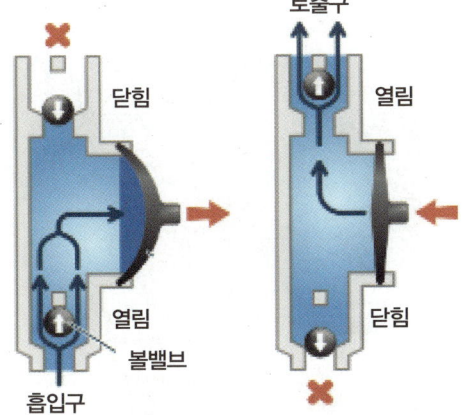

정답 명칭 : 다이어프램 펌프
특징 : 진흙탕이나 모래 등 슬러지(Sludge)가
함유된 액 이송에 적합한 펌프이다.

38. 가스설비에서 가연성가스취급시 ① 베릴륨합금
공구를 사용하는 이유를 쓰고 ② 합금원소 3가지와
③ 사용가능한 재질을 2가지 쓰시오.

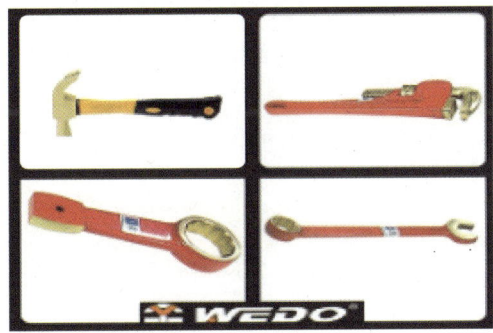

정답 ① 이유 : 스파크 및 불꽃발생 방지
② 원소 : Cu, Pb, Bi, Sb, Sn
③ 재질 : 나무, 고무, 플라스틱

39. 에어졸 제조시설에서 에어졸용기 가스누출시험을
할 경우 온수의 온도범위를 쓰시오.

정답 46℃ 이상 ~ 50℃ 미만

40. 다음은 도시가스 매설배관상부 노면에 표시된
장치이다. 명칭과 방향종류는?

정답 ① 라인마크
② 세방향(개정)
해설 도시가스 매설배관이 분기되는 곳에 설치 시공
종류 : (KGS FS 451 2022)
직선방향, 두방향, 세방향, 한방향, 관끝방향,
135° 방향

41. 다음 지하정압기실의 저장설비에서 자연환기장치의 통풍능력을 쓰시오.

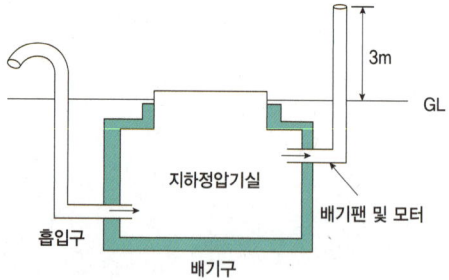

정답 바닥면적 1㎡ 마다 300㎠의 비율

해설 자연환기장치 KGS FS552

[일반도시가스사업 정압기의 시설기준]
① 통풍능력(환기능력) : 바닥면적 1㎡ 마다 300㎠의 비율
② 1개 환기구의 면적은 2,400㎠ 이하
③ 배기구는 천장면으로부터 30cm 이내에 설치
④ 흡입구 및 배기구의 관경은 100mm 이상
⑤ 배기가스 방출구는 지면에서 3m 이상의 높이에 설치

42. 다음은 LPG 용기이다. 안전밸브형식을 쓰시오.

정답 스프링식 안전밸브

43. 다음은 LPG 집합공급저장시설에 설치된 조정기이다. ① 장치명칭과 ② 설치시 장점을 3가지 이상 기술하시오.

정답 ① 자동절체식 조정기
② 설치시 장점
  • 전체 용기 수량이 수동 교체식 경우보다 적어도 된다.
  • 잔액이 거의 없어질 때까지 사용한다.
  • 용기 교환주기의 폭을 넓힐 수 있다.
  • 수동 교체식보다 가스발생량이 크다.
  • 분리형을 사용하면 1단 감압식 경우보다 도관의 압력 손실을 크게 해도 된다.

01. 액화가스 공급시설에는 정전기 제거 조치를 해야 한다. 다음 접지 접속선의 단면적을 기술하시오.

정답 5.5mm² 이상
해설 ① 명칭 : 접속금구(접지코드, 접지탭)
② 기능 : LPG 이입·충전 시 발생하는 정전기를 제거하는 목적으로 접지선을 연결한다.

02. 장치의 명칭과 장치에 표시된 F1.2의 의미를 기술하시오.

정답 ① F는 퓨즈콕
② 1.2는 과류차단 안전기구가 작동하는 유량이 시간당 1.2m³

03. 도시가스 배관을 지하에 매설할 경우 배관위치를 알 수 있도록 설치하는 장치명과 이 전선의 단면적(mm²)은 얼마 이상인가?

정답 ① 로케이팅 와이어
② 단면적은 6mm² 이상

04. 고압가스를 운반하는 차량에 표시하는 가스명의 글씨크기는?

정답 탱크직경의 1/10 이상

05. LPG용 강제기화장치를 사용할 때 특징 2가지를 쓰시오.

정답 ① 가스소비량이 많은 경우 사용
② 추운지방에서 공급시
해설 강제기화방식 : 용기나 탱크 내의 액 LP 가스를 도관을 통하여 기화장치에 의해 기화하는 방식으로 비점이 높은 부탄을 소비하거나 가스 소비량이 많은 경우 및 추운 지방에서 공급할 때 사용한다.
※ 기화장치의 구성요소 :
기화부, 제어부, 조압부

06. 표시부분의 명칭을 쓰고, 또한 2단감압조정기일 경우 장점 3가지를 기술하시오.

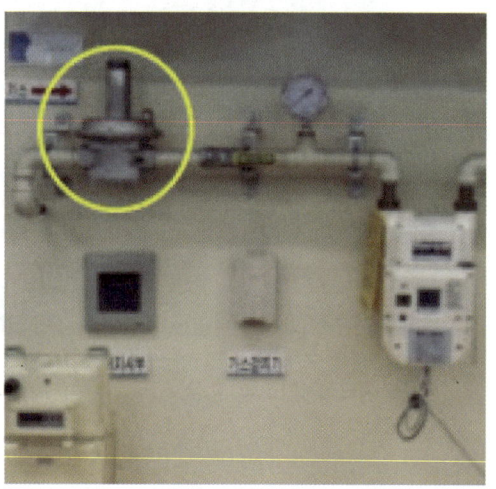

정답 ① 조정기
② 장점
• 공급압력이 안정되고 배관의 지름이 작아도 된다.
• 입상 배관에 의한 압력강하를 보정할 수 있다.
• 각 연소 기구에 맞는 압력으로 공급이 가능하다.
참조 단점
① 설비비가 많이 들고 조정기가 많이 든다.
② 재액화의 우려가 있고 장치와 검사방법이 복잡하다.

07. 가스용 폴리에틸렌관(PE관)의 융착이음 명칭을 쓰시오.

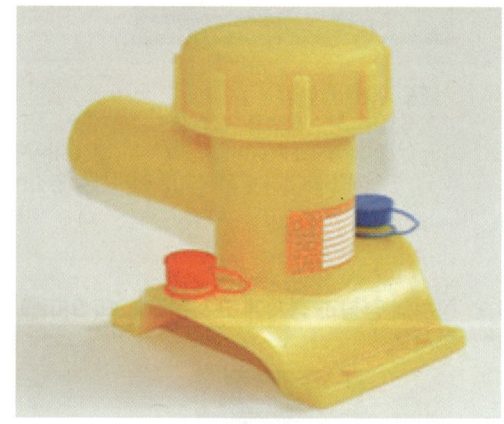

정답 새들 전기융착이음
해설 ① 매설배관의 용접작업은 비파괴 시험실시
② 용접 곤란 시 : 플랜지 접합, 나사 이음
③ 융착이음(맞대기, 소켓, 새들 융착)

08. LPG 기화장치이다. 기화장치에 사용되는 열원 3가지를 쓰시오.

> 정답 온수, 스팀가열, 전기
> 해설 강제기화방식 : 용기나 탱크 내의 액 LP 가스를 도관을 통하여 기화장치에 의해 기화하는 방식으로 비등점이 높은 부탄을 소비하거나 가스 소비량이 많은 경우 및 추운 지방에서 공급할 때 사용한다.
> ※ 기화장치의 구성요소 :
> 기화부, 제어부, 조압부

09. 다음은 고압가스 지상 저장시설에 설치된 ① 장치명칭과 그 외 ② 4가지를 기술하시오.

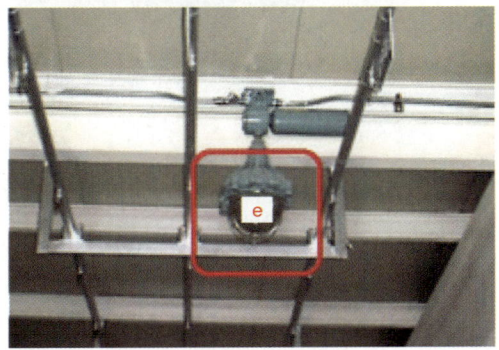

> 정답 ① 안전증 방폭구조 : (Ex e)
> ② 4가지 명칭
> • 내압 방폭구조 : (Ex d)
> • 유입 방폭구조 : (Ex o)
> • 압력 방폭구조 : (Ex p)
> • 본질안전 방폭구조 : (Ex ia, ib)
> • 특수 방폭구조 (Ex s)

10. LPG 강제기화장치가 설치된 곳의 바닥면적 $1m^2$ 마다 ① 통풍구 크기 및 ② 통풍구 1개의 크기는 얼마인가?

> 정답 ① $300cm^2$ 비율 ② $2,400cm^2$ 이하
> 해설 [통풍시설 – (자연 · 강제)통풍]
> ① 자연 통풍시설 : 통풍구 바닥면에 접하고 외기에 면하여 2방향으로 분산 설치
> ② 강제통풍시설(기계환기설비)
> 통풍능력은 바닥면적 $1m^2$ 당 $0.5m^3$/분 이상
> ※ 방출구의 높이
> (1) 공기보다 가벼운 가스 : 3m 이상
> (2) 정압기실에 설치되는 안전밸브의 방출구 : 5m 이상

11. 다음 고압가스용기 중 공업용과 의료용으로 색상을 구분하여 쓰시오.

정답 ① 아세틸렌 C_2H_2 황색
② 공업용 탄산가스 청색
③ 공업용 수소
④ 공업용 산소

12. 다음 도시가스배관시 사용되는 이 장치의 명칭과 융착이음방법 3가지를 기술하시오.

정답 명칭 : 융착기
[융착이음방법]
① 맞대기 열융착이음
② 소켓 전기융착이음
③ 새들 전기융착이음

13. 다음의 도시가스 매설배관의 지표면에 설치된 장치명과 희생양극법일 경우 설치간격을 쓰시오.

정답 전위측정용터미널
300m 마다

14. LPG 자동차 충전기의 충전호스 길이는 얼마인가?

정답 5m 이내
해설 [자동차 용기 충전 시설기준]
① 충전기는 원터치형
② 호스의 길이는 5m 이내
③ 자동차 제조공정 중에 설치된 것은 5m 이상 가능
④ 충전구끝은 정전기 제거 장치 설치

15. 도시가스 매설배관의 되메우기 작업 시 보호포를 시공할 때 최고사용압력에 따른 보호포의 바탕색을 쓰시오.

정답 저압 : 황색
중 · 고압 : 적색

16. 다음은 도시가스 배관에 설치된 것으로 명칭과 설치높이를 쓰시오.

정답 수직배관밸브(구, 입상관밸브)
1.6~2m 이내
해설 [2.5.4.3.1 입상관 설치]
입상관은 환기가 양호한 장소에 설치하며 입상관의 밸브는 밸브 손잡이가 부착된 부분(중심)을 기준으로 바닥으로부터 1.6m 이상 2m 이내에 설치한다. 다만, 보호상자에 넣을 경우 2m 이내에 설치(2019년 개정)

17. 다음 도시가스 배관에 설치된 표시부분의 ① 장치 명칭과 ② 기능을 3가지 이상 쓰시오.

정답 ① 다기능가스안전계량기
② 기능 5가지
• 합계유량 차단기능
• 증가유량 차단기능
• 연속사용시간 차단기능
• 미소사용유량 등록기능
• 미소누출검지 성능기능

18. LPG 저장탱크실 지상에 설치된 것으로 Ex d와 T6 의미를 쓰시오.

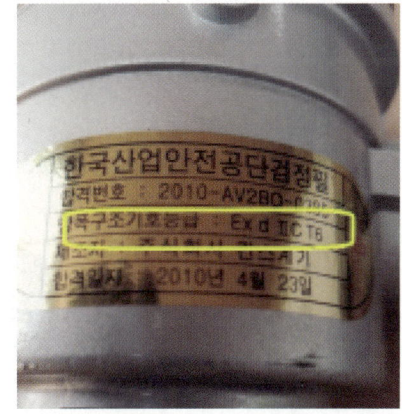

정답 ① 내압 방폭구조 : (Ex d)
용기가 폭발 압력에 견디고 접합면, 개구부 등을 통하여 외부의 가연성가스에 인화되지 아니 하도록 한 구조
② 방폭전기기기의 온도등급(가연성가스의 발화온도 범위가 85℃ 초과 100℃ 이하)

19. LPG 충전용기 보관실의 설치기준을 기술하시오.

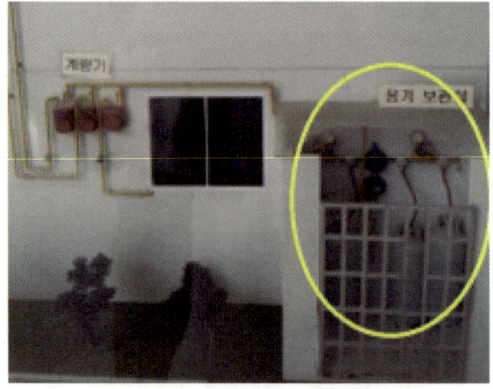

정답 **[용기보관실 설치기준]**
① 충전용기와 잔가스용기는 각각 구분하여 놓을 것
② 가연성, 독성, 산소 용기는 각각 구분하여 놓을 것
③ 계량기 등 작업에 필요한 물건 외에는 두지 말 것
④ 용기보관 장소 주위 2m 이내에 화기, 인화성, 발화성 물질을 두지 말 것
⑤ 충전용기는 40℃ 이하 유지, 직사광선 받지 않도록 할 것
⑥ 가연성용기 보관 장소에는 방폭형 휴대형 손전등 이외의 등화 휴대 금지
⑦ 충전용기 밸브손상을 방지하는 조치를 할 것 (캡부착)

20. 다음 장치의 명칭과 작동압력을 기술하시오.

정답 명칭 : 스프링식 안전밸브
작동압력 : 내압시험압력의 8/10 이하

21. 다음은 LPG 저장탱크의 지하설치 시공사진이다.
① 콘크리트 강도와 ② 함수율은 얼마인가?

LPG 지하저장탱크−콘크리트 시공

정답 ① 21MPa 이상
② 물 · 결합재 비율 : 50% 이하
해설 ① 탱크 외면 : 부식방지 코팅과 전기부식 방지 조치
② 저장 탱크실에 설치 : 천정, 벽, 바닥의 두께가 30cm 이상
③ 탱크 주위 : 마른 모래를 채운다.(세립분이 없을 것)
④ 저장탱크실 상부 윗면과 저장탱크 정상부 까지 깊이 : 60cm 이상
⑤ 탱크간의 거리 : 1m 이상
⑥ 가스 방출관 : 5m 이상

22. 초저온 용기의 상부에 부착된 기기 중 지시하는 부분의 명칭을 쓰시오.

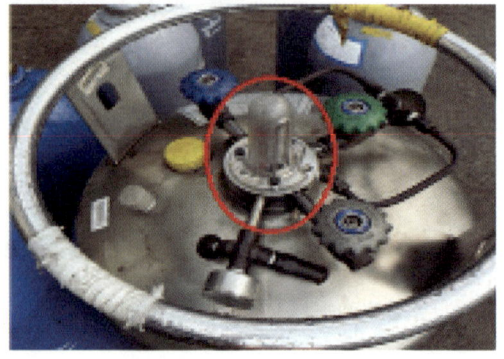

정답 슬립튜브식 액면계

23. 도시가스 배관을 지하에 매설할 때 상수도시설과 유지거리는 얼마인가?

정답 0.3m 이상
해설 **[배관의 설치기준 # 지하매설 깊이]**
 1) 공동주택 등의 부지 내 : 0.6m 이상
 2) 도로 폭 8m 이상 : 1.2m 이상(저압배관이
  횡으로 분기하여 수요자에게 직접 연결되는
  경우는 1m 이상)
 3) 도로 폭 4m 이상 8m 미만 : 1m 이상
  (저압배관이 횡으로 분기하여 수요자에게
  직접 연결되는 경우는 0.8m 이상)
 4) 타시설 : 0.3m 이상

24. 다음과 같은 저전위 금속을 배관과 접속하여 애노드 (anode)로 하고 피방식체를 캐소드(cathode)로 하여 부식을 방지하는 전기방식법의 명칭을 쓰시오.

정답 희생양극법

25. 다음 배관용 밸브의 각 명칭을 쓰시오. (4개 이미지 제시 후 선택형 문제)

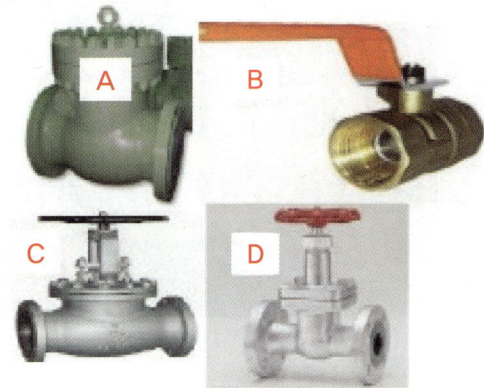

정답 A : 체크 밸브
 B : 볼 밸브
 C : 글로브 밸브
 D : 게이트 밸브
해설 1) 슬루스 밸브(게이트 밸브) : 파이프의 횡단면
  과 평행하게 개·폐 하는 것
  (발전소의 수도관, 상수도의 수도관과 같이
  지름이 크고 자주 밸브를 개·폐할 필요가
  없을 때 사용)
 2) 글로브 밸브(스톱 밸브)
  • 글로브 밸브 입구와 출구가 일직선 상에
   있는 것
  • 앵글 밸브는 입구와 출구가 90°인 것
 3) 콕 : 90° 회전시키면 완전히 통로가 열리
  므로 개·폐가 빠르다.
 4) 체크 밸브
  • 스윙형 : 핀을 축으로 회전하여 개·폐한다.
   (수평배관, 수직배관에 사용 가능)
  • 리프트형 : 유체의 압력에 의해 상하이동
   (수평배관만 사용가능)
  • 스모렌스키형 : 리프트형 내에 날개가 달려
   충격을 완화
 5) 감압 밸브 : 고압측의 변화(압력과 증기 소비
  량)에 관계없이 저압측의 압력을 일정하게
  유지

26. 다음은 가스용 폴리에틸렌관(PE관)을 접합하는 방법이다. 이음명칭을 쓰시오.

정답 맞대기용착이음

27. LPG 충전소에서 충전 중 엔진정지 경계표시이다. "화기엄금"의 바탕색과 글씨색상을 쓰시오.

정답 백색 바탕에 적색 글씨
해설 [자동차 용기 충전 시설 게시판 설치 규정]
1) 충전 중 엔진정지 : 황색 바탕에 흑색 글씨
2) 화기 엄금 : 백색 바탕에 적색 글씨

28. 도시가스 사용시설에 설치된 가스계량기의 설치 높이는 바닥으로부터 얼마인가?

정답 바닥면으로부터 계량기지시면까지 1.6~2m 이내
해설 KGS FU551(도시가스 사용시설의 시설·기술 ·검사 기준) 200904-법 개정반영
가스계량기(30m³/h 미만에 한한다)의 설치 높이는 바닥으로부터 계량기 지시장치(계량 값 표시창)의 중심까지 1.6m 이상 2m 이내에 수직 ·수평으로 설치하고 밴드·보호가대 등 고정 장치로 고정한다. 다만, 보호상자 내에 설치, 기계실에 설치, 보일러실(가정에 설치된 보일러 실은 제외한다)에 설치 또는 문이 달린 파이프 덕트(Pipe Shaft, Pipe Duct) 내에 설치하는 경우 바닥으로부터 2.0m 이내 설치한다.

29. 다음은 도시가스배관을 지하매설한 경우이다. ① 해당 공급압력과 ② 방식법의 종류를 기술하시오.

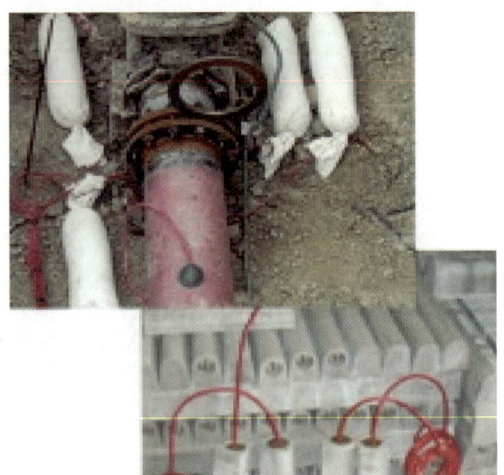

정답 ① 중압 이상(0.1MPa 이상)
② 희생양극법

해설 특징 : 희생양극법(유전양극법)은 지하나 수중에
설치한 양극과 피방식 가스관로를 전선으로
연결하여 양극금속과 배관 사이의 전지작용에
의해 방식전류를 얻는 방법
1) 전위 측정용 터미널 박스 : 300m 마다 설치
2) 단거리 강관 배관, 시가지에 매설하는 강관
방식
3) 희생금속(Mg, Zn), 효과 범위가 적고 관리
개소가 많다.

30. 도시가스 사용시설에 설치된 다음의 구조물의 ①
명칭과 ② 설치기준을 기술하시오.

정답 ① 도시가스배관 방호철판
② 방호철판 설치기준
• 두께 : 4mm 이상
• 크기 : 0.8m 이상(80cm 이상)
• 지면으로부터 20cm~30cm 이하로 이격
(하부에 쌓인 쓰레기등 처리용이)

31. 도시가스 지상배관시설이다. 지상배관의 표시사항
3가지를 쓰시오.

정답 사용가스명, 최고사용압력, 가스 흐름 방향
비교 [보호포 표시사항]
사용가스명, 최고사용압력, 공급자명

32. 고압가스 운반차량에 적재시 운반기준 3가지를
쓰시오.

정답 [차량에 적재 시 기준]
① 고압가스 전용 운반차량에 세워서 적재할 것
② 차량의 최대적재량을 초과하지 아니할 것
③ 납붙임, 접합용기는 포장상자에 적재하고,
보호망을 적재함 위에 씌울 것

해설 추가기준은 다음과 같다.
1. 충전용기 적재 운반 시 기준
   ① 충전용기를 싣거나 내릴 때에 충격이 완화될 수 있도록 완충판을 사용할 것
   ② 충전용기 몸체와 차량과의 사이에 헝겊, 고무링 등을 사용하여 마찰 및 홈, 찌그러짐을 방지할 것
   ③ 고정된 프로텍터가 없는 용기는 보호캡을 부착한 후 운반할 것
   ④ 전용로프를 사용하여 충전용기가 떨어지지 않게 한다.
   ⑤ 납붙임, 접합용기는 포장상자 외면에 가스의 종류, 용도 및 취급시 주의사항을 기재한다.
2. 충전용기 적재차량의 주정차 시 제1종 보호시설과 유지거리 : 15m 이상

33. 다음은 LPG 지하저장탱크의 상부이다. 각각 명칭을 쓰시오.

정답 ① 긴급차단장치
② 글로브 밸브
③ 체크 밸브
④ 맨홀

34. 도시가스 배관시공시 매설배관의 직상부에는 가스관 보호를 위해 보호판을 설치한다. 보호판에 구멍을 뚫은 목적과 구멍간 간격(mm)을 쓰시오.

정답 ① 누출된 가스가 지면으로 빠른 확산을 주도
② 3,000mm 이하
해설 [보호판설치기준]
㉠ 배관 정상부로부터 30㎝ 이상
㉡ 30~50㎜의 구멍을 3m 이하의 간격으로 뚫음

35. 다음은 액화산소탱크이다. 사용되는 액면계의 명칭을 쓰시오.

정답 차압식 액면계

36. 다음 장치는 산소-아세틸렌염을 사용하는 시설에서 사용된다. 이 장치의 명칭을 쓰시오.

정답 역화방지장치(역화방지기)

37. 다음은 도시가스 배관이다. 20A 파이프일 경우 고정간격은 얼마인가?

정답 2m 마다
해설 [배관 고정대 설치]
- 관경 13mm 미만 : 1m 마다
- 관경 13~33mm 미만 : 2m 마다
- 관경 33mm 이상 : 3m 마다
- 배관 도색 – 황색 : 저압 / 적색 : 중, 고압
① 건물색 동일조건 : 바닥에서 1m 높이에 황색, 폭 3cm의 이중선
② T/F 이음 : 이종금속이음 지상배관과 연결시 30cm 이하

38. 도시가스 정압기실에 설치하는 장치의 명칭과 기능을 쓰시오.

정답 명칭 : 자기압력기록장치
기능 : 1주일간의 정압기 운전상태기록

39. 다음 고압가스 흡수분석법의 ① 종류와 ② 가스 분석순서를 기술하시오.

정답 ① 오르쟛트법
② $CO_2 - O_2 - CO$
해설 특정한 흡수액에 혼합가스를 흡수시킨 다음 흡수 전·후의 가스 부피의 차에서 흡수된 가스량을 구하여 정량분석 하는 것
- 흡수액 : CO_2 : 30%KOH, CO : 암모니아성 염화 제1 구리액, O_2 : 알칼리성 피롤카롤용액

40. 다음 고압가스용기중 "1번, 2번, 4번, 6번, 7번" 의 충전구밸브 나사형식을 왼나사, 오른나사로 구분하여 쓰시오.

> 정답 1번 산소 : 오른나사
> 2번 탄산가스 : 오른나사
> 4번 아세틸렌 : 왼나사
> 6번 암모니아 : 오른나사
> 7번 LPG : 왼나사

42. 다음 지하정압기실의 저장설비에서 자연환기장치 의 통풍능력을 쓰시오.

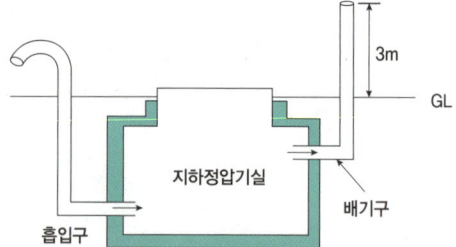

> 정답 바닥면적 1㎡ 마다 300㎠의 비율
> 해설 [자연환기장치 KGS FS552]
> 일반도시가스사업 정압기의 시설기준
> ① 통풍능력(환기능력) : 바닥면적 1㎡ 마다 300㎠의 비율
> ② 1개 환기구의 면적은 2,400㎠ 이하
> ③ 배기구는 천장면으로부터 30㎝ 이내에 설치
> ④ 흡입구 및 배기구의 관경은 100mm 이상
> ⑤ 배기가스 방출구는 지면에서 3m 이상의 높이에 설치

41. 다음은 가스용 PE관 시공에 사용되는 융착기이다. SDR값이 17일 때 최고사용압력(MPa)은 얼마인 가?

> 정답 0.25MPa 이하

01. 다음은 LNG 저장시설이다 액상의 가스누출 방지 목적으로 설치하는 ① 시설·명칭과 저장능력 ② 몇 톤 이상시 설치하는가?

정답 ① 방류둑
② 500ton 이상
해설 가스도매사업자 : 500t
일반도시가스사업자 : 1,000t

02. 초저온 용기의 상부에 부착된 기기 중 지시하는 부분의 명칭을 쓰시오.

정답 슬립튜브식 액면계

03. 도시가스 배관을 지하에 매설할 때 지상에 설치하는 도시가스표지판의 크기는 얼마인가?

정답 가로치수는 200mm, 세로치수는 150mm 이상의 직사각형
해설 **[표지판의 치수 및 표기방법]**

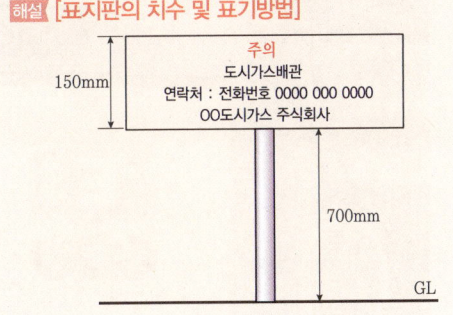

주의
도시가스배관
연락처 : 전화번호 0000 000 0000
OO도시가스 주식회사

150mm

700mm

GL

04. 고압가스를 운반하는 차량에 부착하는 경계 표지 중 적색 삼각기의 가로, 세로 길이는 얼마인가?

정답 가로 : 40cm   세로 : 30cm

05. 다음은 LPG 자동차 용기 충전 시설이다. 표시된 부분의 명칭과 인장압력(N)을 쓰시오.

정답 명칭 : 세이프티 카플링
    인장압력 : 490.4∼588.4N
해설 [자동차 용기 충전 시설기준]
    ① 충전 중 엔진정지 : 황색 바탕에 흑색 글씨
    ② 화기 엄금 : 백색 바탕에 붉은 글씨
    ③ 충전기는 원터치형으로 하고 호스의 길이는
       5m 이내. 자동차 제조공정 중에 설치된 것은
       5m 이상 가능

④ 세이프티 카플링의 인장압력은 490.4∼588.4N
⑤ 충전구끝은 정전기 제거 장치 설치
⑥ 차량 정지목 설치(5,000L 이상의 차량에 고정된 탱크시)

비교 방류둑은 냉매(수액기) 용량 : 10,000L 이상

⑦ LPG는 공기중 $\frac{1}{1,000}$(0.1%) 상태에서 감지 가능한 향료를 섞는다.
    ※ 냄새 측정 방법 : 오더 미터법(냄새 측정 기법), 주사기법, 냄새 주머니법, 무취실법
⑧ 충전 설비 작동 상황 점검은 1일 1회 이상

06. 다음은 도시가스배관을 지하매설시공한 것이다. 표시된 전선의 명칭과 단면적은 얼마인가?

정답 로케이팅 와이어
    6㎟ 이상

07. 다음은 도시가스배관을 지상설치시 ①번은 배관을 고정하는 장치이다. 관경이 20A일 경우 고정대 간격은 얼마인가?

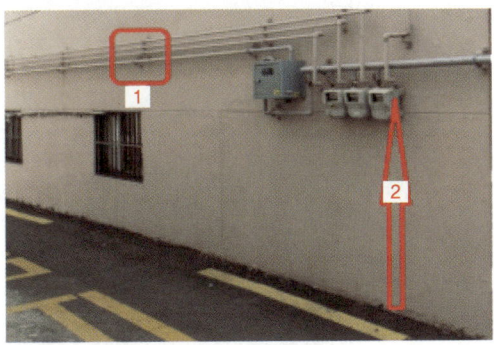

정답 2m 마다 설치
해설 [배관 고정대 설치]
• 관경 13mm 미만 : 1m 마다
• 관경 13 ~ 33mm 미만 : 2m 마다
• 관경 33mm 이상 : 3m 마다

08. 다음은 탑류에 단독접지한 정전기제거시설이다. 접지 저항치 총합은 얼마인가?

정답 100Ω 이하
해설 [정전기 제거 조치 고시요약]
① 접지 저항치 총합 : 100Ω 이하
② 피뢰 설비 설치시 : 10Ω 이하
③ 탑류, 탱크, 열교환기, 회전기계, 벤트스택 등은 단독으로 접지
④ 접지 접속선의 단면적은 5.5㎟ 이상

09. 다음 가스크로마토그래피 가스분석기기의 주요 부분 3가지를 쓰시오.

정답 분리관, 검출기, 기록계
해설 [특징]
가스 이동속도(확산속도)를 이용한 분석법
• 가스분석을 1대의 장치로 가능
• 연구실용
• 구성 : 분리관(컬럼), 검출기, 기록계
• 캐리어가스 : 수소, 헬륨, 질소, 아르곤

10. 고압가스용기의 부속품 중 충전용기 밸브에 각인된 "LG"의 의미를 설명하시오.

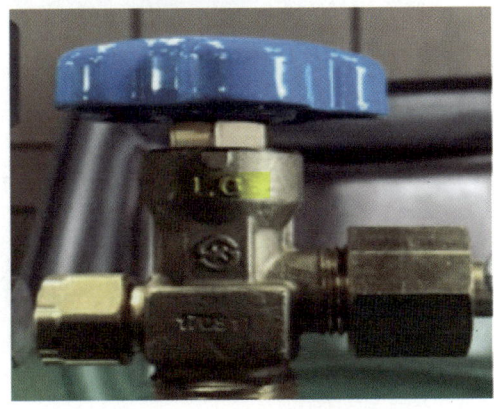

정답 액화석유가스 외의 액화가스를 충전하는 용기의 부속품

11. 다음 융착기에 장착된 가스용 폴리에틸렌관(PE 관)의 융착이음 명칭을 쓰시오.

정답 맞대기융착이음

12. 다음과 같은 저전위 금속을 배관과 접속하여 애노드 (anode)로 하고 피방식체를 캐소드(cathode)로 하여 부식을 방지하는 전기방식법의 명칭을 쓰시오.

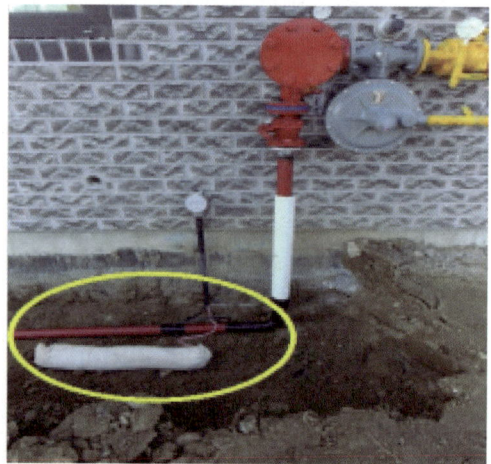

정답 희생양극법

13. 다음 LPG 충전소에서 충전중 엔진정지 경계표시 이다. "화기엄금"의 바탕색과 글씨색상을 쓰시오.

정답 백색 바탕에 적색 글씨
해설 자동차 충전 시설기준
[게시판 설치 규정]
① 충전중 엔진정지 : 황색 바탕에 흑색 글씨
② 화기 엄금 : 백색 바탕에 적색 글씨

14. 도시가스 사용시설에 설치된 가스계량기의 설치 높이는 바닥으로부터 얼마인가?

정답 바닥으로부터 계량기지시장치(계량값 표시창) 의 중심까지 1.6m 이상 2m 이내
해설 1) 가스계량기 : 단, 보호상자에 가스 계량기를 넣을 경우 2m 이내에 설치
2) 입상관 밸브 : 밸브 손잡이가 부착된 부분 (중심)을 기준으로 바닥으로부터 1.6m 이상 2m 이내에 설치한다.

15. 다음은 가스콕 중 일부이다. 콕의 명칭과 종류 3가지를 기술하시오.

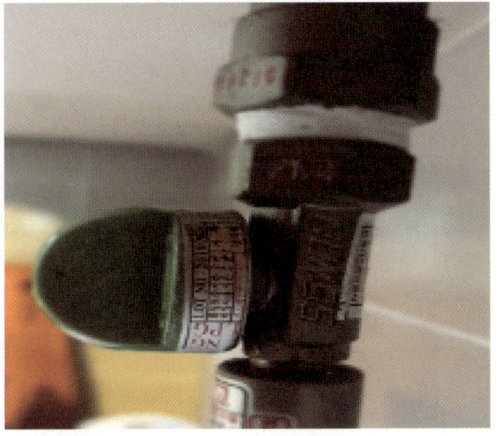

> 정답 ① 퓨즈콕
> ② 종류 : 퓨즈콕, 상자콕, 주물연소기용 노즐콕

16. 초저온 용기에 충전할 수 있는 액화가스의 종류 2가지를 쓰시오. (단, 액화질소는 제외한다.)

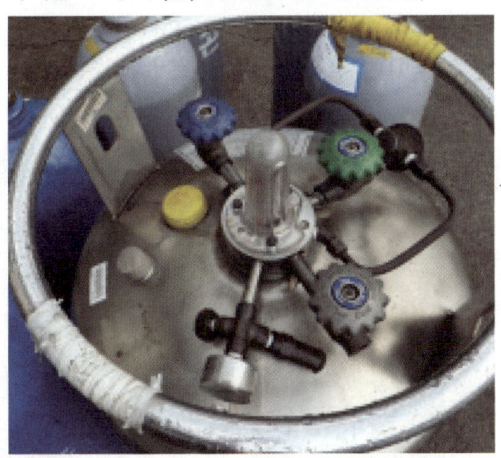

> 정답 액화산소
> 액화아르곤

17. 다음은 정압기실의 자기압력기록장치이다. 용도를 2가지 이상 쓰시오.

> 정답 ① 정압기의 1주일간 운전상태를 기록
> ② 이상 압력 상태 확인
> ③ 배관내에서는 기밀시험 측정

18. 다음 도시가스배관을 지하매설할 경우 도로폭이 20m일 경우 매설깊이는 얼마인가?

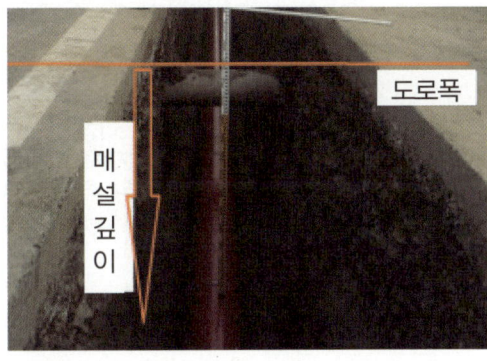

> 정답 1.2m 이상
> 해설

공동주택 등의 부지 내	0.6m 이상
폭 8m 이상 도로	1.2m 이상
폭 4m 이상 8m 미만 도로	1.0m 이상

19. 고압가스 운반차량에 용기운반시 주의사항을 3가지 이상 기술하시오.

정답 **[고압가스 용기 운반 기준] KGS GC 207**
1. 차량의 앞·뒤에 "위험 고압가스"라는 경계 표시와 전화번호 표시("독성가스" 부가 명기)
2. 차량 적재 시 고무링을 씌우거나, 적재함에 넣어 세워서 운반할 것
3. 압축가스 용기는 적재함 높이 이내로 눕혀서 적재 가능
4. 염소와 아세틸렌, 암모니아, 수소는 동일 차량에 적재 운반하지 말 것
5. 가연성가스와 산소를 동일 차량에 적재시 충전 용기 밸브가 서로 마주보지 않도록 적재
6. 충전용기와 위험물안전관리법이 정하는 위험물과는 동일 차량에 적재 운반하지 말 것
7. 독성가스 중 가연성 가스와 조연성 가스는 동일 차량에 적재 운반하지 말 것

20. 이 장치의 명칭과 기능을 기술하시오.

정답 명칭 : 로리호스(로딩암)
기능 : 탱크로리에서 저장설비로 액체가스와 기체가스를 충전시 사용하는 이송장치
해설 벌크로리와 로리호스(로딩암)의 액체라인 및 기체라인 커플링을 접속한 후에 충전한다.

21. 도시가스 정압기실에서 정압기 입구압력이 0.5MPa 이상일 경우 안전밸브 분출구의 지름(mm)은 얼마인가?

정답 **50mm (50A)**
해설 **[안전밸브 분출부 크기]**
① 정압기 입구 압력 0.5MPa 이상시 : 50A
② 정압기 입구 압력 0.5MPa 미만시
• 정압기 설계유량 1,000Nm³/h 이상시 : 50A
• 정압기 설계유량 1,000Nm³/h 미만시 : 25A

22. 다음은 아세틸렌 용기상부이다. 이 장치의 명칭을 쓰시오.

정답 역화방지기

23. LPG 이송방법 중 압축기를 이용하는 방법외 2가지 이송방법을 쓰시오.

정답 ① 차압에 의한 방법(탱크로리의 자체압력 이용)
② 펌프에 의한 방법(액화가스 이송용 펌프)
해설 [LP 가스의 이송방법(차압/펌프/압축기이용)]
(1) 차압에 의한 방법 : 탱크로리와 저장탱크의 액상부를 직접 배관으로 연결하여 서로의 액면 높이에 의한 중력차와 온도에 의한 압력차를 이용하여 펌프나 압축기를 쓰지 않고 차압이 더 큰 탱크로리에서 저장 탱크로 액상의 가스를 이송하는 방식이다.
(2) 펌프에 의한 방법
(3) 압축기이용방법

24. 도시가스 굴착공사시 매설배관의 직상부에는 가스관 보호를 위해 보호판과 보호포를 설치한다. 저압일 경우 매설깊이가 1m 이상시 ① 보호포의 설치위치와 ② 기록사항을 3가지 쓰시오.

정답 ① 배관정상부로부터 60cm 이상
② 사용가스명, 최고사용압력, 공급자명
해설 1) 매설깊이가 1m 이상인 경우 : 배관정상부에서 60cm 이상
2) 매설깊이가 1m 미만인 경우 : 40cm 이상
3) 중압 이상인 배관의 경우에는 보호판의 상부로부터 30cm 이상
4) 공동주택의 부지 내에 설치하는 경우에는 배관의 정상으로부터 40cm 이상 떨어진 곳에 설치할 것

25. 다음은 LPG 지하저장설비의 상부이다. 표시된 부분의 명칭을 쓰시오.

정답 스톱 밸브

26. 다음 도시가스 배관의 지상에 표시하는 장치이다. 명칭과 종류를 3가지 이상 쓰시오.

정답 명칭 : 라인마크
　　 종류 : 직선방향, 두방향, 세방향, 한방향,
　　　　　 관끝방향, 135 ° 방향

해설 [라인마크]
　　 설치기준 : 글씨크기 10mm 장방향 양각처리
　　 하고 도로법상 도로에 도시가스 매설시 설치.
　　 배관길이 50m 마다 1개 이상 설치, 주요분기점,
　　 굴곡지점 및 그 주위 50m 이내 설치

27. LP 가스의 충전 및 저장시설에 사용되는 부속품이다. 각각 명칭을 쓰시오.

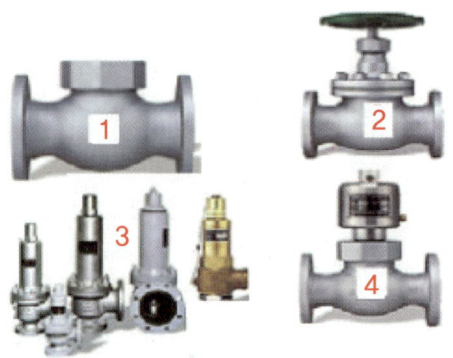

정답 1. 체크 밸브(역류방지 밸브)
　　 2. 글로브 밸브
　　 3. 안전 밸브
　　 4. 긴급차단 밸브

28. 다음은 도시가스 배관시공시 설치하는 장치이다. ① 명칭과 ② 기준을 2가지 이상 쓰시오.

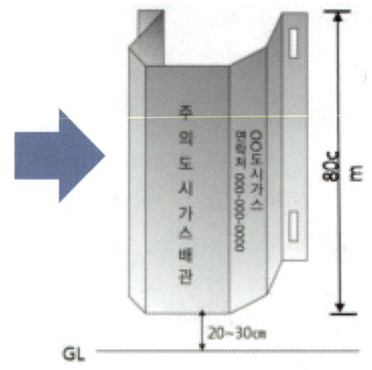

정답 ① 도시가스배관 방호철판
　　 ② 방호철판 설치기준
　　　 • 두께 : 4mm 이상
　　　 • 크기 : 0.8m 이상(80cm 이상)
　　　 • 지면으로부터 20cm∼30cm 이하로 이격
　　　　 이유 : 하부에 쌓인 쓰레기 등 처리용이

29. 다음 장비의 ① 명칭과 ② 기능을 쓰시오.

정답 ① 다이어프램 펌프
　　 ② 일정량 공급

30. 다음은 LPG 저장시설의 상부이다. "C번" 배관용 밸브의 ① 종류와 ② 기능을 쓰시오.

정답 ① 체크 밸브
② 유체의 역류방지

31. 이 장치의 "A" 녹색부분의 명칭과 기능을 기술하시오.

정답 명칭 : 로딩암액관
기능 : 탱크로리에서 저장탱크로 액체가스를
이·충전시 사용하는 이송장치
해설 A: 액관(탱크로리에서 저장탱크로
LPG 액체가스가 흐르는 관)
B: 기체배관(저장탱크에서 탱크로리로
LPG 기체가스가 흐르는 관)

32. 다음 LPG 지하저장탱크를 매설하기 위한 건축공사 시 저장시설의 설계강도를 쓰시오.

정답 21MPa 이상

33. 다음 1번 강관과 2번 볼밸브 중 먼저 ① 부식되는 것은? 또한 그 ② 이유를 밝히시오.

정답 ① 강관
② 이유 : 철(강관)은 구리보다 내식성이 약함.
(내식성은 부식에 대한 저항력 정도임)

34. 다음은 고압가스의 충전용기이다. 충전가스의 분자식과 충전구 형식을 쓰시오.

정답 C_2H_2(아세틸렌)
B형
해설 [충전구 형식에 따라]
① A형 : 가스 충전구가 수나사
② B형 : 가스 충전구가 암나사
③ C형 : 가스 충전구에 나사가 없는 것

35. 다음 고압가스제조시설에서 A와 B의 장치명과 설치높이를 구분하여 기술하시오.

정답 A : 플레어스택 B : 벤트스택
[벤트스택의 높이]
1. 방출된 가스의 착지농도(着地濃度)가 폭발하한계값 미만
2. 독성가스인 경우에는 허용농도값 미만
[플레어스택의 높이: KGS FP 111 2020.03.18.]
플레어스택 바로 밑의 지표면에 미치는 복사열이 4,000kcal/m²·h 이하

해설 (플레어스택) 가연성 가스 또는 독성가스의 설비에서 이상상태가 발생한 경우 당해 설비 내의 내용물을 설비 밖으로 긴급하고 안전하게 연소하여 이송하는 설비
(벤트스택) 가연성 가스 또는 독성가스의 설비에서 이상상태가 발생한 경우 당해 설비 내의 내용물을 설비 밖으로 긴급하고 안전하게 이송하는 설비
[방출구 위치]
(긴급용 벤트스택) 작업원이 정상작업을 하는데 필요한 장소 및 작업원이 항시 통행하는 장소로부터 10m 이상 떨어진 곳에 설치할 것
(그밖의 벤트스택) 작업원이 항시 통행하는 장소로부터 5m 이상 떨어진 곳에 설치할 것

36. 다음은 고압 산소용기이다. ① 임계압력과 ② 비점을 쓰시오.

정답 ① 50.1atm
② −183.5

37. 다음은 저장탱크의 액면계이다. 명칭을 쓰시오.

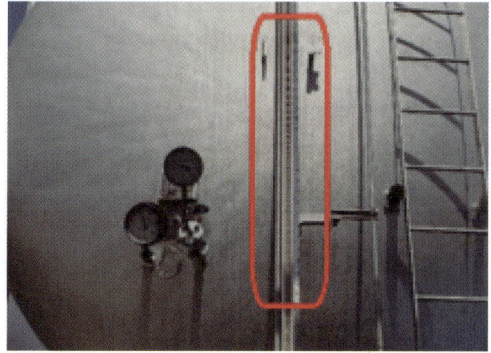

정답 클린카식 액면계

38. 다음은 정압기실에 설치된 불순물을 제거하기 위한 장치이다. ① 명칭과 ② 최초점검시기를 쓰시오.

정답 ① 필터
② 가스공급개시 후 1개월 이내

39. 다음 고압가스용기의 청색용기에 충전된 A와 B 용기내부의 충전가스명을 쓰시오.

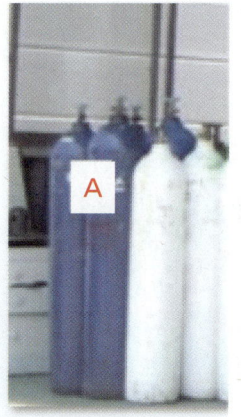 

정답 ① 공업용 이산화탄소
② 의료용 아산화질소

40. 다음은 상용압력이 2MPa인 LPG저장시설에 설치된 압력계이다. 최고눈금범위를 쓰시오.

정답 3MPa 이상 4MPa 이하
해설 압력계의 최고눈금범위는 상용압력의 1.5배 이상 2배 이하

41. LPG 저장탱크의 바닥면적이 45m²일 경우 통풍 시설의 개수를 쓰시오.

정답 6개
해설 계산식 : 45 × 300㎠ =13,500㎠ (통풍구면적)
개수산출식 : 13,500/2,400㎠ = 5.625개
• 자연통풍 : 바닥면에 접하고 외기에 접하여 2
  방향으로 분산
  면적 : 1개 면적은 2,400㎠ 이하,
    1㎡ 당 → 300㎠ 비율
비교 [강제통풍장치(기계환기설비)]
① 통풍능력 : 바닥면적 1㎡ 당 0.5㎥/분 이상,
② 방출구 높이(공기보다 가벼운 가스 : 3m 이상)
  → 정압기실안전밸브의 방출구 : 5m 이상

42. 다음 펌프의 명칭과 특징을 쓰시오.

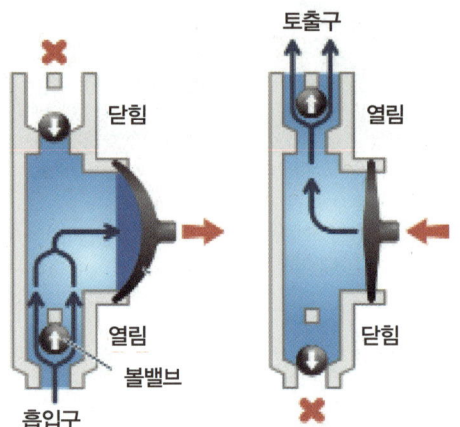

정답 명칭 : 다이어프램 펌프
특징 : 진흙탕이나 모래 등 슬러지(Sludge)가 함
  유된 액 이송에 적합한 펌프이다.

43. 다음 가스미터기에 표시된 ① Pmax : 10[kPa]
② V : 1.0[dm³/rev]의 의미를 기술하시오.

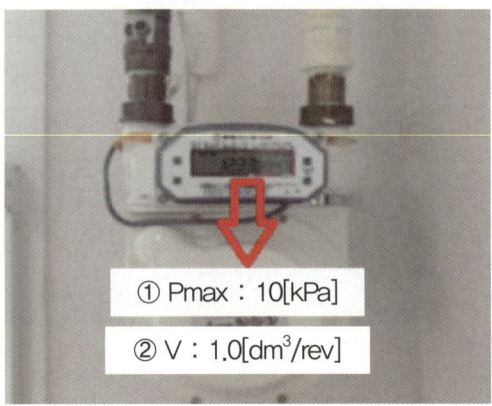

① Pmax : 10[kPa]

② V : 1.0[dm³/rev]

정답 ① Pmax : 10[kPa]
    : 가스미터기의 최대압력이 10[kPa]임
② V : 1.0[dm³/rev]
    : 가스계량기(=가스미터기) 계량실 1주기
      체적이 1.0[dm³]임

44. 다음 A부분의 명칭을 쓰시오.

정답 체크밸브

45. 다음은 고압가스충전용기이다. 충전가스명을 쓰시오.

정답 ① 공업용 C_2H_2 황색
② 공업용탄산가스 청색
③ 공업용 수소
④ 공업용 산소

46. 다음은 도시가스 정압기실이다. "1번" 부분의 장치명과 그 기능을 3가지 쓰시오.

정답 장치명 : RTU
① 가스누출 경보(통보)기능
② 정전시 비상전원 공급기능
③ 통신설비(압력, 온도, 가스누출)감시 안전관리자가 상주하는 상황실에 보고하는 원격감시기능

해설 기능 ①②③ 외 경보장치는 (dB 70 이상)이며 작동 상황점검은 1주일에 1회 이상, 출입문 개폐 통보장치가 있다.

47. LPG 저장탱크에 설치된 안전밸브 방출구 높이는 얼마인가?

정답 지면으로부터 5m 이상 또는 저장탱크 정상부에서 2m 중 높은 위치

48. LP 가스 자동차충전시설이다. 이것의 명칭과 기능을 쓰시오.

정답 ① 디스펜서(Dispenser)
② LPG 충전소에서 자동차용기에 일정량의 LP 가스를 충전하는 충전기기이다.

49. 다음 밸브의 명칭을 쓰시오.

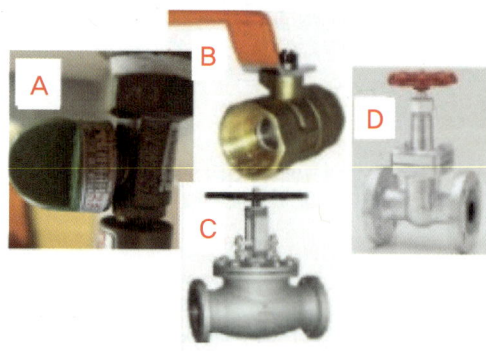

정답 A : 퓨즈콕
　　 B : 볼 밸브
　　 C : 글로브 밸브
　　 D : 게이트 밸브

51. 다음 가스누출경보장치 "A부분"의 ① 명칭과 그 ② 기능을 기술하시오.

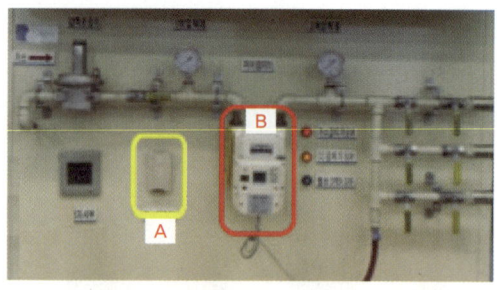

정답 ① 검지부
　　 ② 누출된 가스를 미리 설정된 가스농도에서 감지하여 제어부로 신호를 보내는 기능
해설 ・가스누출경보장치의 주요부분 :
　　 ① 검지부　② 제어부　③ 차단부
　　 ・검지농도 : 폭발하한의 1/4 이하

50. 다음은 LPG 저장시설 상부이다. 배관에 표시된 밸브명칭을 쓰시오.

정답 체크밸브

52. 다음 고압가스용기에 표시된 충전용기에 각인된 "AG"의 의미는?

정답 C_2H_2가스를 충전하는 용기의 부속품
해설 [용기 부속품의 종류]
　　 ・아세틸렌가스를 충전하는 용기의 부속품 : AG
　　 ・압축가스를 충전하는 용기의 부속품 : PG
　　 ・액화석유가스 외의 액화가스를 충전하는 용기의 부속품 : LG
　　 ・액화석유가스를 충전하는 용기의 부속품 : LPG
　　 ・초저온용기 및 저온용기의 부속품 : LT

53. 다음 도시가스배관을 지하매설시 상수도관과의 이격거리는 얼마인가?

정답 0.3m 이상

해설

건축물	1.5m 이상
산과들	1m 이상
다른 시설	0.3m 이상
시가지 도로밑 매설	1.5m 이상
철도부지 밑 지표면에서 배관외면까지	1.2m 이상
지표면에서 배관외면까지	1.2m 이상
철도궤도 중심까지	4m 이상
철도부지의 경계까지	1m 이상

54. 다음 LPG 충전소에 설치된 이 장치의 ① 명칭과 ② 저장탱크 표면적 1m²당 수량, ③ 조작위치는 저장탱크에서 얼마 이상 떨어진 위치가 적당한가?

정답 ① 냉각살수장치 ② 5L/min ③ 5m 이상

해설 [온도상승방지장치 설치기준]

냉각살수장치	
일반탱크	준내화구조
5L/min	2.5L/min

• 방류둑 외면 10m 이내
• (방류둑 설치×, 가연성 물질) : 20m
• 수원의 양 : 30분 이상 방사가능 양

55. 다음은 도시가스배관 시공시 사용되는 이것의 ① 명칭과 ② 기능을 쓰시오.

제공:홍까스강의 차압(차태걸)

정답 ① 피그
② 매설배관 내부와 가스배관 속의 이물질을 제거하는 장치이다.

56. 다음 도시가스 배관의 지상에 표시하는 장치이다. ① 명칭과 ② 각 종류를 쓰시오.

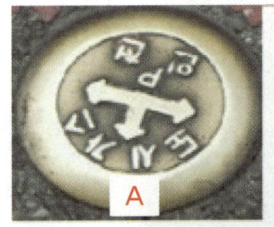

정답 ① 라인마크
② 세방향, 두방향, 직선방향

해설 [라인마크 설치기준]
• 종류 : ABC 외 한 방향(→), 관끝방향(⊣). 135° 방향(ᴗ)
• 설치기준 : 글씨크기 10mm 장방향 양각 처리하고 도로법상 도로에 도시가스 매설시 설치. 배관길이 50m 마다 1개 이상 설치, 주요분기점, 굴곡지점 및 그 주위 50m 이내 설치

57. 다음 아크용접에서 용접방법을 영문약자로 쓰시오.

정답 TIG
해설 티그(TIG) 용접

58. 다음 도시가스를 사용하는 대기차단식 보일러의 내부모습이다. 안전장치 3가지 이상을 쓰시오.

정답 ① 소화안전장치
② 동결방지장치
③ 과열방지장치
해설 그 외 ④ 정전시안전장치 ⑤ 자동차단밸브

59. 다음은 LPG 지하저장탱크 상부의 가스설비이다. 장치의 명칭을 쓰시오.

정답 릴리프 밸브
해설 [안전밸브와 릴리프 밸브의 차이]
1) 안전밸브 : 최고압력 한정(A 접점, 압력용기)
2) 릴리프 밸브 : 주로 액체이송라인 설치, 최고 압력 한정(B 접점회로에서 펌프 토출측에 설치)

60. 다음 온수보일러 반밀폐 자연배기 단독배기방식에서 배기통의 가로 길이를 쓰시오.

가스보일러

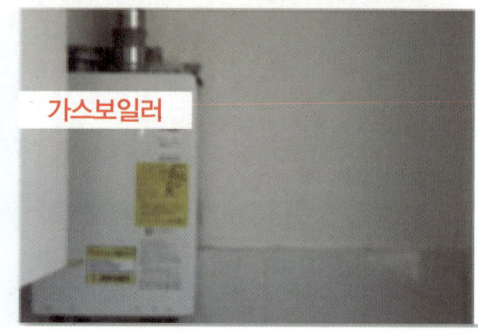

정답 5m 이하

01. 에어졸 제조시설에서 온수탱크 속 46℃ 이상 50℃ 미만 온도에서 실시하는 시험은 무엇인가?

정답 가스누출시험(누설시험)

02. 방폭전기기기 설치에 사용되는 조명등의 제1종 위험장소의 방폭구조의 명칭을 쓰시오.

정답 내압방폭구조

03. 가스미터기 설치장소 선정시 화기와의 거리는 얼마인가?

정답 2m 이상

해설 ① 바닥으로부터 계량기지시장치(계량값 표시창)의 중심까지 1.6m 이상 2m 이내
② 직사광선, 빗물노출 우려시 보호상자 안에 설치할 것
③ 단, 보호상자에 가스 계량기 넣을 경우 2m 이내에 설치
③ 통풍이 잘 되고 습도가 적을 것
• 입상관밸브 위치 : 밸브 손잡이가 부착된 부분(중심)을 기준으로 바닥으로부터 1.6m 이상 2m 이내에 설치한다.

04. 다음은 희생양극법의 전위측정용 터미널(T/B)이다. 만일 외부 전원법일 경우 몇 m의 간격으로 설치해야 하는가?

정답 500m 마다 설치할 것

05. 다음 방사선투과 비파괴검사 방법의 장점을 3가지 쓰시오.

정답 ① 내부결함 검출이 가능하며 필름상에 형상을 구현
② 공업적으로 신뢰성이 가장 높고 많이 사용
③ 결과기록이 가능
해설 종류 : 내부선원법, 이중법, 이중상법
단점 : 가격이 비싸다. 신체방호 필요.
적층결함을 찾기 어렵다.

06. 다음 내용적이 47인 무계목용기의 재검사 기간을 쓰시오. (신규검사 후 10년 경과된 용기이다.)

정답 3년
해설

내용적	재검사주기	
500L 이상	5년	
500L 미만	신규검사 후 경과년수 10년 이하	5년
	신규검사 후 경과년수 10년 초과	3년

07. 다음 정압기실 가스누출검지경보장치의 검지기 설치기준을 쓰시오.

정답 바닥면 둘레 20m에 대해서 1개 비율로 설치

08. 다음 정압기실에 설치된 장치이다. 표시부분의 ① 장치명과 ② 기능을 쓰시오.

정답 ① 긴급차단장치(SSV)
② 기능 : 조정기의 2차압력이 소정의 압력 이상이 되면 차단밸브의 걸림쇠가 빠져 밸브 디스크가 내려와 1차측의 가스를 긴급하게 차단하는 기능
해설 작동시 한번 작동되면 출구압력이 저하되어도 열리지 않는 구조. 수동복원 조작하여야 한다.

09. 다음 LPG 충전소에서 자동차 가스주입기 형식을 쓰시오.

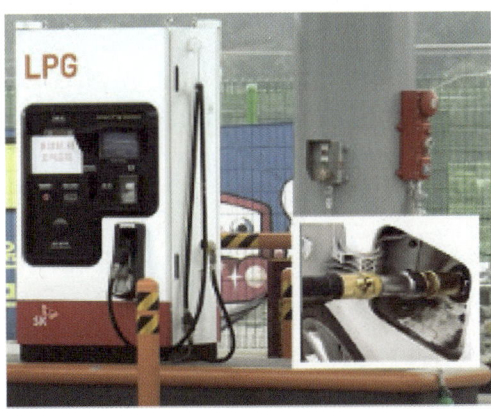

정답 원터치형

10. 다음은 배관융착의 한 과정이다. ① 융착방식의 종류와 ② 융착상태의 적합성 판정에 사용되는 것은 무엇인지 쓰시오.

정답 ① 맞대기융착
② 비드폭
해설 1. 맞대기융착은 관경 90mm 이상 직관과 이음관 연결
2. 비드(Bead)는 좌우대칭, 둥글고 균일, 청결할 것
3. 이음부와 연결오차는 배관두께의 10% 이하
4. 공칭외경별 비드폭 계산
   (최소 3+0.5t, 최대 5+0.75t)

11. LPG 판매시설에서 용기보관실의 바닥면적은 1㎡ 마다 통풍구 크기와 통풍구 1개 크기를 기술하시오.

정답 ① 통풍구 크기 : 300㎠ 이상
② 통풍구 1개의 크기 : 2,400㎠ 이하

12. 다음은 도시가스 배관의 가스누설검사를 하고 있다. 장치명을 쓰시오.

정답 광학식 레이저 메탄검지기

01. 다음은 가스캐비넷 히터이다. 가스를 노즐로부터 분출시킨 후 주위의 1차 공기를 흡입사용하고 나머지 부족한 공기는 염공주위에서 2차 공기를 취하여 연소하는 연소 기구에 대한 연소방식에 대하여 답하시오.

정답 분젠식 연소방식

해설 원리 : 노즐로부터 분출되는 가스에 1차 공기(70%)가 혼합 혼입되어 염공에 보내진 후 염공의 불꽃 주변에서 2차 공기(30%)를 취해 가스를 완전 연소시키는 방식
1) 온도 : 1,300℃
2) 용도 : 일반 가스기구, 온수기, 가스렌지 등이 해당된다.

[연소 기구의 분류(1차 공기, 2차 공기 혼합비율에 따른 연소방식에 의한 분류)]

① 적화식 : 연소에 필요한 공기의 전부를 불꽃 주변으로부터 취한 2차 공기에 의해 연소하는 방식으로 ★온도는 900℃ 정도이고 순간 온수기, 각종 파일로트 버너가 해당된다.

② 분젠식 : 노즐로부터 분출되는 가스에 1차 공기(70%)가 혼합 혼입되어 염공에 보내진 후 염공의 불꽃 주변에서 2차 공기(30%)를 취해 가스를 완전 연소시키는 방식으로 ★온도는 1,300℃ 정도이고 일반 가스 기구, 온수기, 가스렌지 등이 해당된다.

③ 반분젠식 : 적화식 연소방식과 분젠식 연소방식의 중간 연소 방식으로 1차 공기와 2차 공기의 비율이 분젠식의 반대이다. ★온도는 1,000℃ 정도로 목욕탕, 온수기, 버너 등에 쓰인다.

④ 전1차 공기식 : 연소에 필요한 공기의 100%를 1차 공기로 하여 가스에 미리 혼합시켜 연소하는 방식으로 연소 속도가 빨라 역화의 우려가 있으므로 특수한 구조의 버너를 쓴다.

02. 다음은 지상에 설치된 천연가스 저장탱크의 지반침하방지 측정주기는 언제인가?

정답 1년에 1회 이상

03. 다음은 일반근린생활시설의 도시가스연료를 사용하는 시설의 내부모습이다. 지시부분의 명칭을 기술하시오.

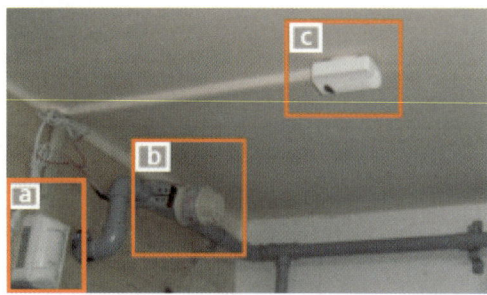

> **정답** a. 제어부 b. 차단부 c. 검지부
> **해설** 원격개폐가 가능하고 가스누출경보기로 누출된 가스를 검지하여 경보를 울리면서 자동으로 가스의 공급을 차단하는 장치로서, 검지부 – 제어부 – 차단부로 구성되어 있다.
> ① 검지부 : 누출된 가스를 검지하는 기능을 한다.
> ② 제어부 : 검지부로부터 가스가 누출되었다는 신호를 받아 차단부에 차단신호를 보내는 기능을 한다.
> ③ 차단부 : 제어부로부터 신호를 받아 가스의 공급을 차단하는 기능을 하며, 차단부의 사용압력에 따른 분류는 다음과 같다.
> - 중압용 : 사용압력이 0.1MPa(1kgf/cm²) 이상이다.
> - 준저압용 : 사용압력이 0.01MPa 이상 0.1MPa 미만(0.1kgf/cm² 이상 1kgf/cm² 미만)이다.
> - 저압용 : 사용압력이 0.01MPa(0.1kgf/cm²) 미만이다.

04. 도시가스 공급시설에 설치되는 정압기의 기능 3가지를 쓰시오.

> **정답** 정압기능, 감압기능, 폐쇄기능
> **해설** 도시가스 압력을 2차측, 즉 수요처에 맞게 감압하여 허용압력범위로 유지 정압하고 가스 흐름이 불안정할 경우에 2차측 압력상승을 방지하는 폐쇄기능을 갖는 기기로 정압기용 압력조정기와 그 부속설비를 지칭한다. 정압기는 하나의 집합설비인 유니트(Unit)이다.

05. 다음 LPG 충전시설에 설치된 조명등의 방폭구조 명칭을 쓰시오.

> **정답** 안전증 방폭구조
> **해설** [방폭전기기의 구조 선정기준]

방폭구조의 종류	1종장소				2종장소			
기구의 종류	내압	압력	유입	안전증	내압	압력	유입	안전증
백열전등 정착등	○				○			○
백열전등 이동등	△				○			

> **[방폭구조의 종류]**
>
> 1) 내압 방폭구조 : (Ex d)
> 2) 유입 방폭구조 : (Ex o)
> 3) 압력 방폭구조 : (Ex p)
> 4) 안전증 방폭구조 : (Ex e)
> 5) 본질안전 방폭구조 : (Ex ia, ib)
> 6) 특수 방폭구조 : (Ex s)
>   1)～5)에서 규정한 구조 이외의 방폭구조로서 가연성가스에 점화를 방지할 수 있다는 것이 시험, 기타의 방법에 의하여 확인된 구조

06. 다음 볼트와 너트, 와셔의 재질은 일반금속과 다른 재질이다. 그 목적은?

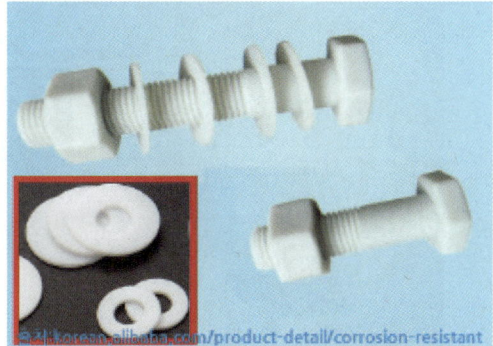

정답 부식방지기능(Corrosion-resistant)

07. 다음은 LNG 저장탱크 기지모습이다. 사용되는 단열재의 구비조건 3가지를 쓰시오.

정답 ① 열전도율이 적을 것
② 방수성이 높을 것(흡수성이 낮을 것)
③ 안전사용온도에서 변형이 없을 것
해설 그 외
ⓐ 단열효과가 클 것   ⓑ 비중이 작을 것
ⓒ 구조가 간단할 것   ⓓ 취급이 용이할 것
ⓔ 경제적일 것

08. 다음 PE관의 SDR 표준치수비가 17일 경우 사용 압력범위(MPa)는 얼마인가?

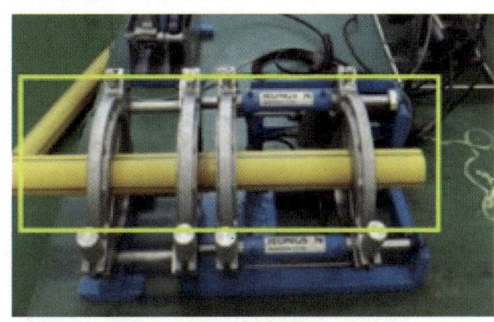

정답 0.25MPa 이하
해설 표준치수비(SDR, standard dimension ration)
① $SDR = \dfrac{D}{t} = \dfrac{외경}{두께}$

SDR NO	사용압력
11	0.4MPa 이하
17	0.25MPa 이하
21	0.2MPa 이하

09. 다음의 용기재질은 무엇인지 기술하시오.

정답 탄소강
해설 [고압용기재질 및 장치재료]

① 탄소강 : 아세틸렌, 암모니아, 염소, LPG
② NH_3 : 동, 동합금 사용금지
③ L-O_2 : 크롬, 망간강, 18~8% STS 사용
④ LNG(초저온용기) : 18~8% STS, 9% 니켈, (Cu-AL)합금강 사용

10. 다음 가스계량기와 단열조치를 하지 않은 굴뚝과의 이격거리는 얼마인가?

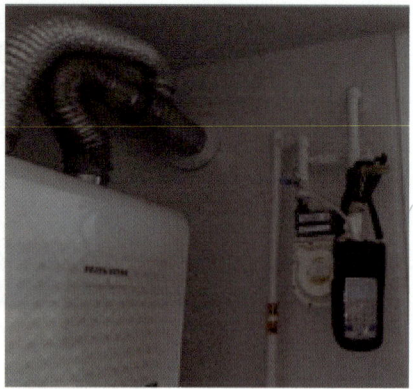

정답 30cm 이상

해설

구분 (단위 : cm)	사용시설 배관이음부		가스 계량기
	LPG 집단	도시가스 (공급소 밖, 일반)	
전기(계량기, 개폐기)	60cm		60
전기(접속기, 점멸기)	15cm		30
굴뚝(단열조치 X)			
전선(절연조치 X)			15
전선(절연조치 O)	10cm		규정 없음

사용시설 : 내관·연소기 및 그 부속설비와 공동주택 등의 외벽에 설치된 가스계량기를 말한다.

11. 다음의 정압기실에 표시된 부분의 장치명은 무엇인가?

정답 긴급차단장치(SSV)

해설 [긴급차단장치의 조작 동력원]
① 액압 ② 기압 ③ 전기 ④ 스프링식
(배관 및 탱크의 온도 110℃에서 작동)
조작 위치 : 특정제조 : 10m 이상
(비고 : 일반 제조 5m 이상)

12. 다음은 LPG 충전시설의 충전설비이다. 압축기를 사용할 경우 장점 2가지 이상을 쓰시오.

정답 ① 펌프에 비해 충전 시간이 짧다.
② 잔가스 회수가 가능하다.
③ 베이퍼 록 현상이 없고 조작이 간단하다.

참고 단점
① 부탄의 경우 저온에서 재액화의 우려가 있다.
② 압축기 오일이 탱크에 들어가 드레인의 원인이 된다.

01. 다음은 LPG 충전시설의 충전설비이다. 박스가 가리키는 ① 장비의 명칭과 사용할 경우 ② 장점 2가지 이상을 쓰시오.

정답 ① 명칭 : 왕복동식 압축기
② 장점
　　㉠ 펌프에 비해 충전 시간이 짧다.
　　㉡ 잔가스 회수가 가능하다.
해설 그외 ㉢ 베이퍼 록 현상이 없고 조작이 간단하다.
※ 단점
　　㉠ 부탄의 경우 저온에서 재액화의 우려가 있다.
　　㉡ 압축기 오일이 탱크에 들어가 드레인의 원인이 된다.
영상 가스 충전소를 멀리서 보여주고 슬슬 다가가며 확대가 된다. 그러면서 전동기에 연결된 팬벨트가 돌아가는 모습이 보이고, 그 팬벨트에 연결된 내연기관처럼 생긴 장치가 보인다. 화살표는 그 장치를 가리키고 있다.

02. 다음은 고압가스용기를 일부 잘라낸 단면이다. 용기에 채워질 물질 4가지를 쓰시오.

정답 코크스, 석회, 규조토, 목탄(숯)
해설 다공물질의 종류 : 정답 외
(석면, 탄산마그네슘, 산화철, 다공성플라스틱)
암기TIP 코큰 석규가 목석같아 탄산산을 마다 하다
영상 황색 용기의 일부 잘라낸 단면을 보여준다.

03. 다음 가스계량기와 전기접속기와의 이격거리는 몇 cm 이상인가?

정답 30cm

해설

구분 (단위 : cm)	공급시설(배관이음부)		사용시설		
	LPG 집단	도시가스 (공급소 밖, 일반도시가스)	배관이음부		가스 계량기
			LPG 집단	도시가스 (공급소 밖, 일반)	
전기 (계량기, 개폐기)		60cm		60cm	60
전기 (접속기, 점멸기)	30	30		15cm	30
굴뚝 (단열조치 X)		15			
전선 (절연조치 X)					15
전선 (절연조치 O)		10		10cm	규정 없음

사용시설 : 내관·연소기 및 그 부속설비와 공동주택 등의 외벽에 설치된 가스계량기를 말한다.

※ 단, 도시가스를 실내에 설치 시 배관 이음부는 절연전선과 (10㎝) 이격유지
(단, 가스누출자동차단장치 작동을 위한 전선은 제외)
절연 및 단열 조치를 하지 아니한 전선과 굴뚝은 (15㎝)

전기계량기 출제시 : 60㎝ 이상
얼마인가? 질문시 : 30㎝ 이상

---

04. 다음은 도시가스의 배관 고정장치이다. 배관과 고정장치 사이에 고무패킹을 씌우는 이유를 쓰시오.

정답 절연조치를 위함이다.

해설 절연방법은 2가지가 있다.
해당 이미지는 배관에 직접 절연한 것이며 고정장치에 절연하는 방법도 있다.

🎥 U자형 금속고정기구와 배관사이에 약간 두께가 있는 고무판이 끼워져 있는 영상이다.

---

05. 다음 배관 도중에 원판형 도넛기구를 넣어 전·후의 차압을 이용하여 유량을 측정하는 계측기기이다. 원판형 기구의 명칭을 쓰시오.

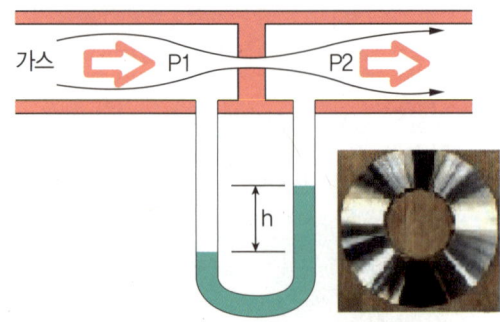

정답 오리피스

해설 차압식 : 오리피스, 플로노즐, 벤튜리

🎥 얇은 도넛모양의 금속판을 우선 보여준다 – 오리피스 유량계의 작동원리 동영상 – 단면적이 줄어들어 빠르게 통과하는 모습 – 원판형 도넛 기구(최종)

---

06. 다음의 작은 물체는 도시가스 내부배관 및 지하 매설배관 시공 전에 필요한 장비이다. 이것의 명칭을 쓰시오.

제공:홍까스강의 차압(차태걸)

정답 피그(PIG)

해설 기능 : 내부배관 및 지하매설배관 속의 이물질 제거(청소) 및 검사, 보수하는 장비. 움직일 경우 돼지 울음소리로 붙여진 이름이다.
※ PIG : Pipeline Inspection Gauge

🎥 짧고 흰색 굵은 탄환 모양의 것에 붉은색으로 굵은 빨간색 망사 스타킹 혹은 빨간 와플 모양으로 감싸져 있는 기구가 보인다.

07. 다음 정압기실에 설치된 장치이다. 표시 부분의 ① 장치명과 ② 기능을 쓰시오.

정답 ① 긴급차단장치(SSV)
② 기능 : 조정기의 2차압력이 소정의 압력 이상이 되면 차단밸브의 걸림쇠가 빠져 밸브 디스크가 내려와 1차측의 가스를 긴급하게 차단하는 기능
해설 작동시 한번 작동되면 출구압력이 저하되어도 열리지 않는 구조이다. 수동복원으로 조작하여야 한다.
영상 가스 정압기실로 보이는 장소가 비춰지면서, 초장부터 떡 하니 긴급차단장치(SSV)가 있다. 화살표는 긴급차단장치를 가리키고 있다.

08. 다음 영상에서 보여주는 장치의 캐리어가스 중 2가지를 쓰시오.

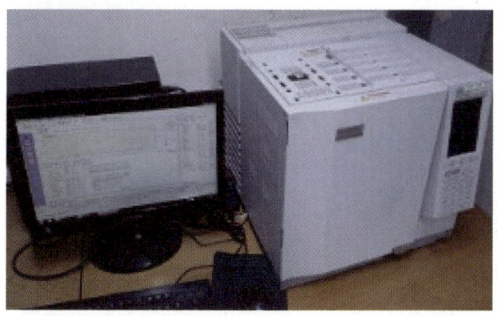

정답 수소, 헬륨
해설 [각 가스의 이동(확산)속도를 이용한 분석법]
① 가스분석을 1대의 장치로 가능, 연구실용
② 구성 : 분리관(컬럼), 검출기, 기록계
③ 캐리어가스 : 수소, 헬륨, 질소, 아르곤

09. 다음은 LPG 저장시설이다. 표시한 부분의 설치 기준을 쓰시오.

정답 높이 1.5m 이상
해설 LPG 저장시설 및 충전시설에는 지면에서 높이 1.5m 이상의 경계책을 설치하여 일반인의 출입을 통제한다.
영상 관련 시설 주변에 설치된 울타리를 보여 준다.
참고 [정압기실 설치기준]
1) 정압기실 주위에는 1.5m 이상의 경계책 설치, 배관 이격 거리 1m
(정압기실: 조명도 150Lux)
2) 정압기의 안전을 확보하기 위하여 정압기실 주위에 외부 사람의 출입을 통제할 수 있도록 다음 기준에 따라 경계책을 설치한다.
다만, 단독사용자에게 가스를 공급하는 정압기의 경우에는 경계책을 설치하지 않을 수 있다.
3) 정압기실 주위에는 높이 1.5m 이상의 철책 또는 철망 등의 경계책를 설치하여 일반인의 출입을 통제한다.

10. 다음은 고압산소 충전시설이다. 표시한 부분의 밸브 이름을 쓰시오.

정답 **충전용 주관밸브**

영상 산소 충전소를 보여준다 – 한 사람이 F자 모양의 수공구로 배관밸브조작 – 압력계를 보면서 압력조정 – 여러 사람들이 여러 산소탱크를 충전지관에서 분리하여 다른 작업장으로 옮기는 모습 – 화살표는 처음 영상 F자 모양의 수공구로 핸들(옛날 수도꼭지핸들)을 가리킨다.(최종화면)

11. 다음은 도시가스배관에 설치된 장치이다. 명칭을 쓰시오.

정답 **터빈식 가스미터기(유량계)**

영상 복잡한 관이 연결된 장치전체를 보여준다 – 카메라가 우측으로 이동하면서 축에 연결된 장치가 나온다 – 축방향으로 유체의 흐름이 표시된 매우 큰 체크밸브모양의 장치를 보여주고 카메라는 위쪽으로 이동한다 – 보일러실 도시가스 미터기에서 흔히 볼 수 있는 숫자 계량기가 나온다 – 그런데 그 옆으로 길쭉한 숫자창 위쪽으로 네모 모양의 장치가 붙어 있다. – 화살표는 앞서 보았던 유체 흐름 방향이 표시된 배관에 축방향으로 설치된 장치와 뒤에 나왔던 계량기 부분을 다 같이 가리킨다.(최종화면)

12. 다음 LPG 자동차 용기 내부에 설치되는 안전장치는 탱크 용량의 몇 %를 넘지 않도록 하는지 쓰시오.

정답 85%
해설 안전장치명 : 과충전방지장치

01. 다음 LPG 지상저장탱크에서 지시하는 부분의 기능을 쓰시오.

정답 저저장탱크 내부의 LPG 액면표시(잔량 확인)

02. 에어졸 제조시설에서 온수탱크 내 46℃ 이상 50℃ 미만 온도에서 실시하는 시험은 무엇인가?

정답 가스누출시험(누설시험)

영상 가스가 들어있는 많은 양의 에어졸을 온수가 들어있는 긴 수조 속으로 이송되는 장면을 보여준다.

03. 다음 LPG 충전소에서 자동차 가스주입기 형식을 쓰시오.

정답 원터치형

04. 다음 PE관 접합 방식을 쓰시오.

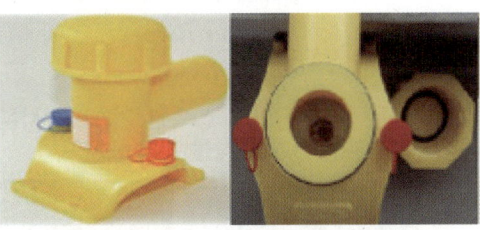

정답 전기융착 새들이음(새들이음)
추가질문 1. 부속품 질문시 : 새들이음관
2. 맞대기 이음은 관지름 90mm 이상

05. 다음 지시하는 부분은 LPG 충전소 저장탱크 배관에 설치된 기기이다. 표시부분의 명칭을 쓰시오.

정답 긴급차단장치(SSV)

해설 기능 : 긴급차단장치 차단조작기구(밸브) 설치장소는 충전기 주변이나 안전관리자가 상주하는, 혹은 대량유출시 충분히 안전이 확보되고 조작이 용이한 곳으로 저장탱크로부터 5m 이상 떨어져 설치한다.
이상압력이 발생하거나 가스가 대량유출할 경우에 대비하여 조작밸브를 작동시켜 가스를 긴급하게 차단·수동복원 조작하여야 한다.

영상 가스충전소에서 볼밸브를 상하좌우로 돌리는 영상과 긴급차단밸브가 작동하는 모습을 보여주고 마지막으로 긴급차단장치(SSV)가 있다.

06. 다음은 LPG 용기에 접속된 가스배관시설이다. 표시부분(A, B)의 기능을 각각 쓰시오.

정답 A : 사용측 용기 내부의 가스가 소진시 자동적으로 예비측 용기방향으로 교체해 주는 기능
B : 용기의 압력 등을 조정하는 기본적인 자동절체식 조정기의 기능으로 공급압력을 감압하여 압력을 조정하고 일정하게 유지하는 기능을 한다.

07. 고압가스용기의 부속품 중 충전용기 밸브에 각인된 "LG"의 의미를 설명하시오.

정답 액화석유가스 외의 액화가스를 충전하는 용기의 부속품

08. 다음은 가스배관에 설치된 가스미터기이다. 기기의 명칭을 쓰시오.

정답 터빈식 가스미터기(터빈식 유량계)

09. 다음의 용기 명칭과 용도를 기술하시오.

> **정답** (답은 초저온용기를 가정하여 서술함. 사이폰용기 시는 달라질 수 있음)
> ① 초저온용기
> ② -50℃ 이하의 온도로 액화가스를 저장하는 용기
>
> **영상** 내조외조 보여주면 초저온 용기이고, 만약 용기 상부에 밸브 2개와 긴 관 1개만 보여 주면 사이폰 용기임

10. 다음 고압가스 용기에 충전가능한 가스명을 쓰시오.

> **정답** 액화염소(L-Cl₂)

11. 다음 배관 도중에 원판형 도넛기구를 넣어 전·후의 차압을 이용하여 유량을 측정하는 계측기기이다. 원판형 기구의 명칭을 쓰시오.

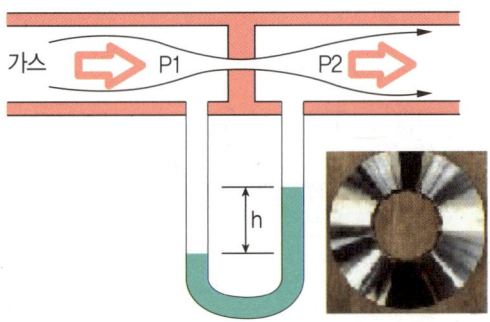

> **정답** 오리피스
> **해설** 차압식 : 오리피스, 플로노즐, 벤튜리
> **영상** 얇은 도넛모양의 금속판을 우선 보여준다 - 오리피스 유량계의 작동원리 동영상 - 단면적이 줄어들어 빠르게 통과하는 모습 - 원판형 도넛 기구(최종)

12. 공기보다 비중이 가벼운 도시가스 정압기실이 지하에 설치될 때의 통풍구조이다. 공기흡입구의 관경은 얼마인가?

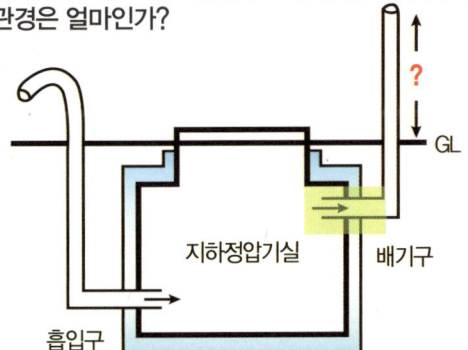

> **정답** 100mm 이상
> **해설** ① 통풍구조는 환기구를 2방향 이상으로 분산하여 설치한다.
> ② 배기구는 천장으로부터 30cm 이내에 설치한다.
> ③ 흡입구 및 배기구의 관지름은 100mm 이상으로 하되, 통풍이 양호하도록 한다.
> ④ 배기가스 방출구는 지면에서 3m 이상의 높이에 설치하되, 화기가 없는 안전한 장소에 설치한다.

01. 다음 LPG 판매시설에서 보관실의 지붕재질을 쓰시오.

정답 불연성재료를 사용한 가벼운 재질

해설 [용기보관실]

(1) 판매업소의 용기보관실 벽은 방호벽의 기준에 맞는 것으로 하고, 불연성재료를 사용한 가벼운 지붕을 설치할 것

(2) 용기보관실과 사무실은 동일한 부지에 구분하여 설치하되, 용기보관실의 면적은 19㎡, 사무실의 면적은 9㎡ 이상으로 하고, 용기보관실 바닥은 운반차량 중 적재함의 최저높이로 설치할 것. 다만, 해상에서 가스 판매업을 하려는 판매업소의 용기보관실은 해상 구조물이나 선박에 설치할 수 있고, 산업통상자원부장관이 정하는 바에 따라 용기를 취급하는 경우에는 용기보관실 바닥을 운반 차량 중 적재함의 최저높이로 설치하지 아니할 수 있다.

(3) 용기보관실에서 누출된 가스가 사무실로 유입되지 아니하는 구조로 할 것

02. 다음은 조정기가 2단감압조정기일 경우 장점 3가지를 기술하시오.

정답 장점

① 공급압력이 안정되고 배관의 지름이 작아도 된다.

② 입상 배관에 의한 압력강하를 보정할 수 있다.

③ 각 연소 기구에 맞는 압력으로 공급이 가능하다.

참고 단점

① 설비비가 많이 들고 조정기가 많이 든다.

② 재액화의 우려가 있고 장치와 검사방법이 복잡하다.

03. 다음 PE관 접합 방식의 종류와 이음시 관지름은 얼마 이상인지 쓰시오.

공사명	아파트 공사
공 종	배관매립
내 용	이음중

정답 ① 이음방식 : 맞대기융착 이음
② 이음관경 : 관지름 90mm 이상

추가질문 새들융착이음 부속품을 질문시 : 새들이음관 (기출 : 2021년 1회 10번 해설참조)

영상 PE관 자르고 중간에 뭘 넣었다가 빼고 두 관을 붙이는 장면 나옴

04. 다음 동영상은 LPG 충전소 저장탱크 배관에 설치된 장치이며 그 부속관련 장치이다. A, B 부분의 장치명을 쓰시오.

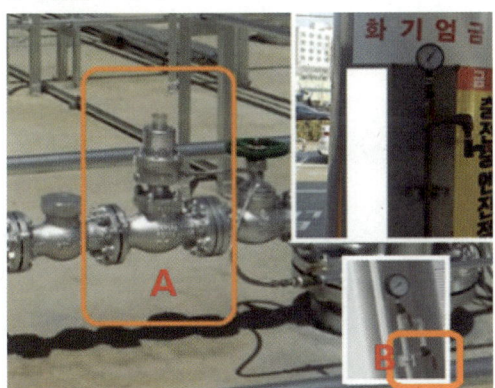

정답 A : 긴급차단장치(SSV)
B : 긴급차단(조작) 밸브(볼 밸브)

해설 기능 : 긴급차단장치 차단조작기구(밸브) 설치 장소는 충전기 주변이나 안전관리자가 상주하는, 혹은 대량유출시 충분히 안전이 확보되고 조작이 용이한 곳으로 저장탱크로부터 5m 이상 떨어져 설치한다.
이상압력이 발생하거나 가스가 대량유출할 경우에 대비하여 조작밸브를 작동시켜 가스를 긴급하게 차단하여 수동복원 조작하여야 한다.

영상 가스충전소에서 볼 밸브를 상하좌우로 돌리는 영상과 긴급차단 밸브가 작동하는 모습을 보여주고 마지막으로 긴급차단장치(SSV)가 있다.

05. 다음 방폭 전기기기에서 T₄의 의미를 쓰시오.

정답 방폭 전기기기의 온도등급(135℃ 초과 200℃ 이하)

06. 다음 가스보일러에서 기밀유지를 위해 보일러 접속부와 연도를 마감조치하는 방법을 쓰시오.

정답 가스보일러 설치기준에 따라 반드시 내열실리콘 으로 마감 조치하여 기밀유지

07. 다음 상자 안에 설치된 가스계량기의 설치높이는 얼마인가?

정답 바닥으로부터 2m 이내
해설 1) 가스계량기 : 바닥으로부터 계량기지시장치 (계량값 표시창)의 중심까지 1.6m 이상 2m 이내
단, 보호상자에 가스 계량기 넣을 경우 2m 이내에 설치
2) 입상관 밸브 : 밸브 손잡이가 부착된 부분 (중심)을 기준으로 바닥으로부터 1.6m 이상 2m 이내에 설치한다.
영상 상자 안에 밸브류와 가스미터기가 들어있는 영상을 보여줌

08. 다음 PLP 강관 용접부의 비파괴 검사법을 영문으로 쓰시오.

정답 RT(방사선 비파괴시험)
영상 도시가스 매설배관 시공작업 후 방사선 마크가 나오는 장면을 보여주며 정지화면

09. 다음 지시부분은 도시가스 정압기실에 설치된 것으로 명칭을 쓰시오.

정답 이상압력통보(경보)장치
해설 정압기실 내부설비장치 및 기기종류 : 필터, 긴급 차단장치, 정압기용조정기, 안전밸브, 이상압력 통보장치, 2차측압력계, 자기압력기록장치
영상 정압기실 내부의 동영상인데 2차측 압력계 옆에 Transmitter를 비추면서 정지

10. LP 가스 저장실 내 가스누설검지기의 설치 위치를 쓰시오.

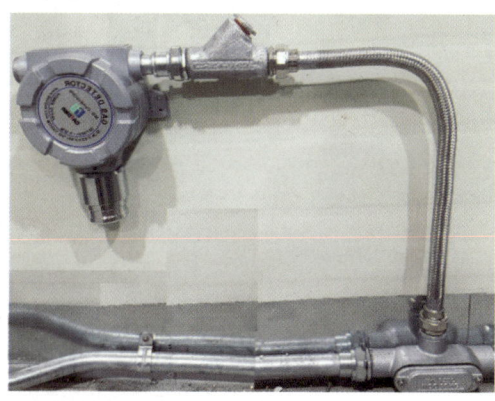

정답 바닥면에서 30cm 이내

11. 다음은 도시가스 배관시공시 매설배관의 직상부에는 가스관 보호를 위해 설치하는 장치이다. 설치높이를 쓰시오.

정답 배관 정상부로부터 30㎝ 이상

해설 **[보호판설치기준]**
1. 누출된 가스가 지면으로 빠른 확산을 주도
2. 배관 정상부로부터 30㎝ 이상
3. 30~50㎜의 구멍을 3m 이하의 간격으로 뚫음

영상 도로에 가스배관을 설치하고 작업자가 모래 등으로 묻은 후 다시 철판을 보여주면서 정지

12. 다음 도시가스배관은 신축 등으로 지상배관에 대하여 "ㄷ"자 모양으로 필요한 조치를 강구한다. 그 기능을 쓰시오.

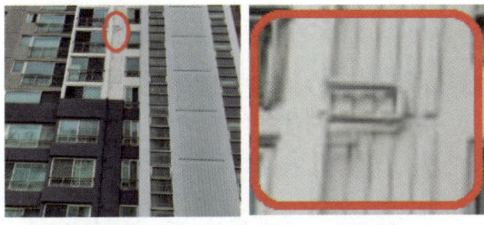

정답 온도변화로 인한 도시가스 배관의 열팽창을 흡수하여 가스누출을 방지하는 신축이음(루프형)이다.

해설 종류 : 루프, 상온스프링법, 벨로즈, 슬리브, 스위블 조인트

영상 도시가스 배관이 ㄷ자 형으로 되어 있다. 아파트 화면을 아래에서부터 위로 보여주다가 루프형 신축이음을 가리킴

01. 다음 동영상의 용접명칭을 약자로 쓰시오.

정답 TIG (TIG 용접)
해설 [텅스텐 불활성 가스용접
(TIG : Tungsten inert gas welding)]
불활성 가스(아르곤, 헬륨 등) 사용, 특수아크
용접임
영상 용접하고 있는 장면을 보여준다.
사진 제공 : (주)세창엠아이

02. 다음 전기방식법의 종류를 쓰시오.

정답 희생양극법
해설 애노드를 캐소우드로 전지작용 방식
영상 긴 막대금속과 전선을 연결한 장면을 보여준다.

03. 다음은 LNG 기지이다. 해당 가스를 기화시킬 경우
사용되는 매체를 쓰시오.

정답 해수(바닷물)
영상 LNG 기지를 보여주며 기화매체를 질문한다.

04. 다음은 정압기실 내부 모습이다. 적색부분의 이음 방법을 쓰시오.

> **정답** 나사이음(유니온 나사이음)
> **해설** [용접 제외 이음방법(3가지)]
> 나사이음 / 플랜지이음 / 융착이음
> **영상** 유니온을 보여주며 이음방법을 질문한다.

05. 다음은 LPG의 이충전하는 모습이다. 이충전시 이것의 명칭을 쓰시오. (단, 영상 마지막 자막문구 : 접지부분제외)

> **정답** 방폭형 접속 금구
> **해설** 목적 : 정전기 제거와 폭발방지 목적
> **영상** LPG 충전소 전경과 탱크로리 차량을 보여주고 로딩암을 쭈욱 보여주다가 접지부분을 보여주고 마지막에 방폭형 접지탭으로 마무리영상 (자막 : 접지부분제외 보여줌)

06. 다음 보냉제의 구비조건 중 가장 중요한 것을 쓰시오.

> **정답** 열전도율이 낮을 것 보온효과가 높을 것

07. 다음 PE관 접합시 SDR 17의 최고사용압력은 얼마 인가?

공사명	아파트 공사
공 종	배관매립
내 용	이음중

> **정답** 0.25MPa 이하
> **해설**

SDR NO	사용압력
11	0.4MPa 이하
17	0.25MPa 이하
21	0.2MPa 이하

08. 다음 가스크로마토그래피의 3대 구성을 쓰시오.

> **정답** 분리관, 검출기, 기록계

09. 다음 가스미터기와 전기계량기와의 이격거리는 몇 cm 이상인가?

정답 60cm 또는 60cm 이상

해설

구분 (단위 : cm)	공급시설(배관이음부)		사용시설		
	LPG 집단	도시가스 (공급소 밖, 일반도시가스)	배관이음부		가스 계량기
			LPG 집단	도시가스 (공급소 밖, 일반)	
전기 (계량기, 개폐기)	60cm	60cm	60cm	60cm	60
전기 (접속기, 점멸기)	30	30	15cm	15cm	30
굴뚝 (단열조치 X)	30	30	15cm	15cm	30
전선 (절연조치 X)	30	15	15cm	15cm	15
전선 (절연조치 O)	10	10	10cm	10cm	규정 없음

사용시설 : 내관·연소기 및 그 부속설비와 공동주택 등의 외벽에 설치된 가스계량기를 말한다.

※ 단, 도시가스를 실내에 설치 시 배관 이음부는 절연전선과 (10cm) 이격유지
(단, 가스누출자동차단장치 작동을 위한 전선은 제외)
절연 및 단열 조치를 하지 아니한 전선과 굴뚝은 (15cm)

10. 다음은 가스배관과 연결된 부속기기이다. B부분의 명칭을 쓰시오.

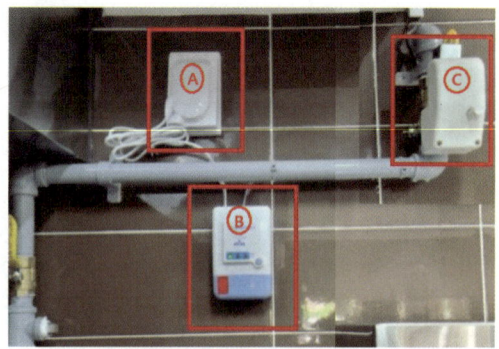

정답 제어부

해설 가스누출경보장치의 주요구성
A : 검지부
B : 제어부
C : 차단부

참고 KGS FU431 액화석유가스 판매의 시설·기술·검사 기준

① 2.7.2.1.2 가스누출경보기 구조
(1) 충분한 강도를 가지며, 취급과 정비(특히 엘리먼트의 교체)가 용이한 것으로 한다.
(2) 경보기의 경보부와 검지부는 분리하여 설치할 수 있는 것으로 한다.
(3) 검지부가 다점식인 경우에는 경보가 울릴 때 경보부에서 가스의 검지장소를 알 수 있는 구조로 한다.
(4) 경보는 램프의 점등 또는 점멸과 동시에 경보를 울리는 것으로 한다.

가스누출 경보기 : 검지부 → 제어부 → 차단부로 구성

11. 다음 장치의 명칭을 쓰시오.

제공: 홍까스강의밴드
(최상필님)

정답 세이프티 카플링
해설 장치의 인장압력 이상시 긴급분리하는 기능
LPG : 490.4 ~ 588.4N
비교 CNG 666.4N
영상 충전기로부터 보여주면서 세이프티 카플링이 마지막 영상으로 마친다.

12. 다음 도시가스 배관시공시 필요한 장치이다. 물음에 답하시오.

제공:홍까스강의 차압(차태걸)

(1) 장치명 :
(2) 이 장치의 기능 :

정답 (1) 장치명 : 피그
(2) 이 장치의 기능 : 배관 내 이물질 제거
영상 빨강색 대포알 모양을 보여주고 마무리 영상

2022 (동영상) 가스기능사 기출문제

시행: 2022년(3회) 2022.8.14(일)

01. 다음은 도시가스 사용시설 압력조정기이다. 검사 주기를 쓰시오.

정답 매 1년에 1회 이상

해설 사용시설이란 내관·연소기 및 그 부속설비와 공동주택 등의 외벽에 설치된 가스계량기를 말한다.

※ 사용자공급관은 배관 구분상 가스공급시설로 분리되고 설치, 수리 및 교체비용은 사용자에게 있다.

참고 도시가스용 압력조정기(OPCO 내장)의 분해점검
1. 압력조정기의 일상점검
도시가스 공급시설에 설치된 압력조정기는 매 6개월에 1회 이상(필터 또는 스트레이너 청소는 매 2년에 1회 이상), 사용시설에 설치된 압력조정기는 매 1년에 1회 이상(필터 또는 스트레이너의 청소는 매 3년에 1회 이상)
다음 각목의 사항에 대하여 안전점검을 실시한다.
가. 압력조정기의 정상 작동유무
나. 필터 또는 스트레이너의 청소 및 손상유무
다. 압력조정기의 몸체 및 연결부의 가스누출 유무
라. 도시가스공급시설에 설치된 압력조정기의 경우는 출구압력을 측정하고 출구 압력이 명판에 표시된 출구 압력 범위 이내로 공급되는지 확인

영상 도시가스 사용시설의 압력조정기를 보여준다.

02. 다음 표시된 부분의 부속품 명칭을 쓰시오.

정답 유니온

참조 2022년 2회차는 배관의 이음방식 중 유니온 부속을 보여주고 이음방식을 질문함

영상 배관을 보여주면서 마지막으로 유니언을 클로즈업 하여 보여준다.

03. 진흙탕이나 모래 등 슬러지(sludge)가 포함된 액체 이송에 적합한 펌프를 고르시오.

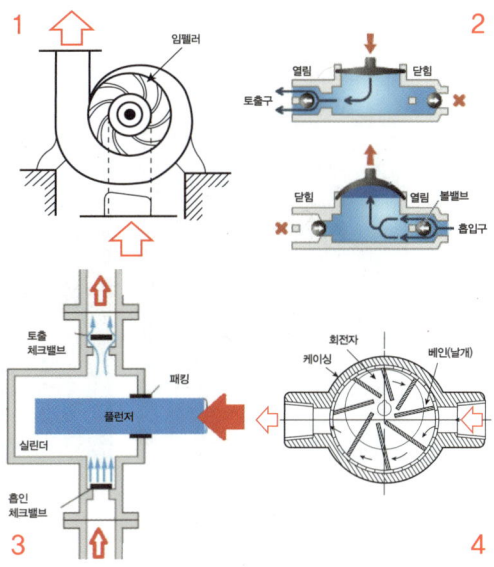

정답 다이어프램 펌프
해설 좌측부터 펌프 명칭(벌류트 펌프, 다이어프램 펌프, 플런져 펌프, 베인 펌프순임)

04. 다음은 고압가스 충전용기이다. 청색 공업용용기에 충전하는 가스명을 쓰시오.

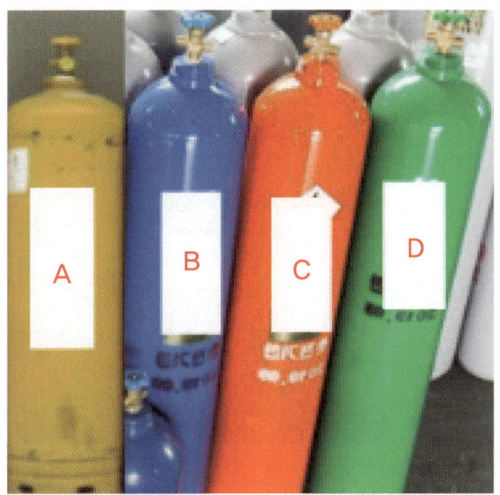

정답 탄산가스(이산화탄소)
해설 A : 아세틸렌 / B : 탄산가스 / C : 수소 / D : 산소

영상 여러 가지 고압가스 충전용기들의 영상을 보여주며 청색용기에 충전하는 모습을 보여준다.

05. 다음은 LPG 충전시설에서 이·충전할 때 정전기를 제거하는 조치로 접지하는 접지선의 단면적은 얼마 이상인가?

정답 5.5mm²
참조 방폭형 접속 금구(2022년 2회 기출)
목적 : 정전기 제거와 폭발방지 목적
영상 LPG 충전시설에서 이·충전시 접지동작을 보여준다. 접지선을 동시에 보여준다.

06. 다음은 압력 차이로 유량을 측정하는 기기이다. 명칭을 쓰시오.

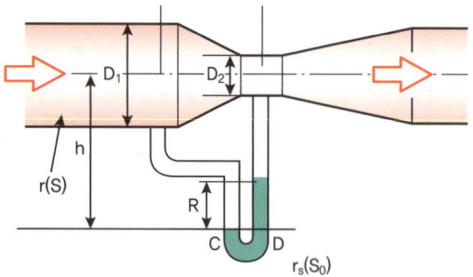

정답 벤튜리 유량계

07. 다음은 LPG 충전용기의 저장시설이다.

(가) 저장소의 바닥면적이 100m²일 때 통풍면적은 얼마인가?

(나) 충전용기의 표면온도는 몇 ℃ 이하인가?

정답 (가) 30,000cm² 이상
(나) 40℃
해설 저장실의 통풍시설에는 자연통풍시설과 강제 통풍시설이 있다.
1) 자연 통풍시설 : 통풍구 바닥면에 접하고 외기에 면하여 2방향으로 분산 설치
통풍구 면적 : 1개 환기구의 면적은 2,400cm² 이하, 1m² 당 → 300cm² 비율
바닥면적이 100m²×300cm² = 30,000

08. 다음 액체산소가 들어있는 용기이다. 다음 물음에 답하시오.

(가) 가스의 분류 중 연소성에 따른 분류시 어떤 가스인가?

(나) 이 가스의 비등점을 쓰시오.

정답 (가) 조연성가스
(나) −183℃

09. 다음 용기의 명칭을 쓰시오.

정답 사이폰용기
영상 충전용기의 단면을 보여주며 마지막에 용기 내부의 긴 관을 보여준다.

10. 다음 전기방식의 터미널 모습이다. 배류법일 경우 T/B는 몇 미터마다 설치하는가?

입상형

정답 300m

해설 **[강제배류법(외부전원법과 선택배류법 종합)]**
- 전위 측정용 터미널 박스 : 300m 마다 설치
- 전철 운휴 기간에도 방식 가능
- 과방식 우려가 있다.
- 방식 효과범위가 넓다.
- 외부전원법에 비해 경제적이다.

영상 전기방식 중 터미널을 보여준다.

11. 다음은 방폭등에 적힌 문자이다. 조명에 적힌 ib 의 뜻을 쓰시오.

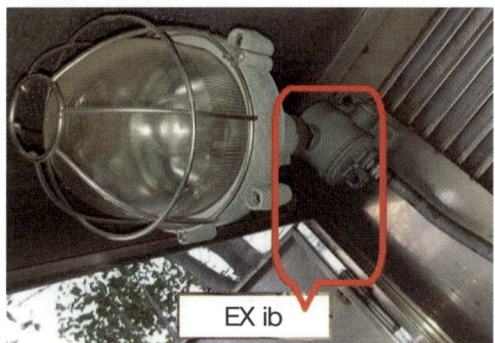

EX ib

정답 본질안전 방폭구조

해설 **[5가지 방폭구조]**
- 내압 방폭구조 : (Ex d)
- 유입 방폭구조 : (Ex o)

- 압력 방폭구조 : (Ex p)
- 본질안전 방폭구조 : (Ex ia, ib)
- 안전증 방폭구조 : (Ex e)
- 특수 방폭구조 (Ex s)

영상 시설에 설치된 조명과 외면에 적힌 문자를 보여준다.

12. 다음은 LPG 탱크로리에서 LPG 저장시설로 로딩암으로 옮기는 장면이다. 탱크로리에서 이어진 녹색 접지선과 연결된 설비의 목적을 쓰시오.

정답 정전기 제거와 폭발방지를 위해

해설 설비명칭 : 방폭형 접속 금구

영상 LPG 탱크로리에서 LPG 충전시설에 로딩암으로 이·충전 장면을 보여주다가 탱크로리에서 이어진 접지선을 꽂는 초록색 설비를 보여준다.

01. 다음은 LPG 저장탱크와 탱크하단부 배관 및 부속장치를 보여주고 있다. 하단부 배관중간에 볼록하게 나온 부분인 안전장치 (A)부분과 (B)부분의 명칭을 쓰시오.

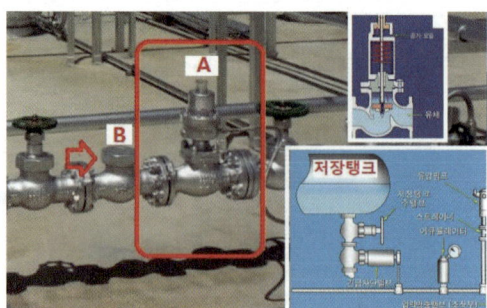

정답 A : 긴급차단장치
　　　B : 체크밸브

해설 개폐 여부를 육안으로 확인할 수 있는 구조로서 적색 표시는 닫힘표시하고, 녹색(무색) 표시는 열림 표시하므로 점검시 확인

영상 A : LPG 저장탱크 하부배관에서 배관 중간에 볼록하게 나온 부속장치와 그 상부 적색 부분이 있으며 툭 튀어나온 장치와 장치 하단부로부터 흑색호스가 연결되었다.

　　　B : LPG 저장탱크에서 영상화면을 하단부 배관과 좌측방향 및 위측 배관 중간에 적색 화살표가 볼록하게 나온 장치를 가리킨다.

2015, 2022년 기출

02. 다음은 공동주택(아파트) 외벽에 설치된 "ㄷ"자 형태의 배관시공 장면이다. 이것의 명칭을 쓰시오.

정답 루프형 신축이음
해설 **[신축이음 종류]**
루프, 상온스프링법, 벨로즈, 슬리브, 스위블 조인트

영상 공동주택(아파트) 외벽에 설치된 "ㄷ"자 형태의 배관을 보여준다.

03. 다음 동영상의 비파괴검사 명칭을 영문약자로 쓰시오.

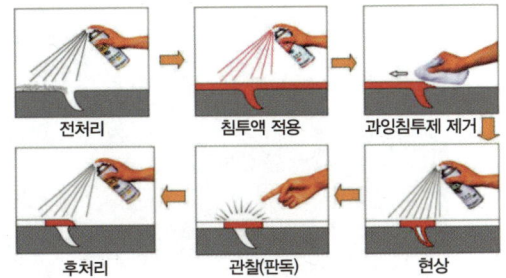

전처리 → 침투액 적용 → 과잉침투제 제거

후처리 ← 관찰(판독) ← 현상

출처 : 도시가스안전관리 가스설비 p123

정답 PT(침투탐상비파괴검사)

암기TIP 군인 침투훈련은 PT체조 필수!

영상 천이 덮힌 책상 위에 스프레이통과 용접파이프의 용접부위에 1차로 투명색을 스프레이 후 닦은 후 2차로 적색 스프레이한다. 마지막으로 무색의 스프레이하는 장면과 용접부를 확대해 보여준다.

04. 다음은 고압가스 충전용기이다. 주황색용기의 일반적인 재질을 쓰시오.

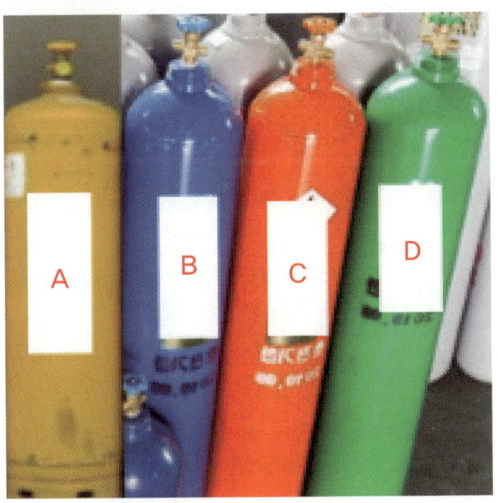

A B C D

정답 크롬강 (탄소강)

해설 A : 아세틸렌 / B : 탄산가스 / C : 수소 / D : 산소

암기TIP 루돌프 코는 산수코(산소/수소는 크롬강)

영상 아파트 현장의 가스보관장소를 보여주면서 보관장소 안에 회색용기, 녹색용기, 주황색용기, 청색용기 등 충전용기 영상을 보여준다.

05. 다음은 LPG 충전시설이다. A설비의 방폭구조 종류를 쓰시오. (단, 1종시설이다)

A

정답 내압방폭구조

해설

방폭구조의 종류	1종장소			2종장소			
기구의 종류	내압	압력	유입	내압	압력	유입	안전증
백열전등 정착등	○			○			○
백열전등 이동등	△			○			

[방폭설비]
정압기실 내부는 이상발생시 폭발성 분위기가 있는 2종 위험장소로서 모든 전기기기 및 전기설비는 방폭기준에 따라 설치하여야 하며, 형식승인을 받은 제품을 사용하여야 한다.

[방폭전기기기의 설치]
1) 방폭전기기기 결합부의 나사류를 외부에서 쉽게 조작함으로써 방폭성능을 손상시킬 우려가 있는 것은 드라이버, 스패너, 플라이어 등의 일반공구로 조작할 수 없도록 한 자물쇠식 죄임구조로 되어 있다.
2) 방폭전기기기 설치에 사용되는 정션박스(Junction Box), 푸울박스(Pull Box), 접속함 등은 내압방폭구조 또는 안전증방폭구조의 것으로 설치되어 있다.

(출처 : 한국가스안전공사 도시가스안전관리 p77)

영상 A : LPG 충전소 설비 위에 강화플라스틱으로 덮힌 천정등을 보여주고 조명등이 켜진다.

B : 충전소의 경계책 외부에 부착된 스위치가 여러 개 있는 스위치박스를 보여준다.

06. 다음 소형저장탱크에 기화기를 설치할 경우 출구측 압력은 얼마를 넘지 않아야 하며 (A), 소형저장탱크는 기화기까지 3m 이상의 우회거리를 유지하여야 한다. 3미터 이내로 설치해도 되는 조건 (B)을 쓰시오.

https://www.shgas.kr/board/bbs/board.php?bo_table=case038wr_id=1
(주)서흥테크

정답 (A) 1MPa 미만
(B) 기화장치를 방폭형으로 설치하는 경우에는 3m 이내로 유지할 수 있다.

해설 **KGS FU432 소형저장탱크의 LPG 사용시설 기준(기화장치를 설치)**
(1) 기화장치의 출구측 압력은 1MPa 미만이 되도록 하는 기능을 갖거나, 1MPa 미만에서 사용한다.
(2) 가열방식이 액화석유가스 연소에 의한 방식인 경우에는 파일럿버너가 꺼지는 경우 버너에 대한 액화석유가스 공급이 자동적으로 차단되는 자동안전장치를 부착한다.
(3) 기화장치는 콘크리트기초 등에 고정하여 설치한다.
(4) 기화장치는 옥외에 설치한다. 다만, 옥내에 설치하는 경우 건축물의 바닥 및 천정 등은 불연재료를 사용하고 통풍이 잘 되는 구조로 한다.
(5) 소형저장탱크는 그 외면으로부터 기화장치까지 3m 이상의 우회거리를 유지한다. 다만, 기화장치를 방폭형으로 설치하는 경우에는 3m 이내로 유지할 수 있다. 〈개정 14.7.25〉
(6) 기화장치의 출구 배관에는 고무호스를 직접 연결하지 않는다.
(7) 기화장치의 설치장소에는 배수구나 집수구로 통하는 도랑이 없어야 한다.
(8) 기화장치에는 2.8.11.에 따른 정전기 제거 조치를 한다. 〈신설 11.1.3〉

영상 경계책 안에 소형 LPG 저장탱크와 근접한 위치에 설치된 기화기를 보여준다.

07. 다음 소형 가스계량기(30㎥/h)와 단열조치하지 않은 굴뚝과의 거리는 얼마 이상 떨어져야 하는가?

정답 0.3m 이상
해설

구분 (단위 : cm)	공급시설(배관이음부)		사용시설		
	LPG 집단	도시가스 (공급소 밖, 일반도시가스)	배관이음부 LPG 집단	도시가스 (공급소 밖, 일반)	가스 계량기
전기 (계량기, 개폐기)	60cm		60cm		60
전기 (접속기, 점멸기)	30	30	15cm		30
굴뚝 (단열조치 X)					
전선 (절연조치 X)		15			15
전선 (절연조치 O)	10		10cm		규정 없음

사용시설 : 내관 · 연소기 및 그 부속설비와 공동주택 등의 외벽에 설치된 가스계량기를 말한다.

※ 단, 도시가스를 실내에 설치 시 배관 이음부는 절연전선과 (10㎝) 이격유지
(단, 가스누출자동차단장치 작동을 위한 전선은 제외) 절연 및 단열 조치를 하지 아니한 전선과 굴뚝은 (15㎝)

영상 아파트, 빌라 1층 벽에 가정에서 일반적으로 사용하는 소형가스계량기와 주변시설물(배수관)을 보여준다.

08. 다음 액체산소가 들어있는 용기이다. 다음 물음에 답하시오.

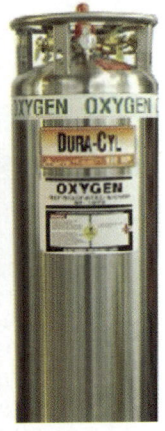

(가) 액화산소의 공업적 제조방법을 쓰시오.

(나) 이 가스의 비등점(끓는점)은 얼마인가?

정답 (가) ① 공기액화분리장치를 이용하는 방법
② 물의 전기분해법
(나) −183℃

09. 다음 동영상의 명칭을 쓰시오.

정답 다기능가스(안전) 계량기
= 다기능가스미터기(마이콤메타)
해설 **기능(5가지)**
① 합계유량 차단기능
② 증가유량 차단기능
③ 연속사용시간 차단기능
④ 미소사용유량 등록기능
⑤ 미소누출검지 성능기능
영상 계량기 중앙의 상태표시부(현재상태표시 LCD 창)를 보여준다.

10. 다음은 도시가스 정압기실 내부모습이다. 동영상에서 표시된 부분의 명칭을 쓰시오.

정답 정압기용필터
해설 **[필터의 기능]**
불순물을 걸러주는 기기로서 필터의 차압계 적색 지침이 20kPa 이상인 경우에는 필터 내부의 이물질 청소 또는 교체
※ 차압계($\triangle P$) : 필터 입·출구의 압력 차이를 나타내는 계기
영상 정압기실 내부를 보여준 후 정압기실 배관 상단에 부착된 차압계 아래에 수직으로 부착된 적색 원통을 직접 가리키며 멈춘다.

11. 다음 동영상은 가스검지하는 장치이다. 검사방법을 영문약자로 쓰시오.

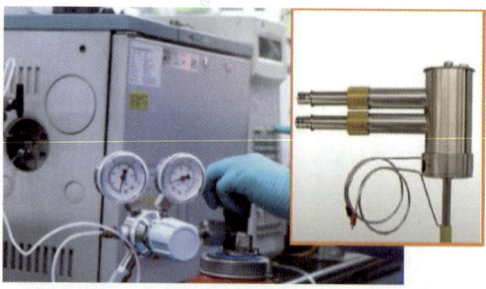

정답 FID

해설 **[FID(Flame Ionization Detector)]**
수소이온화검출기로서 검출기종류 중 탄화수소에는 감도 양호, SO_2, CO, O_2, CO_2, H_2 등은 감도없다.

영상 영상시작은 직사각형 금속상자 1개와 상자 옆에 길게 뻗어나와 있는 금속튜브가 보이고 그 상자 상단에 계측기, 상자 하단에는 주황색용기 1개와 별도로 주황색용기가 있으며 수소(Hydrogen) 글씨가 보인다.

12. 다음은 고압가스를 운반하는 차량모습이다. 고압가스운반차량이 주차할 경우 제1종 보호시설과의 유지거리는 얼마 이상인가?

정답 15m

해설 **[고압가스 용기 운반 기준] 시행규칙 #30**
1. 차량의 앞·뒤에 "위험 고압가스"라는 경계 표시와 전화번호 표시("독성가스" 부가 명기)
2. 차량 적재 시 고무링을 씌우거나, 적재함에 넣어 세워서 운반할 것
3. 압축가스 용기는 적재함 높이 이내로 눕혀서 적재 가능
4. 염소와 아세틸렌, 암모니아, 수소는 동일 차량에 적재 운반하지 말 것
5. 가연성과 산소를 동일 차량에 적재시 충전용기 밸브가 서로 마주보지 않도록 적재
6. 충전용기와 위험물안전관리법이 정하는 위험물과는 동일 차량에 적재 운반하지 말 것
7. 독성가스 중 가연성 가스와 조연성 가스는 동일 차량에 적재 운반하지 말 것

영상 "위험고압가스" 표시가 있는 고압가스운반차량이 충전가스를 적재함에 세워서 운반하는 모습이 보이며 충전용기 중에는 녹색용기, 밝은 회색용기 등이 있다.

01. LPG지하저장탱크 상부배관에 설치된 안전장치의 형식을 쓰시오.

방출
플러그
바디

정답 (라인)스프링식 안전밸브
해설 분해점검용 안전밸브 종류
라인 안전밸브(15A,20A,25A)
저장탱크 안전밸브(40A,50A)
영상 A: LPG저장탱크 주변배관을 보여주고 수직배관사이 소켓이음한 것을 적색화살표가 황색부속품을 가리킨다.

02. 다음은 공동주택(아파트)의 저압조정기이다. 설치기준을 기술하시오.

정답 250세대 미만
해설 중압 이상은 150세대 미만 공급.
저압은 250세대 미만
→ 최대공급가능세대수: 중압 249, 저압 149
영상 공동주택 외벽에 설치된 "ㄷ"자 형태의 배관을 보여준다.(오답유도질문 주의)

03. 다음 LPG 저장탱크 상부에 설치된 장치의 용도를 쓰시오.

정답 맨홀 : 탱크내부를 검사 및 점검시 개방하여 작업자가 들어가서 점검하기 위한 용도
영상 충전소와 저장소 주위를 보여주면서 마지막으로 둥근모양을 확대하여 보여준다.

04. 다음은 배관작업시 사용되는 부속품이다. 부속의 명칭을 쓰시오.

정답 ① 소캣 ② 90° 엘보 ③ 유니온 ④ 캡
참조 ① 90° 엘보 ② 니플 ③ 티 ④ 플러그
⑤ 유니온 ⑥ 부싱 ⑦ 캡 ⑧ 크로스

05. 다음은 정압기실 내부의 전등에 적힌 문자이다. 조명에 적힌 기호 P의 의미를 쓰시오.

정답 압력방폭구조(Ex p)
해설 1) 내압 방폭구조 : (Ex d)
2) 유입 방폭구조 : (Ex o)
3) 압력 방폭구조 : (Ex p)
4) 안전증 방폭구조 : (Ex e)
5) 본질안전 방폭구조 : (Ex iaib)
6) 특수 방폭구조 : (Ex s)
영상 방폭전등을 보여주며 조명등이 켜진다.

06. 공동주택(빌라, 아파트)의 도시가스 배관시설이다. 배관이 분기되는 곳에 녹색 레이저 빔을 발사함을 알 수 있다. 무슨 작업을 하는 것인지 쓰시오.

정답 휴대용 광학식 레이저 메탄 검지기를 사용하여 가스누출여부를 확인하고 있다.
영상 작업자가 장비를 들고 가스배관을 향해 녹색 레이저 빔을 쏘는 모습을 보여준다.

07. 다음 가스미터기 표시사항 중 1.3dm³/Rev 의미를 기술하시오.

정답 계량실 1주기 체적이 1.3dm³
영상 아파트, 빌라 1층 벽에 가정에서 일반적으로 사용하는 소형가스계량기를 보여주며 질문 표시창에서 정지한다.

08. 다음 도시가스 굴착공사시 매설배관의 상부에 설치하는 이것의 ①명칭과 ②두께 ③도시가스 공급시 해당배관은 최고사용압력이 얼마인가?

정답 ① 보호포
② 0.2mm 이상
③ 중압 이상

해설 ① 배관정상부로부터 60cm 이상
② 사용가스명, 최고사용압력, 공급자명
• 중압 이상인 배관의 경우에는 보호판의 상부로부터 30cm 이상
• 공동주택의 부지 내에 설치하는 경우에는 배관의 정상으로부터 40cm 이상 떨어진 곳에 설치할 것

09. 다음 배관융착상태의 적합성 여부, 즉 합격 판정 기준에 대하여 쓰시오.

정답 – 이음부와 연결오차는 배관두께의 10% 이하
– 비드(Bead)는 좌우대칭, 둥글고 균일, 청결

해설 1. 맞대기융착은 관경 90mm 이상 직관과 이음관연결
2. 공칭외경별 비드폭 계산
(최소 3+0.5t, 최대 5+0.75t)

영상 굴착공사장소에서 PE관 융착시 비드폭을 보여준다.

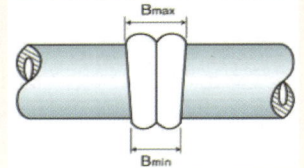

10. 다음은 압축기 내부이다. 압축기의 명칭을 쓰시오.

정답 스크류(나사)압축기(screw compressor)
영상 압축기 전체를 보여주며 영상시작한 후 압축기 내부를 보여주며 멈춘다.

11. 다음은 가스분석관련 장치이다. 명칭과 분석방법을 기술하시오.

정답 1) 가스크로마토그래피
2) 원리: 캐리어가스에 시료가스를 주입하여 분리관(칼럼)에 채운 후 흡착제를 충진한 가는 관을 통과하는 각 가스의 이동속도를 이용한 분석법이다.

해설 기체 크로마토그래피는 일반적으로 운반 기체라고 하는 이동상에 기체 또는 액체 시료를 주입하고 고정상을 통해 기체를 통과시켜 혼합물에서 화합물을 분리하는 과정이다. 이동상은 일반적으로 불활성 기체이거나 헬륨, 아르곤, 질소 또는 수소와 같은 비반응성 기체이다.

12. LPG판매시설에서 용기보관실의 통풍구의 크기는 얼마인가? 또한 바닥면적이 100㎡ 경우 통풍구의 면적을 기술하시오.

정답 ① 통풍구 1개의 크기 : 2400cm² 이하
② 통풍구 크기 : 30,000cm² 이상
해설 자연통풍은 통풍구 바닥면에 접하고 외기에 면하여 2방향으로 분산 설치한다.
[통풍구 면적]
(1) 1개 환기구면적은 2,400cm² 이하
(2) 1m² 당 → 300cm² 비율
바닥면적이 100m² × 300cm² = 30,000

01. 다음 도시가스를 연소기까지 연결시 저압호스 길이는 얼마인가?

정답 3m 이내

해설 저압호스 종류(기사까지 기출됨)
① 염화비닐호스, 금속플렉시블호스, 고무호스 및 수지호스
② 1종 : 안지름 6.3mm, 2종 : 9.5mm, 3종 : 12.7mm
③ 허용차 : ±0.7mm

영상 가스렌지에 불을 키는 장면과 잠시 후 호스를 가리키며 표시부분이 정지한다.

02. 다음 지하매설배관의 재질을 쓰시오.

정답 ① 가스용 폴리에틸렌관
② 폴리에틸렌 피복강관

해설 배관 설치 기준
1) PE관 : 폴리에틸렌관
(연결법 : 맞대기, 소켓·새들 융착 이음)
2) PLP관 : 폴리에틸렌 피복 강관
(2017년 기출)

영상 가스매설 시공장면을 보여주고 확대하여 각각 배관을 보여준다.

03. 다음 액체산소가 들어있는 용기이다. 명칭을 쓰시오.

정답 슬립튜브식액면계

영상 슬립튜브식액면계와 초저온충전용기의 부속품, 마지막으로 스프링/파열판 안전밸브를 보여주다가 적색표시부분에서 정지한다.

04. 다음 동영상의 비파괴검사 명칭을 영어약호를 쓰시오.

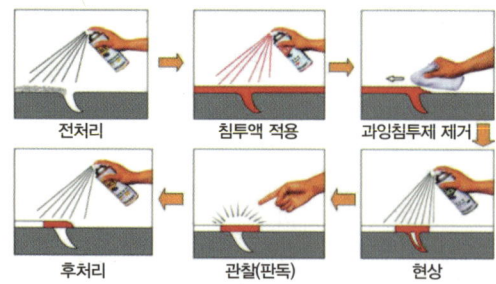

전처리　　침투액 적용　　과잉침투제 제거

후처리　　관찰(판독)　　현상

출처 : 도시가스안전관리 가스설비 p123

정답 PT(침투탐상비파괴검사)

암기TIP 군인 침투훈련은 PT체조 필수!

영상 천이 덮힌 책상 위에 스프레이통과 용접파이프의 용접부위에 1차로 투명색을 스프레이 후 닦은 후 2차로 적색 스프레이한다. 마지막으로 무색의 스프레이하는 장면과 용접부를 확대하여 보여준다.

05. 다음 소형저장탱크는 저장능력이 2.9(톤)이다. 탱크의 그 외면으로부터 사업장경계(사무실)까지의 유지하여야 할 우회거리를 쓰시오.

https://www.shgas.kr/board/bbs/board.php?bo_table=case03&wr_id=1
(주)서흥테크

정답 3.5m 이상

해설 액화석유가스를 저장하기 위하여 지상 또는 지하에 고정 설치된 탱크로서 그 저장능력이 3톤 미만인 탱크(건물개구부 3.5m 고려사항)
① KGS FU432 소형저장탱크의 LPG사용시설 기준 소형저장탱크(단위 kg · m) : 가스충전구로부터

구분	토지경계까지	탱크간	건축물개구부까지
1,000kg 미만	0.5	0.3	0.5
1,000~2,000kg 미만	3.0	0.5	3.0
2,000kg 이상	5.5m	0.5m	3.5m

② 액법 시행규칙 제8조, 제50조 별표5 : 소형저장탱크는 지상설치식으로 한다.
목조 또는 가연성의 건조물이 있는 장소에 설치하는 경우 탱크와의 사이에 유지거리는 (표 1-1) 건축물 개구부에 대한 거리로 할 것, 다만, 유지거리가 어려운 경우 탱크, 기화기 등에 대한 살수장치를 설치하거나, 방호벽을 설치할 것.

06. 다음은 고압가스 충전용기이다. 물음에 답하시오.

(1) 아래의 용기는 무슨 용기인가?
(2) 왼나사용기를 고르시오

a　　b　　c

정답 (1) 무계목용기
　　　(2) a (수소)
해설 － A : 수소, B : 탄산가스, C : 산소
　　 － 가연성가스는 왼나사
　　 － 용기재질
암기TIP 탄산가스는 탄소강
　　　루돌프코는 산수쾌 (산소/수소는 크롬강)

영상 고압용기가 있는 가스보관장소를 보여주면서 보관장소안에 주황색용기, 청색용기, 녹색용기 등 충전용기 영상을 보여준다.

07. 다음 용기에 각인된 기호에 대해 설명하시오.

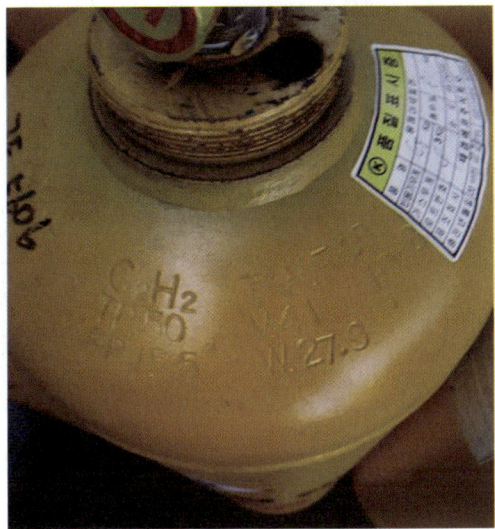

정답 (1) TW : 용기 질량(W)에 다공물질 및
유기용제, 밸브의 질량을 합한 총 질량
(2) V : 용기 내용적
(3) W : 용기의 질량
해설 ① TP : 내압시험 압력
② FP : 최고충전 압력
③ V : 내용적 (기호 : V, 단위 : L)
④ W : 용기의 질량 (기호 : W, 단위 : kg)

08. 다음은 아세틸렌 충전용기 상부이다. 표시부분의 명칭을 쓰시오.

정답 역화방지기
해설 [역화방지장치 설치 장소]
가. 가연성가스압축기와 오토클레이브 사이 배관
나. 아세틸렌 충전용 지관
다. 아세틸렌 고압건조기와 충전용 교체밸브 사이
라. 수소염, 산소-아세틸렌염 용접용기와 배관
사이
영상 산소용기와 아세틸렌용기를 연결해서 용접장면을 보여주다가 역화방지기를 보여준다.

09. 다음 LPG 충전소에 설치된 장치이다. 사무실(조작밸브)위치는 저장탱크외면으로부터 얼마 이상 떨어진 위치가 적당한가?

정답 5m 이상
해설 [살수장치 점검방법]
– 펌프명판확인
– 분사노즐방향
– 수원의 용량확인

냉각살수장치	
일반 탱크	준내화구조
5L/min	2.5L/min

• 방류둑 외면 10m 이내
• (방류둑 설치 ×, 가연성 물질) : 20m
• 수원의 양 : 30분 이상 방사가능 양

영상 충전소의 냉각살수장치를 보여주며 사무실까지 이격거리를 질문

10. 다음 LPG 저장시설이다. 자연환기구를 설치할 경우 1개소면적은 몇 ㎠ 이하인가?

정답 2,400㎠ 이하

해설 자연통풍 : 바닥면에 접하고 외기에 면하여 2방향으로 분산 설치(기능장 기출)
환기구의 2방향 이상 분산하여 설치
- 자연통풍 1m²당 300cm² 비율
  (1개소 2400cm² 이하)
- 강제통풍 1m²당 0.5cm³/분

영상 LPG 저장시설을 보여주며 환기구를 확대하며 영상 중지

11. 다음 정압기실 가스누출검지경보장치의 검지기 설치기준을 쓰시오.

정답 바닥면 둘레 20m에 대해서 1개 비율로 설치

해설 건축물 내 : 10m마다
건축물 외 : 20m마다
정압기실 : 20m마다

12. 다음은 도시가스 정압기실 내부모습이다. 동영상에서 표시된 부분의 명칭을 쓰시오.

정답 이상압력통보(경보)장치(PT)

해설 기능 : 2차측 이상압력 발생시 경보

※ 안전장치 작동 순서 : ①PT → ②SSV → ③SV → ④예비측 SSV
이상압력작동 p : 3.2   3.6   4.0   4.4 (kPa)

영상 정압기실 내부를 보여준 후 저압측인 2차측 압력계 옆에 둥근 장치를 확대하며 정지

01. 다음 장치의 명칭을 쓰시오.

정답 자유피스톤식 압력계
(표준분동식/부유피스톤)
해설 1. 피스톤의 단면적으로 압력을 산출
2. 실험실용, 부르동관 압력계 눈금교정

02. LP가스 충전소의 LPG탱크 주변시설이다. 표시 부분의 명칭을 쓰시오.

정답 방호벽
영상 도로옆 LPG 탱크와 콘크리트벽 영상을 보여주면서 벽을 가리키며 정지

03. 다음 건물외벽에 설치한 신축흡수 위한 "ㄷ" 배관이음 형식을 쓰시오.

정답 루프형 (루프형신축흡수장치)
해설 배관의 신축흡수장치 3가지
루프형, 슬리브형, 벨로즈형
영상 루프형 사진보여주면서 무슨 형식의 이음장치 인지 질문

04. 다음 비파괴검사 중 ①번의 검사명칭을 영어약자로 쓰시오.

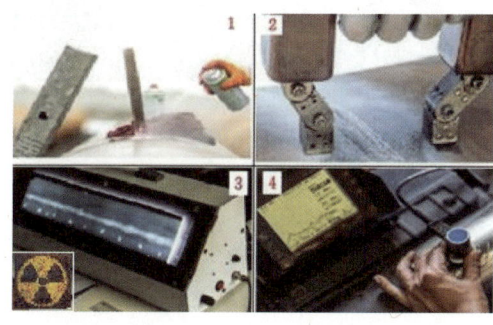

정답 PT(침투탐상검사)
암기TIP 군인 침투훈련은 PT체조 필수!
영상 천이 덮힌 책상 위에 스프레이통과 용접파이프의 용접부위에 1차로 투명색을 스프레이 후 닦은 후 2차로 적색 스프레이한다. 끝으로 무색 스프레이 장면과 용접부를 확대하여 보여준다.

05. 다음은 공업용 산소가 들어있는 용기이다. 다음 물음에 답하시오.

A. 가스의 성질상 분류를 쓰시오.
B. 가스의 비등점(끓는점)을 쓰시오.

정답 A : 조연성(지연성)가스
B : −183℃

06. 다음 PE관 접합 방식을 쓰시오.

정답 새들융착이음
해설 ① 매설배관의 용접작업은 비파괴 시험실시
② 용접 곤란 시 : 플랜지 접합, 나사 이음
③ 융착이음 (맞대기, 소켓, 새들 융착)

07. 다음 정압기 설계유량이 1,000N㎥/h 이상일 때 안전밸브 방출관 크기를 쓰시오.

정답 50A
해설 [안전밸브 방출관 크기]
① 정압기 입구 압력 0.5MPa 이상시 : 50A
② 정압기 입구 압력 0.5MPa 미만시
• 정압기 설계유량 1,000N㎥/h 이상시 : 50A
• 정압기 설계유량 1,000N㎥/h 미만시 : 25A

08. 고압가스 특정제조시설에서 긴급차단장치(SSV)의 조작위치는 시설물에서 몇 m 이상 이격시켜야 하는가?

정답 10m 이상
해설 • 동력원 : 액압, 기압, 전기, 스프링
(배관 및 탱크의 온도 110℃에서 작동)
• 조작위치 : 특정제조/도매사업자 10m 이상
일반제조/일반도시가스 5m 이상

영상 가스시설물 영상을 특정하기 어려운 관계로 조작위치 질문에 답하기 어려움 있음

09. 다음 소형 가스미터기(30㎥/h)와 전기계량기의 이격거리는 얼마인가?

정답 0.6m 이상(60cm 이상)

해설

가스계량기 (사용시설)	배관이음부 LPG 사용시설 / 도시가스사용시설
1. 전기 계량기, 개폐기(60㎝ 이상)	1. 전기 계량기, 개폐기(60㎝ 이상)
2. 전기 접속기/점멸기, 굴뚝(30㎝)	2. 전기 접속기/점멸기, 굴뚝(15㎝)

영상 아파트, 빌라 1층벽에 일반적인 가스계량기와 주변시설물을 보여준다.

10. 다음 도시가스배관이음부와 기타시설의 이격거리를 쓰시오.

상수도관

정답 0.3m 이상

해설

건축물	1.5m 이상
산과들	1m 이상
다른 시설	0.3m 이상
시가지 도로밑 매설	1.5m 이상
철도부지 밑 지표면에서 배관외면까지	1.2m 이상

영상 도시가스 배관의 이음부와 주변시설물(상수도관, 통신케이블)을 보여준다.

11. 다음 볼트와 너트, 와셔의 재질은 일반금속과 다른 재질이다. 그 용도를 쓰시오.

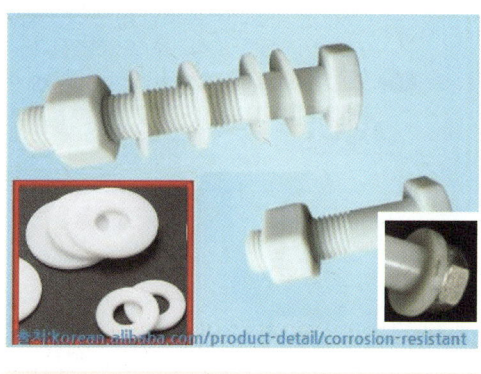

출처 korean.alibaba.com/product-detail/corrosion-resistant

정답 부식방지기능(Corrosion-resistant)

영상 볼트나사와 너트사이에 절연가능한 와셔를 끼워주는 영상과 와셔를 가리키며 정지

12. 다음은 도시가스 정압기실 내부모습이다. 표시부분의 명칭과 기능을 쓰시오.

정답 명칭: 긴급차단장치(긴급차단밸브)(SSV)
기능: 2차측 압력상승시 폭발사고방지장치로 조정기 후단(출구)의 압력을 항상 센싱라인을 통해 감지하여 허용압력 이상시 가스흐름을 차단하는 장치

해설 긴급차단밸브(SSV)는 정압기의 고장(밸브 씨이트의 파손, 이물질의 밸브 씨이트 부착 등)에 의하여 1차측의 가스가 2차측에 유입하여 2차측의 압력이 상승하면 연소불량, 가스메타의 파손 등 후단기기들의 파손으로 이어질 뿐만 아니라 후단의 저압배관에 중압이 가해질 경우 상당한 위험을 초래할 수가 있기 때문에 이들의 사고를 미연에 방지하기 위하여 설치하는 것으로서, 조정기 후단의 압력을 항상 감시하여 허용압력 이상이 되면 가스의 흐름을 차단하는 장치이다.
• 완전자동으로 작동되며 작동 후 수동복귀시키는 구조이며 녹색(열림), 적색(닫힘)이다.
• SSV가 내장된 조정기를 OPCO조정기라 한다.

영상 정압기실 내부를 보여준 후 저압측 배관에 연결된 센싱라인과 고압측 배관에 설치된 장치에 표시하며 정지한다.

01. LPG 판매시설에서 환기구의 통풍가능면적은 용기 보관실의 바닥면적 1㎡ 마다 통풍구크기와 통풍구 1개 크기를 기술하시오.

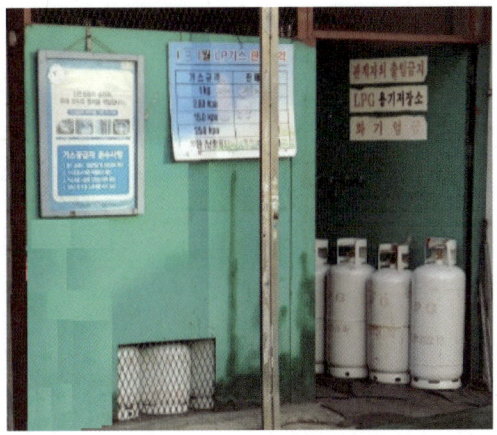

> **정답** ① 통풍구 크기 : 300㎠ 이상
> ② 통풍구 1개의 크기 : 2400㎠ 이하

02. 다음 LNG를 기화시킬 경우 기화기에 사용되는 열 매체를 쓰시오.

> **정답** 해수(바닷물)

03. 충전용기 밸브에 각인된 "LG"의 의미를 설명하시오.

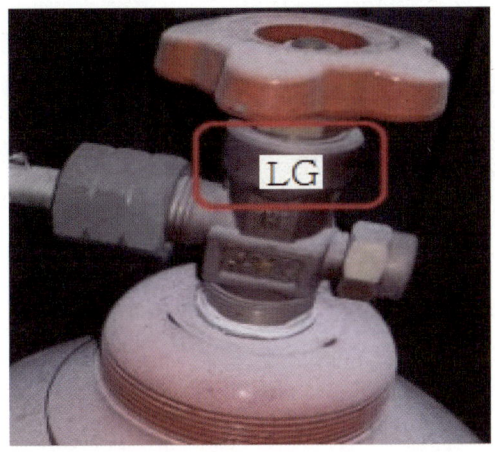

> **정답** 액화석유가스 외의 액화가스를 충전하는 용기 부속품

04. 다음 비파괴검사 중 ①번의 검사명칭을 영어약자로 쓰시오.

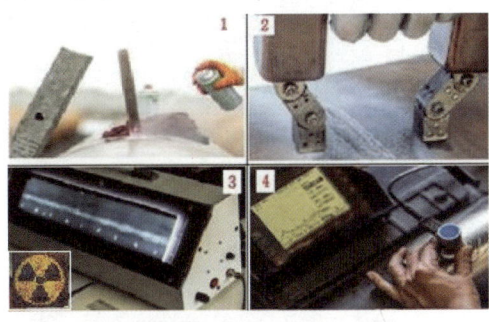

> **정답** PT(침투탐상검사)
> **암기TIP** 군인 침투훈련은 PT체조 필수!
> **영상** 천이 덮힌 책상위에 스프레이통과 용접파이프의 용접부위에 1차로 투명색을 스프레이 후 닦은 후 2차로 적색 스프레이한다. 끝으로 무색 스프레이장면과 용접부를 확대 보여준다.

05. 다음 도시가스배관의 호칭지름이 20A일 때 고정 장치의 간격은 얼마인가?

정답 2m 마다
해설 (1) 배관 고정대 설치
　　－ 관경 　　　 13mm 미만 : 1m 마다
　　　 관경 13 ～ 33mm 미만 : 2m 마다
　　　 관경 　　　 33mm 이상 : 3m 마다
　　(2) 배관 도색 – 황색 : 저압 / 적색 : 중, 고압
　　① 건물색동일조건 : 바닥에서 1m 높이에 황색, 폭 3㎝의 이중선
　　② T/F이음 : 이종금속이음 지상배관과 연결 시 30cm 이하

06. LPG 자동차 충전기의 충전호스 길이는 몇 m 이내인가?

정답 5 (또는 5m)
해설 자동차 용기 충전 시설기준
　　1) 충전기는 원터치형
　　2) 호스의 길이는 5m 이내
　　3) 자동차 제조공정 중에 설치된 것은 5m 이상 가능
　　4) 충전구끝은 정전기 제거 장치 설치

07. 다음 가스계량기와 전기개폐기와의 이격거리는 얼마(cm) 이상인가?

정답 60 (또는 60cm)
해설

구분 (단위 : cm)	공급시설(배관이음부)		사용시설		
			배관이음부		
	LPG 집단	도시가스 (공급소 밖, 일반도시가스)	LPG 집단	도시가스 (공급소 밖, 일반)	가스 계량기
전기 (계량기, 개폐기)	60cm		60cm		60
전기 (접속기, 점멸기)	30	30	15cm		30
굴뚝 (단열조치 X)					
전선 (절연조치 X)		15			15
전선 (절연조치 O)	10		10cm		규정 없음

사용시설 : 내관·연소기 및 그 부속설비와 공동주택 등의 외벽에 설치된 가스계량기를 말한다.

※ 단, 도시가스를 실내에 설치 시 배관 이음부는 절연전선과 (10cm) 이격유지
　(단, 가스누출자동차단장치 작동을 위한 전선은 제외)
　절연 및 단열 조치를 하지 아니한 전선과 굴뚝은 (15cm)

전기계량기 출제시 : 60㎝ 이상
얼마인가? 질문시 : 30㎝ 이상

08. 다음은 LPG충전시설이다. 폭발성 분위기가 있는 위험장소로서 모든 전기기기 및 전기설비는 어떤 기준에 따라 설치하여야 하는가?

정답 방폭 (방폭구조, 방폭기준, 내압방폭구조)

해설

방폭구조의 종류		1종장소				2종장소			
		내압	압력	유입	안전증	내압	압력	유입	안전증
백열전등	정착등	○				○			○
	이동등	△				○			

영상 A: LPG충전소 설비 위에 강화플라스틱으로 덮힌 천정등을 보여주고 조명등이 켜진다.
B: 충전소의 경계책 외부에 부착된 스위치가 여러개 있는 스위치박스를 보여준다.

[방폭설비]
정압기실 내부는 이상발생시 폭발성 분위기가 있는 2종 위험장소로서 모든 전기기기 및 전기설비는 방폭기준에 따라 설치하여야 하며, 형식승인을 받은 제품을 사용하여야 한다.

[방폭등]

[방폭전기기기의 설치]
(1) 방폭전기기기 결합부의 나사류를 외부에서 쉽게 조작함으로써 방폭성능을 손상시킬 우려가 있는 것은 드라이버, 스패너, 플라이어 등의 일반공구로 조작할 수 없도록 한 자물쇠식 죄임구조로 되어 있다.
(2) 방폭전기기기 설치에 사용되는 정션박스(Junction Box), 푸울박스(Pull Box), 접속함 등은 내압방폭구조 또는 안전증방폭구조의 것으로 설치되어 있다.

(출처: 한국가스안전공사 도시가스안전관리 p77)

09. 다음 LPG충전시설이다. LPG 이입 및 충전할 경우 압축기의 장점 3가지를 쓰시오.

정답 ㉠ 펌프에 비해 충전 시간이 짧다.
㉡ 잔가스 회수가 가능하다.
㉢ 베이퍼 록 현상이 없고 조작이 간단하다.

해설 [단점]
㉠ 부탄의 경우 저온에서 재액화의 우려가 있다.
㉡ 압축기 오일이 탱크에 들어가 드레인의 원인이 된다.

10. 다음은 LPG의 이·충전하는 모습이다. 탱크로리에 접지선을 설치하는 목적을 기술하시오.

정답 정전기제거(와 폭발방지)

해설 명칭은 방폭형 접속금구이며 녹색선은 정전기제거가 목적이다.

영상 LPG 충전소전경과 탱크로리 차량을 보여주고 로딩암을 쭈욱 보여주다가 접지부분을 화살표로 보여준다(녹색 접지선 강조). 교재 이미지는 흑색 구현함

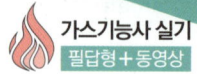
11. 다음 설비의 명칭을 쓰시오.

정답 공기액화분리장치

해설 주요장비 : 복정류탑과 탄산가스흡수탑, 저장
탱크(액화산소, 액화질소), 열교환기, 공기압축기

영상 각종 배관라인 있는 장소를 보여주고 내부에는
각종 장비가 있으며 높은 탑을 보여준다.

12. 다음 PE관 융착이음방법 중 EF융착이음을 A, B,
C, D에서 고르시오.

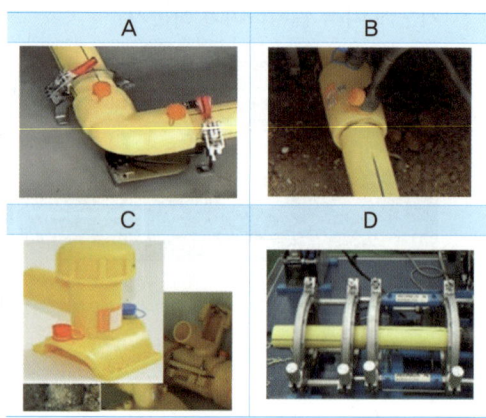

A	B
C	D

정답 A(엘보), B(소켓), C(새들)

해설 1. 전기융착(EF) 이음의 종류 : 소켓, 새들융착
등이 있다.
전기융착이음관(Electrofusion Fitting)을 연결하
고자 하는 부위에 삽입하여 연결하는 방법으로,
이음관에 내장되어 있는 열선에 전기를 공급,
열선의 발열을 이용하여 용융 접합하는 것을
말한다. 전기소켓융착과 전기새들융착이 있다.
2. 가열융착은 열판기를 사용한 열융착이음으로
비드폭으로 합격 여부를 판단한다.(D 경우)

01. 다음은 방폭등에 적힌 문자이다. 조명에 적힌 ia의 뜻을 쓰시오.

정답 본질안전 방폭구조
해설 **[6가지 방폭구조]**
- 내압 방폭구조 : (Ex d)
- 유입 방폭구조 : (Ex o)
- 압력 방폭구조 : (Ex p)
- 본질안전 방폭구조 : (Ex ia, ib)
- 안전증 방폭구조 : (Ex e)
- 특수 방폭구조 (Ex s)

영상 시설에 설치된 조명과 외면에 적힌 문자를 보여준다.

02. 다음의 갈색용기에 들어있는 가스의 종류를 쓰시오.

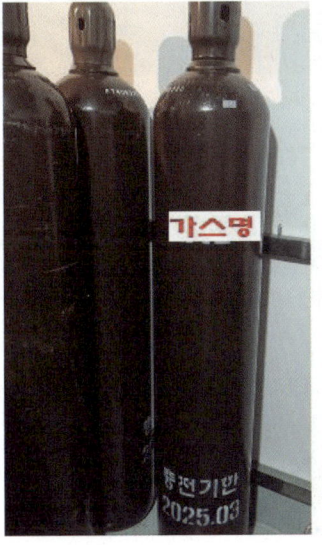

제공:홍까스강의 "마스"

정답 액화염소
해설 염소가스는 분류상 액화가스이며 특별히 기체 질문시 황록색의 자극성 냄새 나는 가스. 단순히 염소가스도 정답으로 인정된다.
사례 2022.6.28.요르단 Aqaba항구에서 폭발 시 염소는 황록색의 기체 가스이다.

03. 다음 가스계량기와 단열조치를 한 굴뚝과의 이격거리는 얼마인가?

정답 30cm 이상

해설

구분 (단위 : cm)	공급시설(배관이음부)		사용시설		
			배관이음부		
	LPG 집단	도시가스 (공급소 밖, 일반도시가스)	LPG 집단	도시가스 (공급소 밖, 일반)	가스 계량기
전기 (계량기, 개폐기)	60cm		60cm		60
전기 (접속기, 점멸기)	30	30	15cm		30
굴뚝 (단열조치 X)		15			
전선 (절연조치 X)					15
전선 (절연조치 O)	10		10cm		규정 없음

사용시설 : 내관 · 연소기 및 그 부속설비와 공동주택 등의
외벽에 설치된 가스계량기를 말한다.

※ 단, 도시가스를 실내에 설치 시 배관 이음부는 절연전선과
(10㎝) 이격유지
(단, 가스누출자동차단장치 작동을 위한 전선은 제외)
절연 및 단열 조치를 하지 아니한 전선과 굴뚝은 (15㎝)

🎥 아파트, 빌라 1층 벽에 가정에서 일반적으로 사용
하는 소형가스계량기와 주변시설물(배수관)을 보여
준다.

04. 다음은 고압가스 충전용기이다. 나사방향을 기술
하시오.

정답 (A) 왼나사
(B) 오른나사
(C) 오른나사

해설 – A : 수소 B : 탄산가스 C : 산소
– 가연성가스는 왼나사
– 용기재질

암기TIP 탄산가스는 탄소강
루돌프코는 산수코! (산소/수소는 크롬강)

05. 다음 정압기실 내부의 조명도를 쓰시오.

정답 150(LUX) 이상

06. 다음은 고압가스의 아세틸렌가스 용기이다. 용기 재질을 쓰시오.

정답 탄소강
해설 **탄소강 재질의 가스종류**
① 암모니아　② 염소　③ LPG

07. 다음 표시부분의 의미를 기술하시오.

정답 C_2H_2가스를 충전하는 용기의 부속품
해설 **용기 부속품의 종류**
1. 아세틸렌가스를 충전하는 용기의 부속품 : AG
2. 압축가스를 충전하는 용기의 부속품 : PG
3. 액화석유가스외의 액화가스를 충전하는 용기의 부속품 : LG
4. 액화석유가스를 충전하는 용기의 부속품 : LPG
5. 초저온 용기 및 저온용기의 부속품 : LT

08. 다음은 보냉재의 일부이다. 가장 중요한 구비조건을 쓰시오.

정답 열전도율이 작을 것
해설 **보온(냉) 구비조건**
① 보온 능력이 크고, 열전도율이 작을 것
② 비중이 작을 것
③ 흡수성이 적고, 방수성이 높을 것
④ 취급이 용이하고 구조가 간단할 것
⑤ 경제적일 것

09. 가스보일러에서 배기통이 하나인 (B) 보일러 형식을 쓰시오.

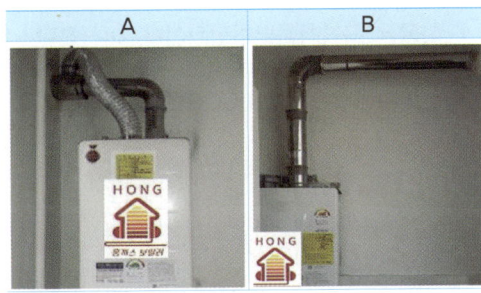

정답 반밀폐(FE)식 보일러
해설 A는 밀폐식(FF)이며,
반밀폐식의 급·배기설비 설치 기준
• 배기통의 굴곡수는 4개 이하로 한다.
• 배기통의 입상높이는 10m 이하로 한다.
영상 2개의 보일러를 보여주고 B보일러의 형식 질문

10. 다음은 배관 부속품이다. 부속품 A, B, C, D 중 (A)와 (D)의 명칭을 쓰시오.

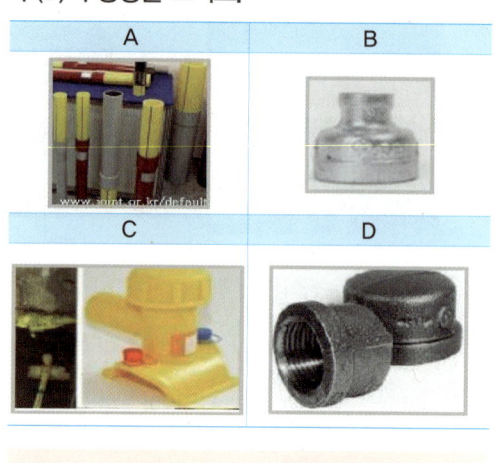

A	B
www.gnint.or.kr/default	
C	D

정답 **A : 이형질이음관**   B : 레듀서(공식명칭)
C : 전기새들   **D : 캡**

11. 다음은 공기액화분리장치이다. 이산화탄소를 제거하는 이유를 기술하시오.

정답 이산화탄소가 장치 내부에 드라이아이스를 생성하여 배관 및 밸브를 동결 및 폐쇄시킨다.
해설 **주요장비** : 복정류탑과 탄산가스흡수탑, 저장탱크(액화산소, 액화질소), 열교환기, 공기압축기
영상 각종 배관라인이 있는 장소를 보여주고 내부에는 각종 장비가 있으며 높은 탑을 보여준다.

12. 다음은 고압가스안전관리법의 내용이다. (   )를 완성하시오.

"독성가스"란 아크릴로니트릴 · 아크릴알데히드 · 아황산가스 · 암모니아 · 일산화탄소 · 이황화탄소 · 불소 · 염소 · 브롬화메탄 · 염화메탄 · 염화프렌 · 산화에틸렌 · 시안화수소 · 황화수소 · 모노메틸아민 · 디메틸아민 · 트리메틸아민 · 벤젠 · 포스겐 · 요오드화수소 · 브롬화수소 · 염화수소 · 불화수소 · 겨자가스 · 알진 · 모노실란 · 디실란 · 디보레인 · 세렌화수소 · 포스핀 · 모노게르만 및 그 밖에 공기 중에 일정량 이상 존재하는 경우 인체에 유해한 독성을 가진 가스로서 허용농도(해당 가스를 성숙한 흰 쥐 집단에게 대기 중에서 1시간 동안 계속하여 노출시킨 경우 14일 이내에 그 흰쥐의 2분의 1 이상이 죽게 되는 가스의 농도를 말한다. 이하 같다)가 100만 분의 (   ) 이하인 것을 말한다.

정답 5000
해설
(1) TLV-TWA : 1일 8시간 노출되더라도 신체장애를 일으키지 않는 기준
Threshold Limit Value : 허용기준
(2) 허용농도 LC(50) : 해당 가스를 성숙한 흰 쥐 집단에게 대기 중에서 1시간 동안 노출시킨 경우 14일 이내에 1/2 이상이 죽게 되는 가스의 농도를 말한다.
(3) TLV-STEL : 단시간 노출허용농도, 1회에 15분간 노출시 허용농도
(4) TLV-C : 최고허용농도, 1일 작업시간동안 잠시라도 노출되서는 안되는 최고허용농도

01. 다음은 전기방식에 사용되는 금속재질이다. 전위가 낮은 금속은 가스관에 접속하여 애노드(anode)로 하고 피방식체인 가스관은 캐소드(cathode)로 하여 부식을 방지하는 데 애노드의 재질을 쓰시오.

정답 마그네슘과 아연

참조 희생양극법의 양극재이며 이온화경향이 철보다 큰 금속이다.

해설 [희생양극법의 특징]
- 전위 측정용 터미널 박스 : 300m 마다 설치
- 단거리 강관 배관, 시가지에 매설하는 강관 방식
- 희생금속(Mg, Zn) 암기TIP 마적(전선색상)
- 기준 전극 : 포화황산동전극은 매설시 4~5 cm 유지
- 과방식의 염려가 없다.
- 효과 범위가 적고 관리 개소가 많다.
- 배관에 대한 전위측정은 가능한 배관 가까운 위치에서 실시할 것
- 관 대지전위 등을 1년에 1회 이상 점검할 것 (주의: 2년 1회 ×)

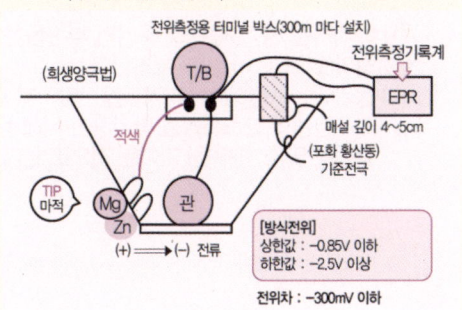

02. 다음 도시가스시설에 설치된 장치 명칭과 설치 위치를 쓰시오.

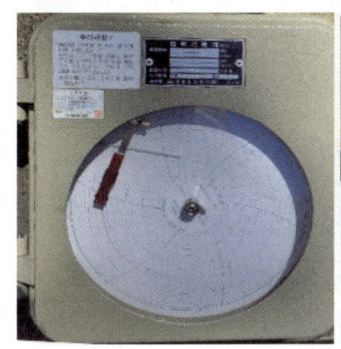
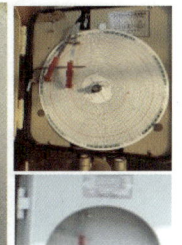
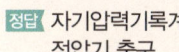

정답 자기압력기록계
정압기 출구

해설 장치를 보여주는 순서(빈출문제)
2.9.3 압력기록장치 설치(KGS FS552)
정압기출구에는 가스의 압력을 측정·기록(또는 출구압력을 원격으로 감시·기록하는 장치로 대체가능)할 수 있는 장치를 설치한다.

영상 정압기실의 1,2,3,4번의 장치를 보여주고 4번에서 정지한다.(과년도기출)

03. 다음은 LPG 저장시설이다. 화살표시한 부분의 설치기준을 쓰시오.

정답 지면에서 높이 1.5m 이상

해설 LPG저장시설 및 충전시설에는 지면에서 높이 1.5m 이상의 경계책을 설치하여 일반인의 출입을 통제한다.

영상 LPG 충전시설과 주변 화기엄금등 경계표지가 부착된 울타리를 보여준다.

04. 다음 충전용기에 표시된 각인사항 중 "PG"의 의미를 쓰시오.

정답 압축가스를 충전하는 용기의 부속품

해설 ① : 파열판식 안전밸브 형식
② AG, LT, LG 질문 : 빈출 과년도(2022년)

영상 충전용기 보관장소를 보여주고 충전밸브의 영문 약자를 보여주며 정지한다.

05. 다음은 도시가스 배관이음하는 모습이다. 배관의 재질을 쓰시오. [5점]

공사명	아파트 공사
공 종	배관매립
내 용	이음중

정답 PE관(폴리에틸렌관)

해설 추가질문기출 : 새들용착이음관(부속품 제시)
(기출 : 2021년 1회 10번 해설참조)

영상 PE관 자르고 중간에 뭘 넣었다가 빼고 두 관을 붙이는 장면 나옴

06. 다음은 아세틸렌용기이다. 빈칸을 완성하시오.
[5점]

(1) 아세틸렌 용기에는 그 용기의 부속품을 보호 하기 위해 (　)을(를) 부착한다.
(2) 용기에 충전하는 다공질물 및 용해제는 아세틸렌의 분해폭발을 방지하기 위해 품질·충전량 및 (　)를(을) 가지는 것으로 한다.

신출문제

정답 (1) 프로텍터 (2) 다공도

해설 "최고충전압력"이란 15℃에서 용기에 충전할 수 있는 가스의 압력 중 최고압력을 말한다.

영상 아세틸렌 용기를 보여주고 용기상부와 용기 내부를 보여주며 정지한다.

참조 3.11 부속장치 부착(KGS AC214)

3.11.1 용기에는 그 용기의 부속품을 보호하기 위하여 프로텍터를 부착하고, 아세틸렌의 분해 폭발을 방지할 수 있도록 다음에 적합한 다공질물 및 용해제를 용기에 채운다.

3.11.1.1 다공질물 및 용해제

아세틸렌충전용 용기의 안전을 확보하기 위하여 그 용기에 충전하는 다공질물 및 용해제는 아세틸렌의 분해폭발을 방지하기 위해 다음 기준에 따른 품질 · 충전량 및 다공도를 가지는 것으로 한다.

3.11.1.1.1 품질

(1) 다공질물에 침윤시키는 아세톤의 품질은 KS M 1665(산업용 아세톤)에 따른 종류 1호 또는 이와 같은 수준 이상의 품질의 것으로 한다. 〈개정 13.12.31.〉

(2) 다공질물에 침윤시키는 디메틸포름아미드의 품질은 품위 1급 또는 이와 같은 수준 이상의 품질의 것으로 한다.

(3) 다공질물은 아세톤, 디메틸포름아미드 또는 아세틸렌으로 인해 침식되는 성분이 포함되지 않도록 한다.

---

07. 다음은 도시가스 지하매설배관 상부에 설치된 (1) 장치명과 (2) 설치목적을 쓰시오. [5점]

정답 (1) 로케이팅 와이어
  (2) 도시가스 배관이 매설된 후 배관탐사장비를 사용하여 향후 배관의 위치를 정확하게 탐지하는 데 그 목적이 있다.

해설 전선의 굵기는 6mm² 이상, 3~5m 간격 설치

영상 PE배관 상부에 전선이 부착 시공된 모습을 보여준다.

---

08. 다음 지하매설배관 중 ②번배관의 최고사용압력 (MPa)은 얼마인가?

정답 ② 1MPa 이상

해설 배관 설치 기준
  ① PE관 : 폴리에틸렌관 – 저압용
    (연결법 : 맞대기, 소켓, 새들 융착 이음)
  ② PLP관 : 폴리에틸렌 피복 강관 – 중 · 고압용
    (2017년 기출)

영상 가스매설 시공장면을 보여주고 확대하여 각각 배관을 보여준다.

---

09. 다음 PLP 강관 용접부의 비파괴 검사법 2가지를 쓰시오. [5점]

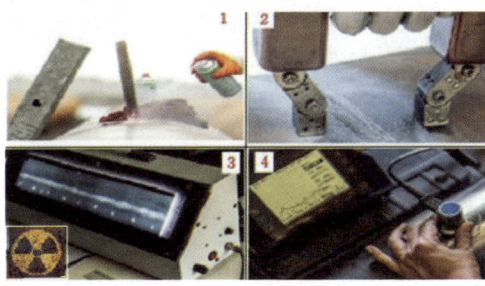

정답 ① 침투탐상 비파괴검사
  ② 자분(자기)탐상 비파괴검사
  ③ 방사선투과 비파괴검사
  ④ 초음파 비파괴검사

해설 비파괴검사법 종류 중 2개 선택

10. 다음은 벤튜리의 원리로 작동하는 장치이다. 펌프의 명칭을 쓰시오.

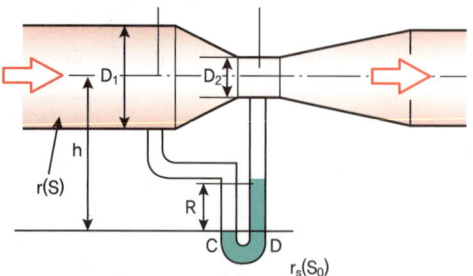

정답 제트펌프

11. 다음 1번 강관과 2번 볼밸브 중 ① 먼저 부식되는 것과 ② 그 이유를 쓰시오.

정답 ① 1번 강관
② 이유 : 구리가 철보다 내식성이 우수하다.

12. 다음은 도시가스누설검사차량이다. 차량용 검사 기구명칭을 영문약자로 쓰시오.

출처 : https://www.e2news.com/news/articleView.html?idxno=62498

정답 수소이온화검출기(FID)
(Flame Ionization Detector)
해설 FID는 높은 검출능력으로 보편적으로 사용되는 GC Detector이며 탄화수소에는 감도 양호. SO_2, CO, O_2, CO_2, H_2 등 감도는 없다.

01. LPG 판매시설의 저장실 용기보관실 면적(㎡)은?

정답 19㎡ 이상

02. 다음은 고압가스 충전용기이다. 용기 제조방법에 따른 분류를 쓰시오.

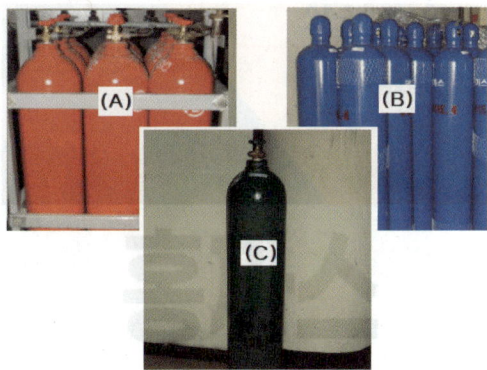

정답 이음매 없는 용기
(또는 무계목 용기, 시임레스 용기)
해설 – A : 수소 B : 탄산가스 C : 산소
– 가연성가스는 왼나사
(A) 왼나사
(B) 오른나사
(C) 오른나사
📹 고압가스 용기를 다수 보여 주며 용기를 확대
한다. (2017년 48번 참조)

03. 다음 가스미터기에 표시된 ①Pmax : 10[kPa]
②V : 1.0[dm³/rev]의 의미를 기술하시오.

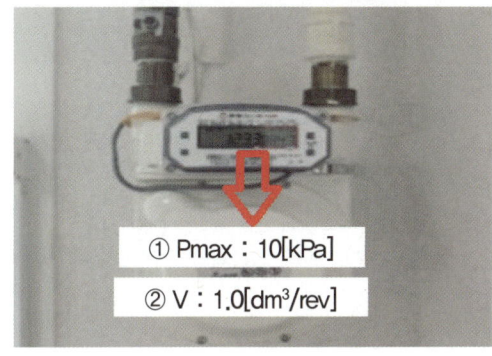

① Pmax : 10[kPa]

② V : 1.0[dm³/rev]

정답 계량실 1주기 체적이 1.0[dm³]임
해설 ① Pmax : 10[kPa]
: 가스미터기의 최대압력이 10[kPa]임

04. 다음은 지하메설 중인 PLP 강관 용접부의 비파괴
검사법을 영문으로 쓰시오. [5점]

정답 RT

05. 다음은 저장시설의 상부이다. 가스설비의 A 부분의 ① 명칭과 ② 기능을 쓰시오.

정답 ① 명칭 : 체크밸브
② 기능 : 유체방향을 한방향으로만 통제
해설 체크밸브의 종류
• 스윙형 : 핀을 축으로 회전하여 개 · 폐한다.
(수평배관, 수직배관에 사용 가능)
• 리프트형 : 유체의 압력에 의해 상하이동
(수평배관만 사용가능)
• 스모렌스키형 : 리프트형 내에 날개가 달려 충격을 완화

06. 방폭전기기기 설치에 사용되는 조명등의 제1종 위험장소의 방폭구조의 명칭을 쓰시오.

정답 내압방폭구조
해설 2021년 1회 기출

07. 도시가스 지상배관시설이다. 지상배관의 표시사항 3가지를 쓰시오. [5점]

정답 사용가스명, 최고사용압력, 가스흐름방향
비교 보호포 기록사항
사용가스명, 최고사용압력, 공급자명

08. 다음 LPG 판매시설에서 용기보관실의 지붕재질을 쓰시오.

정답 불연성재료를 사용한 가벼운 재질
해설 2022년 1회 용기보관실 설치기준 해설참조
참조 액화석유가스 판매의 시설 · 기술 · 검사 기준
KGS FS231 2.3 저장설비기준

09. 다음은 LPG 지하저장탱크실의 상부이다. 지시부분의 명칭을 쓰시오.

검지관   40A이상

집수관 80A

정답 검지관

해설 KGS FP331 액화석유가스 용기충전사업소 (3-5-6)검지관은 내식성재료를 사용하고, 직경을 40A 이상으로 4개소 이상 설치하되, 집수관을 설치한 경우에는 검지관 1개를 설치한 것으로 본다.

영상 LPG지하저장탱크의 상단부 40A관경배관 4개를 보여 준다. (2016년 37번 참조)

참조 (3-5) 저장탱크실의 바닥은 저장탱크실에 침입한 물 또는 기온변화에 따라 생성된 물이 모이도록 구배를 가지는 구조로 하고, 바닥의 낮은 곳에 집수구를 설치하며, 집수구에 고인 물을 쉽게 배수할 수 있도록 한다.

(3-5-1) 집수구는 가로 0.3m, 세로 0.3m, 깊이 0.3m 이상의 크기로 저장탱크실 바닥면보다 낮게 설치한다.

(3-5-2) 집수관은 (3-5-2-1) 및 (3-5-2)에 따른 내식성재료를 사용하고, 직경을 80A 이상으로 하며, 집수구 바닥에 고정한다.

(3-5-2-1) 스테인리스강관 (3-5-2-2) KS M 3401 (수도용 경질 폴리염화비닐관)에 따른 내충격 경질 폴리염화비닐관(HIVP) 또는 이와 같은 수준 이상의 강도 및 내식성을 갖는 관

(3-5-3) 집수구 및 집수관 주변은 자갈 등으로 조치하고, 집수구는 침수된 물을 배출하기 위한 펌프 가동 시 모래가 유입되지 않도록 그물 등으로 조치를 한다.

(3-5-4) 집수관 안의 물이 앵커박스 상부까지 차는 경우에는 펌프로 배수한다.

(3-5-5) 상시 침수우려 지역에 설치된 가스설비실 내의 점검구, 검지관 및 집수관 등은 바닥면보다 30cm 이상 높게 설치한다.

(3-6) 지면과 거의 같은 높이에 있는 가스검지관, 집수관 등의 입구에는 빗물 및 지면에 고인 물 등이 저장탱크실 안으로 침입하지 못하도록 덮개를 설치한다.

10. 다음은 산소제조방법 중 하나이다. 다음 질문에 답하시오. [5점]

① 고압식 공기액화분리장치 계통도

A. 액화산소의 공업적 제조방법을 쓰시오.
B. 이 가스의 비등점(끓는점)은 얼마인가?

정답 A : 공기액화분리장치
B : −183℃

해설 액화산소 −183
액화아르곤 −186
액화질소 −196

11. 다음 정압기실내부에 설치된 장치의 기능을 쓰시오.

정답 출입문의 개폐여부를 안전관리자가 상주하는 곳에 통보할 수 있는 출입문개폐통보(경보)설비

해설 다만, 단독사용자에게 가스를 공급하는 정압기의 경우에는 출입문 및 긴급차단장치 개폐통보장치를 설치하지 않을 수 있다.

참조 2.7.5.2 출입문 및 긴급차단장치 설치 〈개정 19.7.16.〉

정압기(실)에는 출입문 및 긴급차단장치를 설치하고, 그 출입문의 개폐여부 및 긴급차단밸브의 개폐여부(기존에 설치된 긴급차단장치로서 구조상 변경이 불가능한 경우는 제외한다)를 안전관리자가 상주하는 곳에 통보할 수 있는 경보설비를 갖춘 것으로 한다.

12. 다음은 저장시설에 설치된 압력계이다. 공업용으로 널리 사용되는 2차 압력계의 대표적 압력계의 명칭은?

정답 부르동관 압력계

해설 **2차압력계의 종류**
1) 부르동관(공업적으로 가장 많이 사용)
2) 다이어프램(측정범위 : 20 ~ 5000mmHO)
3) 벨로우즈(측정범위 : 0.01 ~ 10kg/cm²)

01. 다음은 LPG저장탱크와 탱크하단부 바닥배관 및 부속장치를 보여주고 있다. 하단부 배관중간에 볼록하게 나온 부분을 지시하는 (A)장치의 명칭과 (B) 이 장치를 대신할 수 있는 밸브를 쓰시오.

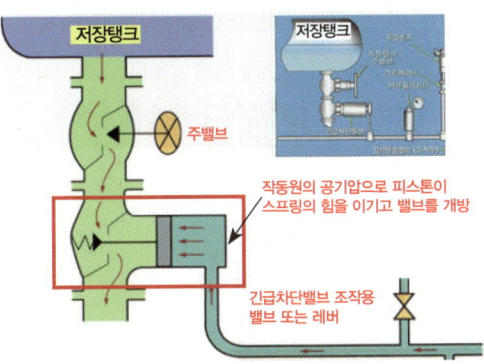

정답 A : 긴급차단 장치(밸브)
B : 체크 밸브(역류방지 밸브)

해설 2022년 4회 기출
개폐여부를 확인할 수 있는 구조로서 적색은 닫힘표시이며 녹색(무색)은 열림표시로 점검시 확인해야 한다.

영상 A : LPG저장탱크와 바닥의 하부배관과 동영상을 보여준다. 배관중간에 툭 튀어나온 장치를 가리킨다.

02. 다음 도시가스 지하정압기실의 내부정면도와 지상으로 도출된 배관을 보고 각각 물음에 답하시오.

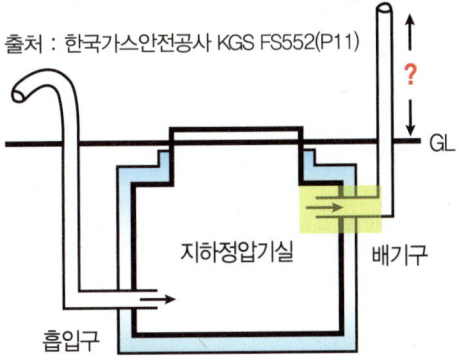

출처 : 한국가스안전공사 KGS FS552(P11)

ㄱ. 배기구의 위치 :
ㄴ. 흡입구 및 배기구의 관경 :

정답 ㄱ. 배기구의 위치: 천장면으로부터 0.3m 이내에 설치
ㄴ. 흡입구 및 배기구의 관경 : 100mm 이상

해설 자연환기장치 설치기준 KGS FS552
일반도시가스사업 정압기의 시설기준(단위주의)
1) 통풍면적(자연환기) : 바닥면적 1㎡ 마다 300㎠의 비율
2) 1개 환기구의 면적은 2400㎠ 이하
3) 방출구의 높이 : 지면에서 3m 이상

영상 도시가스 지하정압기실과 방출구 배관을 보여준다.
KGS FS552 2024 2.7.4.1 자연환기설비 설치
2.7.4.1.2 외기에 면하여 설치하는
(1) 환기구의 통풍가능 면적 합계는 바닥면적 1㎡마다 300㎠의 비율로 계산한 면적이상으로 한다. 다만, 철망 등을 부착할 때는 철망이 차지하는 면적을 뺀 면적으로 한다.
(2) 1개 환기구의 면적은 2400㎠ 이하
지하에 설치되는 정압기의 경우에는 가스차단 장치 외에 정압기실 외부의 가까운 곳에 가스차단장치를 추가로 설치할 것. 다만, 정압기실의 외벽으로부터 50m 이내에 그 정압기실로 가스 공급을 지상에서 쉽게 차단할 수 있는 장치가 있는 경우에는 제외한다.(2024년 8월 신설)

03. 다음은 도시가스 정압기실 내부모습이다. 동영상에서 표시된 부분의 (ㄱ)는 필터의 허용차압의 초과 여부를 알 수 있는 것을 사용하며 필터 엘리먼트는 (ㄴ) kPa 미만의 차압에서 찌그러들지 않는 것으로 한다. ( )를 완성하시오.

정답 ㄱ. 차압계
　　ㄴ. 50
해설 **정압기 필터의 구조 및 치수**
필터의 입구·출구는 프랜지식으로 한다.
불순물을 걸러주는 기기로서 필터의 차압계 적색 지침이 20kPa 이상인 경우에는 필터 내부의 이물질 청소 또는 교체
※ **차압계(△P) : 필터 입·출구의 압력 차이를 나타내는 기기**
영상 정압기실 내부를 보여준 후 정압기실 배관상단에 수직으로 부착된 적색 원통을 직접 가리키며 멈춘다.

04. 다음 동영상의 명칭을 쓰시오.

정답 다기능 가스 안전계량기
　　(다기능가스미터기, 마이콤메타)
해설 **2022년 4회 기출**
다기능 가스 안전계량기 기능 5가지
1) 합계유량 차단기능
2) 증가유량 차단기능
3) 연속사용시간 차단기능
4) 미소사용유량 등록기능
5) 미소누출검지 성능기능
영상 계량기 중앙의 상태표시부(현재상태표시 LCD 창)를 보여준다.

05. 다음은 배관 부속품이다. 부속품 A, B, C, D 중 (A)와 (D)의 명칭을 쓰시오.

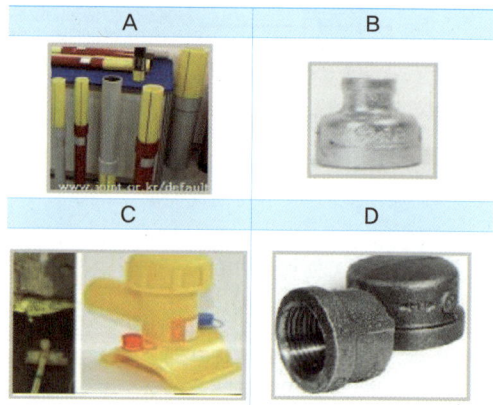

A	B
C	D

정답 A : 이형질이음관　B : 레듀서(공식명칭)
　　C : 전기새들　　　D : 캡
해설 2024년 1회 기출

06. 다음 용기에 각인된 기호에 대해 설명하시오.

정답 2023년 2회 7번 기출
① V : 내용적
② TP : 내압시험 압력
③ W : 용기의 질량
④ FP : 최고충전 압력
영상 영상은 액화가스용기 몇 개를 보여주며 멈춘다.

07. 액화석유가스 도매사업에 설치된 LNG저장탱크에 방류둑 용량기준을 쓰시오.

정답 저장능력 상당용적 이상
해설 만일 저장능력의 질문일 경우 방류둑의 저장능력은 500ton 이상
영상 넓은 LNG기지와 LNG운반선 및 파란탱크. 한국 가스공사마크를 보여준다.

08. 다음 아세틸렌용기 저장실 내부이다. 표시된 부분의 장치 명칭을 쓰시오. (여러 다수설 있음)

정답 스프링식 안전밸브
비교 역화방지장치 설치 장소
가. 가연성가스압축기와 오토클레이브 사이 배관
나. 아세틸렌 충전용 지관
다. 아세틸렌 고압건조기와 충전용 교체밸브 사이
라. 수소염, 산소-아세틸렌염 용접용기와 배관 사이
영상 아세틸렌 저장실을 보여주며 배관의 맨위쪽 (꺾인 부분 밑 돌리는 밸브의 위쪽) 약간의 종모양의 황동색상 장치를 지시함

09. 다음 도시가스배관의 "ㄷ"자 신축이음의 명칭을 쓰시오.

정답 루프형 신축이음 (루프형)

10. 다음 도시가스배관 상에 황색 띠를 2중으로 하는 이유를 설명하시오.

정답 건물색상과 동일한 도색을 할 수 있다.
(즉, 건물색상과 배관의 동일색상 도색조건)

해설 **2015년 38번**
① 건물색과 동일도색 조건 : 바닥면에서 1m 높이에 폭 3㎝의 황색 2중선 도색 필요.
② T/F 이음 : 이종금속이음으로 지상배관과 연결시 30㎝ 이하로 시공

영상 건축물에 설치된 도시가스배관을 보여주고 배관색상이 건물색상과 동일함

11. 다음은 도시가스의 배관 고정장치이다. 배관과 고정장치 사이에 고무패킹을 씌우는 이유를 쓰시오.

정답 절연 (절연 및 부식방지/부식방지)
해설 기타 절연방법 : 2가지가 있다.
해당이미지는 배관에 직접 절연한 것이며 고정장치에 절연하는 방법도 있다.
영상 U자형 금속볼트와 배관 사이에 약간 두께가 있는 고무판이 끼워져 있는 영상

12. 다음 PE관 융착공정에서 주요공정 3가지를 쓰시오.

정답 – 가열
– 용융압착
– 냉각

01. 도시가스 사용시설 중 가스계량기와 전기접속기와의 이격거리는 몇 이상인가?

정답 30cm(=0.3m)
해설 (1) 전기계량기 유지거리 : 60㎝ 이상
(2) 질문이 얼마인가? : 30㎝ 이상

구분 (단위 : cm)	공급시설(배관이음부)		사용시설		
	LPG 집단	도시가스 (공급소 밖, 일반도시가스)	배관이음부		가스 계량기
			LPG 집단	도시가스 (공급소 밖, 일반)	
전기 (계량기, 개폐기)	60cm		60cm		60
전기 (접속기, 점멸기)		30	15cm		30
굴뚝 (단열조치 X)	30	15			
전선 (절연조치 X)					15
전선 (절연조치 O)	10		10cm		규정 없음

사용시설 : 내관·연소기 및 그 부속설비와 공동주택 등의
외벽에 설치된 가스계량기를 말한다.

※ 단, 도시가스를 실내에 설치 시 배관 이음부는 절연전선과
(10cm) 이격유지
(단, 가스누출자동차단장치 작동을 위한 전선은 제외)
절연 및 단열 조치를 하지 아니한 전선과 굴뚝은 (15cm)

02. 다음 용기의 ①명칭과 ②정의를 기술하시오. [5점]

정답 ① 초저온용기
② −50℃ 이하 액화가스를 충전하기 위한 용기로
단열재를 피복하거나 냉동설비로 냉각하는
등의 방법으로 용기내의 가스온도가 상용
온도(20±2℃)를 초과하지 않을 것
영상 은백색의 액체용기를 보여주며 절단된 단면과
내부의 액체관과 상부에 액면계를 보여준다.
(만약 용기상부에 밸브 2개와 긴 관 1개만 보여
주면 사이폰용기임)

03. 다음 PLP 강관 용접부의 비파괴 검사법을
영문 으로 쓰시오.

정답 RT
해설 방사선비파괴시험(RT)
영상 도시가스 매설배관 시공작업 후 방사선 마크가
나오는 장면을 보여주며 정지화면

04. 다음 동영상의 명칭을 정확하게 쓰시오.

정답 다기능 가스 안전계량기
(다기능가스미터기. 마이콤메타)

해설 **2022년 4회 기출**
다기능 가스 안전계량기 기능 5가지
1) 합계유량 차단기능
2) 증가유량 차단기능
3) 연속사용시간 차단기능
4) 미소사용유량 등록기능
5) 미소누출검지 성능기능
계량기 중앙의 상태표시부(현재상태표시 LCD 창)를 보여준다.

05. 다음 정압기 설계유량이 1,000Nm³/h 미만일 때 안전밸브 방출관 크기를 쓰시오.

정답 25A 이상

해설 **2015년 기출문제 / KGS FS552**

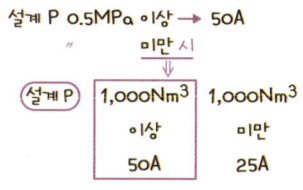

① 설계 P 0.5MPa 이상 → 50A
"   미만 시
설계 P | 1,000Nm³ 이상 50A | 1,000Nm³ 미만 25A

안전밸브의 분출면적 크기
(1) 지역정압기 입구측 압력이 0.5MPa 이상인 것은 50A 이상으로 정한다.
(2) 지역정압기 입구측 압력이 0.5MPa 미만인 것은 정압기의 설계유량이 따라 다음과 같은 크기로 정한다.
① 정압기 설계유량이 1,000Nm³/h 이상인 것은 50A 이상
② 정압기 설계유량이 1,000Nm³/h 미만인 것은 25A 이상

06. 다음은 고압가스안전관리법의 내용이다. (   )를 완성하시오. [5점]

"독성가스"란 공기 중에 일정량 이상 존재하는 경우 인체에 유해한 독성을 가진 가스로서 (   ) (해당 가스를 성숙한 흰 쥐 집단에게 대기 중에서 1시간 동안 계속하여 노출시킨 경우 14일 이내에 그 흰쥐의 2분의 1 이상이 죽게 되는 가스의 농도를 말한다. 이하 같다)가 100만분의 (   ) 이하인 것을 말한다.

정답 허용농도, 5000

해설 **2024년 1회 기출**
(1) TLV-TWA : 1일 8시간 노출되더라도 신체 장애를 일으키지 않는 기준
Threshold Limit Value : 허용기준
(2) 허용농도 LC(50) : 해당가스를 성숙한 흰 쥐 집단에게 대기 중에서 1시간 동안 노출시킨 경우 14일 이내에 1/2 이상이 죽게 되는 가스의 농도를 말한다.
(3) TLV-STEL : 단시간 노출허용농도, 1회에 15분간 노출시 허용농도
(4) TLV-C : 최고허용농도, 1일 작업시간동안 잠시라도 노출되서는 안되는 최고허용농도

07. 다음은 도시가스배관을 지하매설시 부식방지하는 전기방식법이다. 전기방식법의 종류를 쓰시오.

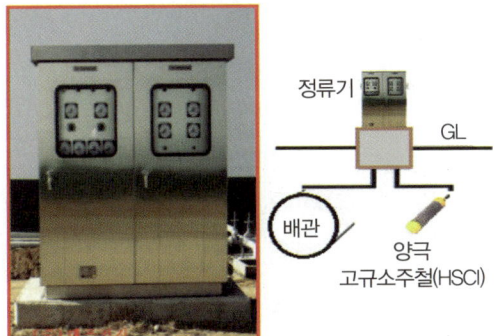

정답 외부전원법

해설 1) 장거리배관이나 대용량의 전류를 필요로 하는 시설을 방식할 때 사용하는 방법으로서 가스 배관을 음극으로 만들기 위해서 외부에서 전류를 넣어 주는 정류기(교류전압을 직류전원으로 전환)가 필요
2) 양극설치방법 외부전원법의 설치방법 천매법(Shallow Bed)과 심매법(Deep Well)이 있다. (P94 한국가스안전공사)

외부전원법은 대전류를 넣을 수 있으며 최고 60V까지 전압을 높일 수 있기 때문에 대규모의 매설관 방식에 적용하고 있다. 양극전극으로는 주로 가스배관에는 고규소주철(HSCI, High Silicon Cast Iron)을. 그 외 해수 및 담수에는 탄소양극과 자성산화철 양극을 주로 사용하며, 기타 원자력 발전소 및 중요 시설물에는 티타늄망에 백금도금 된 불용성 양극을 사용하고 있다.

08. 다음은 LPG저장탱크와 탱크하단부 배관 및 부속장치를 보여주고 있다. 하단부 배관중간에 볼록하게 나온 부분인 안전장치 (A)부분의 명칭을 쓰시오.

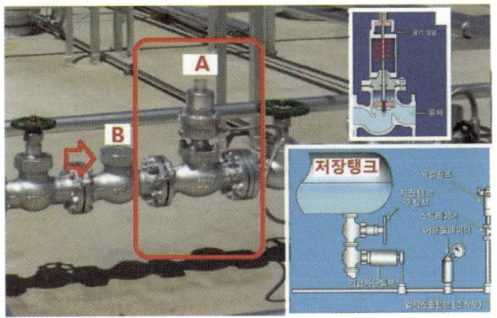

정답 긴급차단장치(SSV)

해설 **2022년 4회 기출**
개폐 여부를 육안으로 확인할 수 있는 구조로서 적색표시는 닫힘표시이고, 녹색(무색) 표시는 열림표시이므로 점검시 확인

영상 A : LPG저장탱크 하부배관에서 배관중간에 볼록하게 나온 부속장치와 그 상부 적색부분이 있으며 툭 튀어나온 장치와 장치 하단부로부터 흑색호스가 연결됐음

09. 다음은 가스배관과 연결된 부속기기이다. B 부분의 명칭을 쓰시오

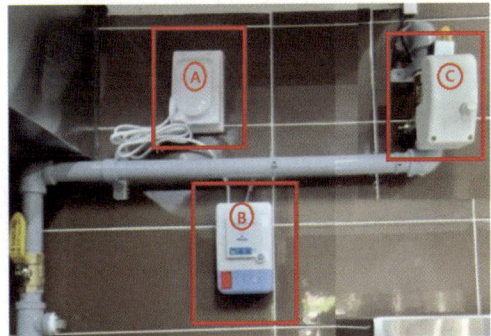

정답 제어부

해설 도시가스 KGS FU551/LPG FU431 적용
2.8.2.1.3 가스누출자동차단장치의 구조
가스누출자동차단장치는 검지부, 차단부 및 제어부로 구성한다.
가스누출자동차단장치의 주요구성
A : 검지부 B : 제어부 C : 차단부
KGS FU551 도시가스 사용시설기준
KGS FU 431 용기에 의한 LPG사용시설 기준
① 2.8.2.1.2 가스누출경보기 구조
  (1) 충분한 강도를 가지며, 취급과 정비(특히 엘리먼트의 교체)가 용이한 것으로 한다.
  (2) 경보기의 경보부와 검지부는 분리하여 설치 할 수 있는 것으로 한다.
  (3) 검지부가 다점식인 경우에는 경보가 울릴 때 경보부에서 가스의 검지장소를 알 수 있는 구조로 한다.
  (4) 경보는 램프의 점등 또는 점멸과 동시에 경보를 울리는 것으로 한다.

가스누출 경보기
검지부 → 제어부 → 차단부로 구성

10. 다음은 고압가스 저장의 시설·기술·검사·안전성평가 기준이다. ( )를 완성하시오.

> 독성가스 및 공기보다 무거운 가연성가스의 저장시설에는 가스가 누출될 경우 이를 신속히 검지하여 효과적으로 대응할 수 있도록 하기 위해 다음 기준에 따라 가스누출검지경보장치 (이하 "검지경보장치"라 한다)를 설치한다. 다만, 누출되어 공기 중에서 자기발화하는 가스는 ( )을(를) 검지경보장치 설치기준에 적합하게 설치한 경우 동 기준에 적합한 것으로 본다.

정답 불꽃감지기
해설 신출 2025년 1회
2.8.2 가스누출경보 및 자동차단장치 설치

11. 다음 표시된 부분의 명칭을 쓰시오.

정답 90° 용접엘보(엘보)
해설 배관부속종류를 응용한 문제

영상 수직배관(입상배관)라인을 따라 내려가며 황색 표시 배관의 "S라인" 배관영상을 보여주며 정지하는 영상

12. 다음은 압축천연가스 자동차 충전시설이다. ( )를 완성하시오.

(1) 충전설비는 ( )에 고정하여 설치한다.
(2) 충전설비에는 충전 중인 압축 도시가스 자동차 용기가 최고충전압력에 도달하면 가스 공급이 자동으로 차단하도록 하는 장치를 설치한다.
(3) ( )는 완전한 접속이 이루어지지 않을 경우 가스의 흐름을 차단하는 구조로 한다.

정답 지상, 가스충전구
해설 KGS FP651 고정식 압축 도시가스 자동차 충전시설 기준
1.3.17 "충전설비"란 용기나 고압가스 용기가 적재된 바퀴가 달린 자동차(이하 "이동충전차량"이라 한다) 또는 차량에 고정된 탱크에 도시가스를 충전하기 위한 설비로서 충전기 및 부속설비를 말한다.

01. LP가스 충전소의 LPG탱크 주변시설이다. 표시 부분의 명칭을 쓰시오.

정답 방호벽

영상 LPG충전시설 내부의 벽을 보여준다. 내부 벽의 일부분을 지시하며 정지한다.

02. 액화석유가스가 자연증발이 안되서 강제로 가스를 생성시키는 공급방식 즉, 자연기화가 잘 안될 때 강제로 기화를 도와주는 장치명을 쓰시오.

정답 기화장치(기화기)

해설 강제기화 방식 : 용기나 탱크 내의 액 LP가스를 도관을 통하여 기화장치에 의해 기화하는 방식으로 비점이 높은 부탄을 소비하거나 가스 소비량이 많은 경우 및 추운 지방에서 공급할 때 사용한다.
※ 기화장치의 구성요소 : 기화부, 제어부, 조압부

03. 다음은 정압기실 정압기로서 unloading형이고, 정특성과 동특성이 모두 좋으며 고차압이 될수록 특성이 좋은 매우 콤팩트한 정압기의 명칭을 쓰시오.

정답 AFV식 정압기
(또는 엑시얼 플로식 정압기)

해설 그 외 다이어프램과 메인 밸브를 고무 슬리브 1개를 공용으로 사용하는 정압기이다.

영상 정압기실 내부를 보여준 후 정압기실 설비 중 하나를 지시하며 영상이 멈춘다.

04. 다음 공동주택 등에 압력조정기를 설치하여 저압의 도시가스를 공급할 경우 압력 조정기의 전체 가스공급 세대수는 몇 세대 미만인지 쓰시오.

정답 250세대(= 250, 250 미만)
해설 압력조정기는 공동주택 경우에 설치
   ㉠ 가스 압력이 중압 이상으로서 전체 세대수가 150세대 미만인 경우(최대공급가능 149세대)
   ㉡ 가스 압력이 저압으로서 전체 세대수가 250 세대 미만(최대공급가능 249세대)
영상 공동주택등에 설치된 압력조정기를 보여준다.

05. 다음 LPG 충전기와 ①사업소 대지 경계까지의 안전거리와 ②다른 가연성가스 제조시설과의 이격거리를 각각 쓰시오.

정답 ① 24m, ② 5m
해설 복원내용이 불명확함
   가연성제조시설과 가연성제조시설 : 5m
   가연성제조시설과 산소제조시설 : 10m

06. 다음 도시가스배관은 신축 등으로 지상배관에 대하여 "ㄷ"자 모양으로 필요한 조치를 강구한다. 그 기능을 쓰시오.

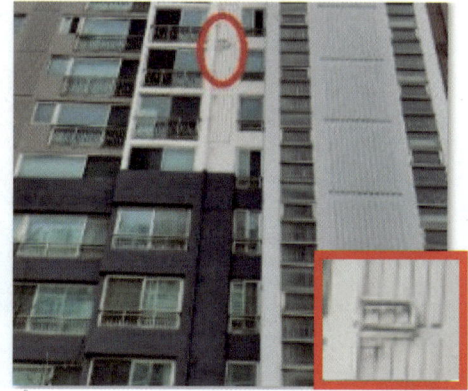

정답 온도변화로 인한 도시가스 배관의 열팽창을 흡수하여 파손으로 인한 가스누출을 방지하는 신축이음(루프형)
해설 신축이음종류 : 루프, 상온스프링법, 벨로즈, 슬리브, 스위블
영상 도시가스 배관이 ㄷ자 형으로 되어 있다. 그 목적은? 아파트 화면을 아래에서부터 위로 보여주다가 루프형 신축이음을 가리킨다.

07. 다음 도시가스 사용시설 압력조정기이다. 검사 주기를 쓰시오.

정답 매 1년에 1회 이상

해설 사용시설이란 내관·연소기 및 그 부속설비와 공동주택 등의 외벽에 설치된 가스계량기를 말한다.

※ 사용자공급관은 배관 구분상 가스공급시설로 분리되고 설치, 수리 및 교체비용은 사용자에게 있다.

[도시가스용 압력조정기(OPCO 내장)의 분해점검]

1. 압력조정기의 일상점검

도시가스 공급시설에 설치된 압력조정기는 매 6개월에 1회 이상(필터 또는 스트레이너 청소는 매 2년에 1회 이상), 사용시설에 설치된 압력조정기는 매 1년에 1회 이상(필터 또는 스트레이너의 청소는 매 3년에 1회 이상)

다음 각목의 사항에 대하여 안전점검을 실시한다.

가. 압력조정기의 정상 작동유무

나. 필터 또는 스트레이너의 청소 및 손상유무

다. 압력조정기의 몸체 및 연결부의 가스누출유무

라. 도시가스공급시설에 설치된 압력조정기의 경우는 출구압력을 측정하고 출구 압력이 명판에 표시된 출구 압력 범위 이내로 공급되는지 확인

영상 도시가스 사용시설의 압력조정기를 보여준다.

08. 다음은 배관용 부속품이다. ⑧의 부속품 명칭을 쓰시오.

1 2 3 4
5 6 7 8

정답 크로스

해설 ① 90°엘보 ② 니플 ③ 티 ④ 플러그
⑤ 유니온 ⑥ 부싱 ⑦ 캡

09. 다음 도시가스배관을 지하매설할 경우 도로폭이 10m일 경우 매설깊이의 적합성을 판단하시오.

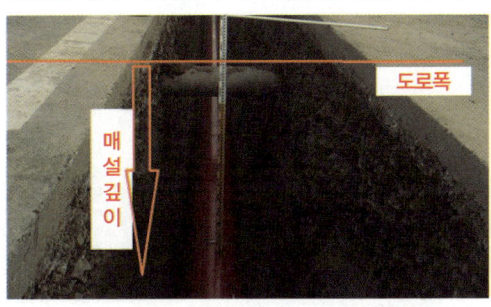

도로폭

매설깊이

정답 1.2m 이상. 적합

해설 공동주택등의 부지 내

폭 8m 이상 도로	1.2m 이상
폭 4m 이상 8m 미만 도로	1.0m 이상

10. 도시가스배관의 시공시 PLP관 연결 시 배관연결 부위에 황색스티커를 랩핑하는 모습이다. 그 이유를 기술하시오.

정답 용접부위의 피복손상 방지
(= 용접부위 부식방지)

해설 중압 이상의 배관은 PLP관을 사용하며 강관 연결시 용접이 기본이다. 이에 용접으로 인한 원래의 피복이 손상되므로 부식을 방지하기 위하여 용접부위에 추가적인 방식(防蝕) 피복재료를 적용하여 부식을 방지한다. 즉, PLP관의 중요한 부식방지 "랩핑"작업이다.

피복손상부위 : 운반, 시공, 매설 과정에서 PLP관의 폴리에틸렌 피복이 손상 우려가 있으므로 손상부위는 즉시 보수용 테이프나 기타 피복재료로 랩핑한다.

영상 중압배관의 PLP적색관과 은색배관 이음부에 황색 스티커판을 불로 부착하는 영상을 보여준다.

11. 가스용 폴리에틸렌관(PE관)의 이음시 사용되는 열원 2가지를 쓰시오.

정답 **열융착, 전기융착**

해설 **PE관 융착의 분류**
(출처: 한국가스안전공사 시공관리 P47)
1. 열융착
   - 가압용융(0.1~0.15MPa) 및 가열유지(0.01~0.015MPa)
   - 압착 및 냉각 : 압력(0.1~0.15MPa 유지)
     ① 맞대기융착
     ② 소켓융착(히터온도 260±10℃)
     ③ 새들융착(가압용융–압착– 냉각순서)
2. 전기융착 : 전기융착이음관을 사용
   ① 소켓융착 : 출력케이블 콘트롤버튼 사용, 융착–냉각–검사 후 종료
   ② 전기새들융착 : 소켓융착과 동일과정임

영상 PE배관 맞대기 융착하는 것을 보여주는 영상이며, 어떤 열원을 사용했는지 질문한다.

비교 만일 "열융착 2가지를 기술하시오." 경우

정답 **맞대기열융착, 소켓열융착**

12. 다음은 고압가스 지상 저장시설에 설치된 장치의 구조를 쓰시오.

정답 **특수 방폭구조 (Ex s)**

해설
- 내압 방폭구조 : (Ex d)
- 유입 방폭구조 : (Ex o)
- 압력 방폭구조 : (Ex p)
- 본질안전 방폭구조 : (Ex ia, ib)
- 안전증 방폭구조 : (Ex e)

01. LPG 이송시 사용되는 지시부분의 역할을 쓰시오.

정답 압축기로 액화가스가 유입되는 것을 방지할 목적으로 액화가스의 회수장치이며 회수 후 저장 탱크로 회수

해설 액트랩(액분리기)

02. 다음 고압가스 제조시설에서 "B"의 장치의 기능을 기술하시오.

정답 가연성가스 또는 독성가스의 설비에서 이상 상태가 발생한 경우 당해 설비내의 내용물을 설비 밖으로 긴급하고 안전하게 이송하는 설비

해설 A : 플레어스택 B : 벤트스택

[벤트스택의 높이]

1. 방출된 가스의 착지농도(着地濃度)가 폭발 하한계값 미만
2. 독성가스인 경우에는 허용농도값 미만

03. 다음 지하매설 도시가스 배관을 보관시 온도를 쓰시오.

정답 40℃ 이하

해설 **2025년 3회 신출**

배관명 : PLP관(폴리에틸렌 피복 강관).

영상 PLP관 연결시 배관을 랩핑 및 토치가열 후 배관을 저장하는 영상을 보여줌

04. 다음 보호상자 안에 설치된 가스계량기의 설치 높이는 얼마인가?

정답 바닥으로부터 2m 이내

해설 1) 가스계량기 : 바닥으로부터 계량기 지시장치 (계량값 표시창)의 중심까지 1.6m 이상 2m 이내
단, 보호상자에 가스 계량기 넣을 경우 2m 이내에 설치
2) 입상관밸브 : 밸브 손잡이가 부착된 부분 (중심)을 기준으로 바닥으로부터 1.6m 이상 2m 이내에 설치한다.

영상 상자 안에 밸브류와 가스미터기가 들어있는 영상을 보여줌

05. 다음은 배관작업 시 사용되는 부속품이다. ①~④번의 명칭을 쓰시오.

정답 ① 소캣　② 90° 엘보
③ 유니온　④ 캡

해설 2023년 1회 기출

06. 다음은 아세틸렌용기이다. 빈칸을 완성하시오.

(1) 아세틸렌은 (　)MPa일 때 희석제를 첨가한다.
(2) 용기에 충전하는 다공질물 및 용해제는 아세틸렌의 분해폭발을 방지하기 위해 용해제 및 다공질물을 고루 채워 다공도를 (　)% 이상 92% 미만으로 한다.

정답 (1) 2.5　(2) 75

해설 **신규 유형**
"최고충전압력"이란 15℃에서 용기에 충전할 수 있는 가스의 압력 중 최고압력을 말한다.
3.11 부속장치 부착(KGS AC214)
3.11.1.1.1 품질
(1) 다공질물에 침윤시키는 아세톤의 품질은 KS M 1665(산업용 아세톤)에 따른 종류 1호 또는 이와 같은 수준 이상의 품질의 것으로 한다. 〈개정 13.12.31.〉
(2) 다공질물에 침윤시키는 디메틸포름아미드의 품질은 품위 1급 또는 이와 같은 수준 이상의 품질의 것으로 한다.
(3) 다공질물은 아세톤, 디메틸포름아미드 또는 아세틸렌으로 인해 침식되는 성분이 포함되지 않도록 한다.
3.11.1.1.3 다공도
(1) 용해제 및 다공질물을 고루 채워 다공도를 75% 이상 92% 미만으로 한다.

영상 아세틸렌 용기를 보여주고 용기상부와 용기 내부를 보여주며 정지한다.

07. 공동주택(빌라, 아파트)의 도시가스 배관시설이다. 배관이 분기되는 곳에 녹색 레이저 빔을 발사함을 알 수 있다. 작업의 목적을 기술하시오.

정답 검지기를 사용하여 용접주위 배관부의 가스누출 여부를 확인

해설 2023년 1회 기출

명칭 : 휴대용 광학식 레이저 메탄 검지기
작업자가 장비를 들고 가스배관을 향해 녹색 레이저 빔을 쏘는 모습을 보여준다.

08. 압축천연가스의 영문약자를 쓰시오.

정답 CNG

해설 1. 유사기출 : 액화천연가스의 영문약자는?

정답 : LNG　　　　　　　　　(21-2 기출)

2. 압축천연가스(CNG) 시설기준
　① 저장, 처리, 압축가스설비, 충전설비는 사업소 경계 : 10m 이상(방호벽 설치 시 5m)
　② 철도 : 30m 이상
　　고압전선 : 5m
　　저압전선 : 1m
　　화기 : 8m 이상
　　도로: 5m 이상

09. 냉각살수장치 작동 시 몇 분간 연속분무가 가능한 수원에 접속하여야 하는가?

정답 30분

해설 **공동주택등의 부지 내**

냉각살수장치(5ℓ/min)	
일반탱크	준내화구조
5ℓ/min	2.5ℓ/min

- 방류둑외면 10m 이내
- (방류둑설치×, 가연성물질) : 20m 이내
- 수원 : 30분 이상(도시가스 : 60분)

10. 다음은 LPG 지하 저장시설의 상부이다. 표시된 부분의 명칭을 쓰시오.

정답 슬립튜브식 액면계

11. 다음은 가스배관에 설치된 가스미터기이다. 기기의 명칭을 쓰시오.

정답 터빈식 가스미터기 (터빈식 유량계)

12. 다음은 벤튜리의 원리로 작동하며 고속으로 분사하는 펌프의 명칭을 쓰시오.

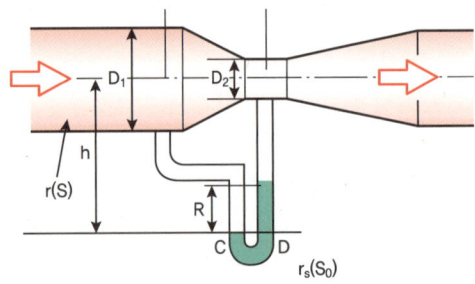

정답 제트펌프
해설 2024년 2회 기출

부록

1. 가스공식정리 50선
2. 가스기능사 계산문제 12선
3. 필기계산문제 기출모음집

NO.1 밀도 · 비중 · 비체적

(1) **가스 밀도(ρ : 로) (g/L, kg/m³)**
   가스의 단위 체적당 질량
$$가스 \ 밀도(\rho) = \frac{가스분자량(g)}{22.4(L)}$$

(2) **비체적 – 가스 비체적(ν : 뉴) (L/g, ㎥/kg)**
   단위 질량당 체적으로 가스 밀도의 역수
$$가스 \ 비체적(\nu) = \frac{22.4L}{가스분자량(g)}$$

(3) **가스 비중 : 표준 상태에서 공기와 같은 부피에 대한 무게비**
$$가스 \ 비중 = \frac{가스분자량}{공기의 \ 평균 \ 분자량(29)} = \frac{해당가스 \rho}{공기의 \rho}$$

   예 CH_4의 비중 $= \dfrac{16g/22.4L}{29g/22.4L} = \dfrac{16}{29} = 0.55$

NO.2 압력

(1) **절대압력(abs) : 완전 진공 0으로 기준하여 측정**

(2) **진공 압력(Vacuum)**
   절대압력(kgf/cm²) = 대기압 + 게이지 압력(1,0332kgf/cm² · g) = 대기압 – 진공압
   게이지압력 = 절대압력 – 대기압
   • 절대압력계산   • 진공압력계산

   게이지 P   대기압   진공압력(76 – 57 = 19cm)
   대기압   (+   76cm   절대 P 57cm
   ─────────
   절대 P

(3) **압력환산**
$$\frac{제시된 \ 압력}{제시된 \ 압력의 \ 표준대기압} \times 구하려는 \ 표준대기압$$

NO.3 온도

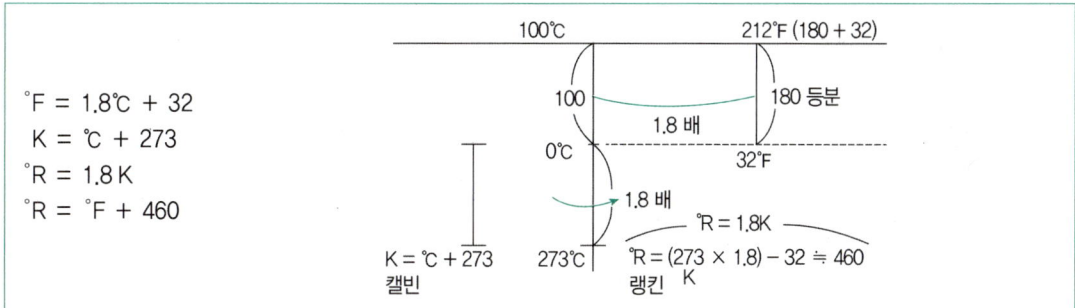

$$°F = 1.8°C + 32$$
$$K = °C + 273$$
$$°R = 1.8 K$$
$$°R = °F + 460$$

K = °C + 273
캘빈

273℃

°R = 1.8K
°R = (273 × 1.8) − 32 ≒ 460
랭킨　K

NO.4 현열, 잠열

(현열 : 온도변화에 소요된 총열량, 잠열 : 상태변화에 소요된 총열량)
(1) **현열** : Q = G × C × △t (공학단위)
　　비교 SI 단위 : kgf → kg, kcal → kJ 변환
　　Q : 현열량(kcal)　　G : 중량(kgf)　　C : 비열(물:1, 얼음:0.5)　　△t : 온도차(℃)

(2) **잠열** : Q = G × r (공학단위)
　　Q : 잠열량(kcal)　　G : 중량(kgf)　　r : 잠열(융해 79.68, 증발 539)kcal/kgf

(3) **열량**(물체가 보유한 열의 양)
　　1kcal : 물 1kg → 1℃↑, 1BTU = 1lb → °F↑, 1CHU = 1lb → ℃↑

NO.5 비열비

(1) k(비열비) $= \dfrac{C_p}{C_v} > 1$　　　(2) $AR = C_p - C_v$

(1), (2)번을 응용하면,
　①　$C_p = kC_v$(변환)　　　$AR = kC_v - C_v$

　　　$C_v = \dfrac{1}{(k-1)}AR$(정적 비열. kcal/kgf · K)

　②　$C_v = \dfrac{C_p}{k}$,　(2)에서　$AR = C_p - \dfrac{C_p}{k}$

　　　$kAR = kC_p - C_p$,　　$C_p = \dfrac{k}{(k-1)}AR$(정압 비열 kcal/kgf · K)

・A : 일의 열당량($\dfrac{1}{427}$ kcal/kgf · m)

・R : 기체상수(848kgf · m/kmol · K) = 1.987(kcal/kmol · K)

・**아보가드로 법칙** : 모든 기체 1mol은 표준상태(0℃, 1atm)에서 부피는 22.4L이고, 원자수는 6.02×10^{23}이다.

NO.6 보일-샤를의 법칙(비교대상 있을 것)

(1) 보일의 법칙 : $PV = P'V'(T = 일정)$

　　T : 절대온도(K)　P : 절대압력(atm)　V : 체적(L)

(2) 샤를의 법칙 : $\dfrac{V}{T} = \dfrac{V'}{T'}$ (P = 일정)

(3) 보일 − 샤를의 법칙 : $\dfrac{PV}{T} = \dfrac{P_1 V_1}{T_1}$

NO.7 이상기체 상태 방정식(어느 한 시점에서 계산)

(1) $PV = nRT = \dfrac{W}{M} RT, \quad n(몰수) = \dfrac{W(질량)}{M(분자량)}$

　　여기서, W : 질량(g)　　　M : 분자량

　　　　　　P : 압력(atm)　　V : 체적(L)

　　　　　　T : 절대온도(K)　R : 기체상수(0.082L · atm/mol · K)

(2) $PV = GRT$

　　여기서, P : 압력(kgf/m^2 · abs) = (1.0332kg/cm$^2 \times 10^4$ · abs)

　　　　　　V : 체적(m^3)

　　　　　　G : 중량(kgf)

　　　　　　R : 기체상수(848kgf · m/kmol · K)

NO.8 돌턴의 분압법칙과 조성

(1) 혼합기체의 전압은 각 성분 기체의 분압의 총합과 같다.

　　분압(P_1, P_2...... P_n)라 할 때 전압 P = P_1 + P_2...... + P_n

(2) 조성

　　1) 분압 = 전압 × 성분기체의 몰분율

　　　　　 = 전압 × $\dfrac{성분몰수}{전몰수}$

　　　　　 = 전압 × $\dfrac{성분부피}{전부피}$

　　2) 압력비 = 부피비 = 몰비 = 분자수의 비

　　3) 혼합 가스의 조성

　　　① 몰% = $\dfrac{성분몰수}{전체몰수} \times 100$　　② 용량% = $\dfrac{성분용량}{전체용량}$　　③ 중량% = $\dfrac{성분중량}{전체중량}$

NO.9 줄의 법칙

$$Q = AW \qquad W = J \cdot Q$$

Q : 열량(kcal)

A : 일의 열당량($\dfrac{1}{427}$kcal/kgf · m)

W : 일량(kgf · m)

J : 열의 일당량(427kgf · m/kcal)

NO.10 르샤틀리에의 법칙(하한과 부피는 %로 입력)

[폭발성 혼합가스의 폭발 범위를 구하는 식]

$$\frac{100}{L} = \frac{V_1}{L_1} + \frac{V_2}{L_2} \cdots \cdots \frac{V_n}{L_n}$$

L : 혼합가스의 폭발한계

$L_1, L_2, \ldots L_n$: 각 성분기체의 폭발한계

$V_1, V_2, \ldots V_n$: 각 성분기체의 부피(%)

NO.11 그레이엄의 법칙(기체 확산 속도 법칙)

기체의 확산속도는 온도의 압력이 일정하면 기체의 밀도 또는 분자량의 제곱근에 반비례

$$\frac{U_1}{U_2} = \sqrt{\frac{\rho_2}{\rho_1}} = \sqrt{\frac{M_2}{M_1}} = \frac{t_2}{t_1}$$

U_1, U_2 : 확산 속도 　　ρ_1, ρ_2 : 밀도

M_1, M_2 : 분자량 　　t_1, t_2 : 기체의 확산시간

NO.12 엔탈피

$$h = U + APv$$

h : 엔탈피(kcal/kgf)

U : 내부에너지(kcal/kgf)

A : 일의 열당량($\dfrac{1}{427}$kcal/kgf · m)

P : 압력(kgf/m^2)

v : 비체적(㎥/kgf)

NO.13 엔트로피(entropy : 감각×, 측정×, 물리학상태량) − 에너지관리 기출↑

$$\Delta S = \Delta Q \,/\, T = U + AP_v \,/\, T$$

ΔS : 엔트로피의 변화량(kcal/kgf · K)

ΔQ : 열량변화(kcal/kgf)

T : 일정시점의 절대온도(K)

NO.14 압축기 : 왕복동형 압축기의 실제적 압축량

$$Q = \frac{\pi}{4} D^2 \times L \times N \times n \times \eta_v \times 60$$

Q : 실제적인 피스톤 압축량(㎥/h) 　　D : 피스톤 지름(m)

L : 행정거리(m) 　　　　　　　　　　N : 분당회전수(rpm)

η_v : 체적효율 　　　　　　　　　　　n : 기통수

NO.15 나사압축기의 토출량

$$Q(\mathrm{m^3/min}) = C_r \times D^2 \times L \times N \times n$$

Q : 이론적 토출량(㎥/min) 　　C_r : 로터 형상에 의한 계수

D : 암 로터의 지름(m) 　　　　L : 로터의 길이(m)

N : 숫 로터의 분당회전수(rpm)

NO.16 압축비

[단단압축기의 경우]

$$a = \frac{P_2}{P_1}$$

a : 압축비

P_1 : 흡입절대압력(kgf/cm^{2}a)

P_2 : 토출절대압력(kgf/cm^{2}a)

NO.17 압축기 효율의 종류

[체적효율]

$$\eta_v = \frac{\text{실제적인 피스톤의 압출량}}{\text{이론적인 피스톤의 압출량}} \times 100(\%)$$

[압축효율]

$$\eta_c = \frac{\text{이론적가스의 압축소요동력(이론적동력)}}{\text{실제적가스의 압축소요동력(지시동력)}} \times 100(\%)$$

[기계효율]

$$\eta_m = \frac{\text{실제적 소요동력(지시동력)}}{\text{축동력}} \times 100(\%)$$

NO.18 펌프의 효율

전효율 : 체적효율 × 수력효율 × 기계효율

NO.19 동력

[압축기의 축동력(효율반영)]

$$L_c = \frac{P \cdot Q}{75 \times \eta}(PS) \qquad L_c = \frac{P \cdot Q}{102 \times \eta}(kW)$$

P : 압력(kgf/m^2 = kgf/cm^2 × 10^4)
Q : 유량(m^3/s)
η : 효율(%)

[펌프의 축동력(효율반영)]

$$PS = \frac{r \cdot Q \cdot H}{75 \times \eta} \qquad kW = \frac{r \cdot Q \cdot H}{102 \times \eta}$$

r : 액체의 비중량(kgf/m^3) H : 전양정(m)
Q : 유량(m^3/s) η : 펌프의 효율(%)

NO.20 전동기의 회전수(rpm)

$$회전수(N) = \frac{120f}{P}(rpm)$$

P : 전동기의 극수 f : 주파수

NO.21 비교회전도(비속도)

$$비속도(N_S) = \frac{N\sqrt{Q}}{\left(\dfrac{H}{n}\right)^{\frac{3}{4}}}$$

N : 회전수(rpm) Q : 토출량(m^3/min)
H : 양정(m) n : 단수

NO.22 펌프의 상사법칙

- $Q_2 = Q_1\left(\dfrac{N_2}{N_1}\right)$ 회전수변화의 1승에 비례

- $H_2 = H_1\left(\dfrac{N_2}{N_1}\right)^2$ 회전수변화의 2승에 비례

- $L_2 = L_1\left(\dfrac{N_2}{N_1}\right)^3$ 회전수변화의 3승에 비례

N_1 : 변경 전의 회전수 N_2 : 변경 후의 회전수
Q_1 : 변경 전의 유량 Q_2 : 변경 후의 유량
H_1 : 변경 전의 양정 H_2 : 변경 후의 양정
L_1 : 변경 전의 동력 L_2 : 변경 후의 동력

NO.23 저압배관의 관경결정(압력손실)

$$Q = K\sqrt{\frac{D^5 H}{SL}}$$

Q : 가스유량(m^3/h) K : 유량계수(폴의 상수 : 0.707)
D : 파이프의 내경(cm) H : 허용압력손실(mmH$_2$O)
S : 가스비중 L : 파이프의 길이(m)

$$H = \frac{Q^2 SL}{k^2 \cdot D^5}$$

① 유속(V)의 2승에 비례한다.(= 유량의 2승)
② 가스비중(S)에 비례한다.
③ 관의 길이(L)에 비례한다.
④ 관의 내경(D)의 5승에 반비례한다.

NO.24 중·고압배관 관경결정(압력손실) – 산업기사 이상 기출

$$Q = K\sqrt{\frac{D^5(P_1^2 - P_2^2)}{SL}}$$

Q : 가스유량(m^3/h) K : 유량계수(콕스의 상수 : 52.31)
D : 파이프의 내경(cm) P_1 : 초압(kgf/cm^{2}a) P_2 : 종압(kgf/cm^{2}a)
S : 가스비중 L : 파이프의 길이(m)

NO.25 입상배관(=수직배관)의 압력손실

$$H = 1.293(s-1)h$$

① H : 압력 손실(mmH$_2$O), S : 가스 비중, h : 입상높이(m)
② (−)의미 : 압력상승을 의미

NO.26 용기 두께(t) 계산

$$용접용기\ 동판\ 두께(t) = \frac{PD}{2S\eta - 1.2P} + C$$

P : Fp(MPa)   S : 허용응력(인장강도¼)(N/㎟)
t : 두께(㎜) η : 용접효율   D : 동체의 내경(㎜)

NO.27 배관 스케줄 번호(Sch No)

$$\text{Sch No} = 10 \times \frac{P(\text{사용압력}[\text{kgf/cm}^2])}{S(\text{허용응력}[\text{kgf/mm}^2])}$$

$S = \dfrac{\text{인장강도}(kgf/mm^2)}{\text{안전율}(4)}$ P : 사용압력(kgf/㎠)   S : 재료의 허용응력(kgf/mm²)

NO.28 배관의 두께 계산

[외경과 내경의 비가 1.2 미만인 경우]

$$t = \frac{PD}{2S\eta - P} + C$$

허용응력[N/㎟] $S = \dfrac{\text{인장강도}(\text{N/mm}^2)}{\text{안전율}(4)}$

P : 상용압력(MPa)   S : 허용응력 N/mm²(= N/9.8 = kgf)
t : 배관의 두께(mm) η : 용접효율
D : 안지름에서 부식여유치를 뺀 치수(mm)

NO.29 노즐의 가스분출량 계산

$$Q = 0.009 D^2 \sqrt{\frac{P}{d}}$$

단, 유량계수가 있을 때 $Q = 0.011 D^2 K \sqrt{\dfrac{P}{d}}$

Q : 분출가스량(m³/h) D : 노즐 직경(mm)
P : 노즐 직전의 가스압력(mmH₂O) d : 가스비중 K : 유량계수

NO.30 노즐의 변경률 계산 (단위는 없음)

$$\frac{D_2}{D_1} = \frac{\sqrt{WI_1 \sqrt{P_1}}}{\sqrt{WI_2 \sqrt{P_2}}}$$

D_1 : 변경 전 노즐 구경(mm) D_2 : 변경 후 노즐 구경(mm)
WI_1 : 변경 전 가스의 웨버지수 WI_2 : 변경 후 가스의 웨버지수
P_1 : 변경 전 가스의 압력(mmH₂O) P_2 : 변경 후 가스의 압력(mmH₂O)

NO.31 도시가스의 월사용예정량 산정식

$$Q = \frac{A \times 240 + B \times 90}{11,000}$$

Q : 월 사용예정량(m^3)
A : 산업용으로 연소기 명판에 기재한 가스 소비량의 합계(kcal/h)
B : 산업용이 아닌 연소기 명판에 기재한 가스 소비량의 합계(kcal/h)

NO.32 도시가스의 열량측정 검사(웨버지수)

$$WI = \frac{H_g}{\sqrt{d}}$$

WI : 웨버지수 H_g : 가스발열량(kcal/m^3) d : 가스의 비중

NO.33 열량조정-공기희석방법

$$Q_1 = \frac{Q}{1 + X}$$

Q : 희석 전 발열량 Q_1 : 공기희석 후 발열량

NO.34 신축팽창길이 계산

$$\lambda = L \cdot \alpha \cdot \Delta t$$

α : 열팽창율(선팽창계수)   L : 전 길이(mm)   λ : 변한 길이(mm) Δt : 온도차(℃)

NO.35 초저온용기의 단열성능시험

$$Q = \frac{W \cdot q}{V \cdot H \cdot \triangle t}$$

Q : [kcal/L · h · ℃] W : 기화된 가스량[kg]
q : 시험용 액화가스의 기화잠열[kcal/kg] H : 측정시간[hr]
V : 용기 내용적[L] Δt : 시험용 액화가스의 비점과 대기와의 온도차[℃]

• 합격 기준 : 내용적 1,000L 이상 : 0.002(kcal/L · h · ℃) 이하
              내용적 1,000L 미만 : 0.0005(kcal/L · h · ℃) 이하

NO.36 다공도 계산

$$다공도(\%) = \frac{V-E}{V} \times 100(\%)$$

V : 다공물질의 용적 E : 아세톤의 침윤 잔용적

NO.37 안전밸브 작동압력

$$P = TP \times \frac{8}{10} \text{ 이하}$$

TP : 내압시험압력(만일 고압설비일 경우 TP(=상용압력 × 1.5))

NO.38 저장능력 계산

(1) 압축가스 : Q = (10P+1)V_1
    (단, Q : 저장능력(m^3), P : 35℃에서의 최고충전압력(MPa), V_1 : 내용적(m^3))

(2) 액화가스(저장탱크) : W = 0.9 dV_2
    (W : 저장능력(kg), d : 액비중, V_2 : 내용적(L))

(3) 용기 및 차량에 고정된 탱크 : W = $\dfrac{V_2}{C}$
    (W : 저장능력(kg), C : 충전상수(2.35/2.05/1.86), V_2 : 내용적(L))

NO.39 항구(영구)증가율(%) 계산

$$항구증가율 = \frac{항구증가량}{전증가량} \times 100(\%)$$

NO.40 표준분동식(자유피스톤식) 압력계

압력 $P = Po + \dfrac{F}{A}$ 에서 (단, 대기압 무시 압력 $P = \dfrac{F}{A}$ = 참값)

P : 압력(kgf/cm^2),   Po : 대기압,   F : 무게(추+피스톤)(kg),   A : 피스톤의 단면적(cm^2)

• 오차율(%) = $\dfrac{측정값-참값}{참값} \times 100$

NO.41 U자관 압력계(액주식)

U자형 액면계에서 수은을 이용한 U자형 액면계의 P_2과 P_1의 압력차는

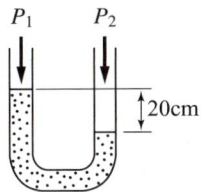

해설 $\Delta P = rh = 13.6 \times 10^{-3} \times 20$
$= 2720 \mathrm{kgf}/\mathrm{cm}^2$
$= 0.272 \mathrm{kgf}/\mathrm{cm}^2$

NO.42 냉동기의 성적계수

$$COP = \frac{흡수한\ 열량(냉동효과)}{유효일의\ 열당량}, \quad COP(냉동기) = \frac{q^2}{Aw} = \frac{Q_2}{Q_1 - Q_2}$$

$$= \frac{증발절대온도}{응축절대온도 - 증발절대온도} = \frac{T_2}{T_1(고온) - T_2(저온)}$$

Q_1 : 공급열량(kcal) Q_2 : 방출열량(kcal)

NO.43 열기관의 효율

$$\eta = \frac{AW}{Q_1} \times 100, \ = \frac{Q_1 - Q_2}{Q_1} \times 100$$

$$= \frac{T_1(고온) - T_2(저온)}{T_1}$$

Q_1 : 공급열량(kcal) Q_2 : 방출열량(kcal)

암기TIP 숫자 7을 거꾸로 표시

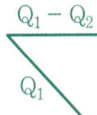

NO.44 차압식(피토우관) 유량계 : 속도수두를 이용하여 순간 유량 측정, 피토관 사용

전압과 정압을 측정하여 동압산출. 유속$(V) = \sqrt{2 \cdot g \cdot h}$

$$유량(Q) = C \cdot A \sqrt{2g\left(\frac{P_1 - P_2}{S}\right)} \qquad Q = C \cdot A \sqrt{2gh\left(\frac{S_o}{S} - 1\right)}$$

유속 V(m/s)   유량 Q(m³/hr)   g : 중력가속도 9.8m/s²
P_1 : 교축기구 입구압력(kgf/m²) P_2 : 교축기구 출구압력(kgf/m²)
h : 높이(m) S_o : 마노미터 비중량 S : 측정유체 비중량(kgf/㎥)

NO.45 완전연소 반응식(탄화수소계)

$$C_m H_n + \left(m + \frac{n}{4}\right) O_2 \;\rightarrow\; m CO_2 + \frac{n}{2} H_2 O$$

NO.46 위험도 계산

$$H = \frac{U - L}{L}$$

U : 폭발상한값 L : 폭발하한값

NO.47 공기량 계산

[이론산소량(O_0)]

$$C_m H_n + \left(m + \frac{n}{4}\right) O_2 \text{ 에서 산소의 몰수 } \rightarrow \left(m + \frac{n}{4}\right)$$

예 $C_3 H_8 + \left(3 + \dfrac{8}{4}\right) = 5,\; C_3 H_8$의 $O_0 = 5$

[이론 공기량(A_0) (체적(m^3) : 0.21/ 중량(kg) : 0.232)]

$$\left(\frac{m + \dfrac{n}{4}}{0.21}\right)$$

예 $C_3 H_8,\; O_0 = 5,\; A_0 = \dfrac{5}{0.21} = 23.8 m^3$

[과잉공기율(%) (A : 실제공기량. A_0 : 이론공기량)], 과잉공기량 = A−A_0

$$= \left(\frac{A - A_0}{A_0}\right) \times 100(\%) = \left(\frac{(m-1)A_0}{A_0}\right) \times 100(\%) = (m-1) \times 100(\%)$$

NO.48 공기비 계산

$$\text{완전연소 } m = \frac{N_2}{N_2 - 3.76 O_2}$$

예 산소에 대한 공기 비율 $\dfrac{79}{21} = 3.76$배

NO.49 연료의 이론산소량과 이론공기량 계산

[이론 공기량(A_0)]

① 체적(Nm³/kg연료) $A_O = \left(1.87C + 5.6\left(H - \dfrac{O}{8}\right) + 0.7S\right) \times \dfrac{1}{0.21}$

② 중량(kg/kg연료) $A_O = \left(2.67C + 8\left(H - \dfrac{O}{8}\right) + 1S\right) \times \dfrac{1}{0.232}$

[C.H.O.S : 탄소/수소/산소/황 성분의 함유량]

$\left[\left(H - \dfrac{O}{8}\right)$: 유효수소 즉, 산소가 투입되어 연소가 되는 실제수소량]

NO.50 발열량 계산

• 고위발열량 : $H_h = H_L + 600(9H + W)$

  ∴ 600 : 물 1kg의 수증기의 증발잠열

• 저위발열량 H_L[kcal/kg]은 수증기 잠열을 제외한 진 발열량

  $H_L = H_h - 600(9H + W)$ (H : 수소, W : 수분)

 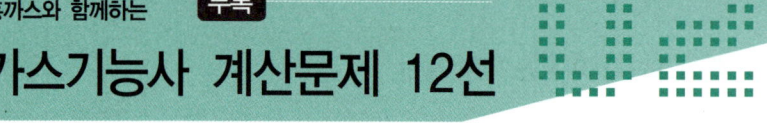
01. 시간당 200t의 물을 20㎝의 내경을 갖는 PVC파이프로 수송하였다. 관내의 평균 유속은 약 몇 m/s인가?

> 정답 1.77(m/s)
>
> 해설 Q(유량: m^3/s) = A(단면적: m^2) × V(유속: m/s)
>
> 200t = 200,000kg = 200,000L = $200m^3$이므로 Q = A·V에서
>
> $$유속\ V(m/s) = \frac{Q}{A} = \frac{200(m^3/h)}{\frac{\pi}{4}(0.2m)^2 \times 3600} = 1.769 ≒ 1.77$$
>
> 주의 시간 hour를 초 sec, 단면적 단위도 m로 변환. 소숫자리 3자리에서 반올림

02. 액화가스의 비중이 0.8, 배관 직경이 50mm이고, 시간당 유량이 15톤일 때, 배관내의 평균 유속은 약 몇 m/s인가?

> 정답 2.65(m/s)
>
> 해설 15t = 15,000kg = 15,000L = $15m^3$이므로 Q = A·V에서
>
> $$유속\ V(m/s) = \frac{Q}{A} = \frac{15(m^3/h) \div 0.8}{\frac{\pi}{4}(0.05m)^2 \times 3600} = 2.653 ≒ 2.65$$
>
> 주의 액비중 0.8과 시간 hour를 초 sec, 단면적 m로 변환

03. 나사압축기에서 숫로터 직경 150mm, 로터 길이 100mm, 숫로터 회전수 350rpm이라고 할 때 이론적으로 토출량은 약 몇 ㎥/min인가?(단, 로터형상에 의한 계수(Cv)는 0.476이다.)

> 정답 0.37(m^3/min)
>
> 해설 나사압축기 이론적 토출량
>
> $Q = Cv \times D^2 \times L \times N$에서 주의 토출량 단위가 m³이므로 단위는 m로 변환
>
> 토출량(m^3/min) Q(m^3/분) = $0.476 \times (0.15m)^2 \times (0.1m) \times 350 = 0.37485$
>
> (단위 : Cv(로터현상에 의한 계수), D(암로터 지름 : m), L(길이 : m), N(수로터 속도 : rpm))

04. 유체가 5m/s의 속도로 흐를 때 이 유체의 속도수두는 약 몇 m인가?(단, 중력 가속도는 9.8m/s^{2}이다.)

정답 1.28(m)

해설 유속 $V = \sqrt{2gh} = \sqrt{2g(중력가속도)h(높이)}$ 산식에 대입하면,

$5 = \sqrt{2 \times 9.8 \times h}$, $\sqrt{}$ (루트) 제거를 위해 양변을 제곱하게 되면,

$25 = 2 \times 9.8 \times h$, $h = \dfrac{25}{2 \times 9.8} = 1.275$

참고 단위 정리 $\sqrt{m/s^2 \times h(m)} = \sqrt{m^2/s^2} = (m/s)$

05. 외경이 300mm이고, 두께가 30mm인 가스용폴리에틸렌(PE)관의 사용압력범위는?

정답 0.4MPa 이하

해설 사용압력 0.4MPa 이하

① $SDR = \dfrac{D}{t} = \dfrac{외경}{두께} = \dfrac{300mm}{30mm} = 10(SDR)$

②

SDR NO	사용압력
11	0.4MPa 이하
17	0.25MPa 이하
21	0.2MPa 이하

융착기 번호 11을 적용하여 0.4MPa 이하로 압력범위를 하여야 한다.

06. 도시가스의 비중을 계산하시오.

정답 0.55

해설 도시가스의 주원료는 메탄이므로

$CH_4(메탄)비중 = \dfrac{메탄의분자량/메탄의체적}{(공기분자량/공기체적)} = 비중 = \dfrac{16g/22.4L}{29g/22L} = 0.5517$

주의 아보가드로의 법칙적용. 비중은 단위가 없음

※ 아보가드로 법칙 : 모든 기체 1mol은 표준상태(0℃, 1atm)에서
부피는 22.4L이고, 원자수는 6.02×10^{23}이다.

07. 송수량 12,000L/min, 전양정 45m인 볼류트 펌프의 회전수를 1,000rpm에서 1,100rpm으로 변화시킨 경우 펌프의 축동력은 약 몇 PS인가? (단, 펌프의 효율은 80%)

> **정답** 200(PS)
>
> **해설** 펌프의 기존 축동력 ÷ η(효율) 구한 이후, 회전수 변화를 상사의 법칙을 이용한다.
> 단, Q(유량)를 12,000L/min를 m³/s로 변환해야 한다.(동력은 초 기준)
> [단위 변환]
> L를 ㎥으로 변환 : 12,000L/min = 12m³/min
> 분(min)을 초(sec)로 변환하기 위해 60sec로 나누어 변환
>
> **해설** $PS = \dfrac{\Upsilon \cdot Q \cdot H}{75 \times \eta \times 60}$ 에서 Υ : 비중량 g/cm³=1000kg/m³, Q = 12,000L(12m³)
>
> ① $= \dfrac{1,000 \times 12m^3/분 \times 45m}{75 \times 0.8 \times 60} = 150$
>
> ② $150 \times \left(\dfrac{N_2}{N_1}\right)^3 = 150 \times \left(\dfrac{1,100}{1,000}\right)^3 = 199.65 ⇌ 200$

08. 모듈 3, 잇수 10개, 기어의 폭 12mm인 기어펌프를 1,200rpm으로 회전할 때 송출량(cm³/s)은 약 얼마인가?

> **정답** 13,564.8(cm³/s)
>
> **해설** 기어펌프의 송출량 계산(cm³/s)
> Q = 2π × 모듈² × 잇수 × 기어폭 × N(회전수)
> Q(cm³/s) = (2×3.14×3²×10×1.2×1200)/60 = 13,564.8
>
> > **주의** 송출량의 계산시 좌우변의 단위를 일치.
> > 단위 변환 : 12mm를 cm 변환하여 1.2cm로 변경,
> > 또한 초(sec)로 구하기 위해 60으로 나눈다.

09. 실린더의 단면적 50㎠, 행정 10cm, 회전수 200rpm, 체적 효율 80%인 왕복 압축기의 토출량(L/min)은?

> **정답** 80L/min
>
> **해설** $V(cm^3/min) = \dfrac{\pi}{4} D^2 \times L \times N \times \eta$ 산식에 대입하게 되면,
>
> $V(cm^3/min) = 50 \times 10 \times 200 \times 0.8 = 80,000(cm^3/min)$
>
> > **주의** 계산식에서 단면적으로 주어졌으므로 50 적용
> > 단위 변환 = 80,000cm³는 80L(1,000cm³ = 1L)

10. 압송기 출구에서 도시가스의 연소성을 측정한 결과 총발열량이 10,700kcal/m³, 가스비중이 0.56이었다. 웨버지수(WI)는 얼마인가?

> 정답 14,298.48(kcal/m³)
>
> 해설 WI(kcal/m³. 웨버지수) $WI = \dfrac{Hg(총발열량)}{\sqrt{d(가스비중)}}$
>
> 산식에 총 발열량(Hg : 10,700kcal/m³)과 가스비중(0.56)을 대입하면
>
> $WI = \dfrac{10,700}{\sqrt{0.56}} = 14,298.476$

11. 압축천연가스(CNG) 자동차 충전소에 설치하는 압축가스설비의 설계압력이 25MPa인 경우 압축가스설비에 설치하는 압력계의 법적 최대지시눈금은 최소 얼마 이상으로 하여야 하는가?

> 정답 37.5MPa
>
> 해설 압력계 : 상용압력에 1.5배~2배 이하의 최고 눈금이 있는 것이므로, 25MPa 최소 1.5배 이상으로 표시하여야 한다. 25 × 1.5 = 37.5

12. 부유 피스톤형 압력계에서 실린더 지름이 5cm, 추와 피스톤의 무게가 130kg일 때, 이 압력계에 접속된 부르동관의 압력계 눈금이 7kgf/cm²를 나타내었다. 그 부르동관 압력계의 오차는 약 몇 %인가?

> 정답 5.7(%)
>
> 해설 압력 $P = \dfrac{(추 + 피스톤)무게}{단면적}$, $p = \dfrac{130kg}{\dfrac{\pi}{4} \times (5cm)^2} = 6.624(kgf/cm^2)$: 참값
>
> 오차율(%) $= \dfrac{측정값 - 참값}{참값} = \left(\dfrac{7 - 6.62}{6.62} \right) \times 100 = 5.67 \fallingdotseq 5.7$

Craftsman Gas

01 가스안전관리법 과년도 문제풀이

[★★★]

01. 액화암모니아 50kg을 충전하기 위하여 용기의 내용적은 몇 L로 하여야 하는가? (단, 암모니아의 정수 C
는 1.86이다.)

① 27 　　　　　　　　　　　　　　② 40

③ 70 　　　　　　　　　　　　　　④ 93

해설 저장능력 계산

$$W = \frac{V}{C} = 50kg = \frac{x}{1.86} \qquad x = 93(L)$$

W : 용기 및 차량에 고정된 탱크의 저장능력(kg)

V : 내용적(L) 　　　　　　　　C : 가스의 충전상수

정답 ④

[★]

02. 공기 중에서의 폭발범위가 가장 넓은 가스는?

① 황화수소 　　　　　　　　　　② 암모니아

③ 산화에틸렌 　　　　　　　　　④ 프로판

해설 황화수소 45-4.3 = 40.7 　　　　암모니아 28-15 = 13
산화에틸렌 80-3 = 77 　　　　프로판 9.5-2.1 = 7.4

참고 대부분 아세틸렌(C_2H_2), 산화에틸렌(C_2H_4O), 수소(H_2), 일산화탄소(CO) 순으로 독하다.

정답 ③

[★★★]

03. 고압가스안전관리법에 정하고 있는 저장능력 산정기준에 대한 설명으로 옳은 것은?

① 압축가스와 액화가스의 저장탱크 능력 산정식은 동일하다.
② 저장능력 합산 시에는 액화가스 10kg을 압축가스 $10m^3$로 본다.
③ 저장탱크 및 용기가 배관으로 연결된 경우에는 각각의 저장능력을 합산한다.
④ 액화가스 용기 저장능력 산정식은 $W = 0.9dV_2$이다.

> **해설** 저장 능력 산정 기준
> - 압축가스 $Q = (10P+1)V_1$(저장탱크 및 용기)
>   Q : 저장능력(m^3), P는 = 35℃에서의 최고충전압력(MPa), V_1 : 내용적(m^3)
> - 액화가스(저장탱크) : $W = 0.9d V_2$
>   W : 저장능력(kg), d : 액비중, V_2 : 내용적(L)
> - 용기 및 차량에 고정된 탱크 $W = \dfrac{V_2}{C}$
>   W : 저장능력(kg), C : 충전상수, V_2 : 내용적(L)
>   여기서 C : 액화가스 충전상수
> C_3H_8 : 2.35 C_4H_{10} : 2.05 NH_3 : 1.86
> ※ 액화가스 10kg = 압축가스 $1m^3$ 혼재시
>   단, 특정고압가스 방호벽 설치시 액화가스 5kg = 압축가스 $1m^3$
>   방호벽 설치기준 (300kg)/($60m^3$)

정답 ③

[★★★]

04. 내용적이 300L인 용기에 액화암모니아를 저장하려고 한다. 이 저장설비의 저장능력은 얼마인가?
(단, 액화암모니아의 충전정수는 1.86이다.)

① 161kg
② 232kg
③ 297kg
④ 558kg

> **해설** $w = \dfrac{300L}{1.86(충전정수)} = 161(kg)$

정답 ①

[★★★]

05. 다음 가스 중 위험도가 가장 큰 것은?

① 프로판   ② 일산화탄소
③ 아세틸렌   ④ 암모니아

> **해설** $H = \dfrac{U-L}{L} = \dfrac{81-2.5}{2.5} = 31.4$ (아세틸렌)
>
> 위험도 큰 순서 : 아세틸렌 → 일산화탄소 → 프로판 → 암모니아
> 여기서, U : 폭발범위 상한값, L : 폭발범위 하한값
>
> 아세틸렌 : H = (81−2.5)/2.5 = 31.4
> 일산화탄소 : H = (74−12.5)/12.5 = 4.92
> 프로판 : H = (9.5−2.1)/2.1 = 3.52
> 암모니아 : H = (28−15)/15 = 0.86
>
> **참고** 위험도 기출문제에서 위험도 순위는 일반적으로
> 아세틸렌 〉산화에틸렌 〉수소 〉일산화탄소 순이다.(C_2H_2 〉C_2H_4O 〉H_2 〉CO)
>
> **암기TIP** 아/산에/(윤)수/일 순으로 위험하다.

정답 ③

[★★]

06. 어떤 고압설비의 상용압력이 1.6MPa일 때 이 설비의 내압시험 압력은 몇 MPa 이상으로 실시하여야 하는가?

① 1.6   ② 2.0
③ 2.4   ④ 2.7

> **해설** TP = 고압설비 : 상용 P×1.5배 이상이므로
> $1.6\text{MPa} \times 1.5 = 2.4\text{MPa}$

정답 ③

[★★] KGS

07. 고압가스시설의 가스누출검지경보장치 중 검지부 설치수량의 기준으로 틀린 것은?

① 건축물 내에 설치되어 있는 압축기, 펌프 및 열교환기 등 고압가스설비군의 바닥면 둘레가 22m인 시설에 검지부 2개 설치

② 에틸렌제조시설의 아세틸렌 수첨탑으로서 그 주위에 누출한 가스가 체류하기 쉬운 장소의 바닥면 둘레가 30m인 경우에 검지부 3개 설치

③ 가열로가 있는 제조설비의 주위에 가스가 체류하기 쉬운 장소의 바닥면 둘레가 18m인 경우에 검지부 1개 설치

④ 염소충전용 접속구 군의 주위에 검지부 2개 설치

해설 건축물 내는 10m 마다, 건축물 외는 20m 마다이므로

①은 $\dfrac{22}{10} = 2.2$개 $\fallingdotseq$ 3개

정답 ①

[★]

08. 발열량이 9,500kcal/m³이고 가스비중이 0.65인 가스의 웨버지수는 약 얼마인가?

① 6,175 ② 9,500
③ 11,780 ④ 14,615

해설 $WI = \dfrac{\mathrm{Hg}}{\sqrt{d}} = \dfrac{9500}{\sqrt{0.65}} = 11,780$

정답 ③

[★★★]

09. 초저온 용기의 단열성능 시험에 있어 침입열량 계산식은 다음과 같이 구해진다. 여기서 "q"가 의미하는 것은?

$$Q = \frac{W \cdot q}{H \cdot \Delta t \cdot V}$$

① 침입열량 ② 측정시간
③ 기화된 가스량 ④ 시험용 가스의 기화잠열

해설 [초저온 용기 단열성능시험 침입열량]

$$Q = \frac{W \cdot q}{H \cdot \Delta t \cdot V}$$

여기서, Q : [kcal/h · ℃ · L]
  W : 기화된 가스량[kg]
  q : 시험용 가스의 기화잠열[kcal/kg]
  H : [hr]
  V : [L]
  Δt : 시험용 가스의 비점과 대기온도의 온도차
    $(L - O_2)$ −183℃ 이하
    $(L - A_r)$ −186℃ 이하
    $(L - N_2)$ −196℃

정답 ④

[★]

10. 20kg LPG 용기의 내용적은 몇 L인가? (단, 충전상수 C는 2.35이다.)

① 8.51
② 20
③ 42.3
④ 47

해설 $W = \dfrac{L}{c}$ 에서 $20 = \dfrac{xL}{2.35}$
  $x(L) = 20 \times 2.35 = 47$

정답 ④

[★]

11. 천연가스의 발열량이 10,400kcal/Sm^{3}이다. SI 단위인 MJ/Sm^{3}으로 나타내면?

① 2.47
② 43.68
③ 2,476
④ 43,680

해설 1J = 0.239cal
  1MJ = 239kcal
  = 10,400 ÷ 239 ≒ 43.68

정답 ②

[동영상]

12. 고압가스 용기를 내압 시험한 결과 전증가량은 400mL, 영구증가량이 20mL이었다. 영구증가율은 얼마인가?

① 0.2%

② 0.5%

③ 5%

④ 20%

> **해설** 영구증가율(%) = $\dfrac{\text{영구증가량}}{\text{전증가량}} = \dfrac{20\text{mL}}{400\text{mL}} = 0.05\,(5\%)$
>
> **정답** ③

[★★]

13. 300kg의 액화프레온12(R-12)가스를 내용적 50L 용기에 충전할 때 필요한 용기의 개수는? (단, 가스정수 C는 0.86이다.)

① 5개

② 6개

③ 7개

④ 8개

> **해설** 저장능력 계산
>
> ① $W(\text{kg}) = \dfrac{L}{c} = \dfrac{50}{0.86} = 58.14\,(\text{kg})$
>
> ② 용기 개수(개) = $\dfrac{300\text{kg}}{58.14\text{kg}} = 5.16 ≒ 6(\text{개})$
>
> **정답** ②

[★]

14. 다음 가스 중 위험도(H)가 가장 작은 것은?

① 프로판

② 일산화탄소

③ 아세틸렌

④ 암모니아

> **해설** $H = \dfrac{U - L}{L} = \dfrac{81 - 2.5}{2.5} = 31.4\,(\text{아세틸렌})$
>
> 위험도 작은 순서 : 아세틸렌 → 일산화탄소 → 프로판 → 암모니아
>
> 여기서, U : 폭발범위 상한값, L : 폭발범위 하한값

아세틸렌 : H = (81-2.5)/2.5 = 31.4
일산화탄소 : H = (74-12.5)/12.5 = 4.92
프로판 : H = (9.5-2.1)/2.1 = 3.52
암모니아 : H = (28-15)/15 = 0.86

참고 위험도 기출문제에서 위험도 순위는 일반적으로
아세틸렌 > 산화에틸렌 > 수소 > 일산화탄소 순이다. C_2H_2 > C_2H_4O > H_2 > CO

정답 ④

[★★★]

15. 공기 중 폭발범위에 따른 위험도가 가장 큰 가스는?

① 암모니아 ② 황화수소
③ 석탄가스 ④ 이황화탄소

해설 암모니아 : H = (28-15)/15 = 0.86
황화수소 : H = (45-4.3)/4.3 = 9.465
③번 석탄가스(메탄+수소) 위험도(CH_4) : H = (15-5)/5 = 2
④번 이황화탄소 위험도
폭발범위(연소) 1.25~44% → $H = \dfrac{44-1.25}{1.25} = 34.2$
인화점 30℃

정답 ④

[★]

16. 1%에 해당하는 ppm의 값은?

① $10^2 ppm$ ② $10^3 ppm$
③ $10^4 ppm$ ④ $10^5 ppm$

해설 1% = 0.01이므로 $\dfrac{0.01}{1,000,000} = \dfrac{1}{10,000} = 10^4 ppm$

정답 ③

[동영상]

17. 상용압력이 10MPa인 고압설비의 안전밸브 작동압력은 얼마인가?

① 10MPa 　　　　　　　　　② 12MPa

③ 15MPa 　　　　　　　　　④ 20MPa

> **해설** 안전밸브 작동압력
>
> 설계압력~내압시험압력(TP)$\times \dfrac{8}{10}$ 이하
>
> 고압가스설비의 TP : 상용압력 $\times$ 1.5배
>
> $10MPa \times 1.5 \times 0.8 = 12MPa$

정답 ②

[★]

18. 고압가스 용접용기 동체의 내경은 약 몇 ㎜인가?

• 동체두께 : 2mm	• 최고충전압력 : 2.5MPa
• 인장강도 : 480N/mm^2	• 부식여유 : 0
• 용접효율 : 1	

① 190mm 　　　　　　　　　② 290mm

③ 660mm 　　　　　　　　　④ 760mm

> **해설** 용접용기 두께 계산(t = mm)
>
> $$t = \frac{PD}{2S_n - 1.2p} + C \left(S = 허용능력 = \frac{인장강도}{4} \right)$$
>
> $$2 = \frac{2.5 \times x}{2 \times \dfrac{480}{4} \times 1 - 1.2 \times 2.5}$$
>
> $x = 189.6mm \fallingdotseq 190mm$

정답 ①

Craftsman Gas

02 가스일반 과년도 문제풀이

[★★]

01. 프로판가스 60mol%, 부탄가스 40mol%의 혼합가스 1mol을 완전연소시키기 위하여 필요한 이론 공기량은 약 몇 mol인가? (단, 공기 중 산소는 21mol%이다.)

① 17.7

② 20.7

③ 23.7

④ 26.7

> 해설 [이론 공기량계산]
> $C_3H_8 + 5O_2 \rightarrow C_3H_8 + 5O_2 \rightarrow 3CO_2 + 4H_2O \Rightarrow$ 5mol의 산소×60%
> $C_4H_{10} + 6.5O_2 \rightarrow 4CO_2 + 5H_2O \Rightarrow$ 6.5mol의 산소×40%
> $C_3H_8 = 3mol$, $C_4H_{10} = 2.6mol$
> 5.6mol/0.21 = 26.666 ≒ 26.7
>
> 정답 ④

[★★]

02. 메탄 95% 및 에탄 5%로 구성된 천연가스 1㎥의 진발열량은 약 몇 kcal인가? (단, 표준상태에서 메탄의 진발열량은 8,124cal/L, 에탄은 14,602cal/L이다.)

① 8151

② 8242

③ 8353

④ 8448

> 해설 CH_4 : 95% → 8,124cal/L = 8124kcal/m^3 예 1,000cal = 1kcal
> C_2H_6 : 5% → 14,602cal/L = 14602kcal/m^3 1,000L = 1m^3
> NG : 1m^3
> 8124×0.95 + 14602×0.05 = 8447.9 ≒ 8448
>
> 정답 ④

[★★★]

03. 진공압이 57cmHg일 때 절대압력은? (단, 대기압은 760mmHg이다.)

① 0.19kgf/㎠ · a

② 0.26kgf/㎠ · a

③ 0.31kgf/㎠ · a

④ 0.38kgf/㎠ · a

해설 ①

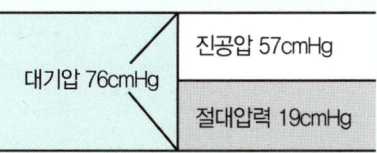

② 절대압력kgf/cm² · a 환산하면 $\left(\dfrac{19\,\mathrm{cm\,Hg}}{76\,\mathrm{cm\,Hg}}\right) \times 1.0332\,\mathrm{kgf/cm^2 \cdot a} = 0.26$

※ 진공도 질문시 진공(%)는 $\dfrac{57}{76} \times 100 = 75(\%)$

정답 ②

[★★★]

04. 다음 1기압(atm)과 같지 않은 것은?

① 760mmHg
② 0.9807bar
③ 10.332mH₂O
④ 101.3kPa

정답 ②

[★★★]

05. 다음은 탄화수소(CmHn)의 완전연소식 CmHn + (m+n/4)O₂ → mCO₂ + (   )H₂O에서 괄호 안에 알맞은 것은?

① n
② n/2
③ m
④ m/2

정답 ②

[★★]

06. 다음 이상기체상수 값이 1.987일 경우에 해당하는 단위는?

① J/mol · K
② atm · L/mol · K
③ cal/mol · K
④ N · m/mol · K

해설 $PV = GRT$, $\quad$ $R = \dfrac{PV}{GT}$

여기서, P : 압력(kgf/m^2 · abs)

$\quad\quad\quad V$: 체적(m^3)

$\quad\quad\quad G$: 중량(kgf)

$\quad\quad\quad R$: 기체상수(848kgf · m/kmol · K) $= 1.987 (\mathrm{kcal/kmol \cdot K})$

$\quad\quad\quad T$: 절대온도(K)

$$R = \frac{1.0332 \times 10^4 \mathrm{kgf/m}^2 \times 22.4\mathrm{m}^3}{\mathrm{kmol \cdot 273K}} = 848 \left(\frac{kgf \cdot m}{kmol \cdot K} \right)$$

$$R = 848 \times \frac{1}{427} \left(\frac{\mathrm{kcal}}{\mathrm{kmol \cdot K}} \right) = 1.987 (\mathrm{cal/mol \cdot K})$$

참고 열량 1kcal은 일량 427kgf · m과 같다.

정답 ③

[★★★]

07. 부탄 1㎥을 완전 연소시키는데 필요한 이론 공기량은 약 몇 ㎥인가? (단, 공기 중의 산소농도는 21v%이다.)

① 5 $\qquad\qquad\qquad\qquad$ ② 23.8

③ 6.5 $\qquad\qquad\qquad\qquad$ ④ 31

해설 1) $C_4H_{10} + 6.5O_2 \rightarrow 4CO_2 + 5H_2O$

$\quad\quad$ 2) $\dfrac{6.5}{0.21} = 30.952 \fallingdotseq 31$

정답 ④

[★★]

08. 하버-보시법으로 암모니아 44g을 제조하려면 표준상태에서 수소는 약 몇 L가 필요한가?

① 22 $\qquad\qquad\qquad\qquad$ ② 44

③ 87 $\qquad\qquad\qquad\qquad$ ④ 100

해설 $N_2 + 3H_2 \rightarrow 2NH_3$(암모니아) : 하버-보시법

$\quad\quad 3 \times 22.4\mathrm{L} \;:\; 2 \times [14 + 1 \times 3] = 34\mathrm{g}$

$\quad\quad \Rightarrow x(\mathrm{L}) = \dfrac{44}{34} \times 3 \times 22.4\mathrm{L} = 86.964 \fallingdotseq 86.96 \fallingdotseq 87(\mathrm{L})$

정답 ③

[★★★]

09. 다음 압력이 가장 큰 것은?

① 1.01MPa   ② 5atm

③ 100inHg   ④ 88psi

해설 ① $\dfrac{1.01}{0.101} \times 1\text{atm} = 10\text{atm}$ ② 5atm

③ $100\text{inHg} \times 2.54\text{cm} = \dfrac{254}{76} \times 1\text{atm} = 3.34\text{atm}$ ④ $88\text{psi} = \left(\dfrac{88}{14.7}\right) \times 1\text{atm} = 5.98\text{atm}$

정답 ①

[★★]

10. 산소가스가 27℃에서 130kgf/㎠의 압력으로 50kg이 충전되어 있다. 이때 부피는 몇 ㎥인가? (단, 산소의 정수는 26.5kgf · m/kg · K)

① 0.25㎥   ② 0.28㎥

③ 0.30㎥   ④ 0.43㎥

해설 PV = GRT에서

$$V = \frac{GRT}{P}$$

$$V = \frac{50 \times 26.5 \times (27 + 273)}{130\text{kgf/cm}^2 \times 10^4} = 0.305 \fallingdotseq 0.3$$

정답 ③

[★]

11. 500kcal/h의 열량을 일(kgf · m/s)로 환산하면 얼마가 되겠는가?

① 59.3   ② 500

③ 4,215.5   ④ 213,500

해설 1kcal = 427kgf · m

500kcal = 427×500 = 213,500(kgf · m/h)이므로 '초'로 환산하면

$\dfrac{213,500}{3,600}$ kgf·m = 59.3055(kgf·m/s)(초)

= 59.31 ≒ 59.3(kgf · m/s)

정답 ①

[★★★]

12. 0℃, 1atm에서 5L인 기체가 273℃, 1atm에서 차지하는 부피는 약 몇 L인가? (단, 이상기체로 가정한다.)

① 2   ② 5

③ 8   ④ 10

해설 보일-샤를의 법칙에서

1) $\dfrac{PV}{T} = \dfrac{P_1 V_1}{T_1}$ 2) $\dfrac{1\text{atm}\cdot 5\text{L}}{(0℃+273)} = \dfrac{1\text{atm}\cdot x\text{L}}{(273℃+273)}$, $x(\text{L}) = 10$

정답 ④

[★★★]

13. 수소 20v%, 메탄 50v%, 에탄 30v% 조성의 혼합가스가 공기와 혼합된 경우 폭발하한계의 값은? (단, 폭발하한계 값은 각각 수소는 4v%, 메탄은 5v%, 에탄은 3v%이다.)

① 3   ② 4

③ 5   ④ 6

해설 르샤틀리에 법칙 사용

1) $\dfrac{100}{L} = \dfrac{V_1}{L_1} + \dfrac{V_2}{L_2} + \dfrac{V_3}{L_3}$, $\dfrac{100}{L} = \left(\dfrac{20}{4} + \dfrac{50}{5} + \dfrac{30}{3}\right)$, $L = 4$

2) H_2(수소) : 4%~75%, CH_4(메탄) : 5%~15%, C_2H_6(에탄) : 3%~12.5%

정답 ②

[★]

14. 대기압이 1.0332kgf/㎠이고, 게이지압력이 10kgf/㎠일 때 절대압력은 약 몇 kgf/㎠인가?

① 8.9668   ② 10.332

③ 11.0332   ④ 103.32

해설 절대압력은 게이지 P과 대기압의 합이다.

∴ 게이지 P 10 + 대기압 P 1.0332 = 절대압력 P 11.0332

정답 ③

[★]

15. 일기예보에서 주로 사용하는 1헥토파스칼은 약 몇 N/㎡에 해당하는가?

① 1   ② 10

③ 100   ④ 1,000

> **해설** $Pa = N/m^2$, hPa(헥토파스칼) $= 10^2 \cdot N/m^2 = 100 N/m^2$
>
> 1헥토 $= 10^2 = 100$

정답 ③

[★★★]

16. 다음 중 임계압력(atm)이 가장 높은 가스는?

① CO   ② C_2H_4

③ HCN   ④ Cl_2

> **해설** CO : 35atm C_2H_4 : 49.98atm O_2 : 50.1atm
>
>   HCN : 53.2atm Cl_2 : 76.1atm H_2 : 12.8atm

정답 ④

[★]

17. 도시가스의 주성분인 메탄가스가 표준상태에서 1m³ 연소하는데 필요한 산소량은 약 몇 ㎥인가?

① 2   ② 2.8

③ 8.89   ④ 9.6

> **해설** $CH_4 + 2O_2 \rightarrow CO_2 + 2H_2O$
>
> 이론적 산소량(O_0) $= \left(m + \dfrac{n}{4}\right) = \left(1 + \dfrac{4}{4}\right) = 2$

정답 ①

[★★]

18. 표준상태에서 프로판 22g을 완전 연소시켰을 때 얻어지는 이산화탄소의 부피는 몇 L인가?

① 23.6   ② 33.6

③ 35.6   ④ 67.6

해설 $C_3H_8 + 5O_2 \rightarrow 3CO_2 + 4H_2O$

$44g \quad \rightarrow 3 \times 22.4L$

$22g \quad \rightarrow x, \qquad x = \dfrac{22}{44} \times (3 \times 22.4L) = 33.6(L)$

정답 ②

[★★]

19. 다음 중 압력 환산 값을 서로 옳게 나타낸 것은?

① $1\,lb/ft^2 \fallingdotseq 0.142kg/cm^2$ ② $1kg/cm^2 \fallingdotseq 13.7lb/in^2$

③ $1atm \fallingdotseq 1033g/cm^2$ ④ $76cmHg \fallingdotseq 1013dyn/cm^2$

해설 ① $1ft = 12inch = 30.5cm$

$1\,lb/ft^2 = 1\,lb/(12in)^2 = 144^{-1}(lb/in^2)$ 압력변환하면,

$= \left(\dfrac{144^{-1}}{14.7}\right) \times 1.0332kg/cm^2 = 0.00048kg/cm^2$

② 약 $1kg/cm^2 \fallingdotseq 14.7\,lb/in^2$

③ $1033g = \dfrac{1033g}{1000} = 1.033kg$

④ $1dyn = 1g \cdot cm/s^2$이므로 $\rightarrow 10^{-3}kg \cdot 10^{-2}m/s^2 = 10^{-5}kg \cdot m/s^2 = 10^{-5}N$

정답 ③

[★★]

20. 가열로에서 20℃ 물 1,000kg을 80℃ 온수로 만들려고 한다. 프로판 가스는 약 몇 kg이 필요한가? (단, 가열로의 열효율은 90%이며, 프로판가스의 열량은 12,000kcal/kg이다.)

① 4.6   ② 5.6

③ 6.6   ④ 7.6

해설 [열량계산]

1) $1000kg \times 1kcal/kg \cdot ℃ \times (80-20)℃ = 60,000(kcal)$이 필요함

2) 프로판 중량계산 $\dfrac{60,000}{12,000} = 5kg$

3) 효율이 90%이므로 $5kg/0.9 \fallingdotseq 5.56$

정답 ②

[★★]

21. "기체 혼합물의 전 부피는 동일 온도 및 압력하에서 각 성분 기체의 부분부피의 합과 같다."는 혼합기체의 법칙은?

① Amagat의 법칙　　　　　② Boyle의 법칙
③ Charles의 법칙　　　　　④ Dalton의 법칙

> **해설** ① Amagat의 법칙 : 전부피(V) $= V_1 + V_2 + V_3 + \cdots Vn = \sum_{n=1}^{\infty} Vn$
>
> ④ 돌턴(Dalton)의 분압법칙 : $P = P_1 + P_2 + P_3 + \cdots P_n = \sum_{n=1}^{\infty} Pn$
>
> **정답** ①

[★★]

22. 8kg의 물을 18℃에서 98℃까지 상승시키는데 표준상태에서 0.034㎥의 LP 가스를 연소시켰다. 프로판의 발열량이 24,000kcal/㎥이라면, 이때의 열효율은 약 몇 %인가?

① 48.6　　　　　② 59.3　　　　　③ 66.6　　　　　④ 78.4

> **해설** 1) 열량계산 8kg×1kcal/kg · ℃×(98−18)℃ = 640(kcal) : 실제필요열량
>
> 2) $C_3H_8 = \begin{bmatrix} m^3 : & 24{,}000kcal \\ 0.034m^3 : & x \quad kcal \end{bmatrix}$
>
> $x = 816$(kcal) : 투입된 열량
>
> 3) $\dfrac{640}{816} \times 100 = 78.43(\%)$
>
> **정답** ④

[★★]

23. 내용적 48m³인 LPG 저장탱크에 부탄 18톤을 충전한다면 저장탱크 내의 액체 부탄의 용적은 상용의 온도에서 저장탱크 내용적의 약 몇 %가 되겠는가? (단, 저장탱크의 상용온도에 있어서의 액체 부탄의 비중은 0.55이다.)

① 58　　　　　② 68　　　　　③ 78　　　　　④ 88

> **해설** 저장능력계산
>
> 1) 액비중계산(0.55)
>
> $0.55g/cm^3 = 550kg/m^3$
>
> 550kg : 1m³
>
> 18,000kg : x
>
> $x = 32.787(m^3)$

2) $\dfrac{32.73}{48} \times 100 = 68.18(\%)$

48m³ = 48,000L
18ton = 18,000kg

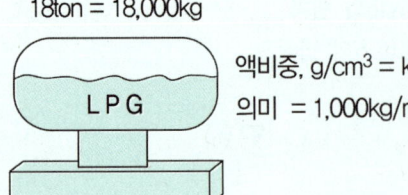

액비중, g/cm³ = kg/L
의미 = 1,000kg/m³

정답 ②

24. 70℃는 랭킨온도로 몇 °R인가?

① 618
② 688
③ 736
④ 792

해설 주요공식
°F = 1.8℃ + 32   °F = 1.8 × 70 + 32에서   °F = 158
°R = °F + 460이므로 158 + 460 = 618
K = ℃ + 273   °R = 1.8K

정답 ①

[★]

25. 1Therm에 해당하는 열량을 바르게 나타낸 것은?

① 10^3BTU
② 10^4BTU
③ 10^5BTU
④ 10^6BTU

해설 참고 1BTU = 0.252kcal

정답 ③

[★]

26. 이상기체 상태방정식의 R값을 옳게 나타낸 것은?

① 8.314L · atm/mol · R
② 0.082L · atm/mol · K
③ 8.314m³ · atm/mol · K
④ 0.082joule/mol · K

해설 $PV = nRT$ $R = \dfrac{atm \cdot L}{mol \cdot k}$ 에서 $R = \dfrac{1atm \cdot 22.4L}{mol \cdot 273K}$

$= 0.082\left(\dfrac{L \cdot atm}{mol \cdot k}\right)$

정답 ②

[★]

27. 어떤 물질의 질량은 30g이고 부피는 600cm³이다. 이것의 밀도(g/cm³)는 얼마인가?

① 0.01 ② 0.05
③ 0.5 ④ 1

해설 $\dfrac{30g}{600cm^3} = 0.05(g/cm^3)$

정답 ②

[★]

28. 다음 중 압력단위의 환산이 잘못된 것은?

① $1kg/cm^2 ≒ 14.22psi$ ② $1psi ≒ 0.0703kg/cm^2$
③ $1mbar ≒ 14.7psi$ ④ $1kg/cm^2 ≒ 98.07kPa$

해설 ① $1kg/cm^2 = \left(\dfrac{1kg/cm^2}{1.0332kg/cm^2}\right) \times 14.7(psi) = 14.227(psi)$

② $1psi ≒ \left(\dfrac{1}{14.7}\right) \times 1.0332(kg/cm^2) = 0.070285kg/cm^2$

③ $1mbar = \left(\dfrac{1mbar}{1013.25mbar}\right) \times 14.7(psi) ≒ 0.0145(psi)$

④ $1kg/cm^2 = \left(\dfrac{1}{1.0332}\right) \times 101.325kPa ≒ 98.069(kPa)$

정답 ③

[★★★]

29. 47L 고압가스 용기에 20℃의 온도로 15MPa의 게이지압력으로 충전하였다. 40℃로 온도를 높이면 게이지압력은 약 얼마가 되겠는가?

① 16.031MPa ② 17.132MPa
③ 18.031MPa ④ 19.031MPa

해설 보일–샤를 법칙 적용(절대압력기준)

1) $\dfrac{Pv}{T} = \dfrac{P_1 v_1}{T_1}$ 에서 $\dfrac{(15 + 0.1013250) \times 47L}{(20 + 273)} = \dfrac{x \times 47L}{(40 + 273)}$

2) x(절대압력) = 16.13MPa · abs

x(게이지 P) = 16.13 − 0.101325 = 16.03(MPa · g)

정답 ①

[★★]

30. 10%의 소금물 500g을 증발시켜 400g으로 농축하였다면 이 용액은 몇 %인가?

① 10

② 12.5

③ 15

④ 20

해설 1) 500g×10% = 50g

2) $\dfrac{50}{500} \times 100$ = 10% 소금물이므로

3) $\dfrac{50}{400} \times 100$ = 12.5(%)

정답 ②

[★]

31. 다음 각 온도의 단위환산 관계로서 틀린 것은?

① 0℃ = 273K

② 32°F = 492°R

③ 0K = −273℃

④ 0K = 460°R

해설 °F = 1.8℃ + 32

°R = 1.8K 적용

°R = °F + 460

④ 0K = 0°R(∵ °R = 1.8×0 = 0K)

정답 ④

[동영상]

32. 공급가스인 천연가스 비중이 0.6이라 할 때 45m 높이의 아파트 옥상까지 압력상승은 약 몇 mmH₂O인가?

① 18.0   ② 23.3

③ 34.9   ④ 27.0

> **해설** 입상관 압력손실(mmH_2O) 계산식
>
> $H = 1.293(S-1)h$ (S : 비중, h : 높이)
>
> 따라서 $H = 1.293(0.6-1) \cdot 45 = -23.274 ≒ 23.27$
>
> (−) 의미 : 압력상승을 의미한다.

정답 ②

[★]

33. A의 분자량은 B의 분자량의 2배이다. A와 B의 확산 속도의 비는?

① $\sqrt{2} : 1$ ② $4 : 1$

③ $1 : 4$ ④ $1 : \sqrt{2}$

> **해설** 그레이엄의 법칙(기체확산속도 법칙)
>
> 온도와 압력이 일정시(기체밀도(ρ), 분자량)의 제곱근에 반비례
>
> $$\frac{\mu_1}{\mu_2} = \sqrt{\frac{\rho_2}{\rho_1}} = \sqrt{\frac{M_2}{M_1}} = \frac{t_2}{t_1}$$
>
> 밀도 → 분자량 → 시간
>
> $$\frac{\mu_A}{\mu_B} = \sqrt{\frac{1}{2}} = \frac{1}{\sqrt{2}}$$
>
> $\mu_A \cdot \sqrt{2} = \mu_B$
>
> ∴ μ_A가 1이면 μ_B는 $\sqrt{2}$ 이다.

정답 ④

[★★]

34. LPG 1L가 기화해서 약 250L의 가스가 된다면 10kg의 액화 LPG가 기화하면 가스 체적은 얼마나 되는가? (단, 액화 LPG의 비중은 0.5이다.)

① $1.25m^3$ ② $5.0m^3$

③ $10.0m^3$ ④ $25m^3$

해설 액비중의미 g/cm^3 = kg/L이므로 0.5 의미는 0.5kg/L이고,

0.5 : 1L = 10 : xL 비례식에서 x = 20L이므로

∴ 20L × 250L = 5000L = 5(m^3)

정답 ②

[★★★]

35. 하버-보시법으로 암모니아 44g을 제조하려면 표준상태에서 수소는 약 몇 L가 필요한가?

① 22
② 44
③ 87
④ 100

해설 하버-보시법

$$N_2 + 3H_2 \rightarrow 2NH_3$$

$$\downarrow \qquad \downarrow$$

$$3 \times 22.4L : 2 \times (17g) = 34g$$

$$x L : 44g$$

$$x(L) = \frac{44}{34} \times 3 \times 22.4L \fallingdotseq 87$$

정답 ③

[★★]

36. 비중이 13.6인 수은은 76㎝의 높이를 갖는다. 비중이 0.5인 알코올로 환산하면 그 수주는 몇 m인가?

① 20.67
② 15.2
③ 13.6
④ 5

해설 1) 수은 비중 13.6g/cm^3이므로 $= \frac{13.6}{1000}(kg/cm^3) \cdot 76cm = 1.0336 kg/cm^2$

2) 알코올 0.5g/$cm^3 = \frac{0.5}{1000}(kg/cm^3) \cdot x(cm)$

3) 1)과 2)는 같아야 하므로 $1.0336 = \left(\frac{0.5}{1000}\right) \cdot x$

$x = 2,067.2(cm)$

$= 20.672(m)$

정답 ①

[★★★]

37. 대기압 하에서 0℃ 기체의 부피가 500mL이었다. 이 기체의 부피가 2배가 될 때의 온도는 몇 ℃인가? (단, 압력은 일정하다.)

① −100   ② 32
③ 273   ④ 500

해설 샤를의 법칙 적용

1) $\dfrac{V}{T} = \dfrac{V_1}{T_1}$ 에서 $\dfrac{500\,mL}{(0℃ + 273)} = \dfrac{1000\,mL}{(x)}$

2) x(절대온도) $= 546$

3) ℃(섭씨온도)로 환산시키면 K $=$ ℃ $+$ 273이므로
   $546 - 273 = 273℃$

정답 ③

[★★★]

38. 표준상태에서 1,000L의 체적을 갖는 가스상태의 부탄은 약 몇 kg인가?

① 2.6   ② 3.1
③ 5.0   ④ 6.1

해설 1) 아보가드로 법칙에서 표준상태(0℃, 1atm), 부피는 22.4L, 원자수는 6.02×10^{23}개

2) C_4H_{10}(부탄)
   58g → 22.4L
   xg → 1,000L

3) $x = 2589.2(g) ≒ 2.59(kg)$

정답 ①

[★★]

39. 다음 중 일반 기체상수(R)의 단위는?

① $kg \cdot m/kmol \cdot K$ ② $kg \cdot m/kcal \cdot K$
③ $kg \cdot m/m^3 \cdot K$ ④ $kcal/kg \cdot ℃$

해설 1) $PV = nRT$

$R = \dfrac{PV}{n \cdot T} = \dfrac{1atm \times 22.4L}{mol \cdot 273K} = 0.082\left(\dfrac{atm \cdot L}{mol \cdot K}\right)$

2) $PV = GRT = \dfrac{1.0332 \times 10^4 \text{kg/m}^2 \times 22.4\text{m}^3}{Kmol \cdot 273\text{K}} \fallingdotseq 848\left(\dfrac{\text{kg} \cdot \text{m}}{Kmol \cdot \text{K}}\right)$

$\quad R = \dfrac{PV}{GT}$ 에서
참고 $Pa(= N/m^2)$ $J(N \cdot m) = 0.239 cal$

3) $848 \dfrac{\text{kgf} \cdot \text{m}}{\text{kmol} \cdot \text{K}} = 848 \times \dfrac{1}{427} \text{kcal/kmol} \cdot \text{K} = 1.987 (\text{cal/mol} \cdot \text{K})$

4) $0.082 \left(\dfrac{atm \cdot m^3}{kmol \cdot K} \cdot \dfrac{101.325 kPa}{1 atm}\right) = 8.314\left(\dfrac{m^3 \cdot k \cdot N/m^2}{kmol \cdot K}\right)$

$\quad \fallingdotseq 8.314\left(\dfrac{k \cdot N \cdot m}{kmol \cdot K}\right) \fallingdotseq 8.314 (kJ/kmol \cdot K)$

정답 ①

[★★]

40. 이상기체의 등온과정에서 압력이 증가하면 엔탈피(H)는?

① 증가한다.   ② 감소한다.

③ 일정하다.   ④ 증가하다가 감소한다.

해설 • 이상기체 등온과정 (T = C 일정)

$\quad PV = P_1 V_1 = P_2 V_2$

• 내부에너지(μ)와 엔탈피의 변화는 없다.

$\quad$ 즉, $\Delta\mu$, $\Delta h = 0$

참고 등온팽창시 Q(최대열량)

$Q = RT \ln\left(\dfrac{P_1}{P_2}\right)$

정답 ③

[★★]

41. 이상 기체를 정적하에서 가열하면 압력과 온도의 변화는?

① 압력증가, 온도일정   ② 압력일정, 온도증가

③ 압력증가, 온도상승   ④ 압력일정, 온도상승

해설 이상기체 정적변화

$\quad V = C$ 일정 $\quad \dfrac{P_1}{T_1} = \dfrac{P_2}{T_2}$

1) 외부에 하는 일

$\quad W_a = \displaystyle\int P dv = 0$

2) 공업(압축)일

$$W_f = -\int vdP = v(P_1 - P_2), \ R(T_1 - T_2)$$

3) 엔탈피 변화

$$C_p(T_2 - T_1)$$

4) 정적비열 C_v

5) 엔트로피의 변화$(S_2 - S_1)$

$$C_v \cdot ln\left(\frac{T_2}{T_1}\right) = C_v \cdot ln\left(\frac{P_2}{P_1}\right)$$

즉, 운동에너지 $\Delta E = Q - W$

부피가 0이므로 일을 할 수 없다. $\Delta E = Q \ (\therefore W = 0)$,

제1법칙에서 열을 흡수시 $Q > 0$, ΔE는 증가, 열을 잃으면 $Q < 0$, ΔE는 감소

$PV = nRT \ (V=$일정$)$

$T \uparrow \rightarrow P \uparrow$ $\qquad\qquad\qquad \therefore \Delta E$(운동에너지)는 온도에 비례한다.

정답 ③

[★★]

42. 산소가 충전되어 있는 용기의 온도가 15℃일 때 압력은 15MPa이었다. 이 용기가 직사일광을 받아 온도가 40℃로 상승하였다면, 이때의 압력은 약 몇 MPa가 되겠는가?

① 5.6

② 10.3

③ 16.3

④ 40.0

해설 $\dfrac{PV}{T} = \dfrac{P_1V_1}{T_1}$ (체적이 일정하면) $\dfrac{P}{T} = \dfrac{P_1}{T_1}$ 이 되므로

$$\frac{15}{(15℃ + 273)} = \frac{x}{(40 + 273)} \quad x = 16.3\text{(MPa)}$$

정답 ③

[★★]

43. 다음 중 1MPa와 같은 것은?

① 10N/cm^2

② 100N/cm^2

③ $1{,}000\text{N/cm}^2$

④ $10{,}000\text{N/cm}^2$

해설 1) $1\text{J} = 1\text{N} \cdot 1\text{m}$ 2) $\text{Pa} = \text{N/m}^2$에서

[★★]

44. 가열로속의 20℃ 물 50kg을 90℃로 올리기 위해 LPG를 사용하였다면, 이때 필요한 LPG의 양은 약 몇 kg이 필요한가? (단, 가열로의 열효율은 50%이며, LPG 열량은 10,000kcal/kg이다.)

① 0.5   ② 0.6
③ 0.7   ④ 0.8

해설 열량계산

1) 50kg×1kcal/kg · ℃×(90−20)℃ = 3,500(kcal) 필요함

2) LPG 중량계산 $\dfrac{3,500}{10,000}$ = 0.35kg

3) 효율이 50%이므로 0.35kg÷0.5 $\fallingdotseq$ 0.7

정답 ③

[★★★]

45. 25℃의 물 10kg을 대기압 하에서 비등시켜 모두 기화시키는데 약 몇 kcal의 열이 필요한가? (단, 물의 증발잠열은 540kcal/kg이다.)

① 750   ② 5,400
③ 6,150   ④ 7,100

해설 1) 현열 : 10kg×1kcal/kg · ℃×(100−25)℃ = 750(kcal)

2) 잠열 : 10kg×540kcal/kg = 5400(kcal)

∴ 1), 2)의 합 750 + 5,400 = 6,150(kcal)

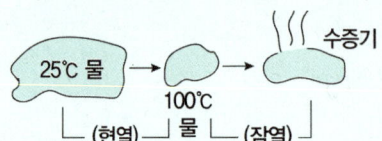

정답 ③

03 가스설비 과년도 문제풀이(장치 및 계측기기)

[★★]

01. 시간당 200톤의 물을 20cm의 내경을 갖는 PVC 파이프로 수송하였다. 관내의 평균유속은 약 몇 m/s인가?

① 0.9   ② 1.2
③ 1.8   ④ 3.6

해설 $200t = 200,000kg = 200,000L = 200m^3$이므로 $Q = A \cdot V$ 에서

$$V(m/s) = \frac{Q}{A} = \frac{200(m^3/h)}{\frac{\pi}{4}(0.2m)^2 \times 3,600} = 1.769 \fallingdotseq 1.8$$

정답 ③

[★]

02. 원통형의 관을 흐르는 물의 중심부의 유속을 피토관으로 측정하였더니 정압과 동압의 차가 수주 10m이었다. 이때 중심부의 유속은 약 몇 m/s인가?

① 10   ② 14
③ 20   ④ 26

해설 피토관식 유량계 특징
① 유속이 일정한 장소에서 전압과 정압의 차이 측정. 즉, 동압측정용
② 속도수두에 따른 유속 측정
③ 유속은 5m/s 이상시 사용
④ 유속(v) $= \sqrt{2 \cdot g \cdot h}$
유속(m/s)$= \sqrt{2 \cdot g \cdot h}$ 에서$= \sqrt{2 \times 9.8 \times 10} = 14$

정답 ②

[★★★]

03. 펌프의 회전수를 1,000rpm에서 1,200rpm으로 변화시키면 동력은 약 몇 배가 되는가?

① 1.3   ② 1.5

③ 1.7   ④ 2.0

> **해설** 상사의 법칙
>
> 유량 Q = 회전수 $\left(\dfrac{N_2}{N_1}\right)^1$ 비례
>
> 양정 H = 회전수 $\left(\dfrac{N_2}{N_1}\right)^2$ 비례
>
> 동력 Lw = 회전수 $\left(\dfrac{N_2}{N_1}\right)^3$ 비례
>
> $\therefore$ Lw(동력) $= \left(\dfrac{1,200}{1,000}\right)^3 = 1.7$

정답 ③

[★]

04. 나사압축기에서 숫로터 직경 150㎜, 로터 길이 100㎜, 숫로터 회전수 350rpm이라고 할 때 이론적 토출량은 약 몇 ㎥/min인가?(단, 로터 형상에 의한 계수(Cv)는 0.476이다.)

① 0.11   ② 0.21

③ 0.37   ④ 0.47

> **해설** 나사압축기
>
> $Q = Cv \times D^2 \times L \times N$ 에서
>
> $(m^3/min) = 0.476 \times (0.15m)^2 \times 0.1m \times 350$
>
> $= 0.37485 \fallingdotseq 0.37$

정답 ③

[★★★]

05. 공기액화 분리기 내의 CO_2를 제거하기 위해 NaOH 수용액을 사용한다. 1.0kg의 CO_2를 제거하기 위해서는 약 몇 kg의 NaOH를 가해야 하는가?

① 0.9   ② 1.8

③ 3.0   ④ 3.8

해설 $2NaOH + CO_2 \rightarrow Na_2CO_3 + H_2O$

$\quad$ 2NaOH= 2(23+16+1) = 80g : $\quad CO_2$(12+16×2) = 44g

$\qquad\qquad\qquad$ 1.8 : $\quad$ 1

정답 ②

[★★★]

06. 2,000rpm으로 회전하는 펌프를 3,500rpm으로 변환하는 경우 펌프의 유량과 양정은 몇 배가 되는가?

① 유량 : 2.65, 양정 : 4.12
② 유량 : 3.06, 양정 : 1.75
③ 유량 : 3.06, 양정 : 5.36
④ 유량 : 1.75, 양정 : 3.06

해설 유량(Q)=$\left(\dfrac{N_2}{N_1}\right)^1$ 비례, 양정(H)=$\left(\dfrac{N_2}{N_1}\right)^2$ 이므로

$\quad Q = \left(\dfrac{3,500}{2,000}\right)^1 = 1.75$

$\quad H = \left(\dfrac{3,500}{2,000}\right)^2 = 3.06$

정답 ④

[★]

07. 40L의 질소 충전용기에 20℃, 150atm의 질소가스가 들어있다. 이 용기의 질소분자의 수는 얼마인가? (단, 아보가드로수는 $6.02×10^{23}$이다.)

① $4.8×10^{21}$
② $1.5×10^{24}$
③ $2.4×10^{24}$
④ $1.5×10^{26}$

해설 $PV = nRT$에서

$\quad n = \dfrac{PV}{RT} = \dfrac{150×40}{0.082×(20+273)} = 249.729 × 6.02×10^{23}$

$\qquad\qquad\qquad\qquad = 1,503.37×10^{23}$

$\qquad\qquad\qquad\qquad = 1.5×10^{26}$

정답 ④

[★★]

08. 20RT의 냉동능력을 갖는 냉동기에서 응축온도가 30℃, 증발온도가 −25℃일 때 냉동기를 운전하는데 필요한 냉동기의 성적계수(COP)는 약 얼마인가?

① 4.5　　　　　　　　　　　　　　② 7.5
③ 14.5　　　　　　　　　　　　　④ 17.5

해설 $COP(냉동기) = \dfrac{q^2}{Aw}$

$$\dfrac{T_2}{T_1(고온) - T_2(저온)} = \dfrac{(-25+273)}{(30+273) - (-25+273)}$$
$$= 4.5$$

정답 ①

[★]

09. 내용적 50L의 용기에 수압 30kgf/㎠를 가해 내압시험을 하였다. 이 경우 30kgf/㎠의 수압을 걸었을 때 용기의 용적이 50.5L로 늘어났고, 압력을 제거하여 대기압으로 하니 용기용적은 50.025L로 되었다. 항구증가율은 얼마인가?

① 0.3%　　　　　　　　　　　　② 0.5%
③ 3%　　　　　　　　　　　　　④ 5%

해설 $영구(항구)\ 증가율(\%) = \dfrac{영구증가량}{전증가량} = \dfrac{50.025-50}{50.5-50} \times 100 = 5(\%)$

정답 ④

[동영상]

10. 도시가스의 총발열량이 10,400kcal/㎥, 공기에 대한 비중이 0.55일 때 웨버지수는 얼마인가?

① 11,023　　　　　　　　　　　② 12,023
③ 13,023　　　　　　　　　　　④ 14,023

해설 $WI(웨버지수) = \dfrac{Hg}{\sqrt{d}} = \dfrac{10,400}{\sqrt{0.55}} = 14,023.357$

　　Hg : 총발열량
　　d : 가스의 비중

정답 ④

[★]

11. 액체질소 순도가 99.999%이면 불순물은 몇 ppm인가?

① 1
② 10
③ 100
④ 1,000

> **해설** 순도 99.999%은 불순물이 0.001%(0.00001)이므로
>
> $$\text{ppm} = \frac{0.00001}{1,000,000} = 10\text{ppm}$$

정답 ②

[★]

12. 수은을 이용한 U자관 압력계에서 액주높이(h) 600mm, 대기압(P_1)이 1kg/cm²일 때, P_2는 약 몇 kg/cm²인가?

① 0.22
② 0.92
③ 1.82
④ 9.16

> **해설** $P = Po + rh$
>
> $= 1 + 13.6\text{g/cm}^3 \cdot 60\text{cm}$
>
> $= 1 + \dfrac{13.6}{1,000}\text{g/cm}^2 \cdot 60$
>
> $= 1.82(\text{kg/cm}^2)$

정답 ③

[동영상]

13. 외경이 300mm이고, 두께가 30mm인 가스용폴리에틸렌(PE)관의 사용 압력범위는?

① 0.4MPa 이하
② 0.25MPa 이하
③ 0.2MPa 이하
④ 0.1MPa 이하

> **해설** 가스용폴리에틸렌(PE)관
>
> 사용압력 0.4MPa 이하
>
> ① $SDR = \dfrac{D}{t} = \dfrac{외경}{두께} = \dfrac{300mm}{30mm} = 10(SDR)$
>
> ②

SDR NO	사용압력
11	0.4MPa 이하
17	0.25MPa 이하
21	0.2MPa 이하

정답 ①

[★★★]

14. 흡입압력이 대기압과 같으며 최종압력이 15kgf/cm² · g인 4단 공기압축기의 압축비는 약 얼마인가? (단, 대기압은 1kgf/cm²로 한다.)

① 2 ② 4
③ 8 ④ 16

해설 1)

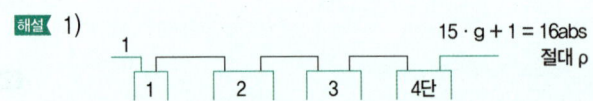

15 · g + 1 = 16abs
절대 ρ

2) 압축비(a) = $\dfrac{토출P}{흡입P}$ (여기서 압력은 절대P 기준임)

3) 최종압력이 15kgf/cm²·g이므로 대기압 1 반영요망

∴ 최종P = (15 + 1) = 16kgf/cm²·a (절대압력)

최종단 P가 2의 배수면 압축비(a)는 2,
　　　　　3의 배수면 압축비(a)는 3이다.

4단: 16/2 = 8, 3단: 8/2 = 4, 2단: 4/2 = 2, 1단: 2/2 = 1(흡입압력과 동일)

정답 ①

[★]

15. 100L의 액산 탱크에 액산을 넣어 방출밸브를 개방하고 12시간 방치하였더니 탱크 내의 액산이 4.8kg 방출되었다면 1시간당 탱크에 침입하는 열량은 약 몇 kcal인가? (단, 액산의 증발잠열은 60kcal/kg이다.)

① 12 ② 24
③ 70 ④ 150

해설 4.8kg × 60kcal/kg = 288kcal/12h = 24kcal/h

정답 ②

[★]

16. 펌프의 유량이 100m³/s, 전양정 50m, 효율이 75%일 때 회전수를 20% 증가시키면 소요 동력은 몇 배가 되는가?

① 1.44 ② 1.73
③ 2.36 ④ 3.73

해설 펌프의 상사법칙

$$Q(유량) = \left(\frac{N_2}{N_1}\right)^1, \quad H(양정) = \left(\frac{N_2}{N_1}\right)^2, \quad Lw(동력) = \left(\frac{N_2}{N_1}\right)^3 = (1.2)^3 = 1.7$$

만일 H(양정)을 구해보면 $= (1.2)^2 = 1.44$

정답 ②

[★★]

17. 모듈 3, 잇수 10개, 기어의 폭이 12mm인 기어펌프를 1,200rpm으로 회전할 때 송출량은 약 얼마인가?

① $9,030 cm^3/s$

② $11,260 cm^3/s$

③ $12,160 cm^3/s$

④ $13,570 cm^3/s$

해설 기어펌프의 송출량 계산

$Q = 2\pi \times 모듈^2 \times 잇수 \times 기어폭 \times N(회전수)$

$Q(cm^3/s) = (2 \times 3.14 \times 3^2 \times 10 \times 1.2 \times 1200)/60 = 13,564.8$

주의 송출량의 계산시 좌우변의 단위를 일치

정답 ④

[★★]

18. LNG의 주성분인 CH_4의 비점과 임계온도를 절대온도(K)로 바르게 나타낸 것은?

① 435K, 355K

② 111K, 191K

③ 435K, 283K

④ 111K, 291K

해설 CH_4 비점 −161.5℃

$°F = \frac{9}{5}℃ + 32$ 에서 $1.8 \times (-161.5) + 32 = -258.7$

$°R = °F + 460 = -258.7 + 460 = 201.3$

$°R = 1.8K$ 에서

$K = \frac{201.3}{1.8} = 111.83$

별해 $K = -161.5℃ + 273 = 111.5(K)$ (비점)

$K = -82 + 273 = 191(K)$ (임계온도)

정답 ②

[★]

19. C_4H_{10}의 제조시설에 설치하는 가스누출 경보기는 가스누출 농도가 얼마일 때 경보를 울려야 하는가?

① 0.45% 이상   ② 0.53% 이상

③ 1.8% 이상   ④ 2.1% 이상

해설 예 검지경보농도기준 : 폭발하한의 $\frac{1}{4}$ 이하

부탄(C_4H_{10}) 1.8~8.4

$\frac{1.8}{4} = 0.45\%$

만일, 메탄(CH_4)일 경우는 폭발범위 5%~15%이므로

$\therefore 5 \times \frac{1}{4} = 1.25(\%)$이다.

정답 ①

[★★]

20. 자유 피스톤식 압력계에서 추와 피스톤의 무게가 15.7kgf일 때 실린더 내의 액압과 균형을 이루었다면 게이지 압력은 몇 kgf/cm^2이 되겠는가? (단, 피스톤의 지름은 4cm이다.)

① $1.25kgf/cm^2$ ② $1.57kgf/cm^2$

③ $2.5kgf/cm^2$ ④ $5kgf/cm^2$

해설 $P = \dfrac{무게(추+피스톤)}{단면적 A} = \dfrac{15.7kgf}{\frac{\pi}{4} \times (4cm)^2} = 1.25kgf/cm^2$

만일, 절대압력산출시 대기압 약 1kgf/㎠ 반영하면 2.25kgf/cm²이다.

[자유피스톤식]	계산식 $P = Po + \dfrac{F무게(추+피스톤)kgf}{A단면적\ cm^2}$
1. 피스톤의 단면적으로 압력을 산출 2. 실험실용, 부르동관 압력계 눈금교정	P : 압력(kgf/cm²), Po : 대기압, F : 무게, A : 피스톤 지름

정답 ①

[★★]

21. 송수량 12,000L/min, 전양정 45m인 볼류트 펌프의 회전수를 1,000rpm에서 1,100rpm으로 변화시킨 경우 펌프의 축동력은 약 몇 PS인가? (단, 펌프의 효율은 80%)

① 165   ② 180

③ 200   ④ 250

해설 $PS = \dfrac{\Upsilon \cdot Q \cdot H}{75 \times \eta \times 60}$ 에서 Υ : 비중량, $Q = 12,000L(12m^3)$

① $= \dfrac{1,000 \times 12m^3/분 \times 45m}{75 \times 0.8 \times 60} = 150$

② $150 \times \left(\dfrac{N_2}{N_1}\right)^3 = 150 \times \left(\dfrac{1,100}{1,000}\right)^3 = 199.65 \fallingdotseq 200$

정답 ③

[★★★]

22. 펌프의 실제 송출유량을 Q, 펌프 내부에서의 누설 유량을 ΔQ, 임펠러 속을 지나는 유량을 Q+ΔQ라 할 때 펌프의 체적효율(η_V)를 구하는 식은?

① $\eta_V = Q \,/\, (Q+\Delta Q)$

② $\eta_V = (Q+\Delta Q) \,/\, Q$

③ $\eta_V = (Q-\Delta Q) \,/\, (Q+\Delta Q)$

④ $\eta_V = (Q+\Delta Q) \,/\, (Q-\Delta Q)$

해설 체적효율(η_V) $= \dfrac{실제송출유량}{임펠러 \ 속을 \ 지나는 \ 유량} = \dfrac{Q}{Q+\Delta Q}$

정답 ①

[★★★]

23. LPG(C_4H_{10}) 공급방식에서 공기를 3배 희석했다면 발열량은 약 몇 kcal/Sm^{3}이 되는가? (단, C_4H_{10}의 발열량은 30,000kcal/Sm^{3}으로 가정한다.)

① 5000

② 7500

③ 10000

④ 11000

해설 $\dfrac{Hg_1}{1+x} = Hg_2$ (Hg₁ : 변경 전 총 발열량, Hg₂ : 변경 후 총 발열량)

$= \dfrac{30,000}{1+3} = 7,500$

정답 ②

[★]

24. 고압가스제조소의 작업원은 얼마의 기간 이내에 1회 이상 보호구의 사용훈련을 받아 사용방법을 숙지하여야 하는가?

① 1개월   ② 3개월

③ 6개월   ④ 12개월

> 해설 **[보호구의 사용훈련]**
> • 고압가스 제조소의 작업원은 3개월에 1회 보호구의 사용훈련을 받아야 한다.
> • 1개월에 1회 점검을 하여야 한다.

정답 ②

[★]

25. 내산화성이 우수하고 양파 썩는 냄새가 나는 부취제는?

① T.H.T   ② T.B.M

③ D.M.S   ④ NAPHTHA

> 해설 T.H.T : 석탄가스 냄새
> T.B.M : 내산화성 우수, 양파 썩는 냄새
> D.M.S : 마늘 냄새

정답 ②

[★★★]

26. 계측기기의 구비조건으로 틀린 것은?

① 설치장소 및 주위조건에 대한 내구성이 클 것

② 설비비 및 유지비가 적게 들 것

③ 구조가 간단하고 정도(精度)가 낮을 것

④ 원거리 지시 및 기록이 가능할 것

> 해설 **[계측기기 구비조건]**
> ① 내구성이 클 것
> ② 설비비 및 유지비가 적게 들 것
> ③ 원거리 지시 및 기록이 가능할 것
> ④ 구조간단/ 정도가 높을 것/ 경제적일 것
>   정도 : 정확도와 정밀도의 총칭으로 높은 것이 좋다.

정답 ③

[★★]

27. 금속 재료에서 고온일 때 가스에 의한 부식으로 틀린 것은?

① 산소 및 탄산가스에 의한 산화
② 암모니아에 의한 강의 질화
③ 수소가스에 의한 탈탄작용
④ 아세틸렌에 의한 황화

> 해설 • 황화 : 고온 하에 Fe, Ni을 심하게 부식시킨다.
>   내황화성 원소 : Si, Al, Cr이다.
>   • 질화 : 고온하에서 질소가 강에 침입하여 질화철을 형성하는 현상
>   • 아세틸렌은 산화, 분해, 화합폭발을 유발

정답 ④

[★★]

28. 액화석유가스용 강제용기란 액화석유가스를 충전하기 위한 내용적은 얼마 미만인 용기를 말하는가?

① 30L   ② 50L
③ 100L   ④ 125L

> 해설 액화석유가스용 강제용기의 정의 : 액화석유가스 125L 미만을 충전하기 위한 용기

정답 ④

[★★]

29. 공기액화분리기에서 이산화탄소 7.2kg을 제거하기 위해 필요한 건조제(NaOH)의 양은 약 몇 kg인가?

① 6   ② 9
③ 13   ④ 15

> 해설 **[이산화탄소(CO_2)의 제거방법]**
> ① 고압수 세정법 : 20~30kg/cm² 정도의 고압수로 CO_2를 흡수하는 방식으로 다른 가스도 손실될 우려가 있고 생성된 탄산(H_2CO_3)이 강재를 부식하기도 하고 이산화탄소 회수율이 저조하여 잘 사용하지 않는다.
> ② 가성소다 흡수법 : 가성소다 용액을 사용하여 흡수 제거한다(1.8배).
>
> $$2NaOH[2(23+16+1)] + CO_2(44) \rightarrow Na_2CO_3 + H_2O$$
>   80   :   44   (80/44 = 1.8)
>   1.8 :   1
>
> 따라서 7.2×1.8배 = 12.96

정답 ③

[★]

30. 펌프에서 유량을 Qm³/min, 양정을 Hm, 회전수를 Nrpm이라 할 때 1단 펌프에서 비교 회전도(Ns)를 구하는 식은?

① $Ns = \dfrac{Q^2\sqrt{N}}{H^{3/4}}$ ② $Ns = \dfrac{N^2\sqrt{Q}}{H^{3/4}}$

③ $Ns = \dfrac{N\sqrt{Q}}{H^{3/4}}$ ④ $Ns = \dfrac{\sqrt{NQ}}{H^{3/4}}$

해설 $Ns = \dfrac{N\sqrt{Q}}{H^{\frac{3}{4}}}$ 암기TIP 3/4을 기억하자.

정답 ③

[★★]

31. 다음 곡률 반지름(r)이 50mm일 때 90° 구부림 곡선 길이는 얼마인가?

① 48.75mm ② 58.75mm

③ 68.75mm ④ 78.75mm

해설 $2\pi r \times \dfrac{\theta}{360}$ 에서 $2 \times 3.14 \times 50 \times \dfrac{90}{360} = 78.75mm$

별해 [실무적 접근법]

1°당 호의 길이를 계산한 후 원하는 각도를 곱해주면 됨

$= (지름 \times \pi \times \dfrac{1}{360}) \times 원하는 각도$

$= 100 \times 3.14 \times (1/360) \times 90 = 78.5$

정답 ④

[★★★]

32. 양정 90m, 유량이 90m³/h인 송수 펌프의 소요동력은 약 몇 kW인가? (단, 펌프의 효율은 60%이다.)

① 30.6 ② 36.8

③ 50.2 ④ 56.8

해설 $kW = \dfrac{\Upsilon \cdot Q \cdot H}{102 \times \eta \times 60}$ 에서 (Q유량 : 단위를 주의)

$= \dfrac{1{,}000 \times 90m^3/h \times 90m}{102 \times 0.6 \times 3600} = 36.8(kW)$, 즉 kW는 초를 기준

정답 ②

[★★★]

33. 3단 토출압력이 2MPa · g이고, 압축비가 2인 4단 공기압축기에서 1단 흡입 압력은 약 몇 MPa · g인가?

① 0.16MPa · g

② 0.26MPa · g

③ 0.36MPa · g

④ 0.46MPa · g

> **해설** a : 압축비, P : 절대압력(주의)
>
> 2단 토출P 계산 : (3단 토출P)/a = $\dfrac{2+0.1}{2}$ = 1.05MPa · abs
>
> 2단 흡입P 계산 : 1.05/2 = 0.525
>
> 1단 흡입P 계산 : 0.525/2 = 0.2625
>
> 1단 흡입P = 0.26MPa · abs 절대P이므로 대기압(−)하면 0.26−(0.1) = 0.16MPa · g
>
> **주의** MPa · g에서 최초는 절대압력 환산 요망
>
> **정답** ①

[★★★]

34. 펌프의 실제 송출유량을 Q, 펌프 내부에서의 누설유량을 0.6Q, 임펠러 속을 지나는 유량을 1.6Q라 할 때 펌프의 체적효율(η_V)은?

① 3.75%

② 40%

③ 60%

④ 62.5%

> **해설** η_V(체적효율) = $\dfrac{\text{실제유량}}{\text{임펠러속을 지나는 유량}}$ $*\eta$ (eta) : 효율
>
> = $\dfrac{Q}{1.6Q}$ = $\dfrac{1}{1.6}$ = 62.5(%)
>
> **정답** ④

[★]

35. 사용 압력이 2MPa, 관의 인장강도가 20kg/mm^{2}일 때의 스케줄 번호(Sch No)는? (단, 안전율은 4로 한다.)

① 10

② 20

③ 40

④ 80

해설 $\mathrm{Sch\ No} = 10 \times \dfrac{P(\text{사용압력}[\mathrm{kg/cm^2}])}{S(\text{허용응력}[\mathrm{kg/mm^2}])}$

허용응력[kg/mm^2]= $\dfrac{\text{인장강도}(kg/mm^2)}{\text{안전율}(\text{보통 4})}$

2MPa의 압력변환

$10 \times \dfrac{\left(\dfrac{2\mathrm{MPa}}{0.101325\mathrm{MPa}}\right) \times 1.0332\mathrm{kg/cm^2}}{\left(\dfrac{20\mathrm{kg/mm^2}}{4}\right)} = 40$

정답 ③

[★]

36. 1,000L의 액산 탱크에 액산을 넣어 방출밸브를 개방하여 12시간 방치하였더니 탱크 내의 액산이 4.8kg 방출되었다면 1시간당 탱크에 침입하는 열량은 약 몇 kcal인가? (단, 액산의 증발잠열은 60kcal/kg이다.)

① 12
② 24
③ 70
④ 150

해설 $(4.8\mathrm{kg} \times 60\mathrm{kcal/kg}) \div 12\mathrm{hr} = 24$

정답 ②

[★★★]

37. 부유 피스톤형 압력계에서 실린더 지름 0.02m, 추와 피스톤의 무게가 20,000g일 때 이 압력계에 접속된 부르동관의 압력계 눈금이 7kg/cm^{2}를 나타내었다. 이 부르동관 압력계의 오차는 약 몇 %인가? (단, 대기압은 무시한다)

① 5
② 10
③ 15
④ 20

해설 대기압 무시인 경우 $P = \dfrac{F}{A}$ 에서   참고 대기압 반영인 경우 $P = Po + \dfrac{F}{A}$

$p = \dfrac{20\mathrm{kg}}{\dfrac{\pi}{4} \times (2\mathrm{cm})^2} = 6.36(\mathrm{kg/cm^2})$: 참값

오차율(%) $= \dfrac{\text{측정값} - \text{참값}}{\text{참값}} = \left(\dfrac{7 - 6.36}{6.36}\right) \times 100 = 9.89 \fallingdotseq 10$

정답 ②

[★★]

38. 상용압력 15MPa, 배관내경 15mm, 재료의 인장강도 480N/mm^2, 관내면 부식여유 1mm, 안전율 4, 외경과 내경의 비가 1.2 미만인 경우 배관의 두께는?

① 2mm

② 3mm

③ 4mm

④ 5mm

해설 $t = \dfrac{PD}{2Sn-P} + C = \dfrac{15 \times 15}{2 \times \dfrac{480}{4} - 15} + 1 ≒ 2\text{mm}$

정답 ①

[★★]

39. LP가스 저압배관 공사를 완료하여 기밀시험을 하기 위해 공기압을 1,000mmH$_2$O로 하였다. 이 때 관지름 25mm, 길이 30m로 할 경우 배관의 전체 부피는 약 몇 L인가?

① 5.7L

② 12.7L

③ 14.7L

④ 23.7L

해설 $Q = \dfrac{\pi}{4}D^2 \times L = \dfrac{3.14}{4} \times (0.025\text{m})^2 \times 30\text{m} = 0.0147(\text{m}^3) = 14.7(\text{L})$

정답 ③

[★]

40. 발화온도와 폭발등급에 의한 위험성을 비교하였을 때 위험도가 가장 큰 것은?

① 부탄

② 암모니아

③ 아세트알데히드

④ 메탄

해설 위험도(H)는 폭발범위를 폭발 하한계로 나눈 수치로 단위는 없다.
[혼합가스의 폭발위험성을 나타내는 기준]

$$H = \dfrac{U-L}{L} \quad \text{여기서, } U : \text{폭발상한값}, \ L : \text{폭발하한값}$$

※ 폭발범위
C_4H_{10} : 1.8~8.4% (H : 3.7) NH_3 : 15~2.8% (H : 0.87)
아세트알데히드 : 4.1~57% (H : 12.9) CH_4 : 5~15% (H : 2)

예 부탄의 위험도 $H = \dfrac{8.4-1.8}{1.8} = 3.7$(단위는 없다)

정답 ③

[동영상]

41. 프로판 15vol%와 부탄 85vol%로 혼합된 가스의 공기 중 폭발하한 값은 얼마인가? (단, 프로판의 폭발하한 값은 2.1%로 하고, 부탄은 1.8%로 한다.)

① 1.84   ② 1.88

③ 1.94   ④ 1.98

> **해설** 혼합기체의 폭발범위(르샤틀리에 법칙)에서 하한값을 구하면
>
> $$\frac{100}{L} = \frac{V_1}{L_1} + \frac{V_2}{L_2} + \frac{V_3}{L_3} \cdots \frac{V_n}{L_n} \text{에서}$$
>
> C_3H_8 : 2.1~9.5%, C_4H_{10} : 1.8~8.4%이므로
>
> $$\frac{100}{L} = \left(\frac{15}{2.1} + \frac{85}{1.8}\right) \Rightarrow L \fallingdotseq 1.839$$
>
> ∴ 1.84

정답 ①

[★★]

42. 이상기체 1mol이 100℃, 100기압에서 0.1기압으로 등온가역적으로 팽창할 때 흡수되는 최대 열량은 약 몇 cal인가? (단, 기체상수는 1.987cal/mol · K이다.)

① 5,020   ② 5,080

③ 5,120   ④ 5,190

> **해설** $Q = R\,T\,Ln\left(\dfrac{P_1}{P_2}\right)$에서
>
> $$= 1.987 \times (100 + 273) \times Ln\left(\frac{100}{0.1}\right)$$
>
> $$= 5,119.68$$
>
> $$\fallingdotseq 5,120[cal]$$

정답 ③

[★★★]

43. 일정 압력 20℃에서 체적 1L의 가스는 40℃에서는 약 몇 L가 되는가?

① 1.07   ② 1.21

③ 1.30   ④ 2

해설 $\dfrac{PV}{T}=\dfrac{P_1 V_1}{T_1}$ 에서

(압력일정) $\dfrac{V}{T}=\dfrac{V_1}{T_1} \Rightarrow \dfrac{1\text{L}}{20+273}=\dfrac{x\text{L}}{40+273}$

$x=1.07(\text{L})$

정답 ①

[★★]
44. 자동차용 압축천연가스 완속충전설비에서 실린더 내경이 100mm, 실린더의 행정이 200mm, 회전수가 100rpm일 때 처리능력(m³/h)은 얼마인가?

① 9.42

② 8.21

③ 7.05

④ 6.15

해설 $Q(\text{m}^3/\text{h})=\dfrac{\pi}{4}D^2 \times L \times N \times 60$ 에서

$=\dfrac{3.14}{4} \times (0.1\text{m})^2 \times 0.2\text{m} \times 100 \times 60 = 9.42[\text{m}^3/\text{h}]$

주의 $Q(\text{m}^3/\text{min})$이면 60을 곱하지 말 것

정답 ①

[★★] KGS
45. 가스보일러의 본체에 표시된 가스소비량이 100,000kcal/h이고, 버너에 표시된 가스소비량이 120,000kcal/h일 때 도시가스 소비량 산정은 얼마를 기준으로 하는가?

① 100,000kcal/h

② 105,000kcal/h

③ 110,000kcal/h

④ 120,000kcal/h

해설 도시가스 소비량 산정 : 가스보일러 본체 기준(KGS FU551 1.9.2.3호)

정답 ①

[★★★]

46. 가스 유량 2.03kg/h, 관의 내경 1.61cm, 길이 20m의 직관에서의 압력손실은 약 몇 mm 수주인가? (단, 온도 15℃에서 비중 1.58, 밀도 2.04kg/m^3, 유량계수 0.436이다.)

① 11.4
② 14.0
③ 15.2
④ 17.5

해설 ① 저압배관 유량공식에서 $Q = K\sqrt{\dfrac{D^5 H}{SL}}$ 을 변형하면

$$H = \frac{Q^2 \cdot S \cdot L}{K^2 \cdot D^5} \qquad H = \frac{(2.03 \div 2.04)^2 \times 1.58 \times 20}{0.436^2 \times 1.61^5} = 15.216 = 15.2(mmH_2O)$$

Q : 가스유량(m^3/h) K : 유량계수(폴의 정수 : 0.707)
D : 파이프의 내경(cm) h : 허용압력손실(mmH$_2$O)
S : 가스비중 L : 파이프의 길이(m)

정답 ③

[★★]

47. 비중이 0.5인 LPG를 제조하는 공장에서 1일 10만L를 생산하여 24시간 정치 후 모두 산업현장으로 보낸다. 이 회사에서 생산하는 LPG를 저장하려면 저장용량이 5톤인 저장탱크 몇 개를 설치해야 하는가?

① 2
② 5
③ 7
④ 10

해설 ① $Q = 0.9 d V_2$ 에서
       $= 0.9 \times 0.5 \times 100,000 (L = kg)$
       $= 45,000[kg]$
② 저장용량 5,000kg이면 90% 충전이므로 4,500kg만 저장됨
③ 따라서 총 45,000kg/4,500kg = 10[개]를 설치

정답 ④

[★★]

48. 흡입압력이 대기압과 같으며 최종압력이 15kgf/cm$^2 \cdot$g인 4단 공기압축기의 압축비는 약 얼마인가? (단, 대기압은 1kgf/cm^{2}로 한다.)

① 2
② 4
③ 8
④ 16

해설 a : 압축비, P : 절대압력(주의)

4단 토출 P 계산 = 15kgf/cm^2·g + 1kgf/cm^2 = 16kgf/cm^2·abs

3단 토출 P 계산 : (4단 토출 $p/a = \dfrac{16}{a}$)   2단 토출 P 계산 : ((3단 토출 $p/a = \dfrac{16}{a}$)/a

1단 토출 P 계산 : 【((2단 토출 $p/a = \dfrac{16}{a}$)/a】/a

1단 흡입 P 계산 : (【((2단 토출 $p/a = \dfrac{16}{a}$)/a】/a)/a = 1kgf/cm^2·abs

$16/a^4 = 1$. $2^4 = a^4$, $a = 2$

정답 ①

[★★]

49. 액화석유가스 소형저장탱크가 외경 1,000mm, 길이 2,000mm, 충전상수 0.03125, 온도보정계수 2.15 일 때의 자연기화능력(kg/h)은 얼마인가?

① 11.2
② 13.2
③ 15.2
④ 17.2

해설 자연기화능력(kg/h) = $\dfrac{D \cdot L \cdot K \cdot T}{12000}$ 에서

$= \dfrac{1000 \times 2000 \times 0.03125 \times 2.15}{12000}$

$\fallingdotseq 11.197$

정답 ①

"꿈은
날짜와 함께 적으면 목표가 되고,
목표를 잘게 나누면 계획이 되며,
계획을 실행에 옮기면 꿈은 실현된다."

당신의 합격메이커 에듀피디